W0260126

DIE GRUNDLEHREN DER
MATHEMATISCHEN
WISSENSCHAFTEN

IN EINZELDARSTELLUNGEN MIT BESONDERER BERÜCKSICHTIGUNG DER ANWENDUNGSGEBIETE

HERAUSGEGEBEN VON

R. GRAMMEL · E. HOPF · H. HOPF · F. K. SCHMIDT
B. L. VAN DER WAERDEN

BAND XC

TABELLEN
ZUR
FOURIER TRANSFORMATION

VON

FRITZ OBERHETTINGER

SPRINGER-VERLAG
BERLIN · GÖTTINGEN · HEIDELBERG
1957

TABELLEN
ZUR
FOURIER TRANSFORMATION

VON

DR. FRITZ OBERHETTINGER

PROFESSOR DER MATHEMATIK
AMERICAN UNIVERSITY WASHINGTON, D.C.

SPRINGER-VERLAG
BERLIN · GÖTTINGEN · HEIDELBERG
1957

ISBN-13: 978-3-642-94701-8   e-ISBN-13: 978-3-642-94700-1
DOI:10.1007/ 978-3-642-94700-1

DRUCK DER UNIVERSITÄTSDRUCKEREI H. STÜRTZ AG., WÜRZBURG

MEINER FRAU DOROTHY
GEWIDMET

Vorwort

Die nachfolgenden Tabellen stellen eine Sammlung von Integralen der folgenden Form dar.

$$(1) \qquad g(y) = \int_0^\infty f(x) \cos(xy)\, dx \qquad \text{(Erstes Kapitel)}$$

$$(2) \qquad g(y) = \int_0^\infty f(x) \sin(xy)\, dx \qquad \text{(Zweites Kapitel)}$$

$$(3) \qquad g(y) = \int_{-\infty}^\infty f(x)\, e^{ixy}\, dx \qquad \text{(Drittes Kapitel).}$$

Die Funktion $g(y)$ in (1), (2) und (3) wird der Reihe nach als FOURIER-Kosinus-, FOURIER-Sinus-, und exponentielle FOURIER-Transformation der Funktion $f(x)$ bezeichnet. Unter gewissen Bedingungen [s. z.B. eines der im Literaturverzeichnis unter a) aufgeführten Werke] gelten die (1), (2) und (3) entsprechenden Umkehrformeln

$$(1\,\text{a}) \qquad f(x) = \frac{2}{\pi} \int_0^\infty g(y) \cos(xy)\, dy$$

$$(2\,\text{a}) \qquad f(x) = \frac{2}{\pi} \int_0^\infty g(y) \sin(xy)\, dy$$

$$(3\,\text{a}) \qquad f(x) = \frac{1}{2\pi} \int_{-\infty}^\infty g(y)\, e^{-ixy}\, dy.$$

Offensichtlich geht das Formelpaar (3), (3 a) in (1), (1 a) oder (2), (2 a) über, je nachdem $f(x)$ gerade oder ungerade ist. In den Tabellen sind Parameter die durch lateinische Buchstaben bezeichnet sind, wenn nicht anders vermerkt, als positiv und reell vorausgesetzt, wobei für die Beispiele im dritten Kapitel der Parameter y auch negative Werte annimmt. In den meisten Fällen ist der Gültigkeitsbereich eines Formelpaares für komplexe Werte dieser Größen sofort ersichtlich. Griechische Buchstaben bedeuten komplexe Parameter innerhalb des angegebenen Gültigkeitsbereiches. In einigen Fällen ist die Funktion $g(y)$ nur über einen Teilbereich von y angegeben. Dies bedeutet, daß sich $g(y)$ für den restlichen Bereich nicht in einfacher Form angeben läßt. Die historische Entwicklung der FOURIER-Transformation ist in dem Artikel

,,Trigonometrische Reihen und Integrale" von H. BURKHARDT dargestellt. Eine reichhaltige Auswahl von Lösungen von Randwertproblemen mittels der FOURIER-Transformation ist in dem Buche von SNEDDON gegeben. In diesem Zusammenhange sei bemerkt, daß in den letzten 10 Jahren die auf der FOURIER-Transformation beruhende Methode von WIENER und HOPF zur Auflösung von singulären Integralgleichungen (s. z.B. Kap. 4 des Buches von PALEY und WIENER) in umfangreichem Maße zur Lösung von Randwertproblemen der Beugungstheorie herangezogen wurde. Eine Reihe von Anwendungen in der Theorie der elektrischen Netzwerke findet sich in den I. R. E. Transactions on circuit theory". Die erste größere Sammlung von FOURIER-Integralen scheint die Zusammenstellung von CAMPBELL im Bell System Technical Journal zu sein. Diese wurde später von CAMPBELL und FOSTER erweitert und in Buchform herausgegeben. Weitere Tabellen enthält das kürzlich von A. ERDELYI herausgegebene Werk. Der vorliegende Band enthält rund 1800 Formelpaare. Ein erheblicher Teil davon ist neu und ist unveröffentlichtem Material des Verfassers entnommen. Verbesserungsvorschläge, insbesondere die Richtigstellung von Irrtümern und Druckfehlern werden vom Verfasser dankbar entgegengenommen.

American University Washington, D.C. 1956

FRITZ OBERHETTINGER

Inhaltsverzeichnis

Berichtigungen

S. 4, Formel 7, rechte Seite: $\left(\dfrac{1}{2}\pi\right)^{\frac{3}{2}}$ anstatt $\left(\dfrac{1}{2}\pi y\right)^{\frac{3}{2}}$.

S. 10, Formel 7, rechte Seite: Faktor y fehlt.

S. 11, letzte Formel, linke Seite: x^{2n} anstatt x^{-2n}.

S. 14, Formel 5, rechte Seite: $(\pi b)^{\frac{1}{2}}$ anstatt $\pi b^{\frac{1}{2}}$.

S. 21, Formel 4, linke Seite: $+ b^2$ anstatt $- b^2$ im Nenner.

S. 36, Formel 6, rechte Seite: $\cos\left(\dfrac{1}{2}\delta\right)$ anstatt $\cos\left(\dfrac{1}{2}b\right)$ im Nenner.

S. 39, Formel 1, linke Seite: $\cosh\left[b\,(a^2 - x^2)^{\frac{1}{2}}\right]$ anstatt $\cosh\left[b\,(a^2 - x^2)\right]$.

S. 48, Formel 6, linke Seite: $-\operatorname{Erf}(a\,x^{-1})$ anstatt $\operatorname{Erfc}(a\,x^{-1})$.

S. 49, Formel 2, rechte Seite: $\operatorname{Ei}(-a b + i a y)$ anstatt $i(-a b + i a y)$.

S. 59, Formel 2, linke Seite: oberer Index μ fehlt.

Erstes Kapitel

FOURIER-Kosinus-Transformationen

§ 1. Algebraische Funktionen

$f(x)$		$g(y) = \int\limits_0^\infty f(x) \cos(xy)\,dx$
1	$0 < x < a$	$y^{-1} \sin(ay)$
0	$x > a$	
x	$0 < x < 1$	
$2 - x$	$1 < x < 2$	$4y^{-2} \cos y \sin^2\left(\dfrac{1}{2}\,y\right)$
0	$x > 2$	
0	$0 < x < a$	$-\operatorname{Ci}(ay)$
x^{-1}	$x > a$	
$x^{-\frac{1}{2}}$		$\pi^{\frac{1}{2}}(2y)^{-\frac{1}{2}}$
$x^{-\frac{1}{2}}$	$0 < x < a$	$(2\pi)^{\frac{1}{2}} y^{-\frac{1}{2}} \mathrm{C}(ay)$
0	$x > a$	
0	$0 < x < a$	$(2\pi)^{\frac{1}{2}} y^{-\frac{1}{2}}\left[\dfrac{1}{2} - \mathrm{C}(ay)\right]$
$x^{-\frac{1}{2}}$	$x > a$	
$(a + x)^{-1}$		$-\operatorname{si}(ay)\sin(ay) - \operatorname{Ci}(ay)\cos(ay)$
0	$0 < x < b$	$-\sin(ay)\operatorname{si}[y(a+b)] - \cos(ay)\times$
$(a + x)^{-1}$	$x > a$	$\times \operatorname{Ci}[y(a+b)]$
$(a + x)^{-n}$	$n = 2, 3, 4, \ldots$	$\dfrac{(-y)^{n-1}}{(n-1)!}\left[\cos\left(ay + \dfrac{1}{2}\pi n\right)\operatorname{si}(ay) - \sin\left(ay + \dfrac{1}{2}\pi n\right)\times \right.$ $\left. \times \operatorname{Ci}(ay) + \sum_{m=1}^{n-1} \dfrac{(m-1)!}{(n-1)!}\times \sin\left[\dfrac{1}{2}\pi(n-m)\right] a^{-m}(-y)^{n-m-1} \right.$

$f(x)$	$g(y) = \int\limits_0^\infty f(x)\cos(xy)\,dx$
$\begin{aligned} 0 &\quad 0 < x < b \\ x^{-1}(a+x)^{-1} &\quad x > b \end{aligned}$	$a^{-1}[\cos(ay)\,\mathrm{Ci}(ay+by) + {}+\sin(ay)\,\mathrm{si}(ay+by) - \mathrm{Ci}(by)]$
$\begin{aligned} 0 &\quad 0 < x < b \\ (a+x)^{-n} &\quad x > b \\ &\quad n = 1, 2, 3, \ldots \end{aligned}$	$\sum\limits_{m=1}^{n-1} \frac{(m-1)!}{(n-1)!}(a+b)^{-m}(-y)^{n-m-1}\times \\ \times\sin\left[\frac{1}{2}\pi(n-m)-by\right] - \frac{(-y)^{n-1}}{(n-1)!}\times \\ \times\left[\sin\left(ay+\frac{1}{2}\pi n\right)\mathrm{Ci}(ay+by) - {}\right. \\ \left.{}-\cos\left(ay+\frac{1}{2}\pi n\right)\mathrm{si}(ay+by)\right]$
$x^{\frac{1}{2}}(a+x)^{-1}$	$\pi^{\frac{1}{2}}(2y)^{-\frac{1}{2}} - \pi a^{\frac{1}{2}}\cos(ay)\,[1-\mathrm{C}(ay)-{} \\ {}-\mathrm{S}(ay)] - \pi a^{\frac{1}{2}}\sin(ay)\,[\mathrm{C}(ay)-\mathrm{S}(ay)]$
$x^{-\frac{1}{2}}(a+x)^{-1}$	$\pi a^{-\frac{1}{2}}\{\cos(ay)\,[1-\mathrm{C}(ay)-\mathrm{S}(ay)] + {} \\ {}+\sin(ay)\,[\mathrm{C}(ay)-\mathrm{S}(ay)]\}$
$(a+x)^{-\frac{1}{2}}$	$(2\pi)^{\frac{1}{2}}y^{-\frac{1}{2}}\left\{\left[\frac{1}{2}-\mathrm{C}(ay)\right]\cos(ay) + {}\right. \\ \left.{}+\left[\frac{1}{2}-\mathrm{S}(ay)\right]\sin(ay)\right\}$
$(a-x)^{-1}$	$\cos(ay)\,\mathrm{Ci}(ay) + \sin(ay)\left[\frac{1}{2}\pi + \mathrm{Si}(ay)\right]$ Das Integral ist als Cauchy-Hauptwert definiert.
$\begin{aligned} 0 &\quad 0 < x < b \\ (a+x)^{-\frac{1}{2}} &\quad x > b \end{aligned}$	$\pi^{\frac{1}{2}}(2y)^{-\frac{1}{2}}[\sin(ay)+\cos(ay)-2\cos(ay)\times \\ \times\mathrm{C}(ay+by) - 2\sin(ay)\,\mathrm{S}(ay+by)]$
$(a+x)^{-\frac{3}{2}}$	$2a^{-\frac{1}{2}} - (2\pi y)^{\frac{1}{2}}\{[1-2\mathrm{S}(\sqrt{ay})]\cos(ay) - {} \\ {}-[1-2\mathrm{C}(\sqrt{ay})]\sin(ay)\}$
$\begin{aligned} 0 &\quad 0 < x < a \\ (x-a)^{-\frac{1}{2}} &\quad x > a \end{aligned}$	$\pi^{\frac{1}{2}}(2y)^{-\frac{1}{2}}[\cos(ay)-\sin(ay)]$
$\begin{aligned} 0 &\quad 0 < x < a \\ x^{-1}(x-a)^{\frac{1}{2}} &\quad x > a \end{aligned}$	$\pi^{\frac{1}{2}}y^{-\frac{1}{2}}\cos\left(\frac{\pi}{4}+ay\right) - {} \\ {}-\pi a^{\frac{1}{2}}[1-\mathrm{C}(ay)-\mathrm{S}(ay)]$

$f(x)$	$g(y) = \int\limits_0^\infty f(x)\cos(xy)\,dx$
$\begin{aligned}&0 && 0<x<a\\ &x^{-1}(x-a)^{-\frac12} && x>a\end{aligned}$	$\pi a^{-\frac12}\big[1-\mathrm{C}(ay)-\mathrm{S}(ay)\big]$
$\begin{aligned}&0 && 0<x<a\\ &(x-a)^{-\frac12}(x+a)^{-1} && x>a\end{aligned}$	$\pi(2a)^{-\frac12}\big\{[1-\mathrm{C}(2ay)-\mathrm{S}(2ay)]\cos(ay) + \\ + [\mathrm{C}(2ay)-\mathrm{S}(2ay)]\sin(ay)\big\}$
$\begin{aligned}&(a-x)^{-\frac12} && 0<x<a\\ &0 && x>a\end{aligned}$	$\left(\dfrac{2\pi}{y}\right)^{\frac12}\big[\cos(ay)\,\mathrm{C}(ay)+\sin(ay)\,\mathrm{S}(ay)\big]$
$\begin{aligned}&0 && 0<x<b\\ &(a+x)^{-1}(x-b)^{-\frac12} && x>b\end{aligned}$	$\pi(a+b)^{-\frac12}\big\{[1-\mathrm{C}(ay+by)-\\ -\,\mathrm{S}(ay+by)]\cos(ay)+[\mathrm{C}(ay+by)-\\ -\,\mathrm{S}(ay+by)]\sin(ay)\big\}$
$(a^2+x^2)^{-1}$	$\dfrac{1}{2}\pi a^{-1}e^{-ay}$
$x(a^2+x^2)^{-1}$	$-\dfrac{1}{2}\big[e^{-ay}\,\overline{\mathrm{Ei}}(ay)+e^{ay}\,\mathrm{Ei}(-ay)\big]$
$\begin{aligned}&b\,[b^2+(a-x)^2]^{-1}+\\ &\quad+b\,[b^2+(a+x)^2]^{-1}\end{aligned}$	$\pi e^{-by}\cos(ay)$
$\begin{aligned}&(a+x)\,[b^2+(a+x)^2]^{-1}+\\ &\quad+(a-x)\times\\ &\quad\times[b^2+(a-x)^2]^{-1}\end{aligned}$	$\pi e^{-by}\sin(ay)$
$(a^2-x^2)^{-1}$	$\dfrac{1}{2}\pi a^{-1}\sin(ay)$ Das Integral ist als Cauchy-Hauptwert definiert.
$x(a^2-x^2)^{-1}$	$\cos(ay)\,\mathrm{Ci}(ay)+\sin(ay)\,\mathrm{Si}(ay)$ Das Integral ist als Cauchy-Hauptwert definiert.
$x^{-\frac12}(a^2-x^2)^{-1}$	$\dfrac{1}{2}\pi a^{-\frac32}\sin(ay)+\left(\dfrac{1}{2}\pi y\right)^{\frac12}a^{-1}\mathrm{S}_{0,\frac12}(ay)$ Das Integral ist als Cauchy-Hauptwert definiert.
$(a^2+x^2)^{-\frac12}$	$K_0(ay)$

$f(x)$	$g(y) = \int\limits_0^\infty f(x) \cos(xy)\, dx$
$[x + (a^2 + x^2)^{\frac{1}{2}}]^{-1}$	$a^2 y^{-2} - (ay)^{-1} K_1(ay)$
$x^{-\frac{1}{2}}(a^2 + x^2)^{-\frac{1}{2}}$	$\left(\dfrac{1}{2}\pi y\right)^{\frac{1}{2}} I_{-\frac{1}{4}}\left(\dfrac{1}{2}ay\right) K_{\frac{1}{4}}\left(\dfrac{1}{2}ay\right)$
$\begin{array}{ll}(a^2 - x^2)^{-\frac{1}{2}} & 0 < x < a \\ 0 & x > a\end{array}$	$\dfrac{1}{2}\pi J_0(ay)$
$\begin{array}{ll}x(a^2 - x^2)^{-\frac{1}{2}} & 0 < x < a \\ 0 & x > a\end{array}$	$a\left[1 - \dfrac{1}{2}\pi\,\boldsymbol{H}_1(ay)\right]$
$\begin{array}{ll}0 & 0 < x < a \\ (x^2 - a^2)^{-\frac{1}{2}} & x > a\end{array}$	$-\dfrac{1}{2}\pi Y_0(ay)$
$\begin{array}{ll}0 & 0 < x < a \\ x^{-1}(x^2 - a^2)^{-\frac{1}{2}} & x > a\end{array}$	$\dfrac{1}{2}\pi a^{-1}\left\{1 - \dfrac{1}{2}\pi ay\left[J_0(ay)\,\boldsymbol{H}_{-1}(ay) + \right.\right.$ $\left.\left. + \boldsymbol{H}_0(ay)\,J_1(ay)\right]\right\}$
$\begin{array}{ll}x^{-\frac{1}{2}}(a^2 - x^2)^{-\frac{1}{2}} & 0 < x < a \\ 0 & x > a\end{array}$	$\left(\dfrac{1}{2}\pi y\right)^{\frac{3}{2}} y^{\frac{1}{2}}\left[J_{-\frac{1}{4}}\left(\dfrac{1}{2}ay\right)\right]^2$
$\begin{array}{ll}0 & 0 < x < a \\ x^{-\frac{1}{2}}(x^2 - a^2)^{-\frac{1}{2}} & x > a\end{array}$	$-\left(\dfrac{1}{2}\pi\right)^{\frac{3}{2}} y^{\frac{1}{2}} J_{-\frac{1}{4}}\left(\dfrac{1}{2}ay\right) Y_{-\frac{1}{4}}\left(\dfrac{1}{2}ay\right)$
$(a^2 + x^2)^{-\frac{1}{2}}[(a^2 + x^2)^{\frac{1}{2}} + a]^{\frac{1}{2}}$	$\pi^{\frac{1}{2}}(2y)^{-\frac{1}{2}} e^{-ay}$
$(a^2 + x^2)^{-\frac{1}{2}}[(a^2 + x^2)^{\frac{1}{2}} + a]^{-\frac{1}{2}}$	$\pi(2a)^{-\frac{1}{2}} \operatorname{Erfc}\left(\sqrt{ay}\right)$
$\begin{array}{l}x^{-\frac{1}{2}}(a^2 + x^2)^{-\frac{1}{2}} \times \\ \quad \times [x + (a^2 + x^2)^{\frac{1}{2}}]^{-\frac{1}{2}}\end{array}$	$2^{-\frac{1}{2}}\pi a^{-1} e^{-\frac{1}{2}ay} I_0\left(\dfrac{1}{2}ay\right)$
$\begin{array}{l}x^{-\frac{1}{2}}(a^2 + x^2)^{-\frac{1}{2}} \times \\ \quad \times [x + (a^2 + x^2)^{\frac{1}{2}}]^{-\frac{3}{2}}\end{array}$	$2^{-\frac{1}{2}}a^{-2}\sinh\left(\dfrac{1}{2}ay\right) K_1\left(\dfrac{1}{2}ay\right)$
$x^{-\frac{1}{2}}[a + x + (2ax)^{\frac{1}{2}}]^{-1}$	$\pi(2a)^{-\frac{1}{2}} e^{ay} \operatorname{Erfc}\left(\sqrt{ay}\right)$
$[(a^2 + x^2)(b^2 + x^2)]^{-1}$	$\dfrac{1}{2}\pi(a^2 - b^2)^{-1}[b^{-1} e^{-by} - a^{-1} e^{-ay}]$
$(a^4 + x^4)^{-1}$	$\dfrac{1}{2}\pi a^{-3} e^{-2^{-\frac{1}{2}}ay}\sin\left(\dfrac{\pi}{4} + 2^{-\frac{1}{2}}ay\right)$

$f(x)$	$g(y) = \int_0^\infty f(x) \cos(x\,y)\,dx$
$[x^4 + 2a^2 x^2 \cos(2\delta) + a^4]^{-1}$ $-\frac{1}{2}\pi < \delta < \frac{1}{2}\pi$	$\frac{1}{2}\pi a^{-3} e^{-a y \cos\delta} \sin(\delta + a y \sin\delta) \csc(2\delta)$
$x^2 [x^4 + 2a^2 x^2 \cos(2\delta) + a^4]^{-1}$ $-\frac{1}{2}\pi < \delta < \frac{1}{2}\pi$	$\frac{1}{2}\pi a^{-1} e^{-a y \cos\delta} \sin(\delta - a y \sin\delta) \csc(2\delta)$
$\dfrac{x^{\frac{1}{2}}}{A_1 A_2}\left(\dfrac{A_2 + A_1}{A_2 - A_1}\right)^{\frac{1}{2}}$ $A_1 = [a^2 + (b-x)^2]^{\frac{1}{2}}$ $A_2 = [a^2 + (b+x)^2]^{\frac{1}{2}}$	$b^{-\frac{1}{2}} \cos(b y)\, K_0(a y)$
$x^{2m}(x^2 + z)^{-n-1}$	$\frac{1}{2}(-1)^{m+n}\pi (n!)^{-1} \dfrac{d^n}{dz^n}\left(z^{m-\frac{1}{2}} e^{-y z^{\frac{1}{2}}}\right)$
$x^{2m}(a^{2n} + x^{2n})^{-1}$ $n > m \geq 0$ $n, m = 1, 2, 3, \ldots$	$\frac{1}{2}\pi n^{-1} a^{2m-2n+1} \sum_{k=1}^{n} e^{-a y \sin[(2k-1)\pi/(2n)]} \times$ $\times \sin\left\{n^{-1}\left(k - \frac{1}{2}\right)(2m+1)\pi + a y \times \right.$ $\left. \times \cos\left[\left(k - \frac{1}{2}\right)n^{-1}\pi\right]\right\}$

§ 2. Beliebige Potenzen

$f(x)$	$g(y) = \int_0^\infty f(x) \cos(x\,y)\,dx$
$x^{-\nu}$ $0 < \operatorname{Re}\nu < 1$	$\sin\left(\frac{1}{2}\pi\nu\right)\Gamma(1-\nu)\,y^{\nu-1}$
$x^{\nu-1}$ $0 < x < a$ 0 $x > a$ $\operatorname{Re}\nu > 0$	$\frac{1}{2}a^\nu \nu^{-1}[{}_1F_1(\nu; \nu+1; i a y) +$ $+ {}_1F_1(\nu; \nu+1; -i a y)]$
$(a-x)^\nu$ $0 < x < a$ 0 $x > a$ $\operatorname{Re}\nu > -1$	$\frac{1}{2}i y^{-\nu-1}[e^{i(a y + \frac{1}{2}\pi\nu)}\gamma(\nu+1, i a y) -$ $- e^{-i(a y + \frac{1}{2}\pi\nu)}\gamma(\nu+1, -i a y)]$
$x^\nu (a-x)^\nu$ $0 < x < a$ 0 $x > a$ $\operatorname{Re}\nu > -1$	$\pi^{\frac{1}{2}}\Gamma(\nu+1)(2y/a)^{-\nu-\frac{1}{2}}\cos(a y)\,J_{\nu+\frac{1}{2}}(a y)$

$f(x)$	$g(y) = \int\limits_0^\infty f(x)\cos(xy)\,dx$
$x^{\nu-1}(a-x)^{\mu-1}\quad 0 < x < a$ $0 \hspace{4.2cm} x > a$ $\hspace{4cm}\mathrm{Re}\,(\nu,\mu) > 0$	$\frac{1}{2}B(\nu,\mu)\,a^{\nu+\mu-1}\big[{}_1F_1(\nu;\nu+\mu;iay) +$ $\hspace{1cm}+ {}_1F_1(\nu;\nu+\mu;-iay)\big]$
$x^\nu(a+x)^{-1}$ $\hspace{2cm}-1 < \mathrm{Re}\,\nu < 1$	$(2a)^\nu\,(a\pi y)^{\frac{1}{2}}\Big\{\frac{\Gamma(\frac{1}{2}+\frac{1}{2}\nu)}{\Gamma(-\frac{1}{2}\nu)}\,S_{-\nu-\frac{1}{2},\frac{1}{2}}(ay) -$ $\hspace{1cm}- 2\,\frac{\Gamma(1+\frac{1}{2}\nu)}{\Gamma(-\frac{1}{2}-\frac{1}{2}\nu)}\,S_{-\nu-\frac{3}{2},\frac{1}{2}}(ay)\Big\}$
$x^\nu(a^2+x^2)^{-1}$ $\hspace{2cm}-1 < \mathrm{Re}\,\nu < 2$	$\frac{1}{2}\pi\,a^{\nu-1}\sec\Big(\frac{1}{2}\pi\nu\Big)\cosh(ay) + \pi^{\frac{1}{2}}2^{\nu-2}y^{1-\nu}\times$ $\times\,\Gamma\Big(\frac{1}{2}\nu-\frac{1}{2}\Big)\Big[\Gamma\Big(1-\frac{1}{2}\nu\Big)\Big]^{-1}\times$ $\times\,{}_1F_2\Big(1;1-\frac{1}{2}\nu;\frac{3}{2}-\frac{1}{2}\nu;\frac{1}{4}a^2y^2\Big)$
$(a^2+x^2)^{-\nu-\frac{1}{2}}$ $\hspace{2cm}\mathrm{Re}\,\nu > -\frac{1}{2}$	$\pi^{\frac{1}{2}}\Big(\frac{1}{2}y/a\Big)^\nu\Big[\Gamma\Big(\frac{1}{2}+\nu\Big)\Big]^{-1}K_\nu(ay)$
$(a^2-x^2)^{\nu-\frac{1}{2}}\hspace{1cm}0 < x < a$ $0\hspace{4.2cm}x > a$ $\hspace{3cm}\mathrm{Re}\,\nu > -\frac{1}{2}$	$2^{\nu-1}\pi^{\frac{1}{2}}\,\Gamma\Big(\frac{1}{2}+\nu\Big)a^\nu y^{-\nu}J_\nu(ay)$
$0\hspace{4.2cm}0 < x < a$ $(x^2-a^2)^{-\nu-\frac{1}{2}}\hspace{1.7cm}x > a$ $\hspace{2cm}-\frac{1}{2} < \mathrm{Re}\,\nu < \frac{1}{2}$	$-\frac{1}{2}\pi^{\frac{1}{2}}\,\Gamma\Big(\frac{1}{2}-\nu\Big)\Big(\frac{1}{2}\frac{y}{a}\Big)^\nu Y_\nu(ay)$
$x(a^2-x^2)^{\nu-\frac{1}{2}}\hspace{1cm}0 < x < a$ $0\hspace{4.2cm}x > a$ $\hspace{3cm}\mathrm{Re}\,\nu > -\frac{1}{2}$	$-\,a^{\nu+1}y^{-\nu}s_{\nu-1,\nu+1}(ay)$ $= \frac{1}{2}\Big(\nu+\frac{1}{2}\Big)^{-1}a^{2\nu+1} - 2^{\nu-1}\pi^{\frac{1}{2}}a^{\nu+1}\times$ $\times\,\Gamma\Big(\frac{1}{2}+\nu\Big)y^{-\nu}\mathbf{H}_{\nu+1}(ay)$
$0\hspace{4.2cm}0 < x < a$ $x(x^2-a^2)^{-\nu-\frac{1}{2}}\hspace{1.4cm}x > a$ $\hspace{2cm}0 < \mathrm{Re}\,\nu < \frac{1}{2}$	$2^{-\nu-1}\pi^{\frac{1}{2}}a^{1-\nu}\,\Gamma\Big(\frac{1}{2}-\nu\Big)y^\nu J_{\nu-1}(ay)$

$f(x)$	$g(y) = \int\limits_0^\infty f(x) \cos(xy)\, dx$
$0 \qquad 0 < x < a$ $x^{-1}(x^2 - a^2)^{-\nu-\frac{1}{2}} \qquad x > a$ $-1 < \mathrm{Re}\,\nu < \dfrac{1}{2}$	$\dfrac{1}{2}\,\pi \sec(\pi\nu)\, a^{-2\nu-1} \times$ $\times \left\{ 1 - \dfrac{1}{2}\pi a y\, [J_\nu(ay)\, \boldsymbol{H}_{\nu-1}(ay) - \right.$ $\left. - \boldsymbol{H}_\nu(ay)\, J_{\nu-1}(ay)] \right\}$
$0 \qquad 0 < x < 2a$ $(x^2 - 2ax)^{-\nu-\frac{1}{2}} \qquad x > 2a$ $-\dfrac{1}{2} < \mathrm{Re}\,\nu < \dfrac{1}{2}$	$-\dfrac{1}{2}\pi^{\frac{1}{2}}\Gamma\left(\dfrac{1}{2} - \nu\right)(2a)^{-\nu}\, y^\nu \times$ $\times [J_\nu(ay)\sin(ay) + Y_\nu(ay)\cos(ay)]$
$(x^2 + 2ax)^{-\nu-\frac{1}{2}}$ $-\dfrac{1}{2} < \mathrm{Re}\,\nu < \dfrac{1}{2}$	$-\dfrac{1}{2}\pi^{\frac{1}{2}}\left(\dfrac{y}{2a}\right)^\nu \Gamma\left(\dfrac{1}{2} - \nu\right) \times$ $\times [Y_\nu(ay)\cos(ay) - J_\nu(ay)\sin(ay)]$
$(2ax - x^2)^{\nu-\frac{1}{2}} \quad 0 < x < 2a$ $0 \qquad x > 2a$ $\mathrm{Re}\,\nu > -\dfrac{1}{2}$	$\pi^{\frac{1}{2}}\Gamma\left(\dfrac{1}{2} + \nu\right)\left(\dfrac{y}{2a}\right)^{-\nu}\cos(ay)\, J_\nu(ay)$
$[(a^2 + x^2)^{\frac{1}{2}} + x]^{-\nu}$ $\mathrm{Re}\,\nu > 0$	$\pi\nu \csc(\pi\nu)\, a^{-\nu} y^{-1}\left\{ I_\nu(ay)\sin\left(\dfrac{1}{2}\nu\pi\right) + \right.$ $\left. + \dfrac{1}{2}i\,[\boldsymbol{J}_\nu(iay) - \boldsymbol{J}_\nu(-iay)] \right\}$
$(a^2 + x^2)^{-\frac{1}{2}}[(a^2 + x^2)^{\frac{1}{2}} + x]^{-\nu}$ $\mathrm{Re}\,\nu > -1$	$\pi \csc(\pi\nu)\, a^{-\nu}\left[\dfrac{1}{2}\boldsymbol{J}_\nu(iay) + \dfrac{1}{2}\boldsymbol{J}_\nu(-iay) - \right.$ $\left. - \cos\left(\dfrac{1}{2}\pi\nu\right) I_\nu(ay) \right]$
$x^{-\frac{1}{2}}(a^2 + x^2)^{-\frac{1}{2}} \times$ $\times [(a^2 + x^2)^{\frac{1}{2}} + x]^\nu$ $\mathrm{Re}\,\nu < \dfrac{3}{2}$	$\left(\dfrac{1}{2}\pi y\right)^{\frac{1}{2}} a^\nu\, I_{-\frac{1}{2}(\frac{1}{2}+\nu)}\left(\dfrac{1}{2}ay\right) K_{\frac{1}{2}(\frac{1}{2}-\nu)}\left(\dfrac{1}{2}ay\right)$
$x^{-\frac{1}{2}}(a^2 + x^2)^{-\frac{1}{2}} \times$ $\times [(a^2 + x^2)^{\frac{1}{2}} - x]^\nu$ $\mathrm{Re}\,\nu > -\dfrac{3}{2}$	$\left(\dfrac{1}{2}\pi y\right)^{\frac{1}{2}} a^\nu\, I_{-\frac{1}{2}(\frac{1}{2}-\nu)}\left(\dfrac{1}{2}ay\right) K_{\frac{1}{2}(\frac{1}{2}+\nu)}\left(\dfrac{1}{2}ay\right)$

$f(x)$	$g(y) = \int\limits_0^\infty f(x)\cos(xy)\,dx$
$x^{-\nu-\frac{1}{2}}(a^2+x^2)^{-\frac{1}{2}}\times$ $\times[(a^2+x^2)^{\frac{1}{2}}+a]^\nu$ $\operatorname{Re}\nu<\dfrac{1}{2}$	$a^{-1}\Gamma\left(\dfrac{1}{4}-\dfrac{1}{2}\nu\right)(2y)^{-\frac{1}{2}}\times$ $\times W_{\frac{1}{2}\nu,\frac{1}{4}}(ay)\,M_{-\frac{1}{2}\nu,-\frac{1}{4}}(ay)$
$x^{\nu-\frac{1}{2}}(a^2+x^2)^{-\frac{1}{2}}\times$ $\times[(a^2+x^2)^{\frac{1}{2}}-a]^{-\nu}$ $\operatorname{Re}\nu<\dfrac{1}{2}$	$a^{-1}\Gamma\left(\dfrac{1}{4}-\dfrac{1}{2}\nu\right)(2y)^{-\frac{1}{2}}\times$ $\times W_{\frac{1}{2}\nu,\frac{1}{4}}(a)\,M_{-\frac{1}{2}\nu,-\frac{1}{4}}(ay)$
$[(a+ix)^\nu+(a-ix)^\nu]$	$\pi[\Gamma(-\nu)]^{-1}y^{-\nu-1}e^{-ay}$
$x^{2n}[(a+ix)^{-\nu}+(a-ix)^{-\nu}]$ $0\leqq 2n<\operatorname{Re}\nu$	$\pi(-1)^n(2n)![\Gamma(\nu)]^{-1}\times$ $\times e^{-ay}y^{\nu-2n-1}L_{2n}^{\nu-2n-1}(ay)$
$x^{2n-1}[(a-ix)^{-\nu}-$ $-(a+ix)^{-\nu}]$ $1\leqq n<\dfrac{1}{2}+\dfrac{1}{2}\operatorname{Re}\nu$	$i\pi(-1)^n(2n-1)![\Gamma(\nu)]^{-1}\times$ $\times e^{-ay}y^{\nu-2n}L_{2n-1}^{\nu-2n}(ay)$
$(a^2+x^2)^{-\frac{1}{2}}\times$ $\times\{[(a^2+x^2)^{\frac{1}{2}}+x]^\nu+$ $+[(a^2+x^2)^{\frac{1}{2}}-x]^\nu\}$ $-1<\operatorname{Re}\nu<1$	$2a^\nu\cos\left(\dfrac{1}{2}\pi\nu\right)K_\nu(ay)$
$(2ax+x^2)^{-\frac{1}{2}}\{[a+x+$ $+(2ax+x^2)^{\frac{1}{2}}]^\nu+$ $+[a+x-$ $-(2ax+x^2)^{\frac{1}{2}}]^\nu\}$ $-1<\operatorname{Re}\nu<1$	$\pi a^\nu\left[\sin\left(ay-\dfrac{1}{2}\pi\nu\right)J_\nu(ay)-\right.$ $\left.-\cos\left(ay-\dfrac{1}{2}\pi\nu\right)Y_\nu(ay)\right]$
$(a^2-x^2)^{-\frac{1}{2}}\times$ $\times\{[x+i(a^2-x^2)^{\frac{1}{2}}]^\nu+$ $+[x-i(a^2-x^2)^{\frac{1}{2}}]^\nu\}$ $0<x<a$ $\qquad 0 \qquad\qquad x>a$	$\dfrac{1}{2}\pi a^\nu\sec\left(\dfrac{1}{2}\pi\nu\right)[\boldsymbol{J}_\nu(ay)+\boldsymbol{J}_{-\nu}(ay)]$

$f(x)$	$g(y) = \int\limits_0^\infty f(x)\cos(xy)\,dx$
$x^{-\nu-\frac{1}{2}}(a^2-x^2)^{-\frac{1}{2}}\times$ $\times\{[a+(a^2-x^2)^{\frac{1}{2}}]^\nu +$ $+[a-(a^2-x^2)^{\frac{1}{2}}]^\nu\}$ $0<x<a$ $0 \qquad x>a$ $-\frac{1}{2}<\mathrm{Re}\,\nu<\frac{1}{2}$	$(2a)^{-\frac{1}{2}}B\left(\frac{1}{4}+\frac{1}{2}\,\nu,\ \frac{1}{4}-\frac{1}{2}\,\nu\right)\times$ $\times {}_1F_1\left(\frac{1}{4}-\frac{1}{2}\,\nu;\ \frac{1}{2};\ -i\,a\,y\right)\times$ $\times {}_1F_1\left(\frac{1}{4}-\frac{1}{2}\,\nu;\ \frac{1}{2};\ i\,a\,y\right)$
$x^\nu(a^2-x^2)^\mu \qquad 0<x<a$ $0 \qquad\qquad x>a$ $\mathrm{Re}\,(\mu,\nu)>-1$	$\frac{1}{2}a^{\nu+2\mu+1}B\left(\mu+1,\ \frac{1}{2}\,\nu+\frac{1}{2}\right)\times$ $\times {}_1F_2\left(\frac{1}{2}+\frac{1}{2}\,\nu;\ \frac{1}{2},\ \mu+\frac{1}{2}\,\nu+\frac{3}{2};\ \frac{-a^2y^2}{4}\right)$
$0 \qquad\qquad 0<x<a$ $(x^2-a^2)^{-\frac{1}{2}}\times$ $\times\{[x+(x^2-a^2)^{\frac{1}{2}}]^\nu +$ $+[x-(x^2-a^2)^{\frac{1}{2}}]^\nu\}$ $a<x$ $-1<\mathrm{Re}\,\nu<1$	$-\pi a^\nu\left[\sin\left(\frac{1}{2}\,\nu\,\pi\right)J_\nu(a\,y)+\right.$ $\left.+\cos\left(\frac{1}{2}\,\nu\,\pi\right)Y_\nu(a\,y)\right]$
$0 \qquad\qquad 0<x<a$ $x^{-\frac{1}{2}}(x^2-a^2)^{-\frac{1}{2}}\times$ $\times\{[x+(x^2-a^2)^{\frac{1}{2}}]^\nu +$ $+[x-(x^2-a^2)^{\frac{1}{2}}]^\nu\}$ $x>a$ $-\frac{3}{2}<\mathrm{Re}\,\nu<\frac{3}{2}$	$-\frac{1}{2}\pi a^\nu\left(\frac{1}{2}\pi y\right)^{\frac{1}{2}}\times$ $\times\left[J_{-\frac{1}{2}(\frac{1}{2}-\nu)}\left(\frac{1}{2}\,a\,y\right)Y_{-\frac{1}{2}(\frac{1}{2}+\nu)}\left(\frac{1}{2}\,a\,y\right)+\right.$ $\left.+J_{-\frac{1}{2}(\frac{1}{2}+\nu)}\left(\frac{1}{2}\,a\,y\right)Y_{-\frac{1}{2}(\frac{1}{2}-\nu)}\left(\frac{1}{2}\,a\,y\right)\right]$
$x^\nu(a^2-x^2)^{-1}$ $-1<\mathrm{Re}\,\nu<2$	$\frac{1}{2}\pi a^{\nu-1}\sin(a\,y)+\pi^{\frac{1}{2}}2^\nu a^{\nu-\frac{1}{2}}\left[\Gamma\left(-\frac{1}{2}\,\nu\right)\right]^{-1}\times$ $\times\Gamma\left(\frac{1}{2}+\frac{1}{2}\,\nu\right)y^{\frac{1}{2}}S_{-\frac{1}{2}-\nu,\,\frac{1}{2}}(a\,y)$ Das Integral ist als Cauchy-Hauptwert definiert.
$x^{2n}(a^2+x^2)^{-\nu-\frac{1}{2}}$ $0\leq n<\frac{1}{2}+\mathrm{Re}\,\nu$	$(-1)^n\pi^{\frac{1}{2}}(2a)^{-\nu}\left[\Gamma\left(\frac{1}{2}+\nu\right)\right]^{-1}\dfrac{d^{2n}}{dy^{2n}}\times$ $\times[y^\nu K_\nu(a\,y)]$

$f(x)$	$g(y) = \int\limits_0^\infty f(x)\cos(xy)\,dx$
$x^\nu(a^2+x^2)^{-\mu-1}$ $-1 < \operatorname{Re}\nu < 2 + 2\operatorname{Re}\mu$	$\dfrac{1}{2}a^{\nu-2\mu-1}B\left(\dfrac{1}{2}+\dfrac{1}{2}\nu,\ \dfrac{1}{2}-\dfrac{1}{2}\nu+\mu\right)\times$ $\times {}_1F_2\left(\dfrac{1}{2}+\dfrac{1}{2}\nu;\ \dfrac{1}{2}+\dfrac{1}{2}\nu-\mu,\ \dfrac{1}{2};\ \dfrac{a^2y^2}{4}\right)+$ $+\ \pi^{\frac{1}{2}}2^{\nu-2\mu-2}\left[\Gamma\left(1+\mu-\dfrac{1}{2}\nu\right)\right]^{-1}\times$ $\times y^{1+2\mu-\nu}\,\Gamma\left(\dfrac{1}{2}\nu-\dfrac{1}{2}-\mu\right)\times$ $\times {}_1F_2\left(\mu+1;\ \mu+1-\dfrac{1}{2}\nu,\ \mu+\dfrac{3}{2}-\right.$ $\left.-\ \dfrac{1}{2}\nu;\ \dfrac{a^2y^2}{4}\right)$

§ 3. Exponentialfunktionen

$f(x)$	$g(y) = \int\limits_0^\infty f(x)\cos(xy)\,dx$
e^{-ax}	$a(a^2+y^2)^{-1}$
$x^{-1}(e^{-bx}-e^{-ax})$	$\dfrac{1}{2}\log\left(\dfrac{a^2+y^2}{b^2+y^2}\right)$
$x^{\frac{1}{2}}e^{-ax}$	$\dfrac{1}{2}\pi^{\frac{1}{2}}(a^2+y^2)^{-\frac{3}{4}}\cos\left[\dfrac{3}{2}\arctan\left(\dfrac{y}{a}\right)\right]$
$x^{-\frac{1}{2}}e^{-ax}$	$\left(\dfrac{1}{2}\pi\right)^{\frac{1}{2}}(a^2+y^2)^{-\frac{1}{2}}\left[a+(a^2+y^2)^{\frac{1}{2}}\right]^{\frac{1}{2}}$
$x^n e^{-ax}$	$n!\,a^{n+1}(a^2+y^2)^{-n-1}\displaystyle\sum_{0\le 2m\le n+1}(-1)^m\binom{n+1}{2m}\left(\dfrac{y}{a}\right)^{2m}$
$x^{n-\frac{1}{2}}e^{-ax}$	$(-1)^n\left(\dfrac{1}{2}\pi\right)^{\frac{1}{2}}\dfrac{d^n}{da^n}\times$ $\times\left\{(a^2+y^2)^{-\frac{1}{2}}\left[(a^2+y^2)^{\frac{1}{2}}-a\right]^{-\frac{1}{2}}\right\}$
$x^{\nu-1}e^{-ax}$	$\Gamma(\nu)\,(a^2+y^2)^{-\frac{1}{2}\nu}\cos\left[\nu\arctan\left(\dfrac{y}{a}\right)\right]$
$\begin{array}{ll}0 & 0<x<b\\ (x-b)^\nu e^{-ax} & x>b\\ & \operatorname{Re}\nu > -1\end{array}$	$\Gamma(1+\nu)\,(a^2+y^2)^{-\frac{1}{2}(1+\nu)}e^{-ab}\times$ $\times\cos\left[by+(\nu+1)\arctan\left(\dfrac{y}{a}\right)\right]$

$f(x)$	$g(y) = \int\limits_0^\infty f(x) \cos(x\,y)\,dx$
$(e^{a\,x} + 1)^{-1}$	$\dfrac{1}{4}\,a^{-1}\left[\psi\left(i\,\dfrac{y}{2a}\right) + \psi\left(-i\,\dfrac{y}{2a}\right) - \right.$ $\left. -\psi\left(\dfrac{1}{2} + i\,\dfrac{y}{2a}\right) - \psi\left(\dfrac{1}{2} - i\,\dfrac{y}{2a}\right)\right]$
$x^{\nu-1}\left(e^{a\,x} + 1\right)^{-1}$ $\quad\operatorname{Re}\nu > 0$	$\Gamma(\nu)\left\{y^{-\nu}\cos\left(\dfrac{1}{2}\,\pi\nu\right) + \dfrac{1}{2}\,(2a)^{-\nu}\times\right.$ $\times\left[\zeta\left(\nu, \dfrac{1}{2} + i\,\dfrac{y}{2a}\right) + \zeta\left(\nu, \dfrac{1}{2} - i\,\dfrac{y}{2a}\right) - \right.$ $\left.\left. -\zeta\left(\nu, i\,\dfrac{y}{2a}\right) - \zeta\left(\nu, -i\,\dfrac{y}{2a}\right)\right]\right\}$
$x\left(e^{a\,x} - 1\right)^{-1}$	$\dfrac{1}{2}\,y^{-2} - \dfrac{1}{2}\left(\dfrac{\pi}{a}\right)^2\left[\operatorname{csch}\left(\pi\,\dfrac{y}{a}\right)\right]^2$
$(e^{x} - 1)^{-1} - x^{-1}$	$\log y - \dfrac{1}{2}\left[\psi(i\,y) + \psi(-i\,y)\right]$
$x^{-1}\left[\dfrac{1}{2} - x^{-1} + (e^{x} - 1)^{-1}\right]$	$-\dfrac{1}{2}\log\left(1 - e^{-2\pi y}\right)$
$x^{\nu-1}\left(e^{a\,x} - 1\right)^{-1}$ $\quad\operatorname{Re}\nu > 1$	$\dfrac{1}{2}\,a^{-\nu}\,\Gamma(\nu)\left[\zeta\left(\nu, 1 + i\,\dfrac{y}{a}\right) + \zeta\left(\nu, 1 - i\,\dfrac{y}{a}\right)\right]$
$x^{-2}\left(1 - e^{-a\,x}\right)^2$	$a\log\left(\dfrac{y^2 + 4a^2}{y^2 + a^2}\right) - y\operatorname{arc\,cotan}\left[\dfrac{1}{2}\left(\dfrac{y}{a}\right)^3 + \dfrac{3}{2}\left(\dfrac{y}{a}\right)\right]$
$e^{-a\,x}\left(1 - e^{-b\,x}\right)^{\nu-1}$ $\quad\operatorname{Re}\nu > 0$	$\dfrac{1}{2}\,b^{-1}\left[B\left(\nu, \dfrac{a - i\,y}{b}\right) + B\left(\nu, \dfrac{a + i\,y}{b}\right)\right]$
$e^{-a\,x^2}$	$\dfrac{1}{2}\,\pi^{\frac{1}{2}}\,a^{-\frac{1}{2}}\,e^{-\frac{y^2}{4a}}$
$x^{\frac{1}{2}}\,e^{-a\,x^2}$	$\dfrac{1}{4}\,\pi\left(\dfrac{y}{2a}\right)^{\frac{3}{2}}e^{-\frac{y^2}{8a}}\left[I_{-\frac{3}{4}}\left(\dfrac{y^2}{8a}\right) - I_{\frac{1}{4}}\left(\dfrac{y^2}{8a}\right)\right]$
$x^{-\frac{1}{2}}\,e^{-a\,x^2}$	$\dfrac{1}{2}\,\pi\left(\dfrac{y}{2a}\right)^{\frac{1}{2}}e^{-\frac{y^2}{8a}}\,I_{-\frac{1}{4}}\left(\dfrac{y^2}{8a}\right)$
$x^{-2n}\,e^{-a^2 x^2}$	$(-1)^n\,\pi^{\frac{1}{2}}\,2^{-n-1}\,a^{-2n-1}\,e^{-\frac{y^2}{4a^2}}\,\mathrm{He}_{2n}\left(2^{-\frac{1}{2}}\,\dfrac{y}{a}\right)$

$f(x)$	$g(y) = \int\limits_0^\infty f(x)\cos(xy)\,dx$
$x^\nu e^{-ax^2}$ $\operatorname{Re}\nu > -1$	$\dfrac{1}{2} a^{-\frac{1}{2}-\frac{1}{2}\nu}\,\Gamma\!\left(\dfrac{1}{2}+\dfrac{1}{2}\,\nu\right)\times$ $\times\,{}_1F_1\!\left(\dfrac{1}{2}+\dfrac{1}{2}\,\nu;\ \dfrac{1}{2};\ -\dfrac{y^2}{4a}\right)$
$(b^2+x^2)^{-1} e^{-a^2 x^2}$	$\dfrac{1}{4}\pi\,b^{-1}\,e^{a^2 b^2}\left[e^{-by}\operatorname{Erfc}\left(ab-\dfrac{y}{2a}\right)+\right.$ $\left.+\,e^{by}\operatorname{Erfc}\left(ab+\dfrac{y}{2a}\right)\right]$
e^{-ax-bx^2}	$\dfrac{1}{4}\pi^{\frac{1}{2}}b^{-\frac{1}{2}}\left\{e^{\frac{1}{4}b^{-1}(a-iy)^2}\operatorname{Erfc}\left[\dfrac{1}{2}\,b^{-\frac{1}{2}}(a-iy)\right]+\right.$ $\left.+\,e^{\frac{1}{4}b^{-1}(a+iy)^2}\operatorname{Erfc}\left[\dfrac{1}{2}\,b^{-\frac{1}{2}}(a+iy)\right]\right\}$
$x^{\nu-1} e^{-ax-bx^2}$ $\operatorname{Re}\nu > 0$	$\dfrac{1}{2}\,\Gamma(\nu)\,(2b)^{-\frac{1}{2}\nu}\,e^{\frac{1}{8b}(a^2-y^2)}$ $\times\left\{e^{-i\frac{ay}{4b}}D_{-\nu}\left[(2b)^{-\frac{1}{2}}(a-iy)\right]+\right.$ $\left.+\,e^{i\frac{ay}{4b}}D_{-\nu}\left[(2b)^{-\frac{1}{2}}(a+iy)\right]\right\}$
$x^{-\frac{1}{2}}e^{-\frac{a}{x}}$	$\left(\dfrac{2y}{\pi}\right)^{-\frac{1}{2}} e^{-(2ay)^{\frac{1}{2}}}\left[\cos(2ay)^{\frac{1}{2}}-\sin(2ay)^{\frac{1}{2}}\right]$
$x^{-\frac{3}{2}}e^{-\frac{a}{x}}$	$\left(\dfrac{\pi}{a}\right)^{\frac{1}{2}} e^{-(2ay)^{\frac{1}{2}}}\cos(2ay)^{\frac{1}{2}}$
$x^{-\nu-1}e^{-\frac{a}{x}}$ $\operatorname{Re}\nu > -1$	$\left(\dfrac{y}{a}\right)^{\frac{1}{2}\nu}\left\{e^{i\pi\frac{\nu}{4}}K_\nu\left[2(iay)^{\frac{1}{2}}\right]+\right.$ $\left.+\,e^{-i\pi\frac{\nu}{4}}K_\nu\left[2(-iay)^{\frac{1}{2}}\right]\right\}$
$x^{-\frac{1}{2}}e^{-ax-\frac{b^2}{x}}$	$\pi^{\frac{1}{2}}(a^2+y^2)^{-\frac{1}{2}}e^{-2bu}\times$ $\times\,[u\cos(2bv)-v\sin(2bv)]$ $u=2^{-\frac{1}{2}}\left[(a^2+y^2)^{\frac{1}{2}}+a\right]^{\frac{1}{2}}$ $v=2^{-\frac{1}{2}}\left[(a^2+y^2)^{\frac{1}{2}}-a\right]^{\frac{1}{2}}$
$x^{-\frac{3}{2}}e^{-ax-\frac{b^2}{x}}$	$\pi^{\frac{1}{2}}b^{-1}e^{-2bu}\cos(2bv)$ $u=2^{-\frac{1}{2}}\left[(a^2+y^2)^{\frac{1}{2}}+a\right]^{\frac{1}{2}}$ $v=2^{-\frac{1}{2}}\left[(a^2+y^2)^{\frac{1}{2}}-a\right]^{\frac{1}{2}}$

$f(x)$	$g(y) = \int\limits_0^\infty f(x)\cos(xy)\,dx$
$x^{\nu-1}\,e^{-ax-\frac{b^2}{x}}$	$b^\nu\left\{(a+iy)^{-\frac{1}{2}\nu}K_\nu\left[2b(a+iy)^{\frac{1}{2}}\right] + (a-iy)^{-\frac{1}{2}\nu}K_\nu\left[2b(a-iy)^{\frac{1}{2}}\right]\right\}$
$x^{-2}\,e^{-a^2x^{-2}}$	$\dfrac{1}{2}\pi a^{-1}\sum\limits_{n=0}^{\infty}\dfrac{(-ay)^n}{n!\,\Gamma(\frac{1}{2}+\frac{1}{2}n)}$
$e^{-ax^{\frac{1}{2}}}$	$\left(\dfrac{1}{2}\pi\right)^{\frac{1}{2}}a\,y^{-\frac{3}{2}}\left\{\cos\left(\dfrac{a^2}{4y}\right)\left[\dfrac{1}{2}-C\left(\dfrac{a^2}{4y}\right)\right] + \sin\left(\dfrac{a^2}{4y}\right)\left[\dfrac{1}{2}-S\left(\dfrac{a^2}{4y}\right)\right]\right\}$
$x^{-\frac{1}{2}}\,e^{-ax^{\frac{1}{2}}}$	$\left(\dfrac{y}{2\pi}\right)^{-\frac{1}{2}}\left\{\cos\left(\dfrac{a^2}{4y}\right)\left[\dfrac{1}{2}-S\left(\dfrac{a^2}{4y}\right)\right] - \sin\left(\dfrac{a^2}{4y}\right)\left[\dfrac{1}{2}-C\left(\dfrac{a^2}{4y}\right)\right]\right\}$
$x^{-\frac{3}{4}}\,e^{-ax^{\frac{1}{2}}}$	$\dfrac{1}{2}\pi\left(\dfrac{y}{a}\right)^{-\frac{1}{2}}\left[J_{\frac{1}{4}}\left(\dfrac{a^2}{8y}\right)\sin\left(\dfrac{a^2}{8y}+\dfrac{\pi}{8}\right) - Y_{\frac{1}{4}}\left(\dfrac{a^2}{8y}\right)\cos\left(\dfrac{a^2}{8y}+\dfrac{\pi}{8}\right)\right]$
$x^{\nu-1}\,e^{-ax^{\frac{1}{2}}}$ $\operatorname{Re}\nu>0$	$\Gamma(2\nu)\,(2y)^{-\nu}\left\{e^{-i\left(\frac{1}{2}\pi\nu+\frac{a^2}{8y}\right)}\times D_{-2\nu}\left[\dfrac{1}{2}\,ay^{-\frac{1}{2}}(1-i)\right] + e^{i\left(\frac{1}{2}\pi\nu+\frac{a^2}{8y}\right)}D_{-2\nu}\left[\dfrac{1}{2}\,ay^{-\frac{1}{2}}(1+i)\right]\right\}$
$e^{-b(a^2+x^2)^{\frac{1}{2}}}$	$a\,b\,(b^2+y^2)^{-\frac{1}{2}}K_1\left[a(b^2+y^2)^{\frac{1}{2}}\right]$
$(a^2+x^2)^{-\frac{1}{2}}\,e^{-b(a^2+x^2)^{\frac{1}{2}}}$	$K_0\left[a(b^2+y^2)^{\frac{1}{2}}\right]$
$x^{-\frac{1}{2}}(a^2+x^2)^{-\frac{1}{2}}\,e^{-b(a^2+x^2)^{\frac{1}{2}}}$	$\left(\dfrac{1}{2}\pi y\right)^{\frac{1}{2}}I_{-\frac{1}{4}}\left\{\dfrac{1}{2}a\left[(b^2+y^2)^{\frac{1}{2}}-b\right]\right\}\times K_{\frac{1}{4}}\left\{\dfrac{1}{2}a\left[(b^2+y^2)^{\frac{1}{2}}+b\right]\right\}$
$(a^2+x^2)^{-\frac{3}{4}}\,e^{-b(a^2+x^2)^{\frac{1}{2}}}$	$\left(\dfrac{b}{2\pi}\right)^{\frac{1}{2}}K_{\frac{1}{4}}\left\{\dfrac{1}{2}a\left[(b^2+y^2)^{\frac{1}{2}}-y\right]\right\}\times K_{\frac{1}{4}}\left\{\dfrac{1}{2}a\left[(b^2+y^2)^{\frac{1}{2}}+y\right]\right\}$

$f(x)$	$g(y) = \int\limits_{0}^{\infty} f(x) \cos(xy)\, dx$
$(a^2 + x^2)^{-\frac{1}{2}} \times$ $\times [(a^2 + x^2)^{\frac{1}{2}} + a]^{-\frac{1}{2}} \times$ $\times e^{-b(a^2+x^2)^{\frac{1}{2}}}$	$\pi(2a)^{-\frac{1}{2}} e^{ab} \operatorname{Erfc}\left\{ a^{\frac{1}{2}} [(b^2 + y^2)^{\frac{1}{2}} + b]^{\frac{1}{2}} \right\}$
$x[(a^2 + x^2)^{\frac{1}{2}} - a]^{-\frac{1}{2}} \times$ $\times (a^2 + x^2)^{-\frac{1}{2}} e^{-b(a^2+x^2)^{\frac{1}{2}}}$	$\left(\frac{1}{2}\pi\right)^{\frac{1}{2}} [b + (b^2 + y^2)^{\frac{1}{2}}]^{\frac{1}{2}} (b^2 + y^2)^{-\frac{1}{2}} e^{-a(b^2+y^2)^{\frac{1}{2}}}$
$(a^2 + x^2)^{-\frac{1}{2}} \times$ $\times \left\{ [(a^2 + x^2)^{\frac{1}{2}} + x]^{\nu} + \right.$ $\left. + [(a^2 + x^2)^{\frac{1}{2}} - x]^{\nu} \times \right.$ $\times e^{-b(a^2+x^2)^{\frac{1}{2}}}$	$2a^{\nu} \cos\left[\nu \arctan\left(\frac{y}{b}\right)\right] K_{\nu}[a(b^2 + y^2)^{\frac{1}{2}}]$
$x^{\nu - \frac{1}{2}}(a^2 + x^2)^{-\frac{1}{2}} \times$ $\times [(x^2 + a^2)^{\frac{1}{2}} + a]^{-\nu} \times$ $\times e^{-b(a^2+x^2)^{\frac{1}{2}}}$ $\operatorname{Re} \nu > -\dfrac{1}{2}$	$\Gamma\left(\frac{1}{4} + \frac{1}{2}\nu\right) a^{-1}(2y)^{-\frac{1}{2}} \times$ $\times M_{\frac{1}{2}\nu,\, -\frac{1}{4}}\left\{ a[(b^2 + y^2)^{\frac{1}{2}} - b] \right\} \times$ $\times W_{-\frac{1}{2}\nu,\, \frac{1}{4}}\left\{ a[(b^2 + y^2)^{\frac{1}{2}} + b] \right\}$
$(a^2 - x^2)^{-\frac{3}{4}} e^{-b(a^2-x^2)^{\frac{1}{2}}}$ $\qquad 0 < x < a$ $0 \qquad\qquad x > a$	$-\frac{1}{4}(\pi b)^{\frac{1}{2}} [J_{\frac{1}{4}}(z_1) Y_{-\frac{1}{4}}(z_2) + Y_{\frac{1}{4}}(z_1) J_{-\frac{1}{4}}(z_2)]$ $= -\frac{1}{4}(\pi b^{\frac{1}{2}}) [J_{-\frac{1}{4}}(z_1) Y_{\frac{1}{4}}(z_2) +$ $+ Y_{-\frac{1}{4}}(z_1) J_{\frac{1}{4}}(z_2)]$ $z_1 = \frac{1}{2} a[y + (y^2 - b^2)^{\frac{1}{2}}]$ $z_2 = \frac{1}{2} a[y - (y^2 - b^2)^{\frac{1}{2}}]$ $y > b$
$x^{-2\nu - \frac{1}{2}}(a^2 - x^2)^{-\frac{1}{2}} \times$ $\times \left\{ [a - (a^2 - x^2)^{\frac{1}{2}}]^{2\nu} \times \right.$ $\times e^{b(a^2-x^2)^{\frac{1}{2}}} +$ $+ [a + (a^2 - x^2)^{\frac{1}{2}}]^{2\nu} \times$ $\left. \times e^{-b(a^2-x^2)^{\frac{1}{2}}} \right\}$ $\operatorname{Re}\left(\frac{1}{4} \pm \nu\right) > 0$	$a^{-1} \Gamma\left(\frac{1}{4} + \nu\right) \Gamma\left(\frac{1}{4} - \nu\right) (2\pi y)^{-\frac{1}{2}} \times$ $\times M_{\nu,\, -\frac{1}{4}}\left\{ a[b + b^2 - y^2)^{\frac{1}{2}}] \right\} \times$ $\times M_{-\nu,\, -\frac{1}{4}}\left\{ a[b - (b^2 - y^2)^{\frac{1}{2}}] \right\} \qquad b > y$
$(e^{2\pi x^{\frac{1}{2}}} - 1)^{-1}$	Ramanujan, S.: Mess. Math., Bd. 44, S. 75—85. 1915.

§ 4. Logarithmische Funktionen

$f(x)$	$g(y) = \int\limits_0^\infty f(x)\cos(xy)\,dx$
$\log x \qquad 0 < x < 1$ $0 \qquad\qquad x > 1$	$-y^{-1}\operatorname{Si}(y)$
$x^{-\frac{1}{2}}\log x$	$-\left(\dfrac{2y}{\pi}\right)^{-\frac{1}{2}}\left[\gamma + \dfrac{1}{2}\pi + \log(4y)\right]$
$(x^2 - a^2)^{-1}\log\left(\dfrac{x}{a}\right)$	$\dfrac{1}{2}\pi a^{-1}\left[\sin(ay)\operatorname{Ci}(ay) - \cos(ay)\operatorname{si}(ay)\right]$
$(x^2 - a^2)^{-1}\log(bx)$	$\dfrac{1}{2}\pi a^{-1}\big\{\sin(ay)\left[\operatorname{Ci}(ay) - \log(ab)\right] -$ $\qquad - \cos(ay)\operatorname{si}(ay)\big\}$ Das Integral ist als CAUCHY-Hauptwert definiert.
$(a^2 + x^2)^{-1}\log(bx)$	$\dfrac{1}{4}\pi a^{-1}\big[2e^{-ay}\log(ab) + e^{ay}\operatorname{Ei}(-ay) -$ $\qquad - e^{-ay}\overline{\operatorname{Ei}}(ay)\big]$
$0 \qquad\qquad\qquad 0 < x < 1$ $x^{-1}\log(2x - 1) \quad x > 1$	$\dfrac{1}{2}\left\{\left[\operatorname{Ci}\left(\dfrac{1}{2}y\right)\right]^2 - \left[\operatorname{si}\left(\dfrac{1}{2}y\right)\right]^2\right\}$
$x^{-1}\log(1 + x)$	$\dfrac{1}{2}\left\{\left[\operatorname{Ci}\left(\dfrac{1}{2}y\right)\right]^2 + \left[\operatorname{si}\left(\dfrac{1}{2}y\right)\right]^2\right\}$
$\log\left\|\dfrac{a+x}{b-x}\right\|$	$y^{-1}\Big\{\dfrac{1}{2}\pi\left[\cos(by) - \cos(ay)\right] +$ $\quad + \cos(by)\operatorname{Si}(by) + \cos(ay)\operatorname{Si}(ay) -$ $\quad - \sin(ay)\operatorname{Ci}(ay) - \sin(by)\operatorname{Ci}(by)\Big\}$
$\log(a - x) \qquad 0 < x < b$ $0 \qquad\qquad\qquad x > b$ $\qquad\qquad\qquad\qquad b < a$	$y^{-1}\big\{\sin(by)\log(a - b) + \sin(ay)\times$ $\quad \times\left[\operatorname{Ci}(ay) - \operatorname{Ci}(ay - by)\right] -$ $\quad - \cos(ay)\left[\operatorname{Si}(ay) - \operatorname{Si}(ay - by)\right]\big\}$
$\log(a - x) \qquad 0 < x < a$ $0 \qquad\qquad\qquad x > a$	$y^{-1}\big\{\sin(ay)\left[\operatorname{Ci}(ay) - \gamma - \log y\right] -$ $\quad - \cos(ay)\operatorname{Si}(ay)\big\}$

$f(x)$	$g(y) = \int\limits_0^\infty f(x)\cos(xy)\,dx$
$x^{\nu-1}\log x$ $0 < \operatorname{Re}\nu < 1$	$\Gamma(\nu)\,y^{-\nu}\cos\!\left(\dfrac{1}{2}\pi\nu\right)\times$ $\times\left[\psi(\nu) - \dfrac{1}{2}\pi\tan\left(\dfrac{1}{2}\pi\nu\right) - \log y\right]$
$(a+ix)^{-1}\log(a+ix) +$ $\quad +(a-ix)^{-1}\log(a-ix)$	$\pi e^{-ay}(\gamma + \log y)$
$e^{-ax}\log x$	$-(a^2+y^2)^{-1}\left[a\gamma + \dfrac{1}{2}a\log(a^2+y^2) +\right.$ $\left. + y\arctan\left(\dfrac{y}{a}\right)\right]$
$x^{\nu-1}e^{-ax}\log x$ $\quad \operatorname{Re}\nu > 0$	$\left\{\cos\left[\nu\arctan\left(\dfrac{y}{a}\right)\right]\left[\psi(\nu) - \dfrac{1}{2}\log(a^2+y^2)\right] -\right.$ $\left. - \sin\left[\nu\arctan\left(\dfrac{y}{a}\right)\right]\arctan\left(\dfrac{y}{a}\right)\right\}\times$ $\times\Gamma(\nu)\,(a^2+y^2)^{-\frac{1}{2}\nu}$
$e^{-ax}(\log x)^2$	$(a^2+y^2)^{-1}\left\{a\dfrac{\pi^2}{6} + \left[\gamma + \dfrac{1}{2}\log(a^2+y^2)\right]\times\right.$ $\times\left[a\gamma + \dfrac{1}{2}a\log(a^2+y^2)\right] +$ $\left. + 2y\arctan\left(\dfrac{y}{a}\right) - a\left[\arctan\left(\dfrac{y}{a}\right)\right]^2\right\}$
$x^{-1}e^{-\frac{1}{4}a^2x^{-1}}\log x$	$i\dfrac{\pi}{4}\left[K_0(a\sqrt{-iy}) - K_0(a\sqrt{iy})\right] -$ $- \log\!\left(\dfrac{2}{a}\sqrt{y}\right)\left[K_0(a\sqrt{iy}) + K_0(a\sqrt{-iy})\right]$
$\log(a^2-x^2) \quad 0 < x < a$ $0 \qquad\qquad\quad x > a$	$y^{-1}\sin(ay)\left[\operatorname{Ci}(2ay) - \gamma - \log\left(\dfrac{1}{2}y\right)\right] -$ $- y^{-1}\cos(ay)\operatorname{Si}(2ay)$
$\log\left(\dfrac{a^2+x^2}{b^2+x^2}\right)$	$\pi y^{-1}(e^{-by} - e^{-ay})$
$\log\left\lvert\dfrac{a^2+x^2}{b^2-x^2}\right\rvert$	$\pi y^{-1}\left[\cos(by) - e^{-ay}\right]$
$x^{-1}\log\left(1+\dfrac{x^2}{a^2}\right)$	$\operatorname{Ei}(-ay)\,\overline{\operatorname{Ei}}(ay)$

$f(x)$	$g(y) = \int\limits_{0}^{\infty} f(x) \cos(xy)\, dx$
$x^{-1} \log\left(\dfrac{a+x}{a-x}\right)^{2}$	$-2\pi \operatorname{si}(ay)$
$(a^{2}+x^{2})^{-\frac{1}{2}} \log(a^{2}+x^{2})$	$-\left[\gamma + \log\left(\dfrac{2y}{a}\right)\right] K_{0}(ay)$
$\begin{aligned}&0 \qquad\qquad 0 < x < a \\ &(x^{2}-a^{2})^{-\frac{1}{2}} \log(x^{2}-a^{2}) \\ &\qquad\qquad\qquad x > a\end{aligned}$	$\dfrac{1}{2}\pi\left\{\left[\gamma - \log\left(\dfrac{a}{2y}\right)\right] Y_{0}(ay) - \dfrac{1}{2}\pi J_{0}(ay)\right\}$
$\log(1 + a^{2} x^{-2})$	$\pi y^{-1}(1 - e^{-ay})$
$\begin{aligned}&[x(1-x)]^{-\frac{1}{2}} \log[x(1-x)] \\ &\qquad\qquad\qquad 0 < x < 1 \\ &0 \qquad\qquad\qquad x > 1\end{aligned}$	$\pi \cos y\left[\dfrac{1}{2}\pi Y_{0}(y) - (\gamma + \log 8y) J_{0}(y)\right]$
$\log(1 + a x^{-1})$	$y^{-1}\left[\dfrac{1}{2}\pi + \cos(ay)\operatorname{si}(ay) - \sin(ay)\operatorname{Ci}(ay)\right]$
$\log\left\|1 - a^{2} x^{-2}\right\|$	$\pi y^{-1}[1 - \cos(ay)]$
$\begin{aligned}&0 \qquad\qquad 0 < x < a \\ &\log\left[\dfrac{(x+a)^{\frac{1}{2}}+(x-a)^{\frac{1}{2}}}{2x^{\frac{1}{2}}}\right] \quad x > a\end{aligned}$	$-\dfrac{1}{2}y^{-1}\left[\dfrac{1}{2}\pi J_{0}(ay) + \operatorname{si}(ay)\right]$
$\log\left[\dfrac{x+(a^{2}+x^{2})^{\frac{1}{2}}}{2x}\right]$	$\dfrac{1}{2}\pi y^{-1}[1 + \boldsymbol{L}_{0}(ay) - I_{0}(ay)]$
$\log\left[\dfrac{1+(1+ax^{-1})^{\frac{1}{2}}}{2}\right]$	$\dfrac{1}{4}\pi y^{-1}\left[1 - \cos\left(\dfrac{1}{2}ay\right) J_{0}\left(\dfrac{1}{2}ay\right) - \sin\left(\dfrac{1}{2}ay\right) Y_{0}\left(\dfrac{1}{2}ay\right)\right]$
$\begin{aligned}&0 \qquad\qquad 0 < x < 1 \\ &x^{-1}\log[x+(x^{2}-1)^{\frac{1}{2}}] \\ &\qquad\qquad\qquad x > 1\end{aligned}$	$-\dfrac{1}{2}\pi \int\limits_{y}^{\infty} t^{-1} Y_{0}(t)\, dt$
$\begin{aligned}&(a^{2}-x^{2})^{-\frac{1}{2}} \log\left(\sqrt{a^{2}-x^{2}}\right) \\ &\qquad\qquad\qquad 0 < x < a \\ &0 \qquad\qquad\qquad x > a\end{aligned}$	$\dfrac{\pi^{2}}{8} Y_{0}(ay) - \dfrac{\pi}{4} J_{0}(ay)\left[\gamma + \log\left(\dfrac{2y}{a}\right)\right]$
$(a^{2}+x^{2})^{-\frac{1}{2}} \log\left[\dfrac{a+(a^{2}+x^{2})^{\frac{1}{2}}}{x}\right]$	$\dfrac{\pi^{2}}{4}[I_{0}(ay) - \boldsymbol{L}_{0}(ay)]$

$f(x)$	$g(y) = \int\limits_0^\infty f(x)\cos(xy)\,dx$
$(a^2 + x^2)^{-\frac{1}{2}} \times$ $\times \log\left[x + (a^2 + x^2)^{\frac{1}{2}}\right]$	$\dfrac{1}{2}\left[S_{-1,0}(iay) + S_{-1,0}(-iay)\right] +$ $+ \log a\, K_0(ay)$
$\log(1 + e^{-ax})$	$\dfrac{1}{2}ay^{-2} - \dfrac{1}{2}\pi y^{-1}\operatorname{csch}\left(\dfrac{\pi y}{a}\right)$
$\log(1 - e^{-ax})$	$\dfrac{1}{2}ay^{-2} - \dfrac{1}{2}\pi y^{-1}\operatorname{ctnh}\left(\dfrac{\pi y}{a}\right)$

§ 5. Trigonometrische Funktionen

$f(x)$	$g(y) = \int\limits_0^\infty f(x)\cos(xy)\,dx$	
$x^{-1}\sin(ax)$	$\dfrac{1}{2}\pi$	$y < a$
	$\dfrac{1}{4}\pi$	$y = a$
	0	$y > a$
$x^{\nu-1}\sin(ax)$ $\qquad -1 < \operatorname{Re}\nu < 1$	$\dfrac{\pi}{4}\left[\cos\left(\dfrac{1}{2}\pi\nu\right)\Gamma(1-\nu)\right]^{-1} \times$ $\times\left\{(y+a)^{-\nu} - \operatorname{sgn}(y-a)\,|y-a|^{-\nu}\right\}$	
$x(x^2 + b^2)^{-1}\sin(ax)$	$\dfrac{1}{2}\pi e^{-ab}\cosh(by)$	$y < a$
	$-\dfrac{1}{2}\pi e^{-by}\sinh(ab)$	$y > a$
$x^{-1}(x^2 + b^2)^{-1}\sin(ax)$	$\dfrac{1}{2}\pi b^{-2}\left[1 - e^{-ab}\cosh(by)\right]$	$y < a$
	$\dfrac{1}{2}\pi b^{-2}e^{-by}\sinh(ab)$	$y > a$
$e^{-bx}\sin(ax)$	$\dfrac{1}{2}(a+y)\left[b^2 + (a+y^2)\right]^{-1} + \dfrac{1}{2}(a-y)\times$ $\times\left[b^2 + (a-y)^2\right]^{-1}$	
$x^{-1}e^{-x}\sin x$	$\dfrac{1}{2}\arctan(2y^{-2})$	
$x^{-1}\sin^2(ax)$	$\dfrac{1}{4}\log\left|1 - 4a^2 y^{-2}\right|$	
$x^{-1}\sin(ax)\sin(bx)$	$\dfrac{1}{2}\log\left|\dfrac{(a+b)^2 - y^2}{(a-b)^2 - y^2}\right|$	

$f(x)$	$g(y) = \int\limits_{0}^{\infty} f(x) \cos(xy)\, dx$
$x^{-2} \sin^2(ax)$	$\dfrac{1}{2}\,\pi\left(a - \dfrac{1}{2}y\right) \qquad\qquad y < 2a$ $0 \qquad\qquad\qquad\qquad\qquad y > 2a$
$x^{-2} \sin^3(ax)$	$\dfrac{1}{8}\{(y+3a)\log(y+3a) + (y-3a)\times$ $\times \log|y-3a| - (y+a)\log(y+a) -$ $-(y-a)\log|y-a|\}$
$x^{-3} \sin^3(ax)$	$\dfrac{\pi}{8}(3a^2 - y^2) \qquad\qquad 0 < y < a$ $\dfrac{\pi}{4}y^2 \qquad\qquad\qquad\quad y = a$ $\dfrac{\pi}{16}(3a - y)^2 \qquad\quad a < y < 3a$ $0 \qquad\qquad\qquad\qquad\quad y > 3a$
$\left(\dfrac{\sin ax}{x}\right)^{2m}$ $m = 1, 2, 3, \ldots$	$(-1)^m\, 2^{-2m}\, m\,\pi\left\{(m!)^{-2}\, y^{2m-1} + \right.$ $\left. + \sum\limits_{n=1}^{m} \dfrac{(-1)^n[(2an+y)^{2m-1}+(|2an-y|)^{2m-1}]}{(m+n)!\,(m-n)!}\right\}$ $\qquad\qquad\qquad\qquad\qquad y \leq 2am$ $0 \qquad\qquad\qquad\qquad\quad y \geq 2am$
$\left(\dfrac{\sin ax}{x}\right)^{2m+1}$ $m = 0, 1, 2, \ldots$	$(-1)^m\,\pi\, 2^{-2m-2}(2m+1)\,F(a)$ $F(a) = \sum\limits_{n=0}^{m}(-1)^n \times$ $\times \dfrac{[(2n+1)a+y]^{2m}+[(2n+1)a-y]^{2m}}{(m+1+n)!\,(m-n)!}$ $\qquad\qquad\qquad\qquad\qquad 0 \leq y \leq a$ $F(a) = \sum\limits_{n=0}^{k-1}(-1)^n \times$ $\times \dfrac{[y+(2n+1)a]^{2m}-[y-(2n+1)a]^{2m}}{(m+1+n)!\,(m-n)!} +$ $+ \sum\limits_{n=k}^{m}(-1)^n \times$ $\times \dfrac{[(2n+1)a+y]^{2m}+[(2n+1)a-y]^{2m}}{(m+1+n)!\,(m-n)!}$ $\qquad\qquad (2k-1)a \leq y \leq (2k+1)a$ $F(a) = 0 \qquad\qquad\quad y \geq (2m+1)a$ $\qquad\qquad\qquad\qquad k = 1, 2, 3 \ldots m$

$f(x)$	$g(y) = \int\limits_0^\infty f(x)\cos(xy)\,dx$
$e^{-ax}(\sin x)^{2n}$ $n = 0, 1, 2, \ldots$	$\dfrac{i(-1)^n\,2^{-2n-2}}{2n+1}\left\{\left[\binom{n+\frac{1}{2}y+i\frac{1}{2}a}{2n+1}\right]^{-1} - \left[\binom{n+\frac{1}{2}y-i\frac{1}{2}a}{2n+1}\right]^{-1}\right\}$
$e^{-ax}(\sin x)^{2n-1}$ $n = 1, 2, 3, \ldots$	$(-1)^n\,n^{-1}\,2^{-2n-2}\left\{\left[\binom{n-\frac{1}{2}+\frac{1}{2}y+i\frac{1}{2}a}{2n}\right]^{-1} + \left[\binom{n-\frac{1}{2}+\frac{1}{2}y-i\frac{1}{2}a}{2n}\right]^{-1}\right\}$
$(\sin\pi x)^{\nu-1}$ $0 < x < 1$ 0 $x > 1$ $\operatorname{Re}\nu > 0$	$2^{1-\nu}\cos\left(\frac{1}{2}y\right)\Gamma(\nu)\left[\Gamma\left(\frac{1}{2}+\frac{1}{2}\nu+\frac{y}{2\pi}\right)\times\right.$ $\left.\times\,\Gamma\left(\frac{1}{2}+\frac{1}{2}\nu-\frac{y}{2\pi}\right)\right]^{-1}$
$(a^2+x^2)^{-1}\log(c^2\sin^2 bx)$	$\pi a^{-1}\left\{\cosh(ay)\log(1-e^{-2ab})+\log\left(\frac{1}{2}c\right)\times\right.$ $\left.\times\,e^{-ay}+\sum\limits_{n=1}^{m}n^{-1}\sinh[a(y-2bn)]\right\}$ $m = 1, 2, \ldots, \qquad m \leq \dfrac{y}{2b} < m+1$ Für $m = 0,\quad \sum\limits_{n=1}^{m}(\,)=0$
$x^{-1}[1-\cos(ax)]$	$\dfrac{1}{2}\log\left|1-a^2 y^{-2}\right|$
$x^{-2}[1-\cos(ax)]$	$\dfrac{1}{2}\pi(a-y)$ $y < a$ 0 $y > a$
$x^{\nu-1}\cos(ax)$ $0 < \operatorname{Re}\nu < 1$	$\dfrac{1}{2}\Gamma(\nu)\cos\left(\frac{1}{2}\nu\pi\right)\left[|y-a|^{-\nu}+(y+a)^{-\nu}\right]$
$(b^2+x^2)^{-1}\cos(ax)$	$\dfrac{1}{2}\pi b^{-1}e^{-ab}\cosh(by)$ $y < a$ $\dfrac{1}{2}\pi b^{-1}e^{-by}\cosh(ab)$ $y > a$
$e^{-bx}\cos(ax)$	$\dfrac{1}{2}b\left\{[b^2+(a-y)^2]^{-1}+[b^2+(a+y)^2]^{-1}\right\}$
$e^{-bx^2}\cos(ax)$	$\dfrac{1}{2}\left(\dfrac{\pi}{b}\right)^{\frac{1}{2}}e^{-\frac{a^2+y^2}{4b}}\cosh\left(\dfrac{ay}{2b}\right)$

$f(x)$	$g(y) = \int\limits_0^\infty f(x)\cos(xy)\,dx$
$(a^2+x^2)^{-1}(1-2b\cos x+b^2)^{-1}$ $\lvert b\rvert<1$	$\dfrac{1}{2}\pi a^{-1}(1-b^2)^{-1}(e^a-b)^{-1}(e^{a-ay}+b\,e^{ay})$ $0\leq y<1$
$(a^2+x^2)^{-1}(1-2b\cos x+b^2)^{-1}$ $\lvert b\rvert<1$	$\dfrac{1}{2}\pi a^{-1}(1-b^2)^{-1}\big[e^{-ay}+(e^{-a}-b)^{-1}\times$ $\times\,(b\,e^{-ay}-b^{n+1}e^{-\lambda a})+$ $+\,(e^a-b)^{-1}(b\,e^{-an-a\lambda}+b^{n+1}e^{\lambda a})\big]$ $y=n+\lambda,\quad 0\leq\lambda<1,\quad n=1,2,3,\ldots$
$(a^2+x^2)^{-1}\dfrac{\cos x-b}{1-2b\cos x+b^2}$ $\lvert b\rvert<1$	$\dfrac{1}{2}\pi a^{-1}(e^a-b)^{-1}\cosh(ay)\qquad 0\leq y<1$
$(a^2+x^2)^{-1}\dfrac{\cos x-b}{1-2b\cos x-b^2}$ $\lvert b\rvert<1$	$\dfrac{1}{4}\pi a^{-1}\big[(e^{-a}-b)^{-1}(e^{-an-a\lambda}-b^n e^{a\lambda})+$ $+\,(e^{-a}-b)^{-1}(e^{-an-a\lambda}-b^n e^{-a\lambda})\big]$ $y=n+\lambda,\quad 0\leq\lambda<1,\quad n=1,2,3,\ldots$
$\left(\cos\dfrac{1}{2}\pi x\right)^{\nu-1}\quad 0<x<1$ $0\hphantom{xxxxxxxxx}x>1$ $\operatorname{Re}\nu>0$	$2^{1-\nu}\Gamma(\nu)\left[\Gamma\!\left(\dfrac{1}{2}+\dfrac{1}{2}\nu+\dfrac{y}{\pi}\right)\times\right.$ $\left.\times\,\Gamma\!\left(\dfrac{1}{2}+\dfrac{1}{2}\nu-\dfrac{y}{\pi}\right)\right]^{-1}$
$(\cosh a-\cos x)^{-1}\quad 0<x<\pi$ $0\hphantom{xxxxxxxxx}x>\pi$	$-\dfrac{y\sin(\pi y)}{\sinh a}\sum_{n=0}^{\infty}(-1)^n\varepsilon_n(n^2-y^2)^{-1}e^{-na}$
$(\cosh a-\cos x)^{-\nu}\quad 0<x<\pi$ $0\hphantom{xxxxxxxxx}x>\pi$	$-\,2^{1-\nu}[\Gamma(\nu)]^{-1}e^{(\nu-1)a}(\sinh a)^{1-2\nu}\times$ $\times\,y\sin(\pi y)\sum_{n=0}^{\infty}\dfrac{(-1)^n\varepsilon_n e^{-na}}{n^2-y^2}\dfrac{\Gamma(n+\nu)}{n!}\times$ $\times\,{}_2F_1(1-\nu,\,n+1-\nu;\,n+1;\,e^{-2a})$
$(\cos x-\cos\delta)^{\nu-\frac{1}{2}}\quad 0<x<\delta$ $0\hphantom{xxxxxxxxx}x>\delta$ $0<\delta<\pi,\ \operatorname{Re}\nu>-\dfrac{1}{2}$	$\left(\dfrac{1}{2}\pi\right)^{\frac{1}{2}}\Gamma\!\left(\dfrac{1}{2}+\nu\right)(\sin\delta)^\nu P^{-\nu}_{-\frac{1}{2}+y}(\cos\delta)$
$x^{-2}\log(\cos^2 ax)$	$\pi\left[y\log 2-a+\sum_{n=1}^{m}(-1)^n n^{-1}(y-2an)\right]$ $m\leq\dfrac{y}{2a}<m+1,\qquad m=0,1,2,\ldots$ Für $m=0,\quad\sum_{n=1}^{m}(\,)=0$

$f(x)$	$g(y) = \int\limits_0^\infty f(x) \cos(x\,y)\,dx$
$(a^2 + x^2)^{-1} \log(c^2 \cos^2 b\,x)$	$\pi a^{-1} \Big\{ \cosh(a\,y) \log(1 + e^{-2ab}) +$ $+ \log\left(\tfrac{1}{2}\,c\right) e^{-a\,y} + \sum\limits_{n=1}^{m} (-1)^n\, n^{-1} \times$ $\times \sinh\big[a\,(y - 2\,b\,n)\big] \Big\}$ $m = 0, 1, 2, \dots \quad \text{Für } m = 0, \quad \sum\limits_{n=1}^{m} (\,) = 0$ $m \leq \dfrac{y}{2b} < m + 1$
$x^{-2}\,(a^2 + x^2)^{-1} \log(\cos^2 b\,x)$	$\pi a^{-3} \Big\{ (a\,y + e^{-a\,y}) \log 2 - \cosh(a\,y) \times$ $\times \log(1 + e^{-2ab}) - ab - \sum\limits_{n=1}^{m} (-1)^n\, n^{-1} \times$ $\times \big[\sinh(a\,y - 2\,a\,b\,n) + \sinh(2\,a\,b\,n) -$ $- a\,y \cosh(2\,a\,b\,n)\big] \Big\}$ $m = 0, 1, 2, \dots \quad \text{Für } m = 0, \quad \sum\limits_{n=1}^{m} (\,) = 0$ $m \leq \dfrac{y}{2b} < m + 1$
$(a^2 + x^2)^{-1} \times$ $\times \log(c \cosh \delta \pm c \cos b\,x)$	$\pi a^{-1} \Big\{ \Big[\tfrac{1}{2}\,\delta + \tfrac{1}{2} \log\left(\tfrac{1}{2}\,c\right) \Big] e^{-a\,y} +$ $+ \cosh(a\,y) \log(1 \pm e^{-\delta - ab}) +$ $\times \sum\limits_{n=1}^{m} (\mp 1)^n\, n^{-1}\, e^{-n\,\delta} \sinh\big[a\,(y - b\,n)\big] \Big\}$ $m = 0, 1, 2, \dots \quad \text{Für } m = 0, \quad \sum\limits_{n=1}^{m} (\,) = 0$ $m \leq \dfrac{y}{2b} < m + 1, \ \delta \gtreqless 0$
$x\,(b^2 + x^2)^{-1} \tan(a\,x)$	$\pi \cosh(b\,y)\,(1 + e^{2ab})^{-1}$ Das Integral ist als Cauchy-Hauptwert definiert.
$x\,(b^2 + x^2)^{-1} \operatorname{ctn}(a\,x)$	$\pi \cosh(b\,y)\,(e^{2ab} - 1)^{-1}$ Das Integral ist als Cauchy-Hauptwert definiert.

$f(x)$	$g(y) = \int\limits_{0}^{\infty} f(x) \cos(x\,y)\,dx$
$(a^2 + x^2)^{-1} \sec(b\,x)$	$\dfrac{1}{2}\,\pi\,a^{-1} \cosh(a\,y)\,\operatorname{sech}(a\,b) \qquad 0 < y < b$ Das Integral ist als Cauchy-Hauptwert definiert.
$x\,(a^2 + x^2)^{-1} \csc(b\,x)$	$\dfrac{1}{2}\,\pi \cosh(a\,y)\,\operatorname{csch}(a\,b) \qquad 0 < y < b$ Das Integral ist als Cauchy-Hauptwert definiert.
$\sin(a\,x^2)$	$\dfrac{1}{4}\left(\dfrac{2\pi}{a}\right)^{\frac{1}{2}}\left[\cos\left(\dfrac{y^2}{4a}\right) - \sin\left(\dfrac{y^2}{4a}\right)\right]$
$\sin[b(a^2 - x^2)] \quad 0 < x < a$ $0 \qquad\qquad\qquad x > a$	$\dfrac{1}{2}\left(\dfrac{\pi}{b}\right)^{\frac{1}{2}} U_{\frac{3}{2}}(2a^2 b,\, a\,y)$
$\sin[a(1 - x^2)]$	$-\dfrac{1}{2}\left(\dfrac{\pi}{a}\right)^{\frac{1}{2}} \cos\left(a + \dfrac{\pi}{4} + \dfrac{y^2}{4a}\right)$
$x^{-2} \sin(a\,x^2)$	$\dfrac{1}{2}\,\pi\,y\left[\operatorname{S}\left(\dfrac{y^2}{4a}\right) - \operatorname{C}\left(\dfrac{y^2}{4a}\right)\right] +$ $\qquad + (\pi a)^{\frac{1}{2}} \sin\left(\dfrac{\pi}{4} + \dfrac{y^2}{4a}\right)$
$x^{-1} \sin(a\,x^2)$	$\dfrac{1}{2}\,\pi\left\{\dfrac{1}{2} - \left[\operatorname{C}\left(\dfrac{y^2}{4a}\right)\right]^2 - \left[\operatorname{S}\left(\dfrac{y^2}{4a}\right)\right]^2\right\}$
$x^{\frac{1}{2}} \sin(a\,x^2)$	$\dfrac{\pi}{4}\left(\dfrac{y}{2a}\right)^{\frac{3}{2}}\left[\cos\left(\dfrac{\pi}{8} + \dfrac{y^2}{8a}\right) J_{-\frac{3}{4}}\left(\dfrac{y^2}{8a}\right) -\right.$ $\qquad \left. - \sin\left(\dfrac{\pi}{8} + \dfrac{y^2}{8a}\right) J_{\frac{1}{4}}\left(\dfrac{y^2}{8a}\right)\right]$
$x^{-\frac{1}{2}} \sin(a\,x^2)$	$-\dfrac{\pi}{2}\left(\dfrac{y}{2a}\right)^{\frac{1}{2}} \sin\left(\dfrac{y^2}{8a} - \dfrac{\pi}{8}\right) J_{-\frac{1}{4}}\left(\dfrac{y^2}{8a}\right)$
$x^{\nu-1} \sin(a\,x^2)$ $\qquad\qquad -2 < \operatorname{Re}\nu < 2$	$\dfrac{1}{4}\,a^{-\frac{1}{2}\nu}\,\Gamma\!\left(\dfrac{1}{2}\nu\right) i\left[e^{-i\frac{\pi}{4}\nu}\,{}_1F_1\left(\dfrac{1}{2}\nu;\,\dfrac{1}{2};\,i\,\dfrac{y^2}{4a}\right) -\right.$ $\qquad \left. - e^{i\frac{\pi}{4}\nu}\,{}_1F_1\left(\dfrac{1}{2}\nu;\,\dfrac{1}{2};\,-i\,\dfrac{y^2}{4a}\right)\right]$
$e^{-a\,x^2} \sin(b\,x^2)$	$\dfrac{1}{2}\,\pi^{\frac{1}{2}}(a^2 + b^2)^{-\frac{1}{4}} e^{-\frac{1}{4}a\,y^2(a^2+b^2)^{-1}} \times$ $\qquad \times \sin\left[\dfrac{1}{2}\arctan\left(\dfrac{b}{a}\right) - \dfrac{b\,y^2}{4(a^2+b^2)}\right]$

$f(x)$	$g(y) = \int\limits_0^\infty f(x)\cos(xy)\,dx$
$\cos(a x^2)$	$\dfrac{1}{4}\left(\dfrac{2\pi}{a}\right)^{\frac{1}{2}}\left[\cos\left(\dfrac{y^2}{4a}\right) + \sin\left(\dfrac{y^2}{4a}\right)\right]$
$\cos\left[b(a^2 - x^2)\right]\quad 0 < x < a$ $0 \qquad\qquad\qquad\qquad x > a$	$\dfrac{1}{2}\left(\dfrac{\pi}{b}\right)^{\frac{1}{2}} U_{\frac{1}{2}}(2a^2 b,\, a y)$
$\cos\left[a(1 - x^2)\right]$	$\dfrac{1}{2}\left(\dfrac{\pi}{a}\right)^{\frac{1}{2}}\sin\left(a + \dfrac{\pi}{4} + \dfrac{y^2}{4a}\right)$
$x^{\frac{1}{2}}\cos(a x^2)$	$\dfrac{\pi}{4}\left(\dfrac{y}{2a}\right)^{\frac{3}{2}}\left[\cos\left(\dfrac{\pi}{8} + \dfrac{y^2}{8a}\right) J_{\frac{1}{4}}\left(\dfrac{y^2}{8a}\right) +\right.$ $\left. + \sin\left(\dfrac{\pi}{8} + \dfrac{y^2}{8a}\right) J_{-\frac{3}{4}}\left(\dfrac{y^2}{8a}\right)\right]$
$x^{-\frac{1}{2}}\cos(a x^2)$	$\dfrac{\pi}{2}\left(\dfrac{y}{2a}\right)^{\frac{1}{2}}\cos\left(\dfrac{y^2}{8a} - \dfrac{\pi}{8}\right) J_{-\frac{1}{4}}\left(\dfrac{y^2}{8a}\right)$
$x^{\nu-1}\cos(a x^2)$ $\qquad\qquad 0 < \operatorname{Re}\nu < 2$	$\dfrac{1}{4}a^{-\frac{1}{2}\nu}\Gamma\left(\dfrac{1}{2}\nu\right)\left[e^{-i\frac{\pi}{4}\nu}\,{}_1F_1\left(\dfrac{1}{2}\nu;\dfrac{1}{2};i\dfrac{y^2}{4a}\right) +\right.$ $\left. + e^{i\frac{\pi}{4}\nu}\,{}_1F_1\left(\dfrac{1}{2}\nu;\dfrac{1}{2};-i\dfrac{y^2}{4a}\right)\right]$
$e^{-a x^2}\cos(b x^2)$	$\dfrac{1}{2}\pi^{\frac{1}{2}}(a^2 + b^2)^{-\frac{1}{4}}e^{-\frac{1}{4}a y^2 (a^2+b^2)^{-1}} \times$ $\times \cos\left[\dfrac{1}{4}b y^2(a^2 + b^2)^{-1} - \dfrac{1}{2}\arctan\left(\dfrac{b}{a}\right)\right]$
$\cos(a^3 x^3)$	$\dfrac{1}{2}(3a)^{-\frac{3}{2}}y^{\frac{1}{2}}\left\{3^{\frac{1}{2}}K_{\frac{1}{3}}\left[2(3a)^{-\frac{3}{2}}y^{\frac{3}{2}}\right] +\right.$ $+ \pi J_{\frac{1}{3}}\left[2(3a)^{-\frac{3}{2}}y^{\frac{3}{2}}\right] +$ $\left. + \pi J_{-\frac{1}{3}}\left[(2(3a)^{-\frac{3}{2}}y^{\frac{3}{2}}\right]\right\}$
$\sin\left(\dfrac{a}{x}\right)$	$-\dfrac{1}{2}\left(\dfrac{y}{a}\right)^{-\frac{1}{2}}\left[\pi Y_1(2\sqrt{a y}) + 2K_1(2\sqrt{a y})\right]$
$x^{-1}\sin\left(\dfrac{a}{x}\right)$	$\dfrac{1}{2}\pi J_0(2\sqrt{a y})$
$x^{-\frac{1}{2}}\sin\left(\dfrac{a}{x}\right)$	$\dfrac{1}{2}\left(\dfrac{2y}{\pi}\right)^{-\frac{1}{2}}\left[\sin(2\sqrt{a y}) +\right.$ $\left. + \cos(2\sqrt{a y}) - e^{-2\sqrt{a y}}\right]$
$x^{-\frac{3}{2}}\sin\left(\dfrac{a}{x}\right)$	$\dfrac{1}{2}\left(\dfrac{\pi}{2a}\right)^{\frac{1}{2}}\left[\sin(2\sqrt{a y}) +\right.$ $\left. + \cos(2\sqrt{a y}) + e^{-2\sqrt{a y}}\right]$

$f(x)$	$g(y) = \int\limits_0^\infty f(x)\cos(xy)\,dx$
$x^{\nu-1}\sin\left(\dfrac{a}{x}\right)$ $-1 < \operatorname{Re}\nu < 2$	$\dfrac{1}{4}\pi a^{\frac{1}{2}\nu}\sec\left(\dfrac{1}{2}\nu\pi\right)y^{-\frac{1}{2}\nu}\big[J_\nu(2\sqrt{ay}) +$ $+\, J_{-\nu}(2\sqrt{ay}) + I_\nu(2\sqrt{ay}) -$ $-\, I_{-\nu}(2\sqrt{ay})\big]$ $= \dfrac{1}{2}\pi\left(\dfrac{y}{a}\right)^{-\frac{1}{2}\nu}\left\{\cos\left(\dfrac{1}{2}\nu\pi\right)J_\nu(2\sqrt{ay}) -\right.$ $-\sin\left(\dfrac{1}{2}\nu\pi\right)\times$ $\left.\times\left[Y_\nu(2\sqrt{ay}) + \dfrac{2}{\pi}K_\nu(2a\sqrt{ay})\right]\right\}$
$x^{-1}\log(bx)\sin\left(\dfrac{a}{x}\right)$	$\dfrac{1}{2}\pi\left[J_0(2\sqrt{ay})\log\left(b\sqrt{\dfrac{a}{y}}\right) - K_0(2\sqrt{ay})\right]$
$x^{-1}\cos\left(\dfrac{a}{x}\right)$	$\dfrac{1}{2}\pi\left[\dfrac{2}{\pi}K_0(2\sqrt{ay}) - Y_0(2\sqrt{ay})\right]$
$x^{-\frac{1}{2}}\cos\left(\dfrac{a}{x}\right)$	$\dfrac{1}{2}\left(\dfrac{2y}{\pi}\right)^{-\frac{1}{2}}\big[\cos(2\sqrt{ay}) -$ $-\sin(2\sqrt{ay}) + e^{-2\sqrt{ay}}\big]$
$x^{-\frac{3}{2}}\cos\left(\dfrac{a}{x}\right)$	$\dfrac{1}{2}\left(\dfrac{\pi}{2a}\right)^{\frac{1}{2}}\big[\cos(2\sqrt{ay}) -$ $-\sin(2\sqrt{ay}) + e^{-2\sqrt{ay}}\big]$
$x^{\nu-1}\cos\left(\dfrac{a}{x}\right)$ $-1 < \operatorname{Re}\nu < 1$	$\dfrac{1}{4}\pi\csc\left(\dfrac{1}{2}\nu\pi\right)\left(\dfrac{y}{a}\right)^{-\frac{1}{2}\nu}\times$ $\times\big[J_{-\nu}(2\sqrt{ay}) - J_\nu(2\sqrt{ay}) +$ $+\, I_{-\nu}(2\sqrt{ay}) - I_\nu(2\sqrt{ay})\big]$ $= \dfrac{1}{2}\pi\left(\dfrac{y}{a}\right)^{-\frac{1}{2}\nu}\left\{\cos\left(\dfrac{1}{2}\nu\pi\right)\times\right.$ $\times\left[\dfrac{2}{\pi}K_\nu(2\sqrt{ay}) - Y_\nu(2\sqrt{ay})\right] -$ $\left.-\sin\left(\dfrac{1}{2}\nu\pi\right)J_\nu(2\sqrt{ay})\right\}$
$x^{-1}\log(bx)\cos\left(\dfrac{a}{x}\right)$	$\log\left(b\sqrt{\dfrac{a}{y}}\right)\left[K_0(2\sqrt{ay}) - \dfrac{1}{2}\pi Y_0(2\sqrt{ay})\right]$

$f(x)$	$g(y) = \int\limits_0^\infty f(x) \cos(xy)\,dx$
$\sin\left[b(a-x)^{\frac{1}{2}}\right] \quad 0 < x < a$ $0 \qquad\qquad\qquad\quad x > a$	$\dfrac{1}{2}\,\pi^{\frac{1}{2}}\,b\,y^{-\frac{3}{2}}\,U_{\frac{3}{2}}(2ay,\,ba^{\frac{1}{2}})$
$x^{-\frac{1}{2}}\sin(ax^{\frac{1}{2}})$	$\left(\dfrac{2\pi}{y}\right)^{\frac{1}{2}}\left[\mathrm{C}\left(\dfrac{a^2}{4y}\right)\sin\left(\dfrac{a^2}{4y}\right) - \mathrm{S}\left(\dfrac{a^2}{4y}\right)\cos\left(\dfrac{a^2}{4y}\right)\right]$
$x^{-\frac{1}{4}}\sin(ax^{\frac{1}{2}})$	$-\dfrac{1}{2}\,\pi\left(\dfrac{a}{2y}\right)^{\frac{3}{2}}\left[\sin\left(\dfrac{a^2}{8y} - \dfrac{\pi}{8}\right)J_{-\frac{1}{4}}\left(\dfrac{a^2}{8y}\right) + \right.$ $\left. + \cos\left(\dfrac{a^2}{8y} - \dfrac{\pi}{8}\right)J_{\frac{3}{4}}\left(\dfrac{a^2}{8y}\right)\right]$
$x^{-\frac{3}{4}}\sin(ax^{\frac{1}{2}})$	$\pi\left(\dfrac{a}{2y}\right)^{\frac{1}{2}}\cos\left(\dfrac{a^2}{8y} - \dfrac{3\pi}{4}\right)J_{\frac{1}{4}}\left(\dfrac{a^2}{8y}\right)$
$e^{-bx}\sin(ax^{\frac{1}{2}})$	$\dfrac{1}{2}\,\pi^{\frac{1}{2}}\,a\,(b^2+y^2)^{\frac{3}{4}}\,e^{-\frac{1}{4}a^2 b\,(b^2+y^2)^{-1}} \times$ $\times \cos\left[\dfrac{a^2 y}{4(b^2+y^2)} - \dfrac{3}{2}\arctan\left(\dfrac{y}{b}\right)\right]$
$x^{-1}e^{-ax^{\frac{1}{2}}}\sin(ax^{\frac{1}{2}})$	$\dfrac{1}{2}\,\pi\,\mathrm{Erf}\left[a(2y)^{-\frac{1}{2}}\right]$
$x^{\nu-1}e^{-ax^{\frac{1}{2}}}\sin\left(ax^{\frac{1}{2}} - \dfrac{1}{2}\nu\pi\right)$ $\qquad\qquad\qquad \mathrm{Re}\,\nu > 0$	$-\left(\dfrac{1}{2}\,\pi\right)^{\frac{1}{2}}(2y)^{-\nu}\,e^{-\frac{1}{4}a^2 y^{-1}}\,D_{2\nu-1}(ay^{-\frac{1}{2}})$
$x^{-1}\sin(ax^{\frac{1}{2}})$	$\pi\left[\mathrm{S}\left(\dfrac{a^2}{4y}\right) + \mathrm{C}\left(\dfrac{a^2}{4y}\right)\right]$
$(a-x)^{-\frac{1}{2}}\cos\left[b(a-x)^{\frac{1}{2}}\right]$ $\qquad\qquad\qquad 0 < x < a$ $0 \qquad\qquad\qquad\quad x > a$	$\left(\dfrac{\pi}{y}\right)^{\frac{1}{2}}U_{\frac{1}{2}}(2ay,\,ba^{\frac{1}{2}})$
$x^{-\frac{1}{2}}\cos(ax^{\frac{1}{2}})$	$\left(\dfrac{\pi}{y}\right)^{\frac{1}{2}}\sin\left(\dfrac{\pi}{4} + \dfrac{a^2}{4y}\right)$
$x^{-\frac{1}{4}}\cos(ax^{\frac{1}{2}})$	$-\dfrac{1}{2}\,\pi\left(\dfrac{a}{2y}\right)^{\frac{3}{2}}\left[\sin\left(\dfrac{a^2}{8y} + \dfrac{\pi}{8}\right)J_{-\frac{3}{4}}\left(\dfrac{a^2}{8y}\right) + \right.$ $\left. + \cos\left(\dfrac{a^2}{8y} + \dfrac{\pi}{8}\right)J_{-\frac{1}{4}}\left(\dfrac{a^2}{8y}\right)\right]$
$x^{-\frac{3}{4}}\cos(ax^{\frac{1}{2}})$	$\pi\left(\dfrac{a}{2y}\right)^{\frac{1}{2}}\cos\left(\dfrac{a^2}{8y} - \dfrac{\pi}{8}\right)J_{-\frac{1}{4}}\left(\dfrac{a^2}{8y}\right)$

$f(x)$	$g(y) = \int\limits_0^\infty f(x)\cos(x\,y)\,dx$
$x^{-\frac{1}{2}} e^{-a\,x} \cos(b\,x^{\frac{1}{2}})$	$\pi^{\frac{1}{2}}(a^2+y^2)^{-\frac{1}{4}} e^{-\frac{1}{4}a\,b^2(a^2+b^2)^{-1}} \times$ $\times \cos\left[\dfrac{b^2 y}{4(a^2+y^2)} - \dfrac{1}{2}\arctan\left(\dfrac{y}{a}\right)\right]$
$x^{-\nu}\sin(a\,x^{\frac{1}{2}})$ $\qquad 0 < \operatorname{Re}\nu < \dfrac{3}{2}$	$-\dfrac{1}{2}a\,\Gamma\left(\dfrac{3}{2}-\nu\right)y^{\nu-\frac{3}{2}} \times$ $\times\left[e^{-i\frac{\pi}{2}\left(\nu+\frac{1}{2}\right)}{}_1F_1\left(\dfrac{3}{2}-\nu;\dfrac{3}{2};-i\dfrac{a^2}{4y}\right)+\right.$ $\left. + e^{i\frac{\pi}{2}\left(\nu+\frac{1}{2}\right)}{}_1F_1\left(\dfrac{3}{2}-\nu;\dfrac{3}{2};i\dfrac{a^2}{4y}\right)\right]$
$x^{-\nu}\cos(a\,x^{\frac{1}{2}})$ $\qquad 0 < \operatorname{Re}\nu < 1$	$\dfrac{1}{2}y^{\nu-1}\Gamma(1-\nu)\,i \times$ $\times\left[e^{-i\nu\frac{\pi}{2}}{}_1F_1\left(1-\nu;\dfrac{1}{2};-i\dfrac{a^2}{4y}\right)-\right.$ $\left. - e^{i\nu\frac{\pi}{2}}{}_1F_1\left(1-\nu;\dfrac{1}{2};i\dfrac{a^2}{4y}\right)\right]$
$e^{-a\,x^{\frac{1}{2}}}\cos(a\,x^{\frac{1}{2}})$	$a\,\pi^{\frac{1}{2}}(2y)^{-\frac{3}{2}}e^{-\frac{1}{2}a^2 y^{-1}}$
$x^{-\frac{1}{2}} e^{-a\,x^{\frac{1}{2}}}\left[\cos(a\,x^{\frac{1}{2}}) - \right.$ $\left. - \sin(a\,x^{\frac{1}{2}})\right]$	$\left(\dfrac{\pi}{2y}\right)^{\frac{1}{2}}e^{-\frac{1}{2}a^2 y^{-1}}$
$x^{-\frac{1}{2}}(b-x)^{-\frac{1}{2}}\times$ $\quad + \cos\left[a\,x^{\frac{1}{2}}(b-x)^{\frac{1}{2}}\right]$ $\qquad\qquad 0 < x < b$ $0 \qquad\qquad\qquad x > b$	$\pi\cos\left(\dfrac{1}{2}b\,y\right)J_0\left[\dfrac{1}{2}b(a^2+y^2)^{\frac{1}{2}}\right]$
$(1+x)^{-\frac{1}{2}}\cos\left[a(1+x)^{\frac{1}{2}}\right]$	$-\left(\dfrac{y}{\pi}\right)^{-\frac{1}{2}}V_{\frac{3}{2}}(2y,a)$
$(a^2+x^2)^{-\frac{1}{2}}\sin\left[b(a^2+x^2)^{\frac{1}{2}}\right]$	$\dfrac{1}{2}\pi\,J_0\left[a(b^2-y^2)^{\frac{1}{2}}\right] \qquad\qquad 0 < y < b$ $0 \qquad\qquad\qquad\qquad\qquad\qquad y > b$
$(x^2+c^2)^{-1}(a^2+x^2)^{-\frac{1}{2}}\times$ $\quad \times\sin\left[b(a^2+x^2)^{\frac{1}{2}}\right]$	$\dfrac{1}{2}\pi c^{-1}(a^2-c^2)^{-\frac{1}{2}}e^{-c\,y}\times$ $\qquad \times\sin\left[b(a^2-c^2)^{\frac{1}{2}}\right] \qquad\qquad c \neq a$ $2\pi\,b\,c^{-1}e^{-c\,y} \qquad\qquad\qquad\qquad c = a$ $\qquad\qquad\qquad\qquad\qquad\qquad\qquad y \geq b$

$f(x)$	$g(y) = \int\limits_0^\infty f(x) \cos(xy)\, dx$
$(a^2 + x^2)^{-\frac{3}{4}} \sin\left[b\,(a^2 + x^2)^{\frac{1}{2}}\right]$	$\frac{1}{2}\,(\pi b)^{\frac{1}{2}}\, I_{\frac{1}{4}}\left\{\frac{1}{2}\,a\,\left[y - (y^2 - b^2)^{\frac{1}{2}}\right]\right\} \times$ $\times\, K_{\frac{1}{4}}\left\{\frac{1}{2}\,a\,\left[y + (y^2 - b^2)^{\frac{1}{2}}\right]\right\}$ $y > b$
$x^{-\frac{1}{2}}\,(a^2 + x^2)^{-\frac{1}{2}} \times$ $\times \sin\left[b\,(a^2 + x^2)^{\frac{1}{2}}\right]$	$\left(\frac{1}{2}\,\pi\right)^{\frac{3}{2}} y^{\frac{1}{2}}\, J_{-\frac{1}{4}}\left\{\frac{1}{2}\,a\,\left[b - (b^2 - y^2)^{\frac{1}{2}}\right]\right\} \times$ $\times\, J_{\frac{1}{4}}\left\{\frac{1}{2}\,a\,\left[b + (b^2 - y^2)^{\frac{1}{2}}\right]\right\}$ $y < b$
$x\,(a^2 + x^2)^{-\frac{1}{2}} \times$ $\times \left[(a^2 + x^2)^{\frac{1}{2}} - a\right]^{-\frac{1}{2}} \times$ $\times \sin\left[b\,(a^2 + x^2)^{\frac{1}{2}}\right]$	$\left(\frac{1}{2}\,\pi\right)^{\frac{1}{2}} (b^2 - y^2)^{-\frac{1}{2}}\left[b + (b^2 - y^2)^{\frac{1}{2}}\right]^{\frac{1}{2}} \times$ $\times \cos\left[a\,(b^2 - y^2)^{\frac{1}{2}} - \frac{\pi}{4}\right]$ $y < b$ $-\left(\frac{\pi}{2y}\right)^{\frac{1}{2}} (y^2 - b^2)^{-\frac{1}{2}}\, e^{-a\,(y^2 - b^2)^{\frac{1}{2}}} \times$ $\times \sin\left(\frac{1}{2}\,\text{arc}\sin\frac{b}{y}\right)$ $y > b$
$\left\{\left[(a^2 + x^2)^{\frac{1}{2}} + x\right]^{\nu} + \right.$ $\left. + \left[(a^2 + x^2)^{\frac{1}{2}} - x\right]^{\nu}\right\} \times$ $\times (a^2 + x^2)^{-\frac{1}{2}} \times$ $\times \sin\left[b\,(a^2 + x^2)^{\frac{1}{2}}\right]$ $-1 < \operatorname{Re}\nu < 1$	$= \frac{1}{2}\,\pi\, a^{\nu}\left[\left(\frac{b+y}{b-y}\right)^{\frac{1}{2}\nu} + \left(\frac{b-y}{b+y}\right)^{\frac{1}{2}\nu}\right] \times$ $\times \left\{\cos\left(\frac{1}{2}\,\nu\,\pi\right) J_{\nu}\left[a\,(b^2 - y^2)^{\frac{1}{2}}\right] - \right.$ $\left. - \sin\left(\frac{1}{2}\,\nu\,\pi\right) Y_{\nu}\left[a\,(b^2 - y^2)^{\frac{1}{2}}\right]\right\}$ $0 < y < b$ $= -a^{\nu} \sin\left(\frac{1}{2}\,\nu\,\pi\right)\left[\left(\frac{y+b}{y-b}\right)^{\frac{1}{2}\nu} - \left(\frac{y-b}{y+b}\right)^{\frac{1}{2}\nu}\right] \times$ $\times\, K_{\nu}\left[a\,(y^2 - b^2)^{\frac{1}{2}}\right]$ $y > b$
$(x^2 + c^2)^{-1} \cos\left[b\,(a^2 + x^2)^{\frac{1}{2}}\right]$	$\frac{1}{2}\,\pi\, c^{-1}\, e^{-cy} \cos\left[b\,(a^2 - c^2)^{\frac{1}{2}}\right]$ $y \gtrless b$
$(a^2 + x^2)^{-\frac{1}{2}} \cos\left[b\,(a^2 + x^2)^{\frac{1}{2}}\right]$	$-\frac{1}{2}\,\pi\, Y_0\left[a\,(b^2 - y^2)^{\frac{1}{2}}\right]$ $0 < y < b$ $K_0\left[a\,(y^2 - b^2)^{\frac{1}{2}}\right]$ $y > b$
$x^{-\frac{1}{2}}\,(a^2 + x^2)^{-\frac{1}{2}} \times$ $\times \cos\left[b\,(a^2 + x^2)^{\frac{1}{2}}\right]$	$-\frac{1}{2}\,\pi\left(\frac{1}{2}\,\pi y\right)^{\frac{1}{2}} J_{-\frac{1}{4}}\left\{\frac{1}{2}\,a\,\left[b - (b^2 - y^2)^{\frac{1}{2}}\right]\right\} \times$ $\times\, Y_{\frac{1}{4}}\left\{\frac{1}{2}\,a\,\left[b + (b^2 - y^2)^{\frac{1}{2}}\right]\right\}$ $0 < y < b$

$f(x)$	$g(y) = \int\limits_0^\infty f(x) \cos(x\,y)\,dx$
$x\,(a^2 + x^2)^{-\frac{1}{2}} \times$ $\times\,[(a^2 + x^2)^{\frac{1}{2}} - a]^{-\frac{1}{2}} \times$ $\times \cos\,[b\,(a^2 + x^2)^{\frac{1}{2}}]$	$-\left(\dfrac{\pi}{2}\right)^{\frac{1}{2}} (b^2 - y^2)^{-\frac{1}{2}} [b + (b^2 - y^2)^{\frac{1}{2}}]^{\frac{1}{2}} \times$ $\times \sin\left[a\,(b^2 - y^2)^{\frac{1}{2}} - \dfrac{\pi}{4}\right] \qquad y < b$ $\left(\dfrac{\pi}{2y}\right)^{\frac{1}{2}} (y^2 - b^2)^{-\frac{1}{2}}\, e^{-a\,(y^2 - b^2)^{\frac{1}{2}}} \times$ $\times \cos\left(\dfrac{1}{2}\arcsin\dfrac{b}{y}\right) \qquad y > b$
$\{[(a^2 + x^2)^{\frac{1}{2}} + x]^\nu +$ $+\,[(a^2 + x^2)^{\frac{1}{2}} - x]^\nu\} \times$ $\times\,(a^2 + x^2)^{-\frac{1}{2}} \times$ $\times \cos\,[b\,(a^2 + x^2)^{\frac{1}{2}}]$ $-1 < \mathrm{Re}\,\nu < 1$	$= -\dfrac{1}{2}\,\pi\,a^\nu \left[\left(\dfrac{b+y}{b-y}\right)^{\frac{1}{2}\nu} + \left(\dfrac{b-y}{b+y}\right)^{\frac{1}{2}\nu}\right] \times$ $\times \left\{\sin\left(\dfrac{1}{2}\,\nu\,\pi\right) J_\nu\,[a\,(b^2 - y^2)^{\frac{1}{2}}] + \right.$ $\left. +\cos\left(\dfrac{1}{2}\,\nu\,\pi\right) Y_\nu\,[a\,(b^2 - y^2)^{\frac{1}{2}}]\right\} \quad 0 < y < b$ $= a^\nu \cos\left(\dfrac{1}{2}\,\nu\,\pi\right)\left[\left(\dfrac{y+b}{y-b}\right)^{\frac{1}{2}\nu} + \left(\dfrac{y-b}{y+b}\right)^{\frac{1}{2}\nu}\right] \times$ $\times K_\nu\,[a\,(y^2 - b^2)^{\frac{1}{2}}] \qquad y > b$
$(a^2 + x^2)^{-\frac{3}{4}} \cos\,[b\,(a^2 + x^2)^{\frac{1}{2}}]$	$\dfrac{1}{2}\,(\pi\,b)^{\frac{1}{2}} I_{-\frac{1}{4}}\left\{\dfrac{1}{2}\,a\,[y - (y^2 - b^2)^{\frac{1}{2}}]\right\} \times$ $\times K_{\frac{1}{4}}\left\{\dfrac{1}{2}\,a\,[y + (y^2 - b^2)^{\frac{1}{2}}]\right\} \qquad y > b$
$\sin\,[b\,(a^2 - x^2)^{\frac{1}{2}}] \quad 0 < x < a$ $0 \hfill x > a$	$\dfrac{1}{2}\,\pi\,a\,b\,(b^2 + y^2)^{-\frac{1}{2}} J_1\,[a\,(b^2 + y^2)^{\frac{1}{2}}]$
$(a^2 - x^2)^{-\frac{1}{4}} \sin\,[b\,(a^2 - x^2)^{\frac{1}{2}}]$ $0 < x < a$ $0 \hfill x > a$	$\left(\dfrac{1}{2}\,\pi\right)^{\frac{3}{2}} b^{\frac{1}{2}} J_{\frac{1}{4}}\left\{\dfrac{1}{2}\,a\,[(b^2 + y^2)^{\frac{1}{2}} - y]\right\} \times$ $\times J_{\frac{1}{4}}\left\{\dfrac{1}{2}\,a\,[(b^2 + y^2)^{\frac{1}{2}} + y]\right\}$
$x^{-\frac{1}{2}}\,(a^2 - x^2)^{-\frac{1}{2}} \times$ $\times \sin\,[b\,(a^2 - x^2)^{\frac{1}{2}}]$ $0 < x < a$ $-\,x^{-\frac{1}{2}}\,(x^2 - a^2)^{-\frac{1}{2}}\,e^{-b\,(x^2 - a^2)^{\frac{1}{2}}}$ $x > a$	$\left(\dfrac{1}{2}\,\pi\right)^{\frac{3}{2}} y^{\frac{1}{2}} J_{-\frac{1}{4}}\left\{\dfrac{1}{2}\,a\,[(b^2 + y^2)^{\frac{1}{2}} - b]\right\} \times$ $\times Y_{-\frac{1}{4}}\left\{\dfrac{1}{2}\,a\,[(b^2 + y^2)^{\frac{1}{2}} + b]\right\}$

$f(x)$	$g(y) = \int\limits_0^\infty f(x)\cos(xy)\,dx$
$(a^2-x^2)^{-\frac{1}{2}}\sin\left[b\,(a^2-x^2)^{\frac{1}{2}}\right]$ $\quad 0<x<a$ $-\,(x^2-a^2)^{-\frac{1}{2}}\,e^{-b\,(x^2-a^2)^{\frac{1}{2}}}$ $\quad x>a$	$\dfrac{1}{2}\,\pi\,Y_0\left[a\,(b^2+y^2)^{\frac{1}{2}}\right]$
$(a^2-x^2)^{-\frac{1}{2}}\cos\left[b\,(a^2-x^2)^{\frac{1}{2}}\right]$ $\quad 0<x<a$ $0 \qquad\qquad\qquad\qquad x>a$	$\dfrac{1}{2}\,\pi\,J_0\left[a\,(b^2+y^2)^{\frac{1}{2}}\right]$
$(a^2-x^2)^{-\frac{3}{4}}\cos\left[b\,(a^2-x^2)^{\frac{1}{2}}\right]$ $\quad 0<x<a$ $0 \qquad\qquad\qquad\qquad x>a$	$\left(\dfrac{1}{2}\,\pi\right)^{\frac{3}{2}}b^{\frac{1}{2}}\,J_{-\frac{1}{4}}\left\{\dfrac{1}{2}\,a\left[(b^2+y^2)^{\frac{1}{2}}-y\right]\right\}\times$ $\times J_{-\frac{1}{4}}\left\{\dfrac{1}{2}\,a\left[(b^2+y^2)^{\frac{1}{2}}+y\right]\right\}$
$x^{-\frac{1}{2}}(a^2-x^2)^{-\frac{1}{2}}\times$ $\quad\times\cos\left[b\,(a^2-x^2)^{\frac{1}{2}}\right]$ $\quad 0<x<a$ $0 \qquad\qquad\qquad\qquad x>a$	$\left(\dfrac{1}{2}\,\pi\right)^{\frac{3}{2}}y^{\frac{1}{2}}\,J_{-\frac{1}{4}}\left\{\dfrac{1}{2}\,a\left[(b^2+y^2)^{\frac{1}{2}}-b\right]\right\}\times$ $\times J_{-\frac{1}{4}}\left\{\dfrac{1}{2}\,a\left[(b^2+y^2)^{\frac{1}{2}}+b\right]\right\}$
$0 \qquad\qquad\qquad\qquad 0<x<a$ $x\,(b^2+x^2-a^2)^{-1}\times$ $\quad\times\sin\left[c\,(x^2-a^2)^{\frac{1}{2}}\right]\quad x>a$	$\dfrac{1}{2}\,\pi\,e^{-bc}\cos\left[y\,(a^2-b^2)^{\frac{1}{2}}\right]\qquad 0<y<c$
$0 \qquad\qquad\qquad\qquad 0<x<a$ $(x^2-a^2)^{-\frac{3}{4}}\sin\left[b\,(x^2-a^2)^{\frac{1}{2}}\right]$ $\quad x>a$	$-\left(\dfrac{1}{2}\,\pi\right)^{\frac{3}{2}}b^{\frac{1}{2}}\,J_{\frac{1}{4}}\left\{\dfrac{1}{2}\,a\left[y-(y^2-b^2)^{\frac{1}{2}}\right]\right\}\times$ $\times Y_{\frac{1}{4}}\left\{\dfrac{1}{2}\,a\left[y+(y^2-b^2)^{\frac{1}{2}}\right]\right\}\qquad y>b$
$(a^2-x^2)^{-\frac{1}{2}}\,e^{-b\,(a^2-x^2)^{\frac{1}{2}}}$ $\quad 0<x<a$ $-\,(x^2-a^2)^{-\frac{1}{2}}\times$ $\quad\times\sin\left[b\,(x^2-a^2)^{\frac{1}{2}}\right]$ $\quad x>a$	$0 \qquad\qquad\qquad\qquad\qquad 0<y<b$ $\dfrac{1}{2}\,\pi\,J_0\left[a\,(y^2-b^2)^{\frac{1}{2}}\right]\qquad\qquad y>b$
$0 \qquad\qquad\qquad 0<x<a$ $(x^2-a^2)^{-\frac{1}{2}}\cos\left[b\,(x^2-a^2)^{\frac{1}{2}}\right]$ $\quad x>a$	$K_0\left[a\,(b^2-y^2)^{\frac{1}{2}}\right]\qquad\qquad 0<y<b$ $-\dfrac{1}{2}\,\pi\,Y_0\left[a\,(y^2-b^2)^{\frac{1}{2}}\right]\qquad y>b$

$f(x)$	$g(y) = \int\limits_0^\infty f(x) \cos(x\,y)\,dx$
$(x^2 - a^2)^{-\frac{3}{4}} \cos\left[b\,(x^2 - a^2)^{\frac{1}{2}}\right]$ $x > a$ 0 $0 < x < a$	$-\left(\frac{1}{2}\pi\right)^{\frac{3}{2}} b^{\frac{1}{2}} J_{-\frac{1}{4}}\left\{\frac{1}{2} a\left[y - (y^2 - b^2)^{\frac{1}{2}}\right]\right\} \times$ $\times\, Y_{\frac{1}{4}}\left\{\frac{1}{2} a\left[y + (y^2 - b^2)^{\frac{1}{2}}\right]\right\}$ $y > b$
0 $0 < x < a$ $x^{-\frac{1}{2}}(x^2 - a^2)^{-\frac{1}{2}} \times$ $\times \cos\left[b\,(x^2 - a^2)^{\frac{1}{2}}\right]$ $x > a$	$\frac{1}{2}(\pi y)^{\frac{1}{2}} I_{-\frac{1}{4}}\left\{\frac{1}{2} a\left[b - (b^2 - y^2)^{\frac{1}{2}}\right]\right\} \times$ $\times\, K_{\frac{1}{4}}\left\{\frac{1}{2} a\left[b + (b^2 - y^2)^{\frac{1}{2}}\right]\right\}$ $y < b$
$(\sin x)^{-\frac{1}{2}} e^{-2a\sin x}$ $0 < x < \pi$ 0 $x > \pi$	$\pi(\pi a)^{\frac{1}{2}} \cos\left(\frac{1}{2}\pi y\right) \times$ $\times\, [I_{-\frac{1}{2}(\frac{1}{2}+y)}(a)\, I_{-\frac{1}{2}(\frac{1}{2}-y)}(a) -$ $-\, I_{\frac{1}{2}(\frac{1}{2}-y)}(a)\, I_{\frac{1}{2}(\frac{1}{2}+y)}(a)]$
$(\sin x)^{-\frac{1}{2}} e^{2a\sin x}$ $0 < x < \pi$ 0 $x > \pi$	$\pi(\pi a)^{\frac{1}{2}} \cos\left(\frac{1}{2}\pi y\right) \times$ $\times\, [I_{-\frac{1}{2}(\frac{1}{2}+y)}(a)\, I_{-\frac{1}{2}(\frac{1}{2}-y)}(a) +$ $+\, I_{\frac{1}{2}(\frac{1}{2}-y)}(a)\, I_{\frac{1}{2}(\frac{1}{2}+y)}(a)]$
$(\cos x)^{-\frac{1}{2}} e^{-2a\cos x}$ $0 < x < \frac{\pi}{2}$ 0 $x > \frac{\pi}{2}$	$\frac{1}{2}\pi(\pi a)^{\frac{1}{2}}\,[I_{-\frac{1}{2}(\frac{1}{2}+y)}(a)\, I_{-\frac{1}{2}(\frac{1}{2}-y)}(a) -$ $-\, I_{\frac{1}{2}(\frac{1}{2}+y)}(a)\, I_{\frac{1}{2}(\frac{1}{2}-y)}(a)]$
$(\cos x)^{-\frac{1}{2}} e^{2a\cos x}$ $0 < x < \frac{\pi}{2}$ 0 $x > \frac{\pi}{2}$	$\frac{1}{2}\pi(\pi a)^{\frac{1}{2}}\,[I_{-\frac{1}{2}(\frac{1}{2}+y)}(a)\, I_{-\frac{1}{2}(\frac{1}{2}-y)}(a) +$ $+\, I_{\frac{1}{2}(\frac{1}{2}+y)}(a)\, I_{\frac{1}{2}(\frac{1}{2}-y)}(a)]$
$(\cos x)^{-\frac{1}{2}} e^{-a\sec x}$ $0 < x < \frac{\pi}{2}$ 0 $x > \frac{\pi}{2}$	$\pi^{\frac{1}{2}} D_{y-\frac{1}{2}}\left(\sqrt{2a}\right) D_{-y-\frac{1}{2}}\left(\sqrt{2a}\right)$
$\sin(a\sin x)$ $0 < x < \pi$ 0 $x > \pi$	$(1 + \cos \pi y)\, s_{0,y}(a)$ $= \frac{1}{2}\pi\,\mathrm{ctn}\left(\frac{1}{2}\pi y\right)[\boldsymbol{J}_y(a) - \boldsymbol{J}_{-y}(a)]$

$f(x)$	$g(y) = \int\limits_{0}^{\infty} f(x)\cos(xy)\,dx$
$\cos(a\sin x) \qquad 0 < x < \pi$ $0 \qquad x > \pi$	$-y\sin\left(\frac{1}{2}\pi y\right)s_{-1,y}(a)$ $= \frac{1}{4}\pi\sec\left(\frac{1}{2}\pi y\right)[\boldsymbol{J}_y(a) + \boldsymbol{J}_{-y}(a)]$
$\sin(a\cos x) \qquad 0 < x < \dfrac{\pi}{2}$ $0 \qquad x > \dfrac{\pi}{2}$	$\cos\left(\frac{1}{2}\pi y\right)s_{0,y}(a)$ $= \frac{1}{4}\pi\csc\left(\frac{1}{2}\pi y\right)[\boldsymbol{J}_y(a) - \boldsymbol{J}_{-y}(a)]$
$\cos(a\cos x) \qquad 0 < x < \dfrac{\pi}{2}$ $0 \qquad x > \dfrac{\pi}{2}$	$-y\sin\left(\frac{1}{2}\pi y\right)s_{-1,y}(a)$ $= \frac{1}{4}\pi\sec\left(\frac{1}{2}\pi y\right)[\boldsymbol{J}_y(a) + \boldsymbol{J}_{-y}(a)]$
$(\cos x)^{-\frac{1}{2}}\sin(2a\cos x)$ $\qquad 0 < x < \dfrac{\pi}{2}$ $0 \qquad x > \dfrac{\pi}{2}$	$\frac{1}{2}\pi(\pi a)^{\frac{1}{2}} J_{\frac{1}{2}(\frac{1}{2}+y)}(a)\, J_{\frac{1}{2}(\frac{1}{2}-y)}(a)$
$(\cos x)^{-\frac{1}{2}}\cos(2a\cos x)$ $\qquad 0 < x < \dfrac{\pi}{2}$ $0 \qquad x > \dfrac{\pi}{2}$	$\frac{1}{2}\pi(\pi a)^{\frac{1}{2}} J_{-\frac{1}{2}(\frac{1}{2}-y)}(a)\, J_{-\frac{1}{2}(\frac{1}{2}+y)}(a)$
$(\sin x)^{-\frac{1}{2}}\sin(2a\sin x)$ $\qquad 0 < x < \pi$ $0 \qquad x > \pi$	$\pi(a\pi)^{\frac{1}{2}}\cos\left(\frac{1}{2}\pi y\right) J_{\frac{1}{2}(\frac{1}{2}-y)}(a)\, J_{\frac{1}{2}(\frac{1}{2}+y)}(a)$
$(\sin x)^{-\frac{1}{2}}\cos(2a\sin x)$ $\qquad 0 < x < \pi$ $0 \qquad x > \pi$	$\pi(a\pi)^{\frac{1}{2}}\sin\left(\frac{1}{2}\pi y\right) J_{-\frac{1}{2}(\frac{1}{2}-y)}(a)\, J_{-\frac{1}{2}(\frac{1}{2}+y)}(a)$

§ 6. Zyklometrische Funktionen

$f(x)$	$g(y) = \int\limits_{0}^{\infty} f(x)\cos(xy)\,dx$
$\arcsin x \qquad 0 < x < 1$ $0 \qquad x > 1$	$\frac{1}{2}\pi y^{-1}[\sin y - \boldsymbol{H}_0(y)]$
$\arccos x \qquad 0 < x < 1$ $0 \qquad x > 1$	$\frac{1}{2}\pi y^{-1}\boldsymbol{H}_0(y)$

$f(x)$	$g(y) = \int\limits_0^\infty f(x) \cos(xy)\, dx$
$(1-x^2)^{-\frac{1}{2}} \cos(\nu \arccos x)$ $\qquad 0 < x < 1$ $0 \qquad\qquad\qquad x > 1$	$-\nu \sin\left(\frac{1}{2}\pi\nu\right) s_{-1,\nu}(y)$ $= \frac{1}{4}\pi \sec\left(\frac{1}{2}\pi\nu\right)[\boldsymbol{J}_\nu(y) + \boldsymbol{J}_{-\nu}(y)]$
$x^{-\frac{1}{2}}(1-x^2)^{-\frac{1}{2}} \times$ $\times \cos(\nu \arccos x)$ $\qquad 0 < x < 1$ $0 \qquad\qquad\qquad x > 1$	$\frac{1}{2}\pi\left(\frac{1}{2}\pi y\right)^{\frac{1}{2}} J_{\frac{1}{2}(\nu-\frac{1}{2})}\left(\frac{1}{2}y\right) J_{-\frac{1}{2}(\nu+\frac{1}{2})}\left(\frac{1}{2}y\right)$
$x^{-1} \arctan\left(\dfrac{x}{a}\right)$	$-\dfrac{1}{2}\pi \operatorname{Ei}(-ay)$
$(x^2+a^2)^{-\frac{1}{2}\nu} \times$ $\times \cos\left[\nu \arctan\left(\dfrac{x}{a}\right)\right]$ $\qquad\qquad \operatorname{Re}\nu > 0$	$\dfrac{1}{2}\pi y^{\nu-1}[\Gamma(\nu)]^{-1} e^{-ay}$
$x^\nu(1+x^2)^{\frac{1}{2}\nu} \sin(\nu \operatorname{arc ctn} x)$ $\qquad -1 < \operatorname{Re}\nu < 0$	$\frac{1}{2}\pi^{\frac{1}{2}}\Gamma(\nu+1) y^{-\nu-\frac{1}{2}}\left[I_{-\nu-\frac{1}{2}}\left(\frac{1}{2}y\right) \times\right.$ $\left. \times \sinh\left(\frac{1}{2}y\right) - I_{\nu+\frac{1}{2}}\left(\frac{1}{2}y\right) \cosh\left(\frac{1}{2}y\right)\right]$
$x^\nu(1+x^2)^{\frac{1}{2}\nu} \cos(\nu \operatorname{arc ctn} x)$ $\qquad -1 < \operatorname{Re}\nu < 0$	$-\pi^{-\frac{1}{2}}\Gamma(\nu+1) y^{-\nu-\frac{1}{2}} \sin(\nu\pi) \times$ $\times \cosh\left(\frac{1}{2}y\right) K_{\nu+\frac{1}{2}}\left(\frac{1}{2}y\right)$
$\arctan\left(\dfrac{a}{x}\right)$	$\dfrac{1}{2} y^{-1}\left[e^{-ay}\,\overline{\operatorname{Ei}}(ay) - e^{ay}\operatorname{Ei}(-ay)\right]$
$\arctan(a\,x^{-2})$	$\pi y^{-1} e^{-(\frac{1}{2}a)^{\frac{1}{2}}y} \sin\left[\left(\frac{1}{2}a\right)^{\frac{1}{2}}y\right]$
$(a^2-x^2)^{-\frac{1}{2}} \times$ $\times \log\left[\dfrac{a+(a^2-x^2)^{\frac{1}{2}}}{x}\right]$ $\qquad\qquad 0 < x < a$ $(x^2-a^2)^{-\frac{1}{2}} \times$ $\times \arctan[a^{-1}(x^2-a^2)^{\frac{1}{2}}]$ $\qquad\qquad x > a$	$\dfrac{1}{4}\pi^2[\boldsymbol{H}_0(ay) - Y_0(ay)]$

$f(x)$	$g(y) = \int\limits_0^\infty f(x)\cos(xy)\,dx$
$\arctan(a^n x^{-n})$ $n = 2, 4, 6, \ldots$	$-\dfrac{1}{2}\,\pi\,y^{-1}\sum\limits_{m=1}^{n}(-1)^m\,e^{-ay\sin\left[\left(m-\frac{1}{2}\right)\frac{\pi}{n}\right]} \times$ $\times \sin\left[ay\cos\left(m-\dfrac{1}{2}\right)\dfrac{\pi}{n}\right]$
$\arctan(a\,x^{-\frac{1}{2}})$	$\dfrac{1}{2}\,\pi\,y^{-1}\left\{\cos(a^2 y)\,[C(a^2 y) - S(a^2 y)] -\right.$ $\left. - \sin(a^2 y)\,[1 - C(a^2 y) - S(a^2 y)]\right\}$

§ 7. Hyperbolische Funktionen

$f(x)$	$g(y) = \int\limits_0^\infty f(x)\cos(xy)\,dx$
$\operatorname{sech}(a\,x)$	$\dfrac{1}{2}\,\pi\,a^{-1}\operatorname{sech}\left(\dfrac{\pi y}{2a}\right)$
$[\operatorname{sech}(a\,x)]^2$	$\dfrac{1}{2}\,\pi\,a^{-2}\,y\,\operatorname{csch}\left(\dfrac{\pi y}{2a}\right)$
$[\operatorname{sech}(a\,x)]^3$	$\dfrac{1}{4}\,\pi\,a^{-3}(a^2 + y^2)\,\operatorname{sech}\left(\dfrac{\pi y}{2a}\right)$
$[\operatorname{sech}(a\,x)]^{2n}$ $n = 1, 2, 3, \ldots$	$\dfrac{2^{2n-1}\pi\,a^{-2}y}{(2n-1)!}\,\operatorname{csch}\left(\dfrac{\pi y}{2a}\right)\prod\limits_{m=1}^{n-1}\left[\left(\dfrac{y}{2a}\right)^2 + m^2\right]$
$[\operatorname{sech}(a\,x)]^{2n+1}$ $n = 0, 1, 2, \ldots$	$\dfrac{2^{2n-1}\pi\,a^{-1}}{(2n)!}\,\operatorname{sech}\left(\dfrac{\pi y}{2a}\right)\prod\limits_{m=1}^{n}\left[\left(\dfrac{y}{2a}\right)^2 + \left(m - \dfrac{1}{2}\right)^2\right]$
$[\operatorname{sech}(a\,x)]^{\nu}$ $\operatorname{Re}\nu > 0$	$2^{\nu-2}a^{-1}[\Gamma(\nu)]^{-1}\Gamma\left(\dfrac{1}{2}\nu + i\,\dfrac{y}{2a}\right) \times$ $\times\,\Gamma\left(\dfrac{1}{2}\nu - i\,\dfrac{y}{2a}\right)$
$(\sinh a\,x)^{-\nu}$ $0 < \operatorname{Re}\nu < 1$	$2^{\nu}\pi\,a^{-1}\sin\left(\dfrac{1}{2}\pi\nu\right)\Gamma(1 - \nu) \times$ $\times\left[\Gamma\left(1 - \dfrac{1}{2}\nu + i\,\dfrac{y}{2a}\right) \times\right.$ $\left. \times\,\Gamma\left(1 - \dfrac{1}{2}\nu - i\,\dfrac{y}{2a}\right)\right]^{-1}\cosh\left(\dfrac{\pi y}{2a}\right) \times$ $\times\left[\cosh\left(\dfrac{\pi y}{a}\right) - \cos(\pi\nu)\right]^{-1}$

$f(x)$	$g(y) = \int_0^\infty f(x)\cos(x\,y)\,dx$
$[\cosh(a\,x) + \cos b]^{-1}$ $\qquad b < \pi$	$\pi\,a^{-1}\,\dfrac{\sinh\left(\dfrac{b\,y}{a}\right)}{\sin b\,\sinh\left(\dfrac{\pi\,y}{a}\right)}$
$[\cosh(a\,x) + \cos b]^{-\frac{1}{2}}$	$2^{-\frac{1}{2}}\,\pi\,a^{-1}\operatorname{sech}\left(\pi\,\dfrac{y}{a}\right)P_{-\frac{1}{2}+i\frac{y}{a}}(\cos b)$
$[\cosh(a\,x) + \cosh b]^{-1}$	$\pi\,a^{-1}\,\dfrac{\sin\left(\dfrac{b\,y}{a}\right)}{\sinh b\,\sinh\left(\dfrac{\pi\,y}{a}\right)}$
$[\cosh(a\,x) + \cosh b]^{-\frac{1}{2}}$	$2^{-\frac{1}{2}}\pi\,a^{-1}\operatorname{sech}\left(\dfrac{\pi\,y}{a}\right)P_{-\frac{1}{2}+i\frac{y}{a}}(\cosh b)$
$[\cosh(a\,x) - \cosh b]^{-1}$	$-\,\pi\,a^{-1}\,\dfrac{\cosh\left(\dfrac{\pi\,y}{a}\right)\sin\left(\dfrac{b\,y}{a}\right)}{\sinh b}$ Das Integral ist als CAUCHY-Hauptwert definiert.
$(\cosh x - \cos \delta)^{-\frac{1}{2}}$ $\qquad 0 < \delta < \pi$	$2^{-\frac{1}{2}}\left[Q_{-\frac{1}{2}+iy}(\cos\delta) + Q_{-\frac{1}{2}-iy}(\cos\delta)\right]$
$(a + \cosh x)^{\frac{1}{2}} - (b + \cosh x)^{\frac{1}{2}}$ $\qquad a, b > -1$	$i\,2^{-\frac{5}{2}}\pi\,y^{-1}\operatorname{sech}(\pi y)\left[P_{\frac{1}{2}+iy}(b) - P_{\frac{1}{2}-iy}(b) - P_{\frac{1}{2}+iy}(a) + P_{\frac{1}{2}-iy}(a)\right]$
$\left[1 + 2\cosh\left(x\sqrt{\dfrac{2\pi}{3}}\right)\right]^{-1}$	$\left(\dfrac{1}{2}\pi\right)^{\frac{1}{2}}\left[1 + 2\cosh\left(y\sqrt{\dfrac{2\pi}{3}}\right)\right]^{-1}$
$(\cosh a + \cosh x)^{-\mu}$ $\qquad \operatorname{Re}\mu > 0$	$\left(\dfrac{1}{2}\pi\right)^{\frac{1}{2}}[\Gamma(\mu)]^{-1}(\sinh a)^{\frac{1}{2}-\mu}\Gamma(\mu + iy) \times \times \Gamma(\mu - iy)\,\mathfrak{P}^{\frac{1}{2}-\mu}_{-\frac{1}{2}+iy}(\cosh a)$
$(\cosh x + \cos \delta)^{-\mu}$ $\qquad 0 < \delta < \pi$ $\qquad \operatorname{Re}\mu > 0$	$\left(\dfrac{1}{2}\pi\right)^{\frac{1}{2}}[\Gamma(\mu)]^{-1}(\sin\delta)^{\frac{1}{2}-\mu}\Gamma(\mu + iy) \times \times \Gamma(\mu - iy)\,P^{\frac{1}{2}-\mu}_{-\frac{1}{2}+iy}(\cos\delta)$
$(\cosh a - \cosh x)^{-\mu}$ $\qquad 0 < x < a$ $\qquad x > a$ $\qquad \operatorname{Re}\mu < 1$ 0	$\left(\dfrac{1}{2}\pi\right)^{\frac{1}{2}}\Gamma(1 - \mu)(\sinh a)^{\frac{1}{2}-\mu}\,\mathfrak{P}^{\mu-\frac{1}{2}}_{-\frac{1}{2}+iy}(\cosh a)$

$f(x)$	$g(y) = \int\limits_0^\infty f(x)\cos(xy)\,dx$
$\begin{aligned}&0 \qquad\qquad 0 < x < a\\ &(\cosh x - \cosh a)^{-\mu-\frac{1}{2}}\\ &\qquad\qquad\qquad x > a\\ &-\frac{1}{2} < \operatorname{Re}\mu < \frac{1}{2}\end{aligned}$	$\begin{aligned}&(2\pi)^{-\frac{1}{2}}\,\Gamma\!\left(\frac{1}{2}-\mu\right)(\sinh a)^{-\mu}\,e^{-i\mu\pi}\times\\ &\quad\cdot\times\left[\mathfrak{Q}^{\mu}_{-\frac{1}{2}-iy}(\cosh a) + \mathfrak{Q}^{\mu}_{-\frac{1}{2}+iy}(\cosh a)\right]\end{aligned}$
$\dfrac{\cosh(ax)}{\cosh(bx)} \qquad 0 < a < b$	$\pi b^{-1}\,\dfrac{\cos\!\left(\dfrac{\pi a}{2b}\right)\cosh\!\left(\dfrac{\pi y}{2b}\right)}{\cos\!\left(\dfrac{\pi a}{b}\right)+\cosh\!\left(\dfrac{\pi y}{b}\right)}$
$\dfrac{\sinh(ax)}{\sinh(bx)}$	$\dfrac{1}{2}\,\pi b^{-1}\,\dfrac{\sin\!\left(\dfrac{\pi a}{b}\right)}{\cos\!\left(\dfrac{\pi a}{b}\right)+\cosh\!\left(\dfrac{\pi y}{b}\right)}$
$\dfrac{\sinh(ax)}{\cosh(bx)} \qquad 0 < a < b$	$\begin{aligned}\dfrac{1}{4}\,b^{-1}\Bigg\{&2\pi\sin\!\left(\dfrac{\pi a}{b}\right)\times\\ &\times\left[\cos\!\left(\dfrac{\pi a}{b}\right)+\cosh\!\left(\dfrac{\pi y}{b}\right)\right]^{-1}+\\ &+\psi\!\left(\dfrac{3b-a+iy}{4b}\right)+\psi\!\left(\dfrac{3b-a-iy}{4b}\right)-\\ &-\psi\!\left(\dfrac{3b+a-iy}{4b}\right)-\psi\!\left(\dfrac{3b+a+iy}{4b}\right)\Bigg\}\end{aligned}$
$\dfrac{\cosh\!\left(\dfrac{1}{2}\,ax\right)}{\cosh b+\cosh(ax)}$	$\dfrac{1}{2}\,\pi a^{-1}\,\dfrac{\cos\!\left(\dfrac{by}{a}\right)}{\cosh\!\left(\dfrac{1}{2}\,b\right)\cosh\!\left(\dfrac{\pi y}{a}\right)}$
$\dfrac{\cosh\!\left(\dfrac{1}{2}\,ax\right)}{\cos\delta+\cosh(ax)}\\ \qquad\qquad 0 < \delta < \pi$	$\dfrac{1}{2}\,\pi a^{-1}\,\dfrac{\cosh\!\left(\dfrac{\delta y}{a}\right)}{\cos\!\left(\dfrac{1}{2}\,b\right)\cosh\!\left(\dfrac{\pi y}{a}\right)}$
$x\operatorname{csch}(ax) \qquad \operatorname{Re}a > 0$	$\dfrac{1}{4}\,\pi^2 a^{-2}\left[\operatorname{sech}\!\left(\dfrac{\pi y}{2a}\right)\right]^2$
$x^{-1}(\operatorname{csch}x - x^{-1})$	$-\log(1+e^{-\pi y})$
$x^{-1}(1-\operatorname{sech}x)$	$\log\left[\dfrac{\Gamma(\frac{3}{4}+i\frac{1}{2}y)\,\Gamma(\frac{3}{4}-i\frac{1}{2}y)}{\Gamma(\frac{1}{4}+i\frac{1}{2}y)\,\Gamma(\frac{1}{4}-i\frac{1}{2}y)}\right]-\log\!\left(\dfrac{1}{4}\,y\right)$

$f(x)$	$g(y) = \int\limits_0^\infty f(x)\cos(xy)\,dx$
$x^{-1} - \operatorname{csch} x$	$\dfrac{1}{2}\,\psi\left(\dfrac{1}{2} + i\,\dfrac{1}{2}\,y\right) + \dfrac{1}{2}\,\psi\left(\dfrac{1}{2} - i\,\dfrac{1}{2}\,y\right) -$ $- \log\left(\dfrac{1}{2}\,y\right)$
$x^{\nu-1}\left(\operatorname{csch} x - x^{-1}\right)$ $-1 < \operatorname{Re}\nu < 2$	$2^{-\nu}\,\Gamma(\nu) \times$ $\times\left[\zeta\left(\nu, \dfrac{1}{2} + i\,\dfrac{1}{2}\,y\right) + \zeta\left(\nu, \dfrac{1}{2} - i\,\dfrac{1}{2}\,y\right)\right] -$ $- \sin\left(\dfrac{1}{2}\,\pi\nu\right)\Gamma(\nu - 1)\,y^{1-\nu}$
$\dfrac{\sinh(ax)}{x\cosh(bx)} \qquad a \leq b$	$\dfrac{1}{2}\,\log\left[\dfrac{\cosh\left(\dfrac{\pi y}{2b}\right) + \sin\left(\dfrac{\pi a}{2b}\right)}{\cosh\left(\dfrac{\pi y}{2b}\right) - \sin\left(\dfrac{\pi a}{2b}\right)}\right]$
$\dfrac{[\sinh(ax)]^2}{x\sinh(bx)} \qquad a \leq \dfrac{1}{2}\,b$	$\dfrac{1}{4}\,\log\left[\dfrac{1 + \cosh\left(\dfrac{\pi y}{b}\right)}{\cos\left(2\pi\dfrac{a}{b}\right) + \cosh\left(\dfrac{\pi y}{b}\right)}\right]$
$\dfrac{\cosh(ax) - \cosh(bx)}{x\sinh(cx)}$ $c \geq \operatorname{Max}(a,b)$	$\dfrac{1}{2}\,\log\left[\dfrac{\cos\left(\dfrac{\pi b}{c}\right) + \cosh\left(\dfrac{\pi y}{c}\right)}{\cos\left(\dfrac{\pi a}{c}\right) + \cosh\left(\dfrac{\pi y}{c}\right)}\right]$
$(a^2 + x^2)\operatorname{sech}\left(\dfrac{\pi x}{2a}\right)$	$2a^3\left[\operatorname{sech}(ay)\right]^3$
$x(x^2 + a^2)\operatorname{csch}\left(\dfrac{\pi x}{a}\right)$	$\dfrac{3}{8}\left[\operatorname{sech}\left(\dfrac{ay}{2}\right)\right]^4$
$(1 + x^2)^{-1}\operatorname{sech}(\pi x)$	$2\cosh\left(\dfrac{1}{2}\,y\right) - e^y\arctan\left(e^{-\frac{1}{2}y}\right) -$ $- e^{-y}\arctan\left(e^{\frac{1}{2}y}\right)$
$(1 + x^2)^{-1}\operatorname{sech}\left(\dfrac{1}{2}\,\pi x\right)$	$y\,e^{-y} + \log\left(1 + e^{-2y}\right)\cosh y$
$x(1 + x^2)^{-1}\operatorname{csch}(\pi x)$	$\dfrac{1}{2}\,y\,e^{-y} - \dfrac{1}{2} + \log\left(1 + e^{-y}\right)\cosh y$
$(a^2 + x^2)^{-1}\operatorname{sech}(bx)$	$\dfrac{1}{2}\,\pi a^{-1}\sec(ab)\,e^{-ay} - b\,\pi^{-1}\sum_{m=0}^{\infty}(-1)^m \times$ $\times\left[\left(m + \dfrac{1}{2}\right)^2 - \left(\dfrac{ab}{\pi}\right)^2\right]^{-1}e^{-\left(m+\frac{1}{2}\right)\frac{\pi y}{b}}$

$f(x)$	$g(y) = \int_0^\infty f(x) \cos(xy)\, dx$
$x^{-1} e^{-ax} \sinh(bx)$	$\dfrac{1}{4} \log \left[\dfrac{y^2 + (a+b)^2}{y^2 + (a-b)^2} \right]$
$1 - \tanh(ax)$	$\dfrac{1}{4} a^{-1} \left[\psi\left(\dfrac{iy}{4a}\right) + \psi\left(-\dfrac{iy}{4a}\right) - \right.$ $\left. - \psi\left(\dfrac{1}{2} + \dfrac{iy}{4a}\right) - \psi\left(\dfrac{1}{2} - \dfrac{iy}{4a}\right) \right]$
$x^{-1} \tanh(ax)$	$\log \operatorname{ctnh}\left(\dfrac{\pi y}{4a}\right)$
$x(1+x^2)^{-1} \tanh\left(\dfrac{1}{2}\pi x\right)$	$-y\, e^{-y} - \cosh y \, \log(1 - e^{-2y})$
$x(1+x^2)^{-1} \tanh\left(\dfrac{\pi x}{4}\right)$	$\cosh y \, \log \operatorname{ctnh}\left(\dfrac{y}{2}\right) - \dfrac{1}{2}\pi e^{-y} -$ $- 2 \sinh y \, \arctan(e^{-y})$
$e^{-bx} \sinh(a x^{\frac{1}{2}})$	$\dfrac{1}{2} a \pi^{\frac{1}{2}} (b^2 + y^2)^{\frac{3}{4}} e^{\frac{1}{4} a^2 b \, (b^2 + y^2)^{-1}} \times$ $\times \cos\left[\dfrac{3}{2} \arctan\left(\dfrac{y}{b}\right) - \dfrac{1}{4} a^2 y (b^2 + y^2)^{-1} \right]$
$(a^2 - x^2)^{-\frac{1}{2}} \cosh\left[b(a^2 - x^2)^{\frac{1}{2}} \right]$ $0 < x < a$ 0 $x > a$	$\dfrac{1}{2} \pi J_0 \left[a(y^2 - b^2)^{\frac{1}{2}} \right]$
$(a^2 - x^2)^{-\frac{3}{4}} \sinh\left[b(a^2 - x^2)^{\frac{1}{2}} \right]$ $0 < x < a$ 0 $x > a$	$\left(\dfrac{1}{2}\pi\right)^{\frac{3}{2}} b^{\frac{1}{4}} J_{\frac{1}{4}} \left\{ \dfrac{1}{2} a \left[y + (y^2 - b^2)^{\frac{1}{2}} \right] \right\} \times$ $\times J_{\frac{1}{4}} \left\{ \dfrac{1}{2} a \left[y - (y^2 - b^2)^{\frac{1}{2}} \right] \right\}$
$(a^2 - x^2)^{-\frac{3}{4}} \cosh\left[b(a^2 - x^2)^{\frac{1}{2}} \right]$ $0 < x < a$ 0 $x > a$	$\left(\dfrac{1}{2}\pi\right)^{\frac{3}{2}} b^{\frac{1}{4}} J_{-\frac{1}{4}} \left\{ \dfrac{1}{2} a \left[y + (y^2 - b^2)^{\frac{1}{2}} \right] \right\} \times$ $\times J_{-\frac{1}{4}} \left\{ \dfrac{1}{2} a \left[y - (y^2 - b^2)^{\frac{1}{2}} \right] \right\}$
$\sinh\left[b(a^2 - x^2)^{\frac{1}{2}} \right]$ $0 < x < a$ 0 $x > a$	$\dfrac{1}{2} \pi a b (b^2 - y^2)^{-\frac{1}{2}} I_1 \left[a(b^2 - y^2)^{\frac{1}{2}} \right]$ $\hfill 0 < y < b$ $\dfrac{1}{2} \pi a b (y^2 - b^2)^{-\frac{1}{2}} J_1 \left[a(y^2 - b^2)^{\frac{1}{2}} \right] \quad y > b$

$f(x)$	$g(y) = \int\limits_0^\infty f(x) \cos(xy)\, dx$
$x^{-\frac{1}{2}}(a^2 - x^2)^{-\frac{1}{2}} \times$ $\times \cosh\left[b\,(a^2 - x^2)\right]$ $0 < x < a$ $0 \qquad x > a$	$\left(\dfrac{1}{2}\,\pi\right)^{\frac{3}{2}} y^{\frac{1}{2}} I_{-\frac{1}{4}}\left\{\dfrac{1}{2}\,a\left[b - (b^2 - y^2)^{\frac{1}{2}}\right]\right\} \times$ $\times I_{-\frac{1}{4}}\left\{\dfrac{1}{2}\,a\left[b + (b^2 - y^2)^{\frac{1}{2}}\right]\right\}$
$(a^2 - x^2)^{-\frac{1}{2}} \sinh\left[b\,(a^2 - x^2)^{\frac{1}{2}}\right]$ $0 < x < a$ $(x^2 - a^2)^{-\frac{1}{2}} \sin\left[b\,(x^2 - a^2)^{\frac{1}{2}}\right]$ $x > a$	$\dfrac{1}{2}\,\pi\, I_0\left[a\,(b^2 - y^2)^{\frac{1}{2}}\right] \qquad y < b$ $0 \qquad\qquad y > b$
$x^{-\frac{1}{2}}(a^2 - x^2)^{-\frac{1}{2}} \times$ $\times \sinh\left[b\,(a^2 - x^2)^{\frac{1}{2}}\right]$ $0 < x < a$ $x^{-\frac{1}{2}}(x^2 - a^2)^{-\frac{1}{2}} \times$ $\times \sin\left[b\,(x^2 - a^2)^{\frac{1}{2}}\right] \quad x > a$	$\left(\dfrac{1}{2}\,\pi\right)^{\frac{3}{2}} y^{\frac{1}{2}} I_{-\frac{1}{4}}(A)\left[I_{-\frac{1}{4}}(A) - \dfrac{\sqrt{2}}{\pi}\,K_{\frac{1}{4}}(B)\right]$ $y < b$ $A = \dfrac{1}{2}\,a\left[b - (b^2 - y^2)^{\frac{1}{2}}\right]$ $B = \dfrac{1}{2}\,a\left[b + (b^2 - y^2)^{\frac{1}{2}}\right]$
$\dfrac{\sinh(ax)}{e^{bx} + 1} \qquad a < b$	$-\dfrac{1}{2}\,a\,(a^2 + y^2)^{-1} + \pi\,b^{-1} \times$ $\times \dfrac{\sin(\pi a b^{-1})\cos(\pi y b^{-1})}{\cosh(2\pi y b^{-1}) - \cos(2\pi a b^{-1})}$
$e^{-ax}\left[\sinh(bx)\right]^{\nu}$ $\mathrm{Re}\,\nu > -1, \quad b\,\mathrm{Re}\,\nu < a$	$2^{-\nu - 2} b^{-1} \Gamma(\nu + 1) \times$ $\times \left\{\dfrac{\Gamma\left[\frac{1}{2} b^{-1}(a - \nu b - iy)\right]}{\Gamma\left[\frac{1}{2} b^{-1}(a + \nu b - iy) + 1\right]} + \right.$ $\left. + \dfrac{\Gamma\left[\frac{1}{2} b^{-1}(a - \nu b + iy)\right]}{\Gamma\left[\frac{1}{2} b^{-1}(a + \nu b + iy) + 1\right]}\right\}$
$e^{-bx^2}\cosh(ax)$	$\dfrac{1}{2}\,\pi^{\frac{1}{2}} b^{-\frac{1}{2}} e^{\frac{1}{4} b^{-1}(a^2 - y^2)} \cos\left(\dfrac{1}{2}\,a b y\right)$
$\dfrac{\sinh(ax)}{e^{bx} - 1} \qquad a < b$	$\dfrac{1}{2}\,a\,(a^2 + y^2)^{-1} + \dfrac{1}{2}\,\pi\,b^{-1} \times$ $\times \dfrac{\sin(2\pi a b^{-1})}{\cosh(2\pi y b^{-1}) - \cos(2\pi a b^{-1})}$
$x^{-2} e^{-x^2} \sinh x^2$	$\left(\dfrac{1}{2}\,\pi\right)^{\frac{1}{2}} e^{-\frac{1}{8} y^2} - \dfrac{1}{4}\,\pi\, y\,\mathrm{Erfc}\left(2^{-\frac{3}{2}} y\right)$
$x^{-\frac{3}{4}} e^{-a^2 x^2} \sinh(a^2 x^2)$	$\pi^{-\frac{1}{2}} e^{-\frac{y^2}{16 a^2}}\left[2^{\frac{1}{2}} a\, e^{-\frac{y^2}{16 a^2}} - y\,\mathrm{Erfc}\left(2^{-\frac{3}{2}} y\, a^{-1}\right)\right]$

$f(x)$	$g(y) = \int\limits_{0}^{\infty} f(x)\cos(xy)\,dx$
$e^{-ax}\operatorname{ctnh}(b\,x^{\frac{1}{2}})$	Mordell, L. J.: Mess. Math., Bd. 49, S. 65—72. 1920.
$e^{-ax}\tanh(b\,x^{\frac{1}{2}})$	Mordell, L. S.: Mess. Math., Bd. 49, S. 65—72. 1920.
$e^{-a\cosh x}$	$K_{iy}(a)$
$e^{-a\sinh x}$	$S_{0,\,iy}(a)$
$e^{-a\cosh x}\cos(b\sinh x)$	$\cosh\left[y\arctan\left(\dfrac{b}{a}\right)\right]K_{iy}\left[(a^2+b^2)^{\frac{1}{2}}\right]$
$(\sinh x)^{-\frac{1}{2}}e^{-2a\sinh x}$	$\dfrac{1}{4}\,\pi(a\pi)^{\frac{1}{2}}\Big[J_{\frac{1}{2}(\frac{1}{2}-iy)}(a)\,Y_{-\frac{1}{2}(\frac{1}{2}+iy)}(a) - {}$ $- J_{\frac{1}{2}(\frac{1}{2}+iy)}(a)\,Y_{\frac{1}{2}(\frac{1}{2}-iy)}(a) + J_{\frac{1}{2}(\frac{1}{2}+iy)}(a)\times$ $\times Y_{-\frac{1}{2}(\frac{1}{2}-iy)}(a) - J_{-\frac{1}{2}(\frac{1}{2}-iy)}(a)\,Y_{\frac{1}{2}(\frac{1}{2}+iy)}(a)\Big]$
$(\cosh x)^{-\frac{1}{2}}e^{-2a\cosh x}$	$\left(\dfrac{a}{\pi}\right)^{\frac{1}{2}}K_{\frac{1}{2}(\frac{1}{2}+iy)}(a)\,K_{\frac{1}{2}(\frac{1}{2}-iy)}(a)$
$\log(1-e^{-2x})\cosh x$	$-\dfrac{1}{2}\,\pi y(y^2+1)^{-1}\tanh\left(\dfrac{1}{2}\,\pi y\right) + {}$ $+ (y^2-1)(y^2+1)^{-2}$
$\log(1+\cos a\operatorname{sech} x)$ $\qquad\qquad a<\pi$	$\pi y^{-1}\operatorname{csch}(\pi y)\left[\cosh\left(\dfrac{1}{2}\,\pi y\right)-\cosh(ay)\right]$
$\cosh x\log(2\cosh x) -$ $\quad - x\sinh x$	$\dfrac{1}{2}\,\pi(y^2+1)^{-1}\operatorname{sech}\left(\dfrac{1}{2}\,\pi y\right)$
$\log(\tanh ax)$	$-\dfrac{1}{2}\,\pi y^{-1}\tanh\left(\dfrac{\pi y}{4a}\right)$
$\log\left[\dfrac{1+\cosh ax}{\cos b+\cosh ax}\right]$ $\qquad\qquad b\le\pi$	$2\pi\dfrac{\left[\sinh\left(\dfrac{by}{2a}\right)\right]^2}{y\sinh\left(\dfrac{\pi y}{a}\right)}$
$\log\left[\dfrac{\cosh(ax)+\sin b}{\cosh(ax)-\sin b}\right]$ $\qquad\qquad b\le\dfrac{1}{2}\,\pi$	$\pi y^{-1}\sinh\left(\dfrac{by}{a}\right)\operatorname{sech}\left(\dfrac{\pi y}{2a}\right)$

$f(x)$	$g(y) = \int\limits_0^\infty f(x) \cos(xy)\, dx$
$\log\left[\dfrac{\cosh(ax) + \cos b}{\cosh(ax) + \cos d}\right]$ $b, d \leq \pi$	$\pi y^{-1} \operatorname{csch}\left(\dfrac{\pi y}{a}\right)\left[\cosh\left(\dfrac{dy}{a}\right) - \cosh\left(\dfrac{by}{a}\right)\right]$
$(\cosh x - a)^{-\frac{1}{2}} \times$ $\times \log\left[\dfrac{(\cosh x + 1)^{\frac{1}{2}} +}{(\cosh x + 1)^{\frac{1}{2}} -} \dfrac{+ (\cosh x - a)^{\frac{1}{2}}}{- (\cosh x - a)^{\frac{1}{2}}}\right]$ $-1 < a < 1$	$2^{-\frac{1}{2}} \pi^2 \left[\operatorname{sech}(\pi y)\right]^2 P_{-\frac{1}{2} + iy}(a)$
$\sin\left(\dfrac{x^2}{\pi}\right) \operatorname{sech} x$	$\dfrac{1}{2}\, \pi \operatorname{sech}\left(\dfrac{1}{2}\, \pi y\right)\left[\cos\left(\dfrac{1}{4}\, \pi y^2\right) - \dfrac{1}{\sqrt{2}}\right]$
$\cos\left(\dfrac{x^2}{\pi}\right) \operatorname{sech} x$	$\dfrac{1}{2}\, \pi \operatorname{sech}\left(\dfrac{1}{2}\, \pi y\right)\left[\sin\left(\dfrac{1}{4}\, \pi y^2\right) + \dfrac{1}{\sqrt{2}}\right]$
$\operatorname{sech}(bx) \begin{cases} \sin(ax^2) \\ \cos(ax^2) \end{cases}$	Siehe ERDELYI, A.: Tables of Integral Transforms, vol. 1, p. 36. New York 1954.
$\dfrac{\cos(\frac{1}{2}x^2) + \sin(\frac{1}{2}x^2)}{\cosh\left(\sqrt{\dfrac{\pi}{2}}\, x\right)}$	$\left(\dfrac{\pi}{2}\right)^{\frac{1}{2}} \dfrac{\cos(\frac{1}{2}y^2) + \sin(\frac{1}{2}y^2)}{\cosh\left(\sqrt{\dfrac{\pi}{2}}\, y\right)}$
$\sin(a \sinh x)$	$\dfrac{1}{4}\, \pi \operatorname{sech}\left(\dfrac{1}{2}\, \pi y\right)\left\{I_{iy}(a) + I_{-iy}(a) + \right.$ $\left. + 2\operatorname{csch}\left(\dfrac{1}{2}\, \pi y\right)\left[\boldsymbol{J}_{iy}(ia) - \boldsymbol{J}_{-iy}(ia)\right]\right\}$
$\sin(a \cosh x)$	$\dfrac{1}{4}\, \pi \operatorname{sech}\left(\dfrac{1}{2}\, \pi y\right)\left[J_{iy}(a) + J_{-iy}(a)\right]$
$\cos(a \cosh x)$	$\dfrac{1}{4}\, \pi i \operatorname{csch}\left(\dfrac{1}{2}\, \pi y\right)\left[J_{iy}(a) - J_{-iy}(a)\right]$
$\cos(a \sinh x)$	$\cosh\left(\dfrac{1}{2}\, \pi y\right) K_{iy}(a)$
$\cos(a \cosh x) \cos(b \sinh x)$	$\cosh\left(\dfrac{1}{2}\, \pi y\right) \cos\left[\dfrac{1}{2}\, y \log\left(\dfrac{b+a}{b-a}\right)\right] \times$ $\times K_{iy}\left[(b^2 - a^2)^{\frac{1}{2}}\right] \qquad a < b$ $\dfrac{1}{4}\, \pi i \operatorname{csch}\left(\dfrac{1}{2}\, \pi y\right) \cos\left[\dfrac{1}{2}\, y \log\left(\dfrac{a+b}{a-b}\right)\right] \times$ $\left\{J_{iy}\left[(a^2 - b^2)^{\frac{1}{2}}\right] - J_{-iy}\left[(a^2 - b^2)^{\frac{1}{2}}\right]\right\}$ $a > b$

$f(x)$	$g(y) = \int_0^\infty f(x) \cos(xy)\,dx$
$\sin(a \cosh x)\cos(b \sinh x)$	$\sinh\left(\frac{1}{2}\pi y\right)\sin\left[\frac{1}{2}\,y \log\left(\frac{b+a}{b-a}\right)\right] \times$ $\times K_{iy}\left[(b^2-a^2)^{\frac{1}{2}}\right] \qquad a < b$ $\frac{1}{4}\,\pi \operatorname{sech}\left(\frac{1}{2}\pi y\right)\cos\left[\frac{1}{2}\,y \log\left(\frac{a+b}{a-b}\right)\right] \times$ $\times \left\{ J_{iy}\left[(a^2-b^2)^{\frac{1}{2}}\right] + J_{-iy}\left[(a^2-b^2)^{\frac{1}{2}}\right]\right\} \qquad a > b$
$(\cosh x)^{-\frac{1}{2}}\sin(2a\cosh x)$	$-\frac{1}{4}\,\pi (a\,\pi)^{\frac{1}{2}}\left[J_{\frac{1}{2}(\frac{1}{2}+iy)}(a)\,Y_{\frac{1}{2}(\frac{1}{2}-iy)}(a) +\right.$ $\left.+ J_{\frac{1}{2}(\frac{1}{2}-iy)}(a)\,Y_{\frac{1}{2}(\frac{1}{2}+iy)}(a)\right]$
$(\cosh x)^{-\frac{1}{2}}\cos(2a\cosh x)$	$-\frac{1}{4}\,\pi (a\,\pi)^{\frac{1}{2}}\left[J_{-\frac{1}{2}(\frac{1}{2}-iy)}(a)\,Y_{-\frac{1}{2}(\frac{1}{2}+iy)}(a) +\right.$ $\left.+ J_{-\frac{1}{2}(\frac{1}{2}+iy)}(a)\,Y_{-\frac{1}{2}(\frac{1}{2}-iy)}(a)\right]$
$(\sinh x)^{-\frac{1}{2}}\sin(2a\sinh x)$	$\frac{1}{2}\,(\pi a)^{\frac{1}{2}}\left[I_{\frac{1}{2}(\frac{1}{2}-iy)}(a)\,K_{\frac{1}{2}(\frac{1}{2}+iy)}(a) +\right.$ $\left.+ I_{\frac{1}{2}(\frac{1}{2}+iy)}(a)\,K_{\frac{1}{2}(\frac{1}{2}-iy)}(a)\right]$
$(\sinh x)^{-\frac{1}{2}}\cos(2a\sinh x)$	$\frac{1}{2}\,(\pi a)^{\frac{1}{2}}\left[I_{-\frac{1}{2}(\frac{1}{2}+iy)}(a)\,K_{\frac{1}{2}(\frac{1}{2}-iy)}(a) +\right.$ $\left.+ I_{-\frac{1}{2}(\frac{1}{2}-iy)}(a)\,K_{\frac{1}{2}(\frac{1}{2}+iy)}(a)\right]$
$(\cos x)^{-\frac{1}{2}}\sinh(2a\cos x)$ $\qquad 0 < x < \frac{\pi}{2}$ $0 \qquad\qquad x > \frac{\pi}{2}$	$\frac{1}{2}\,\pi (\pi a)^{\frac{1}{2}}\,I_{\frac{1}{2}(\frac{1}{2}+y)}(a)\,I_{\frac{1}{2}(\frac{1}{2}-y)}(a)$
$(\cos x)^{-\frac{1}{2}}\cosh(2a\cos x)$ $\qquad 0 < x < \frac{\pi}{2}$ $0 \qquad\qquad x > \frac{\pi}{2}$	$\frac{1}{2}\,\pi (\pi a)^{\frac{1}{2}}\,I_{-\frac{1}{2}(\frac{1}{2}-y)}(a)\,I_{-\frac{1}{2}(\frac{1}{2}+y)}(a)$
$(\sin x)^{-\frac{1}{2}}\sinh(2a\sin x)$ $\qquad 0 < x < \pi$ $0 \qquad\qquad x > \pi$	$\pi (a\,\pi)^{\frac{1}{2}}\cos\left(\frac{1}{2}\pi y\right)I_{\frac{1}{2}(\frac{1}{2}-y)}(a)\,I_{\frac{1}{2}(\frac{1}{2}+y)}(a)$
$(\sin x)^{-\frac{1}{2}}\cosh(2a\sin x)$ $\qquad 0 < x < \pi$ $0 \qquad\qquad x > \pi$	$\pi (a\,\pi)^{\frac{1}{2}}\cos\left(\frac{1}{2}\pi y\right)I_{-\frac{1}{2}(\frac{1}{2}-y)}(a)\,I_{-\frac{1}{2}(\frac{1}{2}+y)}(a)$

$f(x)$	$g(y) = \int\limits_0^\infty f(x) \cos(x\,y)\,dx$
$\operatorname{arc\,ctn}(e^{2x}) \sinh x$	$\dfrac{\pi \cosh\left(\dfrac{\pi y}{4}\right) + \pi y \sinh\left(\dfrac{\pi y}{4}\right)}{2\sqrt{2}\,(1+y^2)\cosh\left(\dfrac{\pi y}{2}\right)} - \dfrac{1}{4}\,\pi\,(1+y^2)^{-1}$
$\arctan\left[\dfrac{\sinh a}{\cosh(b x)}\right]$	$\dfrac{1}{2}\,\pi\,y^{-1} \sin\left(\dfrac{a y}{b}\right) \operatorname{sech}\left(\dfrac{1}{2}\,\pi\,y\,b^{-1}\right)$

§ 8. Orthogonale Polynome

$f(x)$	$g(y) = \int\limits_0^\infty f(x) \cos(x\,y)\,dx$
$P_n(x) \qquad 0 < x < 1$ $0 \qquad\qquad x > 1$	$-\dfrac{1}{2}\,\pi^{\frac{1}{2}}\,n\,(n+1) \times$ $\times \left[\Gamma\left(\dfrac{3}{2} + \dfrac{1}{2}\,n\right) \Gamma\left(1 - \dfrac{1}{2}\,n\right)\right]^{-1} \times$ $\times\, y^{-\frac{1}{2}}\, s_{-\frac{1}{2},\,n+\frac{1}{2}}(y)$
$P_{2n}(x) \qquad 0 < x < 1$ $0 \qquad\qquad x > 1$	$(-1)^n \left(\dfrac{\pi}{2y}\right)^{\frac{1}{2}} J_{2n+\frac{1}{2}}(y)$
$x^{\lambda-1} P_n(x) \qquad 0 < x < 1$ $0 \qquad\qquad x > 1$ $\operatorname{Re}(\lambda + n) > 0$	$\pi^{\frac{1}{2}}\,2^{-\lambda}\,\Gamma(\lambda)\left[\Gamma\left(1 + \dfrac{1}{2}\,\lambda + \dfrac{1}{2}\,n\right) \times\right.$ $\times \Gamma\left(\dfrac{1}{2} + \dfrac{1}{2}\,\lambda - \dfrac{1}{2}\,n\right)\Big]^{-1} \times$ $\times\, {}_2F_3\left(\dfrac{1}{2}\,\lambda, \dfrac{1}{2}\,\lambda + \dfrac{1}{2}; \dfrac{1}{2}, \dfrac{1}{2} + \dfrac{1}{2}\,\lambda - \right.$ $\left. -\dfrac{1}{2}\,n, 1 + \dfrac{1}{2}\,\lambda + \dfrac{1}{2}\,n; -\dfrac{y^2}{4}\right)$
$P_n(1 - 2x^2) \qquad 0 < x < 1$ $0 \qquad\qquad x > 1$	$(-1)^n\,\dfrac{1}{2}\,\pi\, J_{n+\frac{1}{2}}\left(\dfrac{1}{2}\,y\right) J_{-n-\frac{1}{2}}\left(\dfrac{1}{2}\,y\right)$
$(a^2 - x^2)^{-\frac{1}{2}} T_{2n}\left(\dfrac{x}{a}\right)$ $\qquad\qquad 0 < x < a$ $0 \qquad\qquad x > a$	$(-1)^n\,\dfrac{1}{2}\,\pi\, J_{2n}(a y)$
$x^{-\frac{1}{2}}(1 - x^2)^{-\frac{1}{2}} T_n(x)$ $\qquad\qquad 0 < x < 1$ $0 \qquad\qquad x > 1$	$\left(\dfrac{1}{2}\,\pi\right)^{\frac{3}{2}} y^{\frac{1}{2}}\, J_{\frac{1}{2}(n-\frac{1}{2})}\left(\dfrac{1}{2}\,y\right) J_{-\frac{1}{2}(n+\frac{1}{2})}\left(\dfrac{1}{2}\,y\right)$

$f(x)$	$g(y) = \int\limits_0^\infty f(x)\cos(xy)\,dx$
$(1 - x^2)^{-\frac{1}{2}} \times$ $\qquad \times \cos\left[a\left(1 - x^2\right)^{\frac{1}{2}}\right] T_{2n}(x)$ $\qquad\qquad\qquad 0 < x < 1$ $0 \qquad\qquad\qquad x > 1$	$(-1)^n \dfrac{1}{2}\,\pi \times$ $\qquad \times T_{2n}\left[y\left[(a^2 + y^2)^{-\frac{1}{2}}\right] J_{2n}\left[(a^2 + y^2)^{\frac{1}{2}}\right]\right]$
$(a^2 + x^2)^{-\frac{1}{2}n} \times$ $\qquad \times T_n\left[a\left(a^2 + x^2\right)^{-\frac{1}{2}}\right]$	$\dfrac{1}{2}\,\pi\left[(n - 1)!\right]^{-1} y^{n-1} e^{-ay}$
$(1 - x^2)^{-\frac{1}{2}} \cos\left[a\left(1 - x^2\right)^{\frac{1}{2}}\right] \times$ $\qquad \times T_{2n}\left[(1 - x^2)^{\frac{1}{2}}\right]$ $\qquad\qquad\qquad 0 < x < 1$ $0 \qquad\qquad\qquad x > 1$	$(-1)^n \dfrac{1}{2}\,\pi\, T_{2n}\left[a\left(a^2 + y^2\right)^{-\frac{1}{2}}\right] J_{2n}\left[(a^2 + y^2)^{\frac{1}{2}}\right]$
$(1 - x^2)^{-\frac{1}{2}} \sin\left[a\left(1 - x^2\right)^{\frac{1}{2}}\right] \times$ $\qquad \times T_{2n+1}\left[(1 - x^2)^{\frac{1}{2}}\right]$ $\qquad\qquad\qquad 0 < x < 1$ $0 \qquad\qquad\qquad x > 1$	$(-1)^n \dfrac{1}{2}\,\pi \times$ $\qquad \times T_{2n+1}\left[a\left(a^2 + y^2\right)^{-\frac{1}{2}}\right] J_{2n+1}\left[(a^2 + y^2)^{\frac{1}{2}}\right]$
$T_{2n}\left[a\left(a^2 + x^2\right)^{-\frac{1}{2}}\right] \times$ $\qquad \times J_{2n}\left[b\left(a^2 + x^2\right)^{\frac{1}{2}}\right]$	$(-1)^n (b^2 - y^2)^{-\frac{1}{2}} \cos\left[a\left(b^2 - y^2\right)^{\frac{1}{2}}\right] \times$ $\qquad \times T_{2n}\left[(1 - y^2 b^{-2})\right] \qquad\qquad y < b$ $0 \qquad\qquad\qquad\qquad\qquad\qquad y > b$
$T_{2n+1}\left[a\left(a^2 + x^2\right)^{-\frac{1}{2}}\right] \times$ $\qquad \times J_{2n+1}\left[b\left(a^2 + x^2\right)^{\frac{1}{2}}\right]$	$(-1)^n (b^2 - y^2)^{-\frac{1}{2}} \sin\left[a\left(b^2 - y^2\right)^{\frac{1}{2}}\right] \times$ $\qquad \times T_{2n+1}\left[(1 - y^2 b^{-2})\right] \qquad\qquad y < b$ $0 \qquad\qquad\qquad\qquad\qquad\qquad y > b$
$\sin\left[a\left(1 - x^2\right)^{\frac{1}{2}}\right] U_{2n}(x)$ $\qquad\qquad\qquad 0 < x < 1$ $0 \qquad\qquad\qquad x > 1$	$(-1)^n \dfrac{1}{2}\,\pi\, a\left(a^2 + y^2\right)^{-\frac{1}{2}} \times$ $\qquad \times U_{2n}\left[y\left(a^2 + y^2\right)^{-\frac{1}{2}}\right] J_{2n+1}\left[(a^2 + y^2)^{\frac{1}{2}}\right]$
$(a^2 + x^2)^{-\frac{1}{2}} \times$ $\qquad \times U_{2n}\left[x\left(a^2 + x^2\right)^{-\frac{1}{2}}\right] \times$ $\qquad \times J_{2n+1}\left[(a^2 + x^2)^{\frac{1}{2}}\right]$	$(-1)^n a^{-1} U_{2n}(y) \sin\left[a\left(1 - y^2\right)\right]$ $\qquad\qquad\qquad\qquad\qquad 0 < y < 1$ $0 \qquad\qquad\qquad\qquad\qquad y > 1$
$(a^2 - x^2)^{\nu - \frac{1}{2}} C_{2n}^\nu\left(\dfrac{x}{a}\right)$ $\qquad\qquad\qquad 0 < x < a$ $0 \qquad\qquad\qquad x > a$ $\qquad\qquad \operatorname{Re}\nu > -\dfrac{1}{2}$	$\dfrac{(-1)^n \pi a^\nu\, \Gamma(2n + 2\nu)}{(2n)!\,\Gamma(\nu)}\,(2y)^{-\nu} J_{\nu + 2n}(ay)$

$f(x)$	$g(y) = \int\limits_0^\infty f(x) \cos(x\,y)\,dx$
$(1 - x^2)^\nu\, P_{2n}^{(\nu,\,\nu)}(x)$ $\qquad\qquad 0 < x < 1$ $0 \qquad\qquad x > 1$ $\qquad\qquad \mathrm{Re}\,\nu > -1$	$(-1)^n\, 2^{\nu - \frac{1}{2}}\, \pi^{\frac{1}{2}}\, [(2n)!]^{-1} \times$ $\qquad \times\, \Gamma(2n + \nu - 1)\, y^{-\nu - \frac{1}{2}} J_{2n+\nu+\frac{1}{2}}(y)$
$[(1 - x)^\nu (1 + x)^\mu +$ $\quad + (1 + x)^\nu (1 - x)^\mu] \times$ $\quad \times P_{2n}^{(\nu,\,\mu)}(x) \quad 0 < x < 1$ $0 \qquad\qquad x > 1$ $\qquad\qquad \mathrm{Re}\,(\nu,\mu) > -1$	$(-1)^n\, 2^{2n+\nu+\mu}\, [(2n)!]^{-1} \times$ $\quad \times B(2n + \nu + 1,\, 2n + \mu + 1)\, y^{2n} \times$ $\quad \times [e^{iy}\,{}_1F_1(2n + \nu + 1;$ $4n + \nu + \mu + 2;\, -2iy)\, +$ $\quad + e^{-iy}\,{}_1F_1(2n + \nu + 1;$ $4n + \nu + \mu + 2;\, 2iy)]$
$[(1 - x)^\nu (1 + x)^\mu -$ $\quad - (1 + x)^\nu (1 - x)^\mu] \times$ $\quad \times P_{2n+1}^{(\nu,\,\mu)}(x) \quad 0 < x < 1$ $0 \qquad\qquad x > 1$ $\qquad\qquad \mathrm{Re}\,(\nu,\mu) > 1$	$(-1)^{n+1}\, 2^{2n+\nu+\mu+1}\, [(2n + 1)!]^{-1} \times$ $\quad \times B(2n + \nu + 2,\, 2n + \mu + 2)\, y^{2n+1} \times$ $\quad \times i\,[e^{iy}\,{}_1F_1(2n + \nu + 2;$ $4n + \nu + \mu + 4;\, -2iy)\, -$ $\quad - e^{-iy}\,{}_1F_1(2n + \nu + 2;$ $4n + \nu + \mu + 4;\, 2iy)]$
$e^{-x^2}\, \mathrm{He}_{2n}(2x)$	$(-1)^n\, \dfrac{1}{2}\, \pi^{\frac{1}{2}}\, e^{-\frac{y^2}{4}}\, \mathrm{He}_{2n}(y)$
$e^{-b x^2}\, \mathrm{He}_{2n}(a x)$	$\dfrac{1}{2}\, \pi^{\frac{1}{2}}\, b^{-n-\frac{1}{2}} \left(b - \dfrac{1}{2} a^2\right)^n e^{-\frac{y^2}{4b}} \times$ $\qquad \times\, \mathrm{He}_{2n}\left[\dfrac{1}{2}\, a\, y\, b^{-\frac{1}{2}} \left(\dfrac{1}{2}\, a^2 - b\right)^{-\frac{1}{2}}\right]$
$e^{-\frac{1}{2} x^2}\, \mathrm{He}_{2n}(x)$	$(-1)^n \left(\dfrac{1}{2}\, \pi\right)^{\frac{1}{2}} y^{2n}\, e^{-\frac{1}{2} y^2}$
$e^{-\frac{1}{2} x^2}\, [\mathrm{He}_n(x)]^2$	$n! \left(\dfrac{1}{2}\, \pi\right)^{\frac{1}{2}} e^{-\frac{1}{2} y^2}\, L_n(y^2)$
$e^{-\frac{1}{2} x^2}\, \mathrm{He}_n(x)\, \mathrm{He}_{n+2m}(x)$	$(-1)^m\, n! \left(\dfrac{1}{2}\, \pi\right)^{\frac{1}{2}} y^{2m}\, e^{-\frac{1}{2} y^2}\, L_n^{2m}(y^2)$
$e^{-a x}\, x^{\nu - 2n}\, L_{2n-1}^{\nu - 2n}(a x)$ $\qquad\qquad \mathrm{Re}\,\nu > 2n - 1$	$\dfrac{i}{2}\, (-1)^{n+1}\, \Gamma(\nu)\, [(2n - 1)!]^{-1} \times$ $\qquad \times\, y^{2n-1}\, [(a - iy)^{-\nu} - (a + iy)^{-\nu}]$

$f(x)$	$g(y) = \int\limits_0^\infty f(x)\cos(xy)\,dx$
$e^{-ax}\,x^{v-2n-1}\,L_{2n}^{v-2n-1}(ax)$ $\operatorname{Re} v > 2n$	$(-1)^n\,\dfrac{1}{2}\,\Gamma(v)\,[(2n)!]^{-1}\times$ $\times\,y^{2n}\,[(a+iy)^{-v}+(a-iy)^{-v}]$
$e^{-\frac{1}{2}x^2}\,L_n(x^2)$	$\left(\dfrac{1}{2}\,\pi\right)^{\frac{1}{2}}(n!)^{-1}\,e^{-\frac{1}{2}y^2}\,[\mathrm{He}_n(y)]^2$
$x^{2m}\,e^{-\frac{1}{2}x^2}\,L_n^{2m}(x^2)$	$(-1)^m\left(\dfrac{1}{2}\,\pi\right)^{\frac{1}{2}}(n!)^{-1}\,e^{-\frac{1}{2}y^2}\times$ $\times\,\mathrm{He}_n(y)\,\mathrm{He}_{n+2m}(y)$
$x^{2n}\,e^{-\frac{1}{2}x^2}\,L_n^{n-\frac{1}{2}}\left(\dfrac{1}{2}\,x^2\right)$	$\left(\dfrac{1}{2}\,\pi\right)^{\frac{1}{2}}y^{2n}\,e^{-\frac{1}{2}y^2}\,L_n^{n+\frac{1}{2}}\left(\dfrac{1}{2}\,y^2\right)$
$e^{-\frac{1}{2}x^2}\left[L_n^{-\frac{1}{4}}\left(\dfrac{1}{2}\,x^2\right)\right]^2$	$\left(\dfrac{1}{2}\,\pi\right)^{\frac{1}{2}}e^{-\frac{1}{2}y^2}\left[L_n^{-\frac{1}{4}}\left(\dfrac{1}{2}\,y^2\right)\right]^2$
$e^{-\frac{1}{2}x^2}\,L_n\left(\dfrac{1}{2}\,x^2\right)\mathrm{He}_{2n}\left(\dfrac{1}{2}\,x\right)$	$\left(\dfrac{1}{2}\,\pi\right)^{\frac{1}{2}}e^{-\frac{1}{2}y^2}\,L_n\left(\dfrac{1}{2}\,y^2\right)\mathrm{He}_{2n}\left(\dfrac{1}{2}\,y\right)$
$e^{-\frac{1}{2}x^2}\,L_n^\alpha\left(\dfrac{1}{2}\,x^2\right)L_n^{-\frac{1}{2}-\alpha}\left(\dfrac{1}{2}\,x^2\right)$	$\left(\dfrac{1}{2}\,\pi\right)^{\frac{1}{2}}e^{-\frac{1}{2}y^2}\,L_n^\alpha\left(\dfrac{1}{2}\,y^2\right)L_n^{-\alpha-\frac{1}{2}}\left(\dfrac{1}{2}\,y^2\right)$

§ 9. Gamma- und Riemann-Zetafunktion

$f(x)$	$g(y) = \int\limits_0^\infty f(x)\cos(xy)\,dx$
$\Gamma(a+ix)|^2$	$\pi\,2^{-2a}\,\Gamma(2a)\left[\operatorname{sech}\left(\dfrac{1}{2}\,y\right)\right]^{2a}$
$\left|\Gamma(a+ibx)\,\Gamma\left(\dfrac{1}{2}-a+ibx\right)\right|^2$ $0 < \operatorname{Re} a < \dfrac{1}{2}$	$(\pi b)^{-1}\csc(2\pi a)\,P_{2a-1}\left[\cosh\left(\dfrac{y}{2b}\right)\right]$
$\left|\Gamma\left(\dfrac{1}{4}+ibx\right)\right|^4$	$2\pi^{-2}\,b^{-1}\operatorname{sech}\left(\dfrac{y}{4b}\right)K\left(\tanh\dfrac{y}{4b}\right)$
$[\Gamma(\alpha+bx)\,\Gamma(\alpha-bx)]^{-1}$	$2^{2\alpha-3}\,[\Gamma(2\alpha-1)]^{-1}\,b^{-1}\left[\cos\left(\dfrac{y}{2b}\right)\right]^{2\alpha-2}$ $\qquad\qquad 0 < y < \pi b$ $0 \qquad\qquad y > \pi b$

$f(x)$	$g(y) = \int\limits_0^\infty f(x) \cos(xy)\, dx$
$\dfrac{1}{\Gamma(\alpha+bx)\,\Gamma(\beta-bx)} +$ $+ \dfrac{1}{\Gamma(\alpha-bx)\,\Gamma(\beta+bx)}$ $\mathrm{Re}\,(\alpha+\beta) > -1$	$b^{-1}\left[\Gamma(\alpha+\beta-1)\right]^{-1}\left[2\cos\left(\dfrac{y}{2b}\right)\right]^{\alpha+\beta-2} \times$ $\times \cos\left[\dfrac{\pi y}{2b}(\beta-\alpha)\right] \qquad 0 < y < \pi b$ $0 \qquad\qquad\qquad\qquad\qquad y > \pi b$
$\left|\Gamma(\beta+i\alpha x)\,\Gamma(\gamma+i\alpha x)\right|^2$ $\mathrm{Re}\,(\alpha,\beta,\gamma) > 0$	$2^{\frac{1}{2}-\beta-\gamma}\pi^{\frac{3}{2}}\alpha^{-1}\Gamma(2\gamma)\,\Gamma(2\beta)\,\Gamma(\beta+\gamma) \times$ $\times \left[\sinh\left(\dfrac{y}{2\alpha}\right)\right]^{\frac{1}{2}-\beta-\gamma}\mathfrak{P}^{\frac{1}{2}-\gamma-\beta}_{-\frac{1}{2}-\gamma+\beta}\left[\cosh\left(\dfrac{y}{2\alpha}\right)\right]$
$\psi(x+1) - \log x$	$\dfrac{1}{2}\left[\psi\left(1+\dfrac{y}{2\pi}\right) - \log\left(\dfrac{y}{2\pi}\right)\right]$
$\psi\left(\dfrac{1}{2}+ix\right) + \psi\left(\dfrac{1}{2}-ix\right) -$ $- 2\log x$	$\pi\left[y^{-1} - \dfrac{1}{2}\operatorname{csch}\left(\dfrac{1}{2}y\right)\right]$
$\zeta\left(\dfrac{1}{2}+ix\right)$	$2\pi^2 \sum\limits_{n=1}^\infty \left(2\pi n^4 e^{-\frac{9}{2}y} - 3n^2 e^{-\frac{5}{2}y}\right) e^{-n^2\pi e^{-2y}}$
$(1+4x^2)^{-1}\zeta\left(\dfrac{1}{2}+ix\right)$	$\dfrac{1}{4}\pi\left[\cosh\left(\dfrac{1}{2}y\right) + \dfrac{1}{4}\vartheta_3\left(0,\,i\,e^{-2y}\right)\right]$

§ 10. Fehlerintegral

$f(x)$	$g(y) = \int\limits_0^\infty f(x) \cos(xy)\, dx$
$x^{-1}\operatorname{Erf}(ax)$	$-\dfrac{1}{2}\operatorname{Ei}\left(-\dfrac{y^2}{4a^2}\right)$
$i\,e^{-a^2 x^2}\operatorname{Erf}(iax)$	$\dfrac{1}{2}\pi^{-\frac{1}{2}}a^{-1}e^{-\frac{y^2}{4a^2}}\overline{\operatorname{Ei}}\left(\dfrac{y^2}{4a^2}\right)$
$i\,x^{-1}e^{-a^2 x^2}\operatorname{Erf}(iax)$	$-\dfrac{1}{2}\pi\operatorname{Erfc}\left(\dfrac{y}{2a}\right)$
$x^{-1}\operatorname{Erf}\left[(ax)^{\frac{1}{2}}\right]$	$\log y - \dfrac{1}{2}\log\left[a+(a^2+y^2)^{\frac{1}{2}}\right] -$ $- \log\left\{\left[a+(a^2+y^2)^{\frac{1}{2}}\right]^{\frac{1}{2}} - (2a)^{\frac{1}{2}}\right\}$
$\operatorname{Erf}\left(a\,x^{-\frac{1}{2}}\right)$	$y^{-1}e^{-a\sqrt{2y}}\sin\left(a\sqrt{2y}\right)$

$f(x)$	$g(y) = \int\limits_0^\infty f(x)\cos(xy)\,dx$
$\mathrm{Erfc}\,(a\,x)$	$\pi^{-\frac{1}{2}}\,a^{-1}\,{}_1F_1\!\left(1;\frac{3}{2};-\frac{y^2}{4a^2}\right)$ $= -\,i\,y^{-1}e^{-\frac{y^2}{4a^2}}\,\mathrm{Erf}\!\left(\frac{iy}{2a}\right)$
$x\,\mathrm{Erfc}\,(a\,x)$	$\dfrac{1}{2}\,a^{-2}e^{-\frac{y^2}{4a^2}} - y^{-2}\left[1 - e^{-\frac{y^2}{4a^2}}\right]$
$x^{\nu-1}\,\mathrm{Erfc}\,(a\,x)$ $\mathrm{Re}\,\nu > 0$	$\pi^{-\frac{1}{2}}\,a^{-\nu}\,\nu^{-1}\,\Gamma\!\left(\frac{1}{2}+\frac{1}{2}\nu\right)\times$ $\times\,{}_2F_2\!\left(\frac{1}{2}\nu,\frac{1}{2}+\frac{1}{2}\nu;\frac{1}{2},1+\frac{1}{2}\nu;-\frac{y^2}{4a^2}\right)$
$x^{-1}\left[\mathrm{Erfc}\,(a\,x) - \mathrm{Erfc}\,(b\,x)\right]$	$\dfrac{1}{2}\,\mathrm{Ei}\!\left(-\frac{y^2}{4a^2}\right) - \dfrac{1}{2}\,\mathrm{Ei}\!\left(-\frac{y^2}{4b^2}\right)$
$e^{a^2 x^2}\,\mathrm{Erfc}\,(a\,x)$	$-\dfrac{1}{2}\,\pi^{-\frac{1}{2}}\,a^{-1}e^{-\frac{y^2}{4a^2}}\,\mathrm{Ei}\!\left(-\frac{y^2}{4a^2}\right)$
$\mathrm{Erfc}\,(a\,x^{-1})$	$-2\pi^{-\frac{1}{2}}\,a\sum\limits_{n=0}^\infty \dfrac{(a^2 y^2)^n}{n!\,(2n+1)!}\times$ $\times\left[\psi(2n+2) + \dfrac{1}{2}\psi(n+1) - \log(a\,y)\right]$
$\mathrm{Erfc}\,\left[(a\,x)^{\frac{1}{2}}\right]$	$\left(\dfrac{1}{2}a\right)^{\frac{1}{2}}(a^2+y^2)^{-\frac{1}{2}}\left[(a^2+y^2)^{\frac{1}{2}}+a\right]^{-\frac{1}{2}}$
$x^{-1}\left[1 - \mathrm{Erfc}\,(a\,x^{\frac{1}{2}})\right]$	$\log y - \dfrac{1}{2}\log\left[a+(a^2+y^2)^{\frac{1}{2}}\right] -$ $-\log\left\{[a+(a^2+y^2)^{\frac{1}{2}}]^{\frac{1}{2}} - (2a)^{\frac{1}{2}}\right\}$
$e^{a\,x}\,\mathrm{Erfc}\,\left[(a\,x)^{\frac{1}{2}}\right]$	$\left(\dfrac{2y}{a}\right)^{-\frac{1}{2}}\left[a+y+(2a\,y)^{\frac{1}{2}}\right]^{-1}$
$\mathrm{Erfc}\left\{a\left[b+(b^2+x^2)^{\frac{1}{2}}\right]^{\frac{1}{2}}\right\}$	$2^{-\frac{1}{2}}\,a\,e^{-b a^2}(a^4+y^2)^{-\frac{1}{2}}\times$ $\times\left[(a^4+y^2)^{\frac{1}{2}}+a^2\right]^{-\frac{1}{2}}e^{-b\,(a^4+y^2)^{\frac{1}{2}}}$
$x^{-1}\,\mathrm{Erfc}\,(a\,x^{-\frac{1}{2}})$	$-\,\mathrm{Ei}\left[-a(2iy)^{\frac{1}{2}}\right] - \mathrm{Ei}\left[-a(-2iy)^{\frac{1}{2}}\right]$
$\mathrm{Erfc}\,(a\cosh x)$	$\dfrac{1}{2}\,a^{-1}e^{-\frac{1}{2}a^2}\,W_{-\frac{1}{2},\,i\frac{1}{2}y}\,(a^2)$
$e^{a\cosh^2 x}\,\mathrm{Erfc}\,(a\cosh x)$	$\dfrac{1}{2}\,\mathrm{sech}\!\left(\dfrac{1}{2}\pi y\right)e^{\frac{1}{2}a^2}\,K_{i\frac{1}{2}y}\!\left(\dfrac{1}{2}a^2\right)$
$e^{-a\cosh^2 x}\,\mathrm{Erf}\,(i\,a\cosh x)$	$\dfrac{1}{4}\,\pi\,i\,e^{-\frac{1}{2}a^2}\,\mathrm{sech}\!\left(\dfrac{1}{2}\pi y\right)\times$ $\times\left[I_{iy}\!\left(\dfrac{1}{2}a^2\right) + I_{-iy}\!\left(\dfrac{1}{2}a^2\right)\right]$

§ 11. Exponentialintegral

$f(x)$	$g(y) = \int\limits_0^\infty f(x) \cos(x y)\, dx$
$\mathrm{Ei}(-a x)$	$-y^{-1} \arctan\left(\dfrac{y}{a}\right)$
$\mathrm{Ei}(-b x) \qquad 0 < x < a$ $0 \qquad\qquad\qquad x > a$	$y^{-1}\left\{\sin(a y)\,\mathrm{Ei}(-a b) - \arctan\left(\dfrac{y}{b}\right) - \right.$ $-\dfrac{1}{2} i\,\mathrm{Ei}(-a b - i a y) +$ $\left. +\dfrac{1}{2} i\,\mathrm{Ei}(-a b + i a y)\right\}$
$e^{a x}\,\mathrm{Ei}(-a x)$	$(a^2 + y^2)^{-1}\left[a \log\left(\dfrac{y}{a}\right) - \dfrac{1}{2}\pi y\right]$
$e^{-a x}\,\mathrm{Ei}(-b x) \qquad a \geq -b$	$-(a^2 + y^2)^{-1}\left\{\dfrac{1}{2} a \log\left[\dfrac{(a+b)^2 + y^2}{b^2}\right] + \right.$ $\left. + y \arctan\left(\dfrac{y}{a+b}\right)\right\}$
$e^{-a x}\,\overline{\mathrm{Ei}}(a x)$	$-(a^2 + y^2)^{-1}\left[a \log\left(\dfrac{y}{a}\right) + \dfrac{1}{2}\pi y\right]$
$e^{-a x}\,\overline{\mathrm{Ei}}(b x) \qquad a \geq b$	$-(a^2 + y^2)^{-1}\left\{\dfrac{1}{2} a \log\left[\dfrac{(a-b)^2 + y^2}{b^2}\right] + \right.$ $\left. + y \arctan\left(\dfrac{y}{a-b}\right)\right\}$
$x^{-1}\left[e^{-a x}\,\overline{\mathrm{Ei}}(a x) - \right.$ $\left. - e^{a x}\,\mathrm{Ei}(-a x)\right]$	$\pi \arctan\left(\dfrac{a}{y}\right)$
$\mathrm{Ei}(-a x)\,\overline{\mathrm{Ei}}(a x)$	$\dfrac{1}{2}\pi y^{-1} \log\left(1 + \dfrac{y^2}{a^2}\right)$
$\mathrm{Ei}(-a x^2)$	$-\pi y^{-1}\,\mathrm{Erf}\left(\dfrac{1}{2} y a^{-\frac{1}{2}}\right)$
$e^{a x^2}\,\mathrm{Ei}(-a x^2)$	$-\dfrac{1}{2}\pi^{\frac{3}{2}} a^{-\frac{1}{2}} e^{\frac{y^2}{4a}}\,\mathrm{Erfc}\left(\dfrac{1}{2} y a^{-\frac{1}{2}}\right)$
$e^{-a x^2}\,\overline{\mathrm{Ei}}(a x^2)$	$\dfrac{1}{2} i\,\pi^{\frac{3}{2}} a^{-\frac{1}{2}} e^{-\frac{y^2}{4a}}\,\mathrm{Erf}\left(i\,\dfrac{1}{2} y a^{-\frac{1}{2}}\right)$
$e^{a \cosh x}\,\mathrm{Ei}(-a \cosh x)$	$\dfrac{1}{2}\pi^2 [\operatorname{csch}(\pi y)]^2 \left[I_{i y}(a) + I_{-i y}(a) - \right.$ $\left. - e^{\frac{1}{2}\pi y} \boldsymbol{J}_{i y}(i a) - e^{-\frac{1}{2}\pi y} \boldsymbol{J}_{-i y}(i a)\right]$

§ 12. Integralsinus und Integralkosinus

$f(x)$	$g(y) = \int\limits_0^\infty f(x)\cos(xy)\,dx$
$\operatorname{si}(ax)$	$-\dfrac{1}{2}\,y^{-1}\log\left|\dfrac{y+a}{y-a}\right|$ $\qquad y \neq a$
$e^{-bx}\operatorname{si}(ax)$	$-\dfrac{1}{2}(b^2+y^2)^{-1}\left\{\dfrac{1}{2}\,y\log\left[\dfrac{b^2+(y+a)^2}{b^2+(y-a)^2}\right]-\right.$ $\left.-b\arctan\left(\dfrac{2ab}{b^2-a^2+y^2}\right)+\pi b\right\}$
$\operatorname{Si}(bx) \qquad 0<x<a$ $0 \qquad\qquad x>a$	$\dfrac{1}{2}\,y^{-1}\left\{2\sin(ay)\operatorname{Si}(ub)+\operatorname{Ci}(ay+ab)-\right.$ $\left.-\operatorname{Ci}(|ay-ab|)+\log\left|\dfrac{y-b}{y+b}\right|\right\} \qquad y \neq b$ $\dfrac{1}{2}\,b^{-1}\left[2\sin(ab)\operatorname{Si}(ab)+\operatorname{Ci}(2ab)-\right.$ $\left.-\gamma-\log(2ab)\right] \qquad y=b$
$x^{-1}\operatorname{Si}(ax)$	$\dfrac{1}{2}\,\pi\log\left(\dfrac{a}{y}\right) \qquad 0<y<a$ $0 \qquad\qquad y>a$
$x(x^2+b^2)^{-1}\operatorname{Si}(ax)$	$\dfrac{1}{4}\,\pi\left\{e^{-by}\left[\overline{\mathrm{Ei}}(by)-\mathrm{Ei}(-ab)\right]-\right.$ $\left.-e^{by}\left[\mathrm{Ei}(-by)-\mathrm{Ei}(-ab)\right]\right\}$ $\qquad 0<y<a$ $\dfrac{1}{4}\,\pi\left\{e^{-by}\left[\mathrm{Ei}(-ab)-\overline{\mathrm{Ei}}(ab)\right]\right\} \qquad y>a$
$e^{-bx}\operatorname{Si}(ax)$	$\dfrac{1}{2}(b^2+y^2)^{-1}\left\{b\arctan\left(\dfrac{a+y}{b}\right)-\right.$ $\left.-b\arctan\left(\dfrac{y-a}{b}\right)-\dfrac{1}{2}\,y\log\left[\dfrac{b^2+(y+a)^2}{b^2+(y-a)^2}\right]\right\}$
$\operatorname{Ci}(ax)$	$0 \qquad\qquad 0<y<a$ $-\dfrac{1}{2}\,\pi\,y^{-1} \qquad y>a$
$\operatorname{Ci}(bx) \qquad 0<x<a$ $0 \qquad\qquad x>a$	$\dfrac{1}{2}\,y^{-1}\left[2\sin(ay)\operatorname{Ci}(ab)-\operatorname{Si}(ay+ab)-\right.$ $\left.-\operatorname{Si}(ay-ab)\right]$
$(x^2+b^2)^{-1}\operatorname{Ci}(ax)$	$\dfrac{1}{2}\,\pi\,b^{-1}\cosh(by)\,\mathrm{Ei}(-ab) \qquad 0\leq y\leq a$ $\dfrac{1}{4}\,\pi\,b^{-1}\left\{e^{-by}\left[\overline{\mathrm{Ei}}(ab)+\mathrm{Ei}(-ab)-\right.\right.$ $\left.\left.-\overline{\mathrm{Ei}}(by)\right]+e^{by}\,\mathrm{Ei}(-by)\right\} \qquad y\geq a$

$f(x)$	$g(y) = \int\limits_0^\infty f(x)\cos(xy)\,dx$	
$e^{-ax}\,\mathrm{Ci}\,(bx)$	$-\dfrac{1}{4}\,(a^2+y^2)^{-1}\times$ $\times\left\{a\log\left[\left(1+\dfrac{a^2-y^2}{b^2}\right)^2+\dfrac{4a^2y^2}{b^4}\right]+\right.$ $\left.+\,2y\arctan\left(\dfrac{2ay}{a^2+b^2-y^2}\right)\right\}$	
$\sin(ax)\,\mathrm{Ci}\,(ax)\,-$ $-\cos(ax)\,\mathrm{si}\,(ax)$	$a\,(y^2-a^2)^{-1}\log\left(\dfrac{y}{a}\right)$	
$\sin(ax)\,\mathrm{si}\,(ax)\,+$ $+\cos(ax)\,\mathrm{Ci}\,(ax)$	$-\dfrac{1}{2}\,\pi\,(a+y)^{-1}$	
$x^{-1}\,[\mathrm{Si}\,(ax)\cos(ax)\,-$ $-\,\mathrm{Ci}\,(ax)\sin(ax)]$	$\dfrac{1}{4}\,\pi\log\left|\dfrac{y+a}{y-a}\right|$	
$[\mathrm{Ci}\,(ax)]^2$	$\dfrac{1}{2}\,\pi\,y^{-1}\log\left(1+\dfrac{y}{a}\right)$	$y<2a$
	$\dfrac{1}{2}\,\pi\,y^{-1}\log\left(\dfrac{y^2-a^2}{a^2}\right)$	$y>2a$
$[\mathrm{si}\,(ax)]^2$	$\dfrac{1}{2}\,\pi\,y^{-1}\log\left(1+\dfrac{y}{a}\right)$	$y<2a$
	$\dfrac{1}{2}\,\pi\,y^{-1}\log\left(\dfrac{y+a}{y-a}\right)$	$y>2a$
$\mathrm{si}\,(ax^2)$	$\pi\,y^{-1}\left[\mathrm{S}\left(\dfrac{y^2}{4a}\right)-\mathrm{C}\left(\dfrac{y^2}{4a}\right)\right]$	
$\mathrm{Ci}\,(ax^2)$	$-\pi\,y^{-1}\left[\mathrm{C}\left(\dfrac{y^2}{4a}\right)+\mathrm{S}\left(\dfrac{y^2}{4a}\right)\right]$	
$\cos(ax^2)\,\mathrm{si}\,(ax^2)\,-$ $-\sin(ax^2)\,\mathrm{Ci}\,(ax^2)$	$\pi^{\frac{3}{2}}(2a)^{-\frac{1}{2}}\left\{\sin\left(\dfrac{y^2}{4a}\right)\left[\mathrm{S}\left(\dfrac{y^2}{4a}\right)-\dfrac{1}{2}\right]+\right.$ $\left.+\cos\left(\dfrac{y^2}{4a}\right)\left[\mathrm{C}\left(\dfrac{y^2}{4a}\right)-\dfrac{1}{2}\right]\right\}$	
$\cos(ax^2)\,\mathrm{Ci}\,(ax^2)\,+$ $+\sin(ax^2)\,\mathrm{si}\,(ax^2)$	$\pi^{\frac{3}{2}}(2a)^{-\frac{1}{2}}\left\{\cos\left(\dfrac{y^2}{4a}\right)\left[\mathrm{S}\left(\dfrac{y^2}{4a}\right)-\dfrac{1}{2}\right]-\right.$ $\left.-\sin\left(\dfrac{y^2}{4a}\right)\left[\mathrm{C}\left(\dfrac{y^2}{4a}\right)-\dfrac{1}{2}\right]\right\}$	

$f(x)$	$g(y) = \int\limits_0^\infty f(x)\cos(xy)\,dx$
$x^{-1}\left[\mathrm{Ci}\left(\dfrac{a}{x}\right)\sin\left(\dfrac{a}{x}\right) - \mathrm{si}\left(\dfrac{a}{x}\right)\cos\left(\dfrac{a}{x}\right)\right]$	$\pi K_0\left[2(ay)^{\frac{1}{2}}\right]$
$\sin(a\cosh x)\,\mathrm{Ci}(a\cosh x) - \cos(a\cosh x)\times \mathrm{si}(a\cosh x)$	$\dfrac{1}{2}\pi\,\mathrm{sech}\left(\dfrac{1}{2}\pi y\right)S_{0.iy}(a)$
$\cos(a\cosh x)\,\mathrm{Ci}(a\cosh x) + \sin(a\cosh x)\times \mathrm{si}(a\cosh x)$	$-\dfrac{1}{2}\pi y\,\mathrm{csch}\left(\dfrac{1}{2}\pi y\right)S_{-1,iy}(a)$

§ 13. FRESNEL-Integrale

$f(x)$	$g(y) = \int\limits_0^\infty f(x)\cos(xy)\,dx$
$\dfrac{1}{2} - S(ax)$	$\dfrac{1}{2}\left(\dfrac{a}{2}\right)^{\frac{1}{2}} y^{-1}(a^2-y^2)^{-\frac{1}{2}}\left[a-(a^2-y^2)^{\frac{1}{2}}\right]^{\frac{1}{2}}$ $y<a$ $\dfrac{1}{2}\left(\dfrac{a}{2}\right)^{\frac{1}{2}} y^{-1}(y^2-a^2)^{-\frac{1}{2}}\left[y-(y^2-a^2)^{\frac{1}{2}}\right]^{\frac{1}{2}}$ $y>a$
$\dfrac{1}{2} - C(ax)$	$-\dfrac{1}{2}\left(\dfrac{a}{2}\right)^{\frac{1}{2}} y^{-1}(a^2-y^2)^{-\frac{1}{2}}\left[a-(a^2-y^2)^{\frac{1}{2}}\right]^{\frac{1}{2}}$ $y<a$ $\dfrac{1}{2}\left(\dfrac{a}{2}\right)^{\frac{1}{2}} y^{-1}(y^2-a^2)^{-\frac{1}{2}}\left[y+(y^2-a^2)^{\frac{1}{2}}\right]^{\frac{1}{2}}$ $y>a$
$1 - C(ax) - S(ax)$	0 $y<a$ $\dfrac{1}{2}a^{\frac{1}{2}} y^{-1}(y-a)^{-\frac{1}{2}}$ $y>a$
$\dfrac{1}{2} - [C(ax)]^2 - [S(ax)]^2$	$y^{-1}\sin\left(\dfrac{y^2}{4a}\right)$
$x^{-\frac{1}{2}} C(x)$	$\dfrac{1}{2}\left(\dfrac{2y}{\pi}\right)^{-\frac{1}{2}}$ $0<y<1$ 0 $v>1$

$f(x)$	$g(y) = \int\limits_0^\infty f(x)\cos(xy)\,dx$
$\dfrac{1}{2} - \mathrm{S}(a\,x^2)$	$y^{-1}\left[\mathrm{C}\left(\dfrac{y^2}{4a}\right)\cos\left(\dfrac{y^2}{4a}\right) + \mathrm{S}\left(\dfrac{y^2}{4a}\right)\sin\left(\dfrac{y^2}{4a}\right)\right]$
$\dfrac{1}{2} - \mathrm{C}(a\,x^2)$	$y^{-1}\left[\mathrm{C}\left(\dfrac{y^2}{4a}\right)\sin\left(\dfrac{y^2}{4a}\right) - \mathrm{S}\left(\dfrac{y^2}{4a}\right)\cos\left(\dfrac{y^2}{4a}\right)\right]$
$x^{-1}\,\mathrm{S}(a\,x^2)$	$\dfrac{1}{4}\left[\operatorname{si}\left(\dfrac{y^2}{4a}\right) - \operatorname{Ci}\left(\dfrac{y^2}{4a}\right)\right]$
$x^{-1}\,\mathrm{C}(a\,x^2)$	$-\dfrac{1}{4}\left[\operatorname{Ci}\left(\dfrac{y^2}{4a}\right) + \operatorname{si}\left(\dfrac{y^2}{4a}\right)\right]$
$\cos(a\,x^2)\,\mathrm{S}(a\,x^2) -$ $- \sin(a\,x^2)\,\mathrm{C}(a\,x^2)$	$\dfrac{1}{2}(2\pi a)^{-\frac{1}{2}}\left\{\cos\left(\dfrac{y^2}{4a}\right)\operatorname{Ci}\left(\dfrac{y^2}{4a}\right) + \right.$ $\left. + \sin\left(\dfrac{y^2}{4a}\right)\left[\pi + \operatorname{si}\left(\dfrac{y^2}{4a}\right)\right]\right\}$
$\sin(a\,x^2)\,\mathrm{S}(a\,x^2) +$ $+ \cos(a\,x^2)\,\mathrm{C}(a\,x^2)$	$\dfrac{1}{2}(2\pi a)^{-\frac{1}{2}}\left\{\cos\left(\dfrac{y^2}{4a}\right)\left[\pi + \operatorname{si}\left(\dfrac{y^2}{4a}\right)\right] - \right.$ $\left. - \sin\left(\dfrac{y^2}{4a}\right)\operatorname{Ci}\left(\dfrac{y^2}{4a}\right)\right\}$
$\left[\dfrac{1}{2} - \mathrm{S}(a\,x^2)\right]\cos(a\,x^2) -$ $- \left[\dfrac{1}{2} - \mathrm{C}(a\,x^2)\right]\times$ $\times \sin(a\,x^2)$	$-\dfrac{1}{2}(2\pi a)^{-\frac{1}{2}}\left[\sin\left(\dfrac{y^2}{4a}\right)\operatorname{si}\left(\dfrac{y^2}{4a}\right) + \right.$ $\left. + \cos\left(\dfrac{y^2}{4a}\right)\operatorname{Ci}\left(\dfrac{y^2}{4a}\right)\right]$
$\left[\dfrac{1}{2} - \mathrm{C}(a\,x^2)\right]\cos(a\,x^2) +$ $+ \left[\dfrac{1}{2} - \mathrm{S}(a\,x^2)\right]\sin(a\,x^2)$	$\dfrac{1}{2}(2\pi a)^{-\frac{1}{2}}\left[\sin\left(\dfrac{y^2}{4a}\right)\operatorname{Ci}\left(\dfrac{y^2}{4a}\right) - \right.$ $\left. - \cos\left(\dfrac{y^2}{4a}\right)\operatorname{si}\left(\dfrac{y^2}{4a}\right)\right]$
$x^{-1}\left[\mathrm{C}(a\,x^2)\cos(a\,x^2) + \right.$ $\left. + \mathrm{S}(a\,x^2)\sin(a\,x^2)\right]$	$\dfrac{1}{2}\pi\left[\dfrac{1}{2} - \mathrm{S}\left(\dfrac{y^2}{4a}\right)\right]$
$x^{-1}\left[\mathrm{C}(a\,x^2)\sin(a\,x^2) - \right.$ $\left. - \mathrm{S}(a\,x^2)\cos(a\,x^2)\right]$	$\dfrac{1}{2}\pi\left[\dfrac{1}{2} - \mathrm{C}\left(\dfrac{y^2}{4a}\right)\right]$
$\mathrm{S}(a\,x^{-1})$	$\dfrac{1}{4}y^{-1}\left\{\sin\left[2(a\,y)^{\frac{1}{2}}\right] - \right.$ $\left. - \cos\left[2(a\,y)^{\frac{1}{2}}\right] + e^{-2(a\,y)^{\frac{1}{2}}}\right\}$

$f(x)$	$g(y) = \int\limits_0^\infty f(x)\cos(xy)\,dx$
$C(a\,x^{-1})$	$\dfrac{1}{4}\,y^{-1}\left\{\sin\left[2\,(a\,y)^{\frac{1}{2}}\right] + \cos\left[2\,(a\,y)^{\frac{1}{2}}\right] - e^{-2\,(a\,y)^{\frac{1}{2}}}\right\}$
$\dfrac{1}{2} - S\left(a\,x^{\frac{1}{2}}\right)$	$-\dfrac{1}{4}\,\pi^{\frac{1}{2}}\,a\,y^{-\frac{3}{2}}\cos\left(\dfrac{a^2}{8\,y} - \dfrac{7\,\pi}{8}\right)J_{\frac{1}{4}}\left(\dfrac{a^2}{8\,y}\right)$
$\dfrac{1}{2} - C\left(a\,x^{\frac{1}{2}}\right)$	$-\dfrac{1}{4}\,\pi^{\frac{1}{2}}\,a\,y^{-\frac{3}{2}}\cos\left(\dfrac{a^2}{8\,y} - \dfrac{5\,\pi}{8}\right)J_{-\frac{1}{4}}\left(\dfrac{a^2}{8\,y}\right)$
$C\left(a\,x^{\frac{1}{2}}\right) - S\left(a\,x^{\frac{1}{2}}\right)$	$\pi^{\frac{1}{2}}\,2^{-\frac{5}{2}}\,a\,y^{-\frac{3}{2}}\left[\cos\left(\dfrac{a^2}{8\,y} - \dfrac{\pi}{8}\right)J_{\frac{1}{4}}\left(\dfrac{a^2}{8\,y}\right) - \sin\left(\dfrac{a^2}{8\,y} - \dfrac{\pi}{8}\right)Y_{\frac{1}{4}}\left(\dfrac{a^2}{8\,y}\right)\right]$
$\sin\left(a\cosh^2 x\right)C\left(a\cosh^2 x\right) - \cos\left(a\cosh^2 x\right)\times S\left(a\cosh^2 x\right)$	$\pi\,2^{-\frac{5}{2}}\operatorname{sech}\left(\dfrac{1}{2}\,\pi\,y\right)\left\{\sin\left(\dfrac{\pi}{4} + \dfrac{1}{2}\,a\right)\times \cosh\left(\dfrac{\pi\,y}{4}\right)\left[J_{i\frac{y}{2}}\left(\dfrac{a}{2}\right) + J_{-i\frac{y}{2}}\left(\dfrac{a}{2}\right)\right] - i\cos\left(\dfrac{\pi}{4} + \dfrac{1}{2}\,a\right)\sinh\left(\dfrac{\pi\,y}{4}\right)\times \left[J_{i\frac{y}{2}}\left(\dfrac{a}{2}\right) - J_{-i\frac{y}{2}}\left(\dfrac{a}{2}\right)\right]\right\}$
$\cos\left(a\cosh^2 x\right)C\left(a\cosh^2 x\right) + \sin\left(a\cosh^2 x\right)\times S\left(a\cosh^2 x\right)$	$\pi\,2^{-\frac{5}{2}}\operatorname{sech}\left(\dfrac{1}{2}\,\pi\,y\right)\left\{\cos\left(\dfrac{\pi}{4} + \dfrac{1}{2}\,a\right)\times \cosh\left(\dfrac{\pi\,y}{4}\right)\left[J_{i\frac{y}{2}}\left(\dfrac{a}{2}\right) + J_{-i\frac{y}{2}}\left(\dfrac{a}{2}\right)\right] + i\sin\left(\dfrac{\pi}{4} + \dfrac{1}{2}\,a\right)\sinh\left(\dfrac{\pi\,y}{4}\right)\times \left[J_{i\frac{y}{2}}\left(\dfrac{a}{2}\right) - J_{-i\frac{y}{2}}\left(\dfrac{a}{2}\right)\right]\right\}$
$\cos\left(a\cosh x\right)C\left(a\cosh x\right) + \sin\left(a\cosh x\right)\times S\left(a\cosh x\right)$	$\dfrac{1}{2}\,\pi\left\{\dfrac{1}{4}\operatorname{sech}\left(\dfrac{1}{2}\,\pi\,y\right)\left[H_{iy}^{(1)}(a) + H_{-iy}^{(2)}(a)\right] - \pi\,a\operatorname{sech}(\pi\,y)\cdot\left[\Gamma\left(\dfrac{1}{4} - \dfrac{1}{2}\,i\,y\right)\times \Gamma\left(\dfrac{1}{4} + \dfrac{1}{2}\,i\,y\right)\right]^{-1}S_{-\frac{1}{2},\,iy}(a)\right\}$
$\sin\left(a\cosh x\right)C\left(a\cosh x\right) - \cos\left(a\cosh x\right)\times S\left(a\cosh x\right)$	$\dfrac{1}{2}\,\pi\left\{\dfrac{1}{4}\operatorname{sech}\left(\dfrac{1}{2}\,\pi\,y\right)\left[H_{iy}^{(1)}(a) + H_{-iy}^{(2)}(a)\right] + \dfrac{1}{2}\,\pi\,a\operatorname{sech}(\pi\,y)\left[\Gamma\left(\dfrac{3}{4} - \dfrac{1}{2}\,i\,y\right)\times \Gamma\left(\dfrac{3}{4} + \dfrac{1}{2}\,i\,y\right)\right]^{-1}S_{\frac{1}{2},\,iy}(a)\right\}$

$f(x)$	$g(y) = \int\limits_0^\infty f(x)\cos(xy)\,dx$
$\cos(a\cosh x)\times$ $\times C\!\left(2a\cosh^2\dfrac{x}{2}\right)+$ $+\sin(a\cosh x)\times$ $\times S\!\left(2a\cosh^2\dfrac{x}{2}\right)$	$\dfrac{1}{4}\,\pi\operatorname{sech}(\pi y)\left\{\cosh\!\left(\dfrac{1}{2}\,\pi y\right)\times\right.$ $\times[J_{iy}(a)+J_{-iy}(a)]+$ $\left.+\,i\sinh\!\left(\dfrac{1}{2}\,\pi y\right)[J_{iy}(a)-J_{-iy}(a)]\right\}$
$\sin(a\cosh x)\times$ $\times C\!\left(2a\cosh^2\dfrac{x}{2}\right)-$ $-\cos(a\cosh x)\times$ $\times S\!\left(2a\cosh^2\dfrac{x}{2}\right)$	$\dfrac{1}{4}\,\pi\operatorname{sech}(\pi y)\left\{\cosh\!\left(\dfrac{1}{2}\,\pi y\right)\times\right.$ $\times[J_{-iy}(a)+J_{iy}(a)]-$ $\left.-\,i\sinh\!\left(\dfrac{1}{2}\,\pi y\right)[J_{iy}(a)-J_{-iy}(a)]\right\}$

§ 14. LEGENDRE-Funktionen

$f(x)$	$g(y) = \int\limits_0^\infty f(x)\cos(xy)\,dx$
$\begin{aligned}0 \qquad & 0<x<1\\ \mathfrak{P}_\nu(x) \qquad & x>1\\ & -1<\operatorname{Re}\nu<0\end{aligned}$	$\left(\dfrac{\pi}{2y}\right)^{\!\frac{1}{2}}\left[\sin\!\left(\dfrac{1}{2}\,\pi\nu\right)Y_{\nu+\frac12}(y)-\right.$ $\left.-\cos\!\left(\dfrac{1}{2}\,\pi\nu\right)J_{\nu+\frac12}(y)\right]$
$\begin{aligned}P_\nu(x) \qquad & 0<x<1\\ 0 \qquad & x>1\end{aligned}$	$-\dfrac{1}{2}\,\pi^{\frac12}\nu(\nu+1)\left[\Gamma\!\left(\dfrac{3-\nu}{2}\right)\Gamma\!\left(1-\dfrac{1}{2}\,\nu\right)\right]^{-1}\times$ $\times y^{-\frac12}\,S_{-\frac12,\,\frac12+\nu}(y)$
$\begin{aligned}x^{\mu-1}P_\nu(x) \quad & 0<x<1\\ 0 \quad & x>1\\ & \operatorname{Re}\mu>0\end{aligned}$	$\pi^{\frac12}2^{-\mu}\,\Gamma(\mu)\left[\Gamma\!\left(1+\dfrac{\nu+\mu}{2}\right)\Gamma\!\left(\dfrac{1+\mu-\nu}{2}\right)\right]^{-1}\times$ $\times {}_2F_3\!\left(\dfrac{1}{2}\,\mu,\ \dfrac{1+\mu}{2};\ \dfrac{1}{2},\ \dfrac{1+\mu-\nu}{2},\right.$ $\left.1+\dfrac{\mu+\nu}{2};\ -\dfrac{y^2}{4}\right)$
$\begin{aligned}(x^2-1)^{\frac12\mu}\,\mathfrak{P}_\nu^\mu(x)&\\ \operatorname{Re}(\mu+\nu)&<0\\ \operatorname{Re}(\mu-\nu)&<1\end{aligned}$	$2^{\mu+1}\pi^{\frac12}\left[\Gamma\!\left(\dfrac{-\nu-\mu}{2}\right)\Gamma\!\left(\dfrac{1+\nu-\mu}{2}\right)\right]^{-1}\times$ $\times y^{-\mu-\frac12}\,S_{\mu-\frac12,\,\nu+\frac12}(y)$
$\begin{aligned}[x(1+x)]^{-\frac12\mu}\,\mathfrak{P}_\nu^\mu(1+2x)&\\ \operatorname{Re}\mu&<1\\ -1-\operatorname{Re}\mu<\operatorname{Re}\nu&<\operatorname{Re}\mu\end{aligned}$	$-\dfrac{1}{2}\,\pi^{\frac12}y^{\mu-\frac12}\left\{J_{\nu+\frac12}\!\left(\dfrac{1}{2}\,y\right)\times\right.$ $\times\cos\!\left[\dfrac{1}{2}\,y+\dfrac{\pi}{2}\,(\mu-\nu)\right]+Y_{\nu+\frac12}\!\left(\dfrac{1}{2}\,y\right)\times$ $\left.\times\sin\!\left[\dfrac{1}{2}\,y+\dfrac{\pi}{2}\,(\mu-\nu)\right]\right\}$

$f(x)$	$g(y) = \int\limits_0^\infty f(x)\cos(xy)\,dx$
$0 \qquad\qquad 0 < x < 1$ $(x^2-1)^{-\frac{1}{2}\mu}\,\mathfrak{P}_\nu^\mu(x) \qquad x > 1$ $-\dfrac{1}{2} < \operatorname{Re}\mu < 1$ $\operatorname{Re}\mu > \operatorname{Re}\nu > -1-\operatorname{Re}\mu$	$-\left(\dfrac{1}{2}\,\pi\right)^{\frac{1}{2}} y^{\mu-\frac{1}{2}}\left\{J_{\nu+\frac{1}{2}}(y)\cos\left[\dfrac{\pi}{2}(\mu-\nu)\right] + \right.$ $\left. + Y_{\nu+\frac{1}{2}}(y)\sin\left[\dfrac{\pi}{2}(\mu-\nu)\right]\right\}$
$(1-x^2)^{-\frac{1}{2}\mu}\,P_\nu^\mu(x)$ $\qquad\qquad\qquad 0 < x < 1$ $0 \qquad\qquad\qquad x > 1$ $\qquad\qquad\qquad \operatorname{Re}\mu < 1$	$\pi^{\frac{1}{2}}\,2^{\mu-1}\left[\Gamma\left(\dfrac{3-\mu+\nu}{2}\right)\Gamma\left(\dfrac{2-\mu-\nu}{2}\right)\right]^{-1}\times$ $\times\,(\mu+\nu)(\mu-\nu-1)\,y^{\mu-\frac{1}{2}}\,s_{-\mu-\frac{1}{2},\,\nu+\frac{1}{2}}(y)$
$x^{\lambda-1}(1-x^2)^{-\frac{1}{2}\mu}\,P_\nu^\mu(x)$ $\qquad\qquad\qquad 0 < x < 1$ $0 \qquad\qquad\qquad x > 1$ $\operatorname{Re}\lambda > 0,\ \ \operatorname{Re}\mu < 1$	$\pi^{\frac{1}{2}}\,2^{\mu-\lambda}\,\Gamma(\lambda)\left[\Gamma\left(1+\dfrac{\lambda-\mu+\nu}{2}\right)\times\right.$ $\left.\times\,\Gamma\left(\dfrac{1+\lambda-\mu-\nu}{2}\right)\right]^{-1}{}_2F_3\left(\dfrac{1}{2}\,\lambda,\ \dfrac{1+\lambda}{2};\right.$ $\left.\dfrac{1}{2},\ \dfrac{1+\lambda-\mu-\nu}{2},\ 1+\dfrac{\lambda-\mu+\nu}{2};\ -\dfrac{y^2}{4}\right)$
$\mathfrak{P}_\nu(1+x^2)$ $\qquad\qquad -1 < \operatorname{Re}\nu < 0$	$-\,2^{\frac{1}{2}}\,\pi^{-1}\sin(\pi\nu)\,[K_{\nu+\frac{1}{2}}(2^{-\frac{1}{2}}y)]^2$
$\mathfrak{Q}_\nu(1+x^2)$ $\qquad\qquad\qquad \operatorname{Re}\nu > -1$	$2^{-\frac{1}{2}}\,\pi\,I_{\nu+\frac{1}{2}}(2^{-\frac{1}{2}}y)\,K_{\nu+\frac{1}{2}}(2^{-\frac{1}{2}}y)$
$\mathfrak{P}_\nu\left(\dfrac{x^2+a^2+b^2}{2ab}\right)$ $\qquad\qquad -1 < \operatorname{Re}\nu < 0$	$-\,2\pi^{-1}(ab)^{\frac{1}{2}}\sin(\pi\nu)\,K_{\nu+\frac{1}{2}}(ay)\,K_{\nu+\frac{1}{2}}(by)$
$\mathfrak{Q}_\nu\left(\dfrac{x^2+a^2+b^2}{2ab}\right)$ $\qquad\qquad\qquad \operatorname{Re}\nu > -1$	$\pi(ab)^{\frac{1}{2}}\,I_{\nu+\frac{1}{2}}(by)\,K_{\nu+\frac{1}{2}}(ay) \qquad\qquad a > b$
$P_\nu\left(\dfrac{x^2}{2a^2}-1\right) \qquad 0 < x < 2a$ $\mathfrak{P}_\nu\left(\dfrac{x^2}{2a^2}-1\right) \qquad x > 2a$ $\qquad\qquad -1 < \operatorname{Re}\nu < 0$	$-\dfrac{1}{2}\,\pi a\,\sin(\pi\nu)\left\{[J_{\nu+\frac{1}{2}}(ay)]^2 + \right.$ $\left. + [Y_{\nu+\frac{1}{2}}(ay)]^2\right\}$
$Q_\nu\left(\dfrac{x^2}{2a^2}-1\right) \qquad 0 < x < 2a$ $\mathfrak{Q}_\nu\left(\dfrac{x^2}{2a^2}-1\right) \qquad x > 2a$ $\qquad\qquad\qquad \operatorname{Re}\nu > -1$	$-\dfrac{1}{2}\,\pi^2 a\,J_{\nu+\frac{1}{2}}(ay)\,Y_{-\nu-\frac{1}{2}}(ay)$

$f(x)$	$g(y) = \int\limits_0^\infty f(x) \cos(xy)\, dx$
$P_\nu\left(\dfrac{2x^2}{a^2} - 1\right) \qquad 0 < x < a$ $0 \qquad\qquad\qquad x > a$	$\dfrac{1}{2}\, \pi a\, J_{\nu+\frac{1}{2}}\left(\dfrac{1}{2}\, a y\right) J_{-\nu-\frac{1}{2}}\left(\dfrac{1}{2}\, a y\right)$
$\mathfrak{P}_\nu\left(\dfrac{a^2+b^2-x^2}{2ab}\right)$ $\qquad\qquad 0 < x < a - b$ $0 \qquad\qquad\quad x > a - b$	$\dfrac{1}{2}\, \pi (ab)^{\frac{1}{2}} \left[J_{\nu+\frac{1}{2}}(b y)\, Y_{\nu+\frac{1}{2}}(a y) - \right.$ $\left. \qquad - J_{\nu+\frac{1}{2}}(a y)\, Y_{\nu+\frac{1}{2}}(b y) \right]$
$0 \qquad\qquad\quad 0 < x < a + b$ $\mathfrak{P}_\nu\left(\dfrac{x^2-a^2-b^2}{2ab}\right) \quad x > a + b$ $\qquad\qquad\quad -1 < \operatorname{Re} \nu < 0$	$\dfrac{1}{2}\, \pi (ab)^{\frac{1}{2}} \left[Y_{\nu+\frac{1}{2}}(a y)\, Y_{-\nu-\frac{1}{2}}(b y) - \right.$ $\left. \qquad - J_{\nu+\frac{1}{2}}(a y)\, J_{-\nu-\frac{1}{2}}(b y) \right]$
$-\dfrac{2}{\pi} \sin(\pi\nu)\, \mathfrak{Q}_\nu\left(\dfrac{a^2+b^2-x^2}{2ab}\right)$ $\qquad\qquad 0 < x < a - b$ $P_\nu\left(\dfrac{x^2-a^2-b^2}{2ab}\right)$ $\qquad\qquad a - b < x < a + b$ $0 \qquad\qquad\quad x > a + b$	$\pi (ab)^{\frac{1}{2}}\, J_{\nu+\frac{1}{2}}(b y)\, J_{-\nu-\frac{1}{2}}(a y)$
$x^{-1}\mathfrak{P}_\nu(2x^2 - 1) \quad 0 < x < 1$ $0 \qquad\qquad\qquad x > 1$ $\qquad\qquad\quad -1 < \operatorname{Re} \nu < 0$	$-\dfrac{1}{2}\, \pi \csc(\pi\nu)\, {}_1F_1(\nu + 1; 1; i y) \times$ $\times\, {}_1F_1(\nu + 1; 1; -i y)$
$x^{-1}\mathfrak{Q}_\nu(1 + 2a^2 x^{-2})$ $\qquad\qquad\qquad \operatorname{Re} \nu > -1$	$\dfrac{1}{2}\, \pi\, \Gamma(1 + \nu)\, (a y)^{-1} W_{-\nu-\frac{1}{2},\,0}(a y) \times$ $\times\, [\operatorname{ctn}(\pi\nu)\, M_{\nu+\frac{1}{2},\,0}(a y) -$ $- \csc(\pi\nu)\, W_{-\nu-\frac{1}{2},\,0}(a y)]$
$[(a + x)(b + x)]^{\frac{1}{2}\nu} \times$ $\times\, \mathfrak{P}_\nu\left[2\left(1 + \dfrac{x}{a}\right) \times\right.$ $\left. \times\left(1 + \dfrac{x}{b}\right) - 1\right]$ $\qquad\qquad -1 < \operatorname{Re} \nu < 0$	$\dfrac{1}{4}\, \pi (ab)^{\frac{1}{2}(\nu+1)} \left\{ \cos\left(\pi\nu - \dfrac{1}{2}\, a y - \dfrac{1}{2}\, a b\right) \times \right.$ $\times\left[J_{\nu+\frac{1}{2}}\left(\dfrac{1}{2}\, a y\right) Y_{\nu+\frac{1}{2}}\left(\dfrac{1}{2}\, b y\right) + \right.$ $\left. + J_{\nu+\frac{1}{2}}\left(\dfrac{1}{2}\, b y\right) Y_{\nu+\frac{1}{2}}\left(\dfrac{1}{2}\, a y\right)\right] +$ $+ \sin\left(\pi\nu - \dfrac{1}{2}\, a y - \dfrac{1}{2}\, a b\right) \times$ $\times\left[J_{\nu+\frac{1}{2}}\left(\dfrac{1}{2}\, a y\right) J_{\nu+\frac{1}{2}}\left(\dfrac{1}{2}\, b y\right) - \right.$ $\left.\left. - Y_{\nu+\frac{1}{2}}\left(\dfrac{1}{2}\, a y\right) Y_{\nu+\frac{1}{2}}\left(\dfrac{1}{2}\, b y\right)\right]\right\}$

$f(x)$	$g(y) = \int\limits_0^\infty f(x)\cos(xy)\,dx$
$\mathfrak{P}_\nu(\cosh x)$ $-1 < \operatorname{Re}\nu < 0$	$-\dfrac{1}{4}\,\pi^{-2}\sin(\pi\nu)\,\Gamma\!\left(\dfrac{-\nu+iy}{2}\right)\Gamma\!\left(\dfrac{-\nu-iy}{2}\right)\times$ $\times\,\Gamma\!\left(\dfrac{1+\nu+iy}{2}\right)\Gamma\!\left(\dfrac{1+\nu-iy}{2}\right)$
$\mathfrak{P}_\nu(a\cosh x)$ $-1 < \operatorname{Re}\nu < 0$ $a \geq 1$	$-\,2^{\nu-\frac{3}{2}}\pi^{-\frac{1}{2}}a^{-\frac{1}{2}}\sin(\pi\nu)\times$ $\times\,[\cosh(\pi y)-\cos(\pi\nu)]^{-1}\times$ $\times\,\Gamma\!\left(\dfrac{1+\nu+iy}{2}\right)\Gamma\!\left(\dfrac{1+\nu-iy}{2}\right)\times$ $\times\left\{P_{-\frac{1}{2}+iy}^{-\nu-\frac{1}{2}}\!\left(\dfrac{\sqrt{a^2-1}}{a}\right)+P_{-\frac{1}{2}+iy}^{-\nu-\frac{1}{2}}\!\left(\dfrac{-\sqrt{a^2-1}}{a}\right)\right\}$
$(\sinh x)^\mu\,\mathfrak{P}_\nu^\mu(\cosh x)$ $\operatorname{Re}(1+\nu-\mu) > 0$ $\operatorname{Re}(\nu+\mu) < 0$	$\pi^{-\frac{1}{2}}\,2^{-\mu-2}\,\dfrac{\Gamma\!\left(\dfrac{1+\nu-\mu+iy}{2}\right)\Gamma\!\left(\dfrac{1+\nu-\mu-iy}{2}\right)}{\Gamma(-\nu-\mu)\,\Gamma(1+\nu-\mu)}\times$ $\dfrac{\times\,\Gamma\!\left(\dfrac{-\nu-\mu+iy}{2}\right)\Gamma\!\left(\dfrac{-\nu-\mu-iy}{2}\right)}{\times\,\Gamma(\frac{1}{2}-\mu)}$
$(a^2\cosh^2 x - 1)^{\frac{1}{2}\mu}\times$ $\times\,\mathfrak{P}_\nu^\mu(a\cosh x)$ $\operatorname{Re}(\mu+\nu) < 0$ $\operatorname{Re}(1+\nu-\mu) > 0$	$\pi^{-\frac{1}{2}}\,2^{-\mu-2}\,a^{\mu-\nu-1}\times$ $\times\,\dfrac{\Gamma\!\left(\dfrac{1+\nu-\mu+iy}{2}\right)\Gamma\!\left(\dfrac{1+\nu-\mu-iy}{2}\right)}{\Gamma(\frac{1}{2}-\mu)\,\Gamma(1+\nu-\mu)}\times$ $\dfrac{\times\,\Gamma\!\left(\dfrac{-\nu-\mu-iy}{2}\right)\Gamma\!\left(\dfrac{-\nu-\mu+iy}{2}\right)}{\times\,\Gamma(-\nu-\mu)}\times$ $\times\,{}_2F_1\!\left(\dfrac{1+\nu-\mu+iy}{2},\ \dfrac{1+\nu-\mu-iy}{2};\right.$ $\left.\dfrac{1}{2}-\mu;\ 1-a^{-2}\right)$
$(a^2+b^2\cosh^2 x)^{-\frac{1}{2}(\nu+1)}\times$ $\times\,P_\nu^\mu\!\left[\dfrac{b\cosh x}{(a^2+b^2\cosh^2 x)^{\frac{1}{2}}}\right]$ $\operatorname{Re}(\nu-\mu+1) < 0$	$2^{\nu-1}a^{-\mu}\,\dfrac{\Gamma\!\left(\dfrac{1+\nu-\mu+iy}{2}\right)\Gamma\!\left(\dfrac{1+\nu-\mu-iy}{2}\right)}{\Gamma(1-\mu)\,\Gamma(1+\nu-\mu)}\times$ $\times\,y^{\mu-\nu-1}\,{}_2F_1\!\left(\dfrac{1+\nu-\mu+iy}{2},\right.$ $\left.\dfrac{1+\nu-\mu-iy}{2};\ 1-\mu;\ -a^2b^{-2}\right)$

$f(x)$	$g(y) = \int\limits_0^\infty f(x) \cos(x\,y)\,d x$
$(\sinh x)^{-\nu-1}\,\mathfrak{Q}_\nu^\mu(\operatorname{ctnh} x)$ $-1 < \operatorname{Re}(\nu+\mu) < 0$	$e^{i\pi\mu}\,2^{\nu-2}\left[\Gamma(1+\nu)\,\Gamma(1+\nu-\mu)\right]^{-1}\times$ $\times\,\Gamma\!\left(\dfrac{1+\nu-\mu+i\,y}{2}\right)\Gamma\!\left(\dfrac{1+\nu-\mu-i\,y}{2}\right)\times$ $\times\,\Gamma\!\left(\dfrac{1+\nu+\mu+i\,y}{2}\right)\Gamma\!\left(\dfrac{1+\nu+\mu-i\,y}{2}\right)$
$P_{-\frac{1}{2}+x}(\cos\delta)\qquad 0<\delta<\pi$	$\left(\dfrac{1}{2}\,\pi\right)^{\frac{1}{2}}\left[\Gamma\!\left(\dfrac{1}{2}-\mu\right)\right]^{-1}(\sin\delta)^\mu\times$ $\times\,(\cos y - \cos\delta)^{-\mu-\frac{1}{2}}\qquad 0<y<\delta$ $0\qquad\qquad\qquad\qquad\qquad\qquad y>\delta$
$\operatorname{sech}(\pi x)\,P_{-\frac{1}{2}+ix}(a)$ $-1<a<1$	$2^{-\frac{1}{2}}(a+\cosh y)^{-\frac{1}{2}}$
$\dfrac{\tanh(\pi x)}{\sinh(\alpha x)}\,P_{-\frac{1}{2}+ix}(a)$ $-1<a<1$	$\alpha^{-1}\displaystyle\sum_{n=0}^{\infty}(-1)^n\,\varepsilon_n\cos\!\left(n\,\dfrac{\pi}{\alpha}\,y\right)Q_{n\frac{\pi}{\alpha}-\frac{1}{2}}(a)$ $-\alpha\leqq y\leqq\alpha$
$\mathfrak{P}_{-\frac{1}{2}+ix}(a)\qquad a>1$	$2^{-\frac{1}{2}}(a-\cosh y)^{-\frac{1}{2}}\qquad \cosh y < a$ $0\qquad\qquad\qquad\qquad\qquad \cosh y > a$
$\operatorname{sech}(\pi x)\,\mathfrak{P}_{-\frac{1}{2}+ix}(a)\quad a\geqq 1$	$2^{-\frac{1}{2}}(a+\cosh y)^{-\frac{1}{2}}$
$x^{-1}\operatorname{sech}(\pi x)\times$ $\times\left[P_{\frac{1}{2}+ix}(a)-P_{\frac{1}{2}-ix}(a)\right]$ $-1<a<1$	$i\,2^{\frac{3}{2}}\left[(a+\cosh y)^{\frac{1}{2}}-(1+\cosh y)^{\frac{1}{2}}\right]$
$x^{-1}\operatorname{sech}(\pi x)\times$ $\times\left[\mathfrak{P}_{\frac{1}{2}+ix}(a)-\mathfrak{P}_{\frac{1}{2}-ix}(a)\right]$ $a>1$	$i\,2^{\frac{3}{2}}\left[(a+\cosh y)^{\frac{1}{2}}-(1+\cosh y)^{\frac{1}{2}}\right]$
$[\operatorname{sech}(\pi x)]^2\,P_{-\frac{1}{2}+ix}(a)$ $-1<a<1$	$2^{-\frac{1}{2}}\pi^{-1}(\cosh y - a)^{-\frac{1}{2}}\times$ $\times\log\left[\dfrac{(\cosh y+1)^{\frac{1}{2}}+(\cosh y-a)^{\frac{1}{2}}}{(\cosh y+1)^{\frac{1}{2}}-(\cosh y-a)^{\frac{1}{2}}}\right]$

$f(x)$	$g(y) = \int\limits_0^\infty f(x)\cos(xy)\,dx$
$[\operatorname{sech}(\pi x)]^2\,\mathfrak{P}_{-\frac12+ix}(a)$ $a>1$	$2^{\frac12}\pi^{-1}(a-\cosh y)^{-\frac12}\times$ $\times\arctan\!\left[\left(\dfrac{a-\cosh y}{1+\cosh y}\right)^{\!\frac12}\right]\qquad \cosh y<a$ $2^{-\frac12}\pi^{-1}(\cosh y-a)^{-\frac12}\times$ $\times\log\!\left[\dfrac{(\cosh y+1)^{\frac12}+(\cosh y-a)^{\frac12}}{(\cosh y+1)^{\frac12}-(\cosh y-a)^{\frac12}}\right]$ $\cosh y>a$
$\mathfrak{P}^{\mu}_{-\frac12+ix}(a)\qquad\qquad a>1$	$\left(\dfrac12\pi\right)^{\frac12}\left[\Gamma\!\left(\dfrac12-\mu\right)\right]^{-1}(a^2-1)^{\frac12\mu}\times$ $\times(a-\cosh y)^{-\mu-\frac12}\qquad\qquad \cosh y<a$ $0\qquad\qquad\qquad\qquad\qquad\qquad \cosh y>a$
$\Gamma(\mu+ix)\,\Gamma(\mu-ix)\times$ $\times\,\mathfrak{P}^{\frac12-\mu}_{-\frac12+ix}(a)$ $a>1,\ \operatorname{Re}\mu>0$	$\left(\dfrac12\pi\right)^{\frac12}\Gamma(\mu)\,(a^2-1)^{\frac12(\mu-\frac12)}\,(a+\cosh y)^{-\mu}$
$\dfrac{\Gamma(\frac14-\frac12\mu+\frac12 ix)\,\Gamma(\frac14-\frac12\mu-\frac12 ix)}{\cosh(\pi x)+\sin(\pi\mu)}\times$ $\times\left[P^{\mu}_{-\frac12+ix}(a)+\right.$ $\left.+\,P^{\mu}_{-\frac12+ix}(-a)\right]$ $-1<a<1$ $-\dfrac12<\operatorname{Re}\mu<\dfrac12$	$2^{\mu+1}\pi^{\frac32}\sec(\pi\mu)\,(1-a^2)^{-\frac14}\times$ $\times\mathfrak{P}_{\mu-\frac12}\!\left[(1-a^2)^{-\frac12}\cosh y\right]$
$Q_{-\frac12+ix}(\cos\delta)+$ $+\,Q_{-\frac12-ix}(\cos\delta)$ $0<\delta<\pi$	$\pi\,2^{-\frac12}(\cosh y-\cos\delta)^{-\frac12}$
$\mathfrak{Q}^{\mu}_{-\frac12+ix}(\cosh a)+$ $+\,\mathfrak{Q}^{\mu}_{-\frac12-ix}(\cosh a)$ $\operatorname{Re}\mu>\dfrac12$	$2^{-\frac12}\pi^{\frac32}\left[\Gamma\!\left(\dfrac12-\mu\right)\right]^{-1}(\sinh a)^{\mu}e^{i\pi\mu}\times$ $\times(\cosh y-\cosh a)^{-\mu-\frac12}\qquad\qquad y>a$ $0\qquad\qquad\qquad\qquad\qquad\qquad\qquad\quad y<a$
$\operatorname{sech}(\pi x)\left[\mathfrak{Q}^{\mu-\frac12}_{-\frac12+ix}(\cosh a)-\right.$ $\left.-\,\mathfrak{Q}^{\mu-\frac12}_{-\frac12-ix}(\cosh a)\right]$ $\operatorname{Re}\mu>0$	$\left(\dfrac12\pi\right)^{\frac12}e^{i\pi\mu}\,\Gamma(\mu)\,(\sinh a)^{\mu-\frac12}\times$ $\times(\cosh a+\cosh y)^{-\mu}$

§ 15. BESSEL-Funktionen vom Argument x

$f(x)$	$g(y) = \int\limits_0^\infty f(x) \cos(x\,y)\,dx$
$J_0(a\,x)$	$(a^2 - y^2)^{-\frac{1}{2}} \qquad 0 < y < a$ $0 \qquad y > a$
$J_{2n}(a\,x)$ $n = 0, 1, 2, \ldots$	$(-1)^n (a^2 - y^2)^{-\frac{1}{2}} T_{2n}\left(\dfrac{y}{a}\right) \qquad 0 < y < a$ $0 \qquad y > a$
$J_\nu(a\,x)$ $\operatorname{Re}\nu > -1$	$(a^2 - y^2)^{-\frac{1}{2}} \cos\left[\nu \arcsin\left(\dfrac{y}{a}\right)\right] \qquad 0 < y < a$ $-\,a^\nu \sin\left(\dfrac{1}{2}\nu\pi\right)(y^2 - a^2)^{-\frac{1}{2}} \times$ $\times [y + (y^2 - a^2)^{\frac{1}{2}}]^{-\nu} \qquad y > a$
$x^{-1} J_\nu(a\,x)$ $\operatorname{Re}\nu > 0$	$\nu^{-1} \cos\left[\nu \arcsin\left(\dfrac{y}{a}\right)\right] \qquad 0 < y < a$ $\nu^{-1} a^\nu \cos\left(\dfrac{1}{2}\pi\nu\right)[y + (y^2 - a^2)^{\frac{1}{2}}]^{-\nu} \quad y > a$
$x^{-2} J_\nu(a\,x)$ $\operatorname{Re}\nu > 1$	$\dfrac{1}{2}[\nu(\nu - 1)]^{-1} a \cos\left[(\nu - 1)\arcsin\left(\dfrac{y}{a}\right)\right] +$ $+ \dfrac{1}{2}[\nu(\nu + 1)]^{-1} \times$ $\times a \cos\left[(\nu + 1)\arcsin\left(\dfrac{y}{a}\right)\right] \qquad 0 < y < a$ $\dfrac{1}{2}[\nu(\nu - 1)]^{-1} a^\nu \sin\left(\dfrac{1}{2}\nu\pi\right) \times$ $\times [y + (y^2 - a^2)^{\frac{1}{2}}]^{1-\nu} -$ $- \dfrac{1}{2}[\nu(\nu + 1)]^{-1} a^{\nu+2} \sin\left(\dfrac{1}{2}\nu\pi\right) \times$ $\times [y + (y^2 - a^2)^{\frac{1}{2}}]^{-\nu-1} \qquad y > a$
$x^{-\frac{1}{2}} J_{2n+\frac{1}{2}}(a\,x)$	$(-1)^n \pi^{\frac{1}{2}} (2a)^{-\frac{1}{2}} P_{2n}\left(\dfrac{y}{a}\right) \qquad 0 < y < a$ $0 \qquad y > a$

$f(x)$	$g(y) = \int\limits_0^\infty f(x)\cos(xy)\,dx$
$x^{-\frac{1}{2}} J_\nu(a x)$ $\mathrm{Re}\,\nu > -\dfrac{1}{2}$	$(2a)^{-\frac{1}{2}} \Gamma\!\left(\dfrac{1}{2}\nu + \dfrac{1}{4}\right)\left[\Gamma\!\left(\dfrac{1}{2}\nu + \dfrac{3}{4}\right)\right]^{-1} \times$ $\times {}_2F_1\!\left(\dfrac{1}{4} + \dfrac{1}{2}\nu,\ \dfrac{1}{4} - \dfrac{1}{2}\nu;\ \dfrac{1}{2};\ \dfrac{y^2}{a^2}\right)$ $\hfill 0 < y < a$ $\left(\dfrac{2y}{\pi}\right)^{-\frac{1}{2}} \Gamma\!\left(\dfrac{1}{2}\nu + \dfrac{1}{4}\right) \times$ $\times \left[\Gamma(1+\nu)\,\Gamma\!\left(\dfrac{1}{4} - \dfrac{1}{2}\nu\right)\right]^{-1} \left(\dfrac{y}{a}\right)^{-\nu} \times$ $\times {}_2F_1\!\left(\dfrac{1}{2}\nu + \dfrac{1}{4},\ \dfrac{1}{2}\nu + \dfrac{3}{4};\ \nu+1;\ \dfrac{a^2}{y^2}\right)$ $\hfill y > a$
$x^\nu J_\nu(a x)$ $-\dfrac{1}{2} < \mathrm{Re}\,\nu < \dfrac{1}{2}$	$\pi^{-\frac{1}{2}} \Gamma\!\left(\nu + \dfrac{1}{2}\right)(2a)^\nu\,(a^2 - y^2)^{-\nu-\frac{1}{2}}$ $\hfill 0 < y < a$ $-\pi^{-\frac{1}{2}} \Gamma\!\left(\nu + \dfrac{1}{2}\right)(2a)^\nu \sin(\pi\nu)\,(y^2 - a^2)^{-\nu-\frac{1}{2}}$ $\hfill y > a$
$x^{-\nu} J_\nu(a x)$ $\mathrm{Re}\,\nu > -\dfrac{1}{2}$	$\pi^{\frac{1}{2}} (2a)^{-\nu}\left[\Gamma\!\left(\dfrac{1}{2} + \nu\right)\right]^{-1}(a^2 - y^2)^{\nu-\frac{1}{2}}$ $\hfill 0 < y < a$ $0 \hfill y > a$
$x^{-\nu} J_{\nu+2n}(a x)$ $\mathrm{Re}\,\nu > -\dfrac{1}{2}$	$(-1)^n\,2^{\nu-1}\,a^{-\nu}\,(2n)!\,\Gamma(\nu)\,[\Gamma(2\nu + 2n)]^{-1} \times$ $\times (a^2 - y^2)^{\nu-\frac{1}{2}}\,C_{2n}^\nu\!\left(\dfrac{y}{a}\right) \hfill 0 < y < a$ $0 \hfill y > a$
$x^{1-\nu} J_\nu(a x)$ $\mathrm{Re}\,\nu > \dfrac{1}{2}$	$2^{1-\nu}\,a^{\nu-2}\,[\Gamma(\nu)]^{-1}\,{}_2F_1\!\left(1,\,1-\nu;\ \dfrac{1}{2};\ \dfrac{y^2}{a^2}\right)$ $\hfill 0 < y < a$ $-\left(\dfrac{1}{2}a\right)^\nu [\Gamma(1+\nu)]^{-1}\,y^{-2}\,{}_2F_1\!\left(1,\,\dfrac{3}{2};\ \nu+1;\ \dfrac{a^2}{y^2}\right)$ $\hfill y > a$

$f(x)$	$g(y) = \int\limits_0^\infty f(x)\cos(x\,y)\,dx$
$x^{1+\nu}\,J_\nu(a\,x)$ $\qquad -1 < \operatorname{Re}\nu < -\dfrac{1}{2}$	$0 \hspace{4em} 0 < y < a$ $2^{\nu+1}\,\pi^{\frac{1}{2}}\,a^\nu\left[\varGamma\left(-\nu-\dfrac{1}{2}\right)\right]^{-1} y\,(y^2-a^2)^{-\nu-\frac{3}{2}}$ $\hspace{12em} y > a$
$x^{2\mu-1}\,J_{2\nu}(a\,x)$ $\qquad -\operatorname{Re}\nu < \operatorname{Re}\mu < \dfrac{3}{4}$	$\dfrac{1}{2}\left(\dfrac{a}{2}\right)^{-2\mu}\varGamma(\nu+\mu)\,[\varGamma(1+\nu-\mu)]^{-1}\times$ $\quad\times {}_2F_1\left(\mu+\nu,\mu-\nu;\dfrac{1}{2};\dfrac{y^2}{a^2}\right) \quad 0 < y < a$ $\left(\dfrac{1}{2}a\right)^{2\nu}\varGamma(2\nu+2\mu)\,[\varGamma(2\nu+1)]^{-1}\times$ $\quad\times\cos[\pi(\nu+\mu)]\times$ $\quad\times y^{-2\nu-2\mu}\,{}_2F_1\left(\nu+\mu,\nu+\mu+\dfrac{1}{2};\right.$ $\qquad\left. 2\nu+1;\dfrac{a^2}{y^2}\right) \hspace{5em} y > a$
$(b^2+x^2)^{-1}\,J_0(a\,x)$	$\dfrac{1}{2}\,b^{-1}\pi\,e^{-by}\,I_0(a\,b) \hspace{6em} y > a$
$x\,(b^2+x^2)^{-1}\,J_0(a\,x)$	$\cosh(b\,y)\,K_0(a\,b) \hspace{6em} 0 < y < a$
$x^{-\nu}(b^2+x^2)^{-1}\,J_\nu(a\,x)$ $\qquad \operatorname{Re}\nu > -\dfrac{5}{2}$	$\dfrac{1}{2}\,\pi\,b^{-\nu-1}e^{-by}\,I_\nu(a\,b) \hspace{5em} y > a$
$x^{2n-\nu}(b^2+x^2)^{-1}\,J_\nu(a\,x)$ $\qquad n = 0, 1, 2, \ldots$ $\qquad \operatorname{Re}\nu > 2n-\dfrac{5}{2}$	$\dfrac{1}{2}\,\pi\,(-1)^n\,b^{2n-\nu-1}\,e^{-by}\,I_\nu(a\,b) \hspace{3em} y > a$
$x^{\nu+1}(b^2+x^2)^{-1}\,J_\nu(a\,x)$ $\qquad -1 < \operatorname{Re}\nu < \dfrac{3}{2}$	$b^\nu\cosh(b\,y)\,K_\nu(a\,b) \hspace{4em} 0 < y < a$
$x^{\nu+2n+1}(b^2+x^2)^{-1}\,J_\nu(a\,x)$ $\qquad n = 0, 1, 2, \ldots$ $-1 < \operatorname{Re}(\nu+n) < \dfrac{3}{2}-n$	$(-1)^n\,b^{\nu+2n}\cosh(b\,y)\,K_\nu(a\,b) \hspace{2em} 0 < y < a$

$f(x)$	$g(y) = \int\limits_0^\infty f(x)\cos(xy)\,dx$
$\log(bx)\,J_0(ax)$	$-(a^2-y^2)^{-\frac12}\left[\log(a^2-y^2)+\gamma-\log\left(\frac12\,ab\right)\right]$ $\hfill 0<y<a$ $-\frac12\,\pi(y^2-a^2)^{-\frac12} \hfill y>a$
$x^\nu\sin x\,J_\nu(x)$ $\hfill -1<\mathrm{Re}\,\nu<\frac12$	$\pi^{\frac12}2^{\nu-1}\left[\Gamma\left(\frac12-\nu\right)\right]^{-1}(y^2+2y)^{-\nu-\frac12}$ $\hfill 0<y<2$ $\pi^{\frac12}2^{\nu-1}\left[\Gamma\left(\frac12-\nu\right)\right]^{-1}\times$ $\times\left[(y^2+2y)^{-\nu-\frac12}-(y^2-2y)^{-\nu-\frac12}\right]$ $\hfill 2<y<\infty$
$x^{-\nu}\cos x\,J_\nu(x)$ $\hfill \mathrm{Re}\,\nu>-\frac12$	$\pi^{\frac12}2^{-\nu-\frac12}\left[\Gamma\left(\frac12+\nu\right)\right]^{-1}(2y-y^2)^{\nu-\frac12}$ $\hfill 0<y<2$ $0 \hfill y>2$
$x^{-\nu}\sin x\,J_{\nu+1}(x)$ $\hfill \mathrm{Re}\,\nu>-\frac12$	$\pi^{\frac12}2^{-\nu-1}\left[\Gamma\left(\frac12+\nu\right)\right]^{-1}(1-y)(2y-y^2)^{\nu-\frac12}$ $\hfill 0<y<2$ $0 \hfill y>2$
$x^{-1}\left[\mathrm{si}(ax)+\frac12\,\pi\,J_0(ax)\right]$	$0 \hfill 0<y<a$ $-\pi\log\left[\dfrac{(y+a)^{\frac12}+(y-a)^{\frac12}}{2y^{\frac12}}\right] \hfill y>a$
$[J_0(ax)]^2$	$(\pi a)^{-1}K\left[\left(1-\dfrac{y^2}{4a^2}\right)^{\frac12}\right] \hfill 0<y<2a$ $0 \hfill y>2a$
$J_0(ax)\,J_0(bx)$	$2\pi^{-1}\left[(a+b)^2-y^2\right]^{-\frac12}K\left\{\left[\dfrac{4ab}{(a+b)^2-y^2}\right]^{\frac12}\right\}$ $\hfill 0<y<a-b$ $\pi^{-1}(ab)^{-\frac12}K\left\{\left[\dfrac{(a+b)^2-y^2}{4ab}\right]^{\frac12}\right\}$ $\hfill a-b<y<a+b$ $0 \hfill y>a+b$

$f(x)$	$g(y) = \int\limits_0^\infty f(x)\cos(xy)\,dx$
$J_\nu(ax)\,J_\nu(bx)$ $\operatorname{Re}\nu > -\dfrac{1}{2}$	$\pi^{-1}(ab)^{-\frac{1}{2}}\,\mathfrak{Q}_{\nu-\frac{1}{2}}\!\left(\dfrac{a^2+b^2-y^2}{2ab}\right)\quad 0<y<a-b$ $\pi^{-1}(ab)^{-\frac{1}{2}}\,Q_{\nu-\frac{1}{2}}\!\left(\dfrac{a^2+b^2-y^2}{2ab}\right)$ $\qquad\qquad\qquad a-b<y<a+b$ $-\sin(\pi\nu)\,\pi^{-1}(ab)^{-\frac{1}{2}}\,\mathfrak{Q}_{\nu-\frac{1}{2}}\!\left(\dfrac{y^2-a^2-b^2}{2ab}\right)$ $\qquad\qquad\qquad\qquad\qquad y>a+b$
$J_\nu(ax)\,J_{-\nu}(ax)$	$\dfrac{1}{2}\,a^{-1}\,P_{\nu-\frac{1}{2}}\!\left(\dfrac{y^2}{2a^2}-1\right)\qquad 0<y<2a$ $0\qquad\qquad\qquad\qquad\qquad\qquad y>2a$
$J_\nu(bx)\,J_{-\nu}(ax)$ $a \geqq b$	$\pi^{-1}\cos(\pi\nu)\,(ab)^{-\frac{1}{2}}\,\mathfrak{Q}_{\nu-\frac{1}{2}}\!\left(\dfrac{a^2+b^2-y^2}{2ab}\right)$ $\qquad\qquad\qquad 0<y<a-b$ $\dfrac{1}{2}(ab)^{-\frac{1}{2}}\,P_{\nu-\frac{1}{2}}\!\left(\dfrac{y^2-a^2-b^2}{2ab}\right)$ $\qquad\qquad\qquad a-b<y<a+b$ $0\qquad\qquad\qquad\qquad y>a+b$
$x^{-\frac{1}{2}}\,[J_0(ax)]^2$	$\left(\dfrac{\pi}{2y}\right)^{\frac{1}{2}}\left\{P_{-\frac{1}{2}}\!\left[\left(1-\dfrac{4a^2}{y^2}\right)^{\frac{1}{2}}\right]\right\}^2\qquad y>2a$
$J_\mu(ax)\,J_\nu(bx)$	Watson, G. N.: J. London Math. Soc. Bd. 9, S. 21. 1936.
$x^{\frac{1}{2}}\,[J_{-\frac{1}{4}}(ax)]^2$	$\left(\dfrac{1}{2}\pi y\right)^{-\frac{1}{2}}(4a^2-y^2)^{-\frac{1}{2}}\qquad 0<y<2a$ $0\qquad\qquad\qquad\qquad\qquad y>2a$
$x^{-\frac{1}{2}}\,[J_\nu(ax)]^2$ $\operatorname{Re}\nu > -\dfrac{1}{4}$	$\left(\dfrac{1}{2}\pi\right)^{\frac{1}{2}}a^{2\nu}\,\Gamma\!\left(\dfrac{1}{4}+\nu\right)\times$ $\times\left\{\Gamma\!\left(\dfrac{1}{4}-\nu\right)[\Gamma(1+\nu)]^2\right\}^{-1}\times$ $\times y^{-2\nu-\frac{1}{2}}\left\{{}_2F_1\!\left[\dfrac{3}{4}+\nu,\,\dfrac{1}{4}+\nu;\,1+\nu;\right.\right.$ $\left.\left.\dfrac{1}{2}-\dfrac{1}{2}\left(1-\dfrac{4a^2}{y^2}\right)^{\frac{1}{2}}\right]\right\}^2$

$f(x)$	$g(y) = \int\limits_{0}^{\infty} f(x) \cos(xy)\, dx$
$x^{\frac{1}{2}} J_{\nu-\frac{1}{4}}(a\,x)\, J_{-\nu-\frac{1}{4}}(a\,x)$	$\left(\dfrac{1}{2}\pi y\right)^{-\frac{1}{2}} (4a^2 - y^2)^{-\frac{1}{2}} \cos\left[2\nu \arccos\left(\dfrac{y}{2a}\right)\right]$ $\qquad\qquad\qquad\qquad\qquad 0 < y < 2a$ $0 \qquad\qquad\qquad\qquad\qquad\qquad y > 2a$
$[x^\nu J_\nu(a\,x)]^2$ $\qquad -\dfrac{1}{4} < \mathrm{Re}\,\nu < \dfrac{1}{2}$	$2^{3\nu}\left[\Gamma\left(\dfrac{1}{2}-\nu\right)\right]^{-1}(2\pi a y)^{-\frac{1}{2}}\left(\dfrac{y}{a}\right)^{-\nu} \times$ $\times (4a^2 - y^2)^{-\nu}\left[\pi\,\mathfrak{P}_{\nu-\frac{1}{2}}^{\nu}\left(\dfrac{4a^2+y^2}{4ay}\right) - \right.$ $\left. - 2e^{-i\pi\nu}\sin(\pi\nu)\,\mathfrak{Q}_{\nu-\frac{1}{2}}^{\nu}\left(\dfrac{y^2+4a^2}{4ay}\right)\right]$ $\qquad\qquad\qquad\qquad\qquad 0 < y < 2a$ $- 2^{3\nu}\left[\Gamma\left(\dfrac{1}{2}-\nu\right)\right]^{-1}\sin(\pi\nu)\times$ $\times e^{-i\pi\nu}\left(\dfrac{1}{2}\pi a y\right)^{-\frac{1}{2}}\left(\dfrac{y}{a}\right)^{-\nu}\times$ $\times (y^2 - 4a^2)^{-\nu}\,\mathfrak{Q}_{\nu-\frac{1}{2}}^{\nu}\left(\dfrac{y^2+4a^2}{4ay}\right) \qquad y > 2a$
$x^{\nu-\mu+1} J_\mu(a\,x)\, J_\nu(b\,x)$ $b > a, \quad -1 < \mathrm{Re}\,\nu < \mathrm{Re}\,\mu$	$0 \qquad\qquad\qquad\qquad\qquad 0 < y < b - a$
$x^{-\nu-\mu} J_\nu(a\,x)\, J_\mu(a\,x)$ $\qquad\qquad \mathrm{Re}(\nu+\mu) > -1$	$\pi^{-\frac{1}{2}} a^{\nu+\mu-1}\left[\Gamma\left(\dfrac{1}{2}+\nu+\mu\right)\right]^{-1}\times$ $\times \displaystyle\int\limits_{0}^{\arccos\left(\frac{y}{2a}\right)} (\cos t)^{-\nu-\mu}\cos\left[(\mu-\nu)t\right]\times$ $\times\left(\cos^2 t - \dfrac{y^2}{4a^2}\right)^{\nu+\mu-\frac{1}{2}} dt \qquad 0 < y < 2a$ $0 \qquad\qquad\qquad\qquad\qquad\qquad y > 2a$
$x^{\nu-\mu-1} J_\mu(a\,x)\, J_\nu(b\,x)$ $\qquad 0 < \mathrm{Re}\,\nu < 2 + \mathrm{Re}\,\mu$	$2^{\nu-\mu-1} b^{-\nu} a^\mu\, \Gamma(\nu)\,[\Gamma(1+\nu)]^{-1}$ $\qquad\qquad\qquad\qquad\qquad 0 < y < b - a$
$x^\lambda J_\mu(a\,x)\, J_\nu(b\,x)$	Bailey, W. N.: Proc. Lond. Math. Soc. Bd. 40, S. 37—48. 1936.
$Y_0(a\,x)$	$0 \qquad\qquad\qquad\qquad\qquad 0 < y < a$ $-(y^2 - a^2)^{-\frac{1}{2}} \qquad\qquad\qquad y > a$

$f(x)$	$g(y) = \int\limits_0^\infty f(x)\cos(xy)\,dx$
$Y_\nu(ax)$ $-1 < \operatorname{Re}\nu < 1$	$-\tan\left(\dfrac{1}{2}\nu\pi\right)(a^2-y^2)^{-\frac{1}{2}}\times$ $\times\cos\left[\nu\arcsin\left(\dfrac{y}{a}\right)\right] \qquad 0<y<a$ $-\sin\left(\dfrac{1}{2}\nu\pi\right)(y^2-a^2)^{-\frac{1}{2}}\times$ $\times\left\{a^{-\nu}[y-(y^2-a^2)^{\frac{1}{2}}]^\nu\operatorname{ctn}(\pi\nu)+\right.$ $\left.+\,a^\nu[y-(y^2-a^2)^{\frac{1}{2}}]^{-\nu}\csc(\pi\nu)\right\} \quad y>a$
$x^\nu Y_\nu(ax)$ $-\dfrac{1}{2} < \operatorname{Re}\nu < \dfrac{1}{2}$	$0 \qquad\qquad\qquad\qquad 0<y<a$ $-\,2^\nu\pi^{\frac{1}{2}}a^\nu\left[\Gamma\left(\dfrac{1}{2}-\nu\right)\right]^{-1}(y^2-a^2)^{-\nu-\frac{1}{2}}$ $\qquad\qquad\qquad\qquad\qquad\qquad y>a$
$x^{-\nu} Y_\nu(ax)$ $-\dfrac{1}{2} < \operatorname{Re}\nu < \dfrac{1}{2}$	$-\,\pi^{\frac{1}{2}}(2a)^{-\nu}\Gamma\left(\dfrac{1}{2}-\nu\right)\sin(\pi\nu)(a^2-y^2)^{\nu-\frac{1}{2}}$ $\qquad\qquad\qquad\qquad\qquad\qquad 0<y<a$ $-\,\pi^{-\frac{1}{2}}(2a)^{-\nu}\Gamma\left(\dfrac{1}{2}-\nu\right)(y^2-a^2)^{\nu-\frac{1}{2}} \quad y>a$
$Y_\nu(ax)\cos\left(\dfrac{1}{2}\nu\pi\right)+$ $+\,J_\nu(ax)\sin\left(\dfrac{1}{2}\nu\pi\right)$ $-1 < \operatorname{Re}\nu < 1$	$0 \qquad\qquad\qquad\qquad 0<y<a$ $-\,\dfrac{1}{2}a^{-\nu}(y^2-a^2)^{-\frac{1}{2}}\left\{[y+(y^2-a^2)^{\frac{1}{2}}]^\nu+\right.$ $\left.+\,[y-(y^2-a^2)^{\frac{1}{2}}]^\nu\right\} \qquad\qquad y>a$
$x^\nu[J_\nu(ax)\sin(ax)+$ $+\,Y_\nu(ax)\cos(ax)]$ $-\dfrac{1}{2} < \operatorname{Re}\nu < \dfrac{1}{2}$	$0 \qquad\qquad\qquad\qquad 0<y<2a$ $-\,\pi^{\frac{1}{2}}(2a)^\nu\left[\Gamma\left(\dfrac{1}{2}-\nu\right)\right]^{-1}(y^2-2ay)^{-\nu-\frac{1}{2}}$ $\qquad\qquad\qquad\qquad\qquad\qquad y>2a$
$x^\nu[Y_\nu(ax)\cos(ax)-$ $-\,J_\nu(ax)\sin(ax)]$ $-\dfrac{1}{2} < \operatorname{Re}\nu < \dfrac{1}{2}$	$-\,\pi^{\frac{1}{2}}(2a)^\nu\left[\Gamma\left(\dfrac{1}{2}-\nu\right)\right]^{-1}(y^2+2ay)^{-\nu-\frac{1}{2}}$
$J_\nu(ax)\sin\left(ax-\dfrac{1}{2}\nu\pi\right)-$ $-\,Y_\nu(ax)\times$ $\times\cos\left(ax-\dfrac{1}{2}\nu\pi\right)$ $-1 < \operatorname{Re}\nu < 1$	$\dfrac{1}{2}a^{-\nu}(y^2+2ay)^{-\frac{1}{2}}\times$ $\times\left\{[y+a+(y^2+2ay)^{\frac{1}{2}}]^\nu+\right.$ $\left.+\,[y+a-(y^2+2ay)^{\frac{1}{2}}]^\nu\right\}$

$f(x)$	$g(y) = \int\limits_0^\infty f(x) \cos(x y)\, dx$
$x^{\frac{1}{2}}(x^2+b^2)^{-1}\left[J_\nu(a x) \times\right.$ $\times \cos\left(\dfrac{\pi}{4}+\dfrac{1}{2}\nu\pi\right) -$ $- Y_\nu(a x) \times$ $\left. \times \sin\left(\dfrac{\pi}{4}+\dfrac{1}{2}\nu\pi\right)\right]$ $-\dfrac{3}{2} < \operatorname{Re}\nu < \dfrac{3}{2}$	$b^{-\frac{1}{2}}\cosh(b y)\, K_\nu(a b) \qquad\qquad 0 < y < a$
$\log(b x)\, Y_0(a x)$	$\dfrac{1}{2}\pi\left(a^2-y^2\right)^{-\frac{1}{2}} \qquad\qquad 0 < y < a$ $\left(y^2-a^2\right)^{-\frac{1}{2}}\left[\gamma + \log(y^2-a^2) - \log\left(\dfrac{1}{2}a b\right)\right]$ $\qquad\qquad y > a$
$(b^2+x^2)^{-1}\left[\dfrac{1}{2}\pi\, Y_0(a x) -\right.$ $\left. - J_0(a x)\log x\right]$	$\dfrac{1}{2}\pi\, e^{-b y}\left[I_0(a b) - b^{-1}\log b\right] \qquad y > a$
$J_0(a x)\, Y_0(a x)$	$-(\pi a)^{-1} K\left(\dfrac{1}{2} y a^{-1}\right) \qquad\qquad 0 < y < 2a$ $-2(\pi y)^{-1} K(2a y^{-1}) \qquad\qquad y > 2a$
$J_0(b x)\, Y_0(a x)$ $a \geq b$	$0 \qquad\qquad 0 < y < a - b$ $-\pi^{-1}(a b)^{-\frac{1}{2}} K\left\{\left[\dfrac{y^2-(a-b)^2}{4a b}\right]^{\frac{1}{2}}\right\}$ $\qquad\qquad a-b < y < a+b$ $-2\pi^{-1}\left[y^2-(a-b)^2\right]^{-\frac{1}{2}} K\left\{\left[\dfrac{4a b}{y^2-(a-b)^2}\right]^{\frac{1}{2}}\right\}$ $\qquad\qquad y > a+b$
$J_0(a x)\, Y_0(b x)$ $a \geq b$	$-4\pi^{-1}\left[(a+b)^2-y^2\right]^{-\frac{1}{2}} K\left\{\left[\dfrac{(a-b)^2-y^2}{(a+b)^2-y^2}\right]^{\frac{1}{2}}\right\}$ $\qquad\qquad 0 < y < a - b$ $-\pi^{-1}(a b)^{-\frac{1}{2}} K\left\{\left[\dfrac{y^2-(a-b)^2}{4a b}\right]^{\frac{1}{2}}\right\}$ $\qquad\qquad a-b < y < a+b$ $-2\pi^{-1}\left[y^2-(a-b)^2\right]^{-\frac{1}{2}} K\left\{\left[\dfrac{4a b}{y^2-(a-b)^2}\right]^{\frac{1}{2}}\right\}$ $\qquad\qquad y > a+b$

$f(x)$	$g(y) = \int\limits_0^\infty f(x)\cos(xy)\,dx$
$J_\nu(bx)\,Y_\nu(ax)$ $\operatorname{Re}\nu > -\dfrac{1}{2}$ $a \gtreqless b$	$0 \hspace{4em} 0 < y < a-b$ $-\dfrac{1}{2}(ab)^{-\frac{1}{2}} P_{\nu-\frac{1}{2}}\!\left(\dfrac{a^2+b^2-y^2}{2ab}\right)$ $\hspace{8em} a-b < y < a+b$ $-\pi^{-1}(ab)^{-\frac{1}{2}}\cos(\pi\nu)\,\mathfrak{Q}_{\nu-\frac{1}{2}}\!\left(\dfrac{y^2-a^2-b^2}{2ab}\right)$ $\hspace{10em} y > a+b$
$J_\nu(ax)\,Y_\nu(bx)$ $\operatorname{Re}\nu > -\dfrac{1}{2}$ $a \gtreqless b$	$-(ab)^{-\frac{1}{2}}\mathfrak{P}_{\nu-\frac{1}{2}}\!\left(\dfrac{a^2+b^2-y^2}{2ab}\right) \quad 0<y<a-b$ $-\left(\dfrac{1}{2}ab\right)^{-\frac{1}{2}} P_{\nu-\frac{1}{2}}\!\left(\dfrac{a^2+b^2-y^2}{2ab}\right)$ $\hspace{8em} a-b < y < a+b$ $-\pi^{-1}(ab)^{-\frac{1}{2}}\cos(\pi\nu)\,\mathfrak{Q}_{\nu-\frac{1}{2}}\!\left(\dfrac{y^2-a^2-b^2}{2ab}\right)$ $\hspace{10em} y > a+b$
$J_\nu(ax)\,Y_{-\nu}(ax)$ $\operatorname{Re}\nu > -\dfrac{1}{2}$	$-(\pi a)^{-1} Q_{\nu-\frac{1}{2}}\!\left(\dfrac{1}{2}y^2 a^{-2} - 1\right) \quad 0<y<2a$ $-(\pi a)^{-1}\mathfrak{Q}_{\nu-\frac{1}{2}}\!\left(\dfrac{1}{2}y^2 a^{-2} - 1\right) \hspace{2em} y > 2a$
$J_\nu(bx)\,Y_{-\nu}(ax)$ $a>b,\ \operatorname{Re}\nu > -\dfrac{1}{2}$	$\pi^{-1}\sin(\pi\nu)(ab)^{-\frac{1}{2}}\mathfrak{Q}_{\nu-\frac{1}{2}}\!\left(\dfrac{a^2+b^2-y^2}{2ab}\right)$ $\hspace{10em} 0 < y < a-b$ $-\pi^{-1}(ab)^{-\frac{1}{2}} Q_{\nu-\frac{1}{2}}\!\left(\dfrac{y^2-a^2-b^2}{2ab}\right)$ $\hspace{10em} a-b < y < a+b$ $-\pi^{-1}(ab)^{-\frac{1}{2}}\mathfrak{Q}_{\nu-\frac{1}{2}}\!\left(\dfrac{y^2-a^2-b^2}{2ab}\right) \quad y > a+b$
$J_\nu(ax)\,Y_{-\nu}(bx)$ $a>b,\ \operatorname{Re}\nu > -\dfrac{1}{2}$	$(ab)^{-\frac{1}{2}}\left[\pi^{-1}\sin(\pi\nu)\,\mathfrak{Q}_{\nu-\frac{1}{2}}\!\left(\dfrac{a^2+b^2-y^2}{2ab}\right) -\right.$ $\left.-\cos(\pi\nu)\,\mathfrak{P}_{\nu-\frac{1}{2}}\!\left(\dfrac{a^2+b^2-y^2}{2ab}\right)\right]$ $\hspace{10em} 0 < y < a-b$ $-\pi^{-1}(ab)^{-\frac{1}{2}} Q_{\nu-\frac{1}{2}}\!\left(\dfrac{y^2-a^2-b^2}{2ab}\right)$ $\hspace{10em} a-b < y < a+b$ $-\pi^{-1}(ab)^{-\frac{1}{2}}\mathfrak{Q}_{\nu-\frac{1}{2}}\!\left(\dfrac{y^2-a^2-b^2}{2ab}\right) \quad y > a+b$

$f(x)$	$g(y) = \int\limits_0^\infty f(x)\cos(xy)\,dx$
$[J_\nu(ax)]^2 + [Y_\nu(ax)]^2$ $-\dfrac{1}{2} < \operatorname{Re}\nu < \dfrac{1}{2}$	$2(\pi a)^{-1}\sec(\pi\nu)\,P_{\nu-\frac{1}{2}}\left(\dfrac{1}{2}\,y^2a^{-2} - 1\right)$
$[Y_0(ax)]^2$	$(\pi a)^{-1}K\left[\left(1 - \dfrac{1}{4}\,y^2a^{-2}\right)^{\frac{1}{2}}\right] \qquad 0 < y < 2a$ $4(\pi y)^{-1}K\left[1 - 4a^2y^{-2})^{\frac{1}{2}}\right] \qquad\qquad y > 2a$
$Y_0(ax)\,Y_0(bx)$	$2\pi^{-1}[(a+b)^2 - y^2]^{-\frac{1}{2}}K\left\{\left[\dfrac{4ab}{(a+b)^2-y^2}\right]^{\frac{1}{2}}\right\}$ $\qquad\qquad 0 < y < a-b$ $\pi^{-1}(ab)^{-\frac{1}{2}}K\left\{\left[\dfrac{(a+b)^2-y^2}{4ab}\right]^{\frac{1}{2}}\right\}$ $\qquad\qquad a-b < y < a+b$ $4\pi^{-1}[y^2 - (a-b)^2]^{-\frac{1}{2}}K\left\{\left[\dfrac{y^2-(a+b)^2}{y^2-(a-b)^2}\right]^{\frac{1}{2}}\right\}$ $\qquad\qquad y > a+b$
$Y_\nu(ax)\,Y_\nu(bx)$ $-\dfrac{1}{2} < \operatorname{Re}\nu < \dfrac{1}{2}$	$(ab)^{-\frac{1}{2}}\left[\pi^{-1}\mathfrak{Q}_{\nu-\frac{1}{2}}\left(\dfrac{a^2+b^2-y^2}{2ab}\right) +\right.$ $\left. + \tan(\pi\nu)\,\mathfrak{P}_{\nu-\frac{1}{2}}\left(\dfrac{a^2+b^2-y^2}{2ab}\right)\right]$ $\qquad\qquad 0 < y < a-b$ $(ab)^{-\frac{1}{2}}\left[\pi^{-1}Q_{\nu-\frac{1}{2}}\left(\dfrac{a^2+b^2-y^2}{2ab}\right) +\right.$ $\left. + \tan(\pi\nu)\,P_{\nu-\frac{1}{2}}\left(\dfrac{a^2+b^2-y^2}{2ab}\right)\right]$ $\qquad\qquad a-b < y < a+b$ $(ab)^{-\frac{1}{2}}\left[\pi^{-1}\sin(\pi\nu)\,\mathfrak{Q}_{\nu-\frac{1}{2}}\left(\dfrac{y^2-a^2-b^2}{2ab}\right) +\right.$ $\left. + \sec(\pi\nu)\,\mathfrak{P}_{\nu-\frac{1}{2}}\left(\dfrac{y^2-a^2-b^2}{2ab}\right)\right] \quad y > a+b$

§ 16. BESSEL-Funktionen vom Argument x^2 und $1/x$

$f(x)$	$g(y) = \int\limits_0^\infty f(x)\cos(xy)\,dx$
$J_0(a\,x^2)$	$\dfrac{1}{8}\,\pi\,a^{-1}\,y\left\{\left[J_{-\frac{1}{4}}\left(\dfrac{y^2}{8a}\right)\right]^2 - \left[J_{\frac{1}{4}}\left(\dfrac{y^2}{8a}\right)\right]^2\right\}$
$x^{\frac{1}{2}}\,J_{\frac{1}{4}}(a\,x^2)$	$-\dfrac{1}{4}\,a^{-1}(\pi y)^{\frac{1}{2}}\left[J_{-\frac{1}{4}}\left(\dfrac{y^2}{4a}\right) + \mathbf{H}_{-\frac{1}{4}}\left(\dfrac{y^2}{4a}\right)\right]$
$x^{\frac{1}{2}}\,J_{-\frac{1}{4}}(a\,x^2)$	$\dfrac{1}{2}\left(\dfrac{1}{2}\,\pi y\right)^{\frac{1}{2}}a^{-1}\,J_{-\frac{1}{4}}\left(\dfrac{y^2}{4a}\right)$
$x^{\frac{3}{2}}\,J_{\frac{3}{4}}(a\,x^2)$	$\dfrac{1}{4}\,a^{-2}\,y\left(\dfrac{1}{2}\,\pi y\right)^{\frac{1}{2}}J_{-\frac{3}{4}}\left(\dfrac{y^2}{4a}\right)$
$x^{\frac{3}{2}}\,J_{-\frac{3}{4}}(a\,x^2)$	$\dfrac{1}{4}\,a^{-2}\,y\left(\dfrac{1}{2}\,\pi y\right)^{\frac{1}{2}}J_{\frac{3}{4}}\left(\dfrac{y^2}{4a}\right)$
$x^{\frac{1}{2}}\,e^{-a\,x^2}\,J_{-\frac{1}{4}}(b\,x^2)$	$\dfrac{1}{2}\left(\dfrac{1}{2}\,\pi y\right)^{\frac{1}{2}}(a^2+b^2)^{-\frac{1}{2}}\,e^{-\frac{1}{4}a\,y^2(a^2+b^2)^{-1}}\times$ $\times\,J_{-\frac{1}{4}}\left[\dfrac{1}{4}\,b\,y^2(a^2+b^2)^{-1}\right]$
$x^{\frac{1}{2}}\cos(a\,x^2)\,J_{-\frac{1}{4}}(a\,x^2)$	$\dfrac{1}{2}\,(a\,y)^{-\frac{1}{2}}\cos\left(\dfrac{y^2}{8a} - \dfrac{\pi}{8}\right)$
$x^{\frac{1}{2}}\sin(a\,x^2)\,J_{-\frac{1}{4}}(a\,x^2)$	$-\dfrac{1}{2}\,(a\,y)^{-\frac{1}{2}}\sin\left(\dfrac{y^2}{8a} - \dfrac{\pi}{8}\right)$
$x^{\frac{1}{3}}\sin(x^2)\,J_{-\frac{1}{3}}(x^2)$	$-\pi^{\frac{1}{2}}\,2^{-\frac{19}{6}}\,y^{\frac{1}{3}}\sin\left(\dfrac{y^2}{16} - \dfrac{\pi}{12}\right)J_{-\frac{1}{3}}\left(\dfrac{y^2}{16}\right)$
$x^{\frac{1}{3}}\cos(x^2)\,J_{-\frac{1}{3}}(x^2)$	$\pi^{\frac{1}{2}}\,2^{-\frac{19}{6}}\,y^{\frac{1}{3}}\cos\left(\dfrac{y^2}{16} - \dfrac{\pi}{12}\right)J_{-\frac{1}{3}}\left(\dfrac{y^2}{16}\right)$
$x\left[J_{\frac{1}{4}}(a\,x^2)\right]^2$	$-\dfrac{1}{4}\,a^{-1}\left[J_0\left(\dfrac{y^2}{8a}\right) + Y_0\left(\dfrac{y^2}{8a}\right)\right]$
$x\left[J_{-\frac{1}{4}}(a\,x^2)\right]^2$	$\dfrac{1}{4}\,a^{-1}\left[J_0\left(\dfrac{y^2}{8a}\right) - Y_0\left(\dfrac{y^2}{8a}\right)\right]$
$x^{\frac{1}{2}}\left[J_{-\frac{1}{8}}(a\,x^2)\right]^2$	$-\dfrac{1}{4}\,a^{-1}\left(\dfrac{1}{2}\,\pi y\right)^{\frac{1}{2}}J_{-\frac{1}{8}}\left(\dfrac{y^2}{16a}\right)Y_{\frac{1}{8}}\left(\dfrac{y^2}{16a}\right)$
$x^{\frac{1}{2}}\,J_{-\frac{1}{8}}(a\,x^2)\,J_{\frac{1}{8}}(a\,x^2)$	$-\dfrac{1}{4}\,a^{-1}\left(\dfrac{1}{2}\,\pi y\right)^{\frac{1}{2}}J_{-\frac{1}{8}}\left(\dfrac{y^2}{16a}\right)\times$ $\times\left[\sin\left(\dfrac{\pi}{8}\right)J_{-\frac{1}{8}}\left(\dfrac{y^2}{16a}\right) + \cos\left(\dfrac{\pi}{8}\right)Y_{-\frac{1}{8}}\left(\dfrac{y^2}{16a}\right)\right]$

$f(x)$	$g(y) = \int\limits_0^\infty f(x) \cos(x\,y)\,dx$
$x^{\frac{1}{2}} J_{-\frac{1}{8}-\nu}(a\,x^2)\, J_{-\frac{1}{8}+\nu}(a\,x^2)$	$y^{-1}\left(\dfrac{1}{2}\pi y\right)^{-\frac{1}{2}}\left[e^{-i\frac{\pi}{8}} W_{\nu,-\frac{1}{8}}\left(-i\dfrac{y^2}{8a}\right)\times\right.$ $\times W_{-\nu,-\frac{1}{8}}\left(-i\dfrac{y^2}{8a}\right)+$ $\left.+e^{i\frac{\pi}{8}} W_{\nu,-\frac{1}{8}}\left(i\dfrac{y^2}{8a}\right) W_{-\nu,-\frac{1}{8}}\left(i\dfrac{y^2}{8a}\right)\right]$
$Y_0(a\,x^2)$	$-\dfrac{1}{8}\pi a^{-1} y\left\{\left[J_{\frac{1}{4}}\left(\dfrac{y^2}{8a}\right)\right]^2+\left[J_{-\frac{1}{4}}\left(\dfrac{y^2}{8a}\right)\right]^2\right\}$
$x^{\frac{1}{2}} Y_{-\frac{1}{4}}(a\,x^2)$	$-\dfrac{1}{2} a^{-1}\left(\dfrac{1}{2}\pi y\right)^{\frac{1}{2}} \boldsymbol{H}_{-\frac{1}{4}}\left(\dfrac{y^2}{4a}\right)$
$x^{\frac{3}{2}} Y_{\frac{1}{4}}(a\,x^2)$	$-\dfrac{1}{4} a^{-2} y\left(\dfrac{1}{2}\pi y\right)^{\frac{1}{2}} \boldsymbol{H}_{-\frac{3}{4}}\left(\dfrac{y^2}{4a}\right)$
$x\, J_{\frac{1}{4}}(a\,x^2)\, Y_{\frac{1}{4}}(a\,x^2)$	$-\dfrac{1}{4} a^{-1}\left[J_0\left(\dfrac{y^2}{8a}\right)+\boldsymbol{H}_0\left(\dfrac{y^2}{8a}\right)\right]$
$x^{\frac{1}{2}} J_{-\frac{1}{8}}(a\,x^2)\, Y_{-\frac{1}{8}}(a\,x^2)$	$-\dfrac{1}{2} a^{-1}\left(\dfrac{1}{2}\pi y\right)^{\frac{1}{2}}\left[J_{-\frac{1}{8}}\left(\dfrac{y^2}{16a}\right)\right]^2$
$x\left[Y_{\frac{1}{4}}(a\,x^2)\right]^2$	$\dfrac{1}{4} a^{-1}\left[J_0\left(\dfrac{y^2}{8a}\right)-Y_0\left(\dfrac{y^2}{8a}\right)-2\boldsymbol{H}_0\left(\dfrac{y^2}{8a}\right)\right]$
$x\left[Y_{-\frac{1}{4}}(a\,x^2)\right]^2$	$-\dfrac{1}{4} a^{-1}\left[J_0\left(\dfrac{y^2}{8a}\right)+Y_0\left(\dfrac{y^2}{8a}\right)+2\boldsymbol{H}_0\left(\dfrac{y^2}{8a}\right)\right]$
$x^{-1} J_\nu(a\,x^{-1})$	$2\left\{J_\nu\left[(2a\,i\,y)^{\frac{1}{2}}\right] K_\nu\left[(2a\,i\,y)^{\frac{1}{2}}\right]+\right.$ $\left.+J_\nu\left[(-2a\,i\,y)^{\frac{1}{2}}\right] K_\nu\left[(-2a\,i\,y)^{\frac{1}{2}}\right]\right\}$
$x^{2\lambda} J_{2\nu}(a\,x^{-1})$ $-\dfrac{3}{4} < \operatorname{Re}\lambda < \operatorname{Re}\nu-\dfrac{1}{2}$	$\pi^{\frac{1}{2}} 4^{\lambda-2\nu}\Gamma\left(\lambda-\nu+\dfrac{1}{2}\right)\times$ $\times\left[\Gamma(1+2\nu)\,\Gamma(\nu-\lambda)\right]^{-1} y^{2\nu-2\lambda-1}\times$ $\times{}_0F_3\left(2\nu+1,\ \dfrac{1}{2}+\nu-\lambda,\ \nu-\lambda;\ \dfrac{a^2 y^2}{16}\right)+$ $+4^{-\lambda-1} a^{1+2\lambda}\Gamma\left(\nu-\lambda-\dfrac{1}{2}\right)\times$ $\times\left[\Gamma\left(\nu+\lambda+\dfrac{3}{2}\right)\right]^{-1}{}_0F_3\left(\dfrac{1}{2},\ \lambda-\nu+\dfrac{3}{2},\right.$ $\left.\lambda+\nu+\dfrac{3}{2};\ \dfrac{a^2 y^2}{16}\right)$

$f(x)$	$g(y) = \int\limits_0^\infty f(x)\cos(x\,y)\,dx$
$x^{-1}\sin(a\,x^{-1})\,J_\nu(b\,x^{-1})$ $\mathrm{Re}\,\nu > -2$	$\frac{1}{2}\,\pi\,J_\nu(c\,y^{\frac{1}{2}})\left[J_\nu(d\,y^{\frac{1}{2}})\cos\left(\frac{1}{2}\,\nu\,\pi\right) - Y_\nu(d\,y^{\frac{1}{2}})\sin\left(\frac{1}{2}\,\nu\,\pi\right)\right] + \sin\left(\frac{1}{2}\,\nu\,\pi\right)I_\nu(c\,y^{\frac{1}{2}})\,K_\nu(d\,y^{\frac{1}{2}})$ $c = 2\,[(a+b)^{\frac{1}{2}} + (a-b)^{\frac{1}{2}}]$ $d = 2\,[(a+b)^{\frac{1}{2}} - (a-b)^{\frac{1}{2}}]$ $a \geq b$
$x^{-1}\cos(a\,x^{-1})\,J_\nu(b\,x^{-1})$ $\mathrm{Re}\,\nu > -1$	$-\frac{1}{2}\,\pi\,J_\nu(c\,y^{\frac{1}{2}})\left[J_\nu(d\,y^{\frac{1}{2}})\sin\left(\frac{1}{2}\,\nu\,\pi\right) + Y_\nu(d\,y^{\frac{1}{2}})\cos\left(\frac{1}{2}\,\nu\,\pi\right)\right] + \cos\left(\frac{1}{2}\,\nu\,\pi\right)I_\nu(c\,y^{\frac{1}{2}})\,K_\nu(d\,y^{\frac{1}{2}})$ $c = 2\,[(a+b)^{\frac{1}{2}} + (a-b)^{\frac{1}{2}}]$ $d = 2\,[(a+b)^{\frac{1}{2}} - (a-b)^{\frac{1}{2}}]$ $a \geq b$
$x^{-\frac{1}{2}}\cos(a\,x^{-1})\,J_{2n-\frac{1}{2}}(a\,x^{-1})$ $n = 0, 1, 2, \ldots$	$(-1)^n\,\frac{1}{2}\,\pi^{\frac{1}{2}}\,y^{-\frac{1}{2}}\,J_{4n-1}[2\,(2\,a\,y)^{\frac{1}{2}}]$
$x^{-\frac{1}{2}}\sin(a\,x^{-1})\,J_{2n+\frac{1}{2}}(a\,x^{-1})$ $n = 0, 1, 2, \ldots$	$(-1)^n\,\frac{1}{2}\,\pi^{\frac{1}{2}}\,y^{-\frac{1}{2}}\,J_{4n+1}[2\,(2\,a\,y)^{\frac{1}{2}}]$
$x^{-1}\sin(a\,x^{-1})\,J_{2n}(b\,x^{-1})$ $n = 0, 1, 2, \ldots$	$(-1)^n\,\frac{1}{2}\,\pi\,J_{2n}\{2\,y^{\frac{1}{2}}\,[(a+b)^{\frac{1}{2}} + (a-b)^{\frac{1}{2}}]\} \times J_{2n}\{2\,y^{\frac{1}{2}}\,[(a+b)^{\frac{1}{2}} - (a-b)^{\frac{1}{2}}]\}$
$x^{-1}\cos(a\,x^{-1})\,J_{2n+1}(b\,x^{-1})$ $n = 0, 1, 2, \ldots$	$(-1)^{n+1}\,\frac{1}{2}\,\pi \times$ $\times J_{2n+1}\{2\,y^{\frac{1}{2}}\,[(a+b)^{\frac{1}{2}} + (a-b)^{\frac{1}{2}}]\} \times$ $\times J_{2n+1}\{2\,y^{\frac{1}{2}}\,[(a+b)^{\frac{1}{2}} - (a-b)^{\frac{1}{2}}]\}$

$f(x)$	$g(y) = \int_0^\infty f(x) \cos(xy)\, dx$
$x^{-1} \sin(a x^{-1})\, Y_\nu(b x^{-1})$ $-2 < \operatorname{Re} \nu < 2$	$\dfrac{1}{2}\pi\, Y_\nu(c y^{\frac{1}{2}}) \left[J_\nu(d y^{\frac{1}{2}}) \cos\left(\dfrac{1}{2}\nu\pi\right) - \right.$ $\left. - Y_\nu(d y^{\frac{1}{2}}) \sin\left(\dfrac{1}{2}\nu\pi\right) \right] +$ $+ K_\nu(d y^{\frac{1}{2}}) \left[I_\nu(c y^{\frac{1}{2}}) \cos\left(\dfrac{1}{2}\nu\pi\right) + \right.$ $\left. + \dfrac{2}{\pi} K_\nu(c y^{\frac{1}{2}}) \sin\left(\dfrac{1}{2}\nu\pi\right) \right]$ $c = 2\left[(a+b)^{\frac{1}{2}} + (a-b)^{\frac{1}{2}}\right]$ $d = 2\left[(a+b)^{\frac{1}{2}} - (a-b)^{\frac{1}{2}}\right]$ $a \geq b$
$x^{-1} \cos(a x^{-1})\, Y_\nu(b x^{-1})$ $-1 < \operatorname{Re} \nu < 1$	$-\dfrac{1}{2}\pi\, Y_\nu(c y^{\frac{1}{2}}) \left[J_\nu(d y^{\frac{1}{2}}) \sin\left(\dfrac{1}{2}\nu\pi\right) + \right.$ $\left. + Y_\nu(d y^{\frac{1}{2}}) \cos\left(\dfrac{1}{2}\nu\pi\right) \right] -$ $- K_\nu(d y^{\frac{1}{2}}) \left[I_\nu(c y^{\frac{1}{2}}) \sin\left(\dfrac{1}{2}\nu\pi\right) + \right.$ $\left. + \dfrac{2}{\pi} K_\nu(c y^{\frac{1}{2}}) \cos\left(\dfrac{1}{2}\nu\pi\right) \right]$ $c = 2\left[(a+b)^{\frac{1}{2}} + (a-b)^{\frac{1}{2}}\right]$ $d = 2\left[(a+b)^{\frac{1}{2}} - (a-b)^{\frac{1}{2}}\right]$ $a \geq b$

§ 17. Bessel-Funktionen vom Argument $(a x^2 + b x + c)^{\frac{1}{2}}$

$f(x)$	$g(y) = \int_0^\infty f(x) \cos(xy)\, dx$
$J_0(a x^{\frac{1}{2}})$	$y^{-1} \sin\left(\dfrac{a^2}{4y}\right)$
$J_\nu(a x^{\frac{1}{2}})$ $\operatorname{Re} \nu > -2$	$-\dfrac{1}{4}\pi^{\frac{1}{2}} a\, y^{-\frac{3}{2}} \left[\sin\left(\dfrac{a^2}{8y} - \dfrac{\nu\pi}{4}\right) J_{\frac{1}{2}(\nu-1)}\left(\dfrac{a^2}{8y}\right) + \right.$ $\left. + \cos\left(\dfrac{a^2}{8y} - \dfrac{\nu\pi}{4}\right) J_{\frac{1}{2}(\nu+1)}\left(\dfrac{a^2}{8y}\right) \right]$
$x^{-\frac{1}{2}} J_1(a x^{\frac{1}{2}})$	$4 a^{-1} \sin^2\left(\dfrac{a^2}{8y}\right)$

$f(x)$	$g(y) = \int\limits_0^\infty f(x)\cos(x\,y)\,dx$
$x^{-\frac{1}{2}} J_\nu(a\,x^{\frac{1}{2}})$ $\qquad \operatorname{Re}\nu > -1$	$\left(\dfrac{y}{\pi}\right)^{-\frac{1}{2}} \cos\left(\dfrac{a^2}{8\,y} - \dfrac{\nu\,\pi}{4} - \dfrac{\pi}{4}\right) J_{\frac{1}{2}\nu}\left(\dfrac{a^2}{8\,y}\right)$
$x^{\frac{1}{2}\nu} J_\nu(a\,x^{\frac{1}{2}})$ $\qquad -1 < \operatorname{Re}\nu < \dfrac{1}{2}$	$2^{-\nu} a^\nu\, y^{-\nu-1} \sin\left(\dfrac{a^2}{4\,y} - \dfrac{1}{2}\,\nu\,\pi\right)$
$x^{\frac{1}{2}\nu} e^{-a\,x} J_\nu\left[2(b\,x)^{\frac{1}{2}}\right]$ $\qquad \operatorname{Re}\nu > -1$	$b^{\frac{1}{2}\nu}\,(a^2 + y^2)^{-\frac{1}{2}(\nu+1)}\, e^{-a\,b\,(a^2+y^2)^{-1}} \times$ $\qquad \times \cos\left[b\,y\,(a^2+y^2)^{-1} - \right.$ $\qquad\qquad \left. - (\nu+1)\arctan\left(\dfrac{y}{a}\right)\right]$
$J_0(a\,x^{\frac{1}{2}})\log(b\,x)$	$2\,y^{-1}\left\{\sin\left(\dfrac{a^2}{4\,y}\right)\left[\log\left(\dfrac{a\,b^{\frac{1}{2}}}{2\,y}\right) - \dfrac{1}{2}\operatorname{Ci}\left(\dfrac{a^2}{4\,y}\right)\right] + \right.$ $\qquad \left. + \dfrac{1}{2}\cos\left(\dfrac{a^2}{4\,y}\right)\operatorname{si}\left(\dfrac{a^2}{4\,y}\right)\right\}$
$J_\nu(a\,x)\,J_{2\nu}(b\,x^{\frac{1}{2}})$ $\qquad \operatorname{Re}\nu > -\dfrac{1}{2}$	$(a^2 - y^2)^{-\frac{1}{2}}\cos\left[\dfrac{1}{4}\,b^2\,y\,(a^2-y^2)^{-1}\right] \times$ $\qquad \times J_\nu\left[\dfrac{1}{4}\,a\,b^2\,(a^2-y^2)^{-1}\right] \qquad\qquad y < a$ $(y^2 - a^2)^{-\frac{1}{2}}\sin\left[\dfrac{1}{4}\,b^2\,y\,(y^2-a^2)^{-1} - \pi\nu\right] \times$ $\qquad \times J_\nu\left[\dfrac{1}{4}\,a\,b^2\,(y^2-a^2)^{-1}\right] \qquad\qquad y > a$
$J_\nu(a\,x^{\frac{1}{2}})\,J_\nu(b\,x^{\frac{1}{2}})$ $\qquad \operatorname{Re}\nu > -1$	$y^{-1} J_\nu\left(\dfrac{a\,b}{2\,y}\right)\sin\left[\dfrac{1}{4}\,(a^2+b^2)\,y^{-1} - \dfrac{1}{2}\,\nu\,\pi\right]$
$Y_0(a\,x^{\frac{1}{2}})$	$(\pi\,y)^{-1}\left\{\operatorname{Ci}\left(\dfrac{a^2}{4\,y}\right)\sin\left(\dfrac{a^2}{4\,y}\right) - \right.$ $\qquad \left. - \left[\pi + \operatorname{si}\left(\dfrac{a^2}{4\,y}\right)\right]\cos\left(\dfrac{a^2}{4\,y}\right)\right\}$
$x^{-\frac{1}{2}} Y_0(a\,x^{\frac{1}{2}})$	$\dfrac{1}{2}\left(\dfrac{\pi}{y}\right)^{\frac{1}{2}}\left[J_0\left(\dfrac{a^2}{8\,y}\right)\sin\left(\dfrac{a^2}{8\,y} - \dfrac{\pi}{4}\right) + \right.$ $\qquad \left. + Y_0\left(\dfrac{a^2}{8\,y}\right)\cos\left(\dfrac{a^2}{8\,y} - \dfrac{\pi}{4}\right)\right]$
$J_0(a\,x^{\frac{1}{2}})\,Y_0(a\,x^{\frac{1}{2}})$	$\dfrac{1}{2}\,y^{-1}\left[\sin\left(\dfrac{a^2}{2\,y}\right)Y_0\left(\dfrac{a^2}{2\,y}\right) - \cos\left(\dfrac{a^2}{2\,y}\right)J_0\left(\dfrac{a^2}{2\,y}\right)\right]$

$f(x)$	$g(y) = \int\limits_0^\infty f(x)\cos(xy)\,dx$
$J_0(b\,x^{\frac12})\,Y_0(a\,x) +$ $\quad + 2\,J_0(a\,x)\,Y_0(b\,x^{\frac12})$	$(a^2 - y^2)^{-\frac12}\cos\left[\dfrac{1}{4}\,b^2\,y\,(a^2 - y^2)^{-1}\right] \times$ $\quad \times Y_0\left[\dfrac{1}{4}\,a\,b^2\,(a^2 - y^2)^{-1}\right] \qquad y < a$ $(y^2 - a^2)^{-\frac12}\sin\left[\dfrac{1}{4}\,b^2\,y\,(y^2 - a^2)^{-1}\right] \times$ $\quad \times Y_0\left[\dfrac{1}{4}\,a\,b^2\,(y^2 - a^2)^{-1}\right] \qquad y > a$
$J_0(a\,x^{\frac12})\,Y_0(b\,x^{\frac12}) +$ $\quad + J_0(b\,x^{\frac12})\,Y_0(a\,x^{\frac12})$	$y^{-1}\left[\sin\left(\dfrac{a^2+b^2}{4\,y}\right)Y_0\left(\dfrac{a\,b}{2\,y}\right) - \cos\left(\dfrac{a^2+b^2}{4\,y}\right)J_0\left(\dfrac{a\,b}{2\,y}\right)\right]$
$J_\nu(a\,x^{\frac12})\,Y_{-\nu}(b\,x^{\frac12}) +$ $\quad + J_{-\nu}(b\,x^{\frac12})\,Y_\nu(a\,x^{\frac12})$ $\qquad\qquad -1 < \mathrm{Re}\,\nu < 1$	$y^{-1}\left[\sin\left(\dfrac{1}{2}\,\pi\nu + \dfrac{a^2+b^2}{4\,y}\right)Y_\nu\left(\dfrac{a\,b}{2\,y}\right) -\right.$ $\quad\left. - \cos\left(\dfrac{1}{2}\,\pi\nu + \dfrac{a^2+b^2}{4\,y}\right)J_\nu\left(\dfrac{a\,b}{2\,y}\right)\right]$
$[x\,(a - x)]^{-\frac12}\times$ $\quad \times J_{2\nu}\left\{b\,[x\,(a - x)]^{\frac12}\right\}$ $\qquad\qquad 0 < x < a$ $0 \qquad\qquad\qquad x > a$ $\qquad\qquad \mathrm{Re}\,\nu > -\dfrac{1}{2}$	$\pi\,J_\nu\left\{\dfrac{1}{4}\,a\,[(b^2 + y^2)^{\frac12} + y]\right\} \times$ $\quad \times J_\nu\left\{\dfrac{1}{4}\,a\,[(b^2 + y^2)^{\frac12} - y]\right\}\cos\left(\dfrac{1}{2}\,a\,y\right)$
$(a^2 - x^2)^{\frac12\nu}\,J_\nu[b\,(a - x)^{\frac12}]$ $\qquad\qquad 0 < x < a$ $0 \qquad\qquad\qquad x > a$ $\qquad\qquad \mathrm{Re}\,\nu > -1$	$\left(\dfrac{1}{2}\,b\right)^\nu y^{-\nu-1}\,U_{\nu+1}(2a\,y,\,b\,a^{\frac12})$
$(1 + x)^{\frac12\nu}\,J_\nu[a\,(1 + x)^{\frac12}]$ $\qquad\qquad \mathrm{Re}\,\nu > \dfrac{1}{2}$	$-\left(\dfrac{1}{2}\,a\right)^\nu y^{-\nu-1}\,V_{1-\nu}(2\,y,\,a)$
$[x\,(1 + x)]^{-\frac12}\times$ $\quad \times J_{2\nu}\left\{b\,[x\,(1 + x)]^{\frac12}\right\}$ $\qquad\qquad \mathrm{Re}\,\nu > -\dfrac{1}{2}$	$\dfrac{1}{2}\,\pi\left[\sin\left(\dfrac{1}{2}\,y - \pi\nu\right)J_\nu(z_1)\,J_\nu(z_2) -\right.$ $\quad\left. - \cos\left(\dfrac{1}{2}\,y - \pi\nu\right)J_\nu(z_2)\,Y_\nu(z_1)\right]$ $\qquad\qquad z_1 = \dfrac{1}{4}\,[y + (y^2 - b^2)^{\frac12}]$ $\qquad\qquad z_2 = \dfrac{1}{4}\,[y - (y^2 - b^2)^{\frac12}]$ $\qquad\qquad\qquad\qquad y > b$

$f(x)$	$g(y) = \int\limits_0^\infty f(x) \cos(x y)\, dx$
$(x^2 + a x)^{\frac{1}{2}\nu} J_\nu\big[b(x^2 + a x)^{\frac{1}{2}}\big]$ $-1 < \operatorname{Re}\nu < \dfrac{1}{2}$	$\left(\dfrac{a}{\pi}\right)^{\frac{1}{2}} \left(\dfrac{1}{2} a b\right)^\nu \cos\left(\dfrac{1}{2} a y\right) (b^2 - y^2)^{-\frac{1}{2}(\nu+\frac{1}{2})} \times$ $\times K_{\nu+\frac{1}{2}}\left[\dfrac{1}{2} a (b^2 - y^2)^{\frac{1}{2}}\right] \qquad y < b$ $-\dfrac{1}{2}(a \pi)^{\frac{1}{2}} \left(\dfrac{1}{2} a b\right)^\nu (y^2 - b^2)^{-\frac{1}{2}(\nu+\frac{1}{2})} \times$ $\times \left\{\cos\left(\dfrac{1}{2} a y - \nu \pi\right) \times\right.$ $\times J_{\nu+\frac{1}{2}}\left[\dfrac{1}{2} a (y^2 - b^2)^{\frac{1}{2}}\right] + \sin\left(\dfrac{1}{2} a y - \nu \pi\right) \times$ $\left.\times Y_{\nu+\frac{1}{2}}\left[\dfrac{1}{2} a (y^2 - b^2)^{\frac{1}{2}}\right]\right\} \qquad y > b$
$(1 + a x^{-1})^{-\frac{1}{2}\nu} \times$ $\times J_\nu\big[b(x^2 + a x)^{\frac{1}{2}}\big]$ $\operatorname{Re}\nu > -1$	$(b^2 - y^2)^{-\frac{1}{2}} e^{-\frac{1}{2} a (b^2 - y^2)^{\frac{1}{2}}} \times$ $\times \cos\left\{\nu \arctan\left[y(b^2 - y^2)^{-\frac{1}{2}}\right] - \dfrac{1}{2} a y\right\}$ $\qquad y < b$ $- b^\nu (y^2 - b^2)^{-\frac{1}{2}} \left[y + (y^2 - b^2)^{\frac{1}{2}}\right]^{-\nu} \times$ $\times \sin\left[\dfrac{1}{2} a (y^2 - b^2)^{\frac{1}{2}} - \dfrac{1}{2} a y + \dfrac{1}{2} \pi \nu\right]$ $\qquad y > b$
$J_0\big[b(a^2 + x^2)^{\frac{1}{2}}\big]$	$(b^2 - y^2)^{-\frac{1}{2}} \cos\left[a(b^2 - y^2)^{\frac{1}{2}}\right] \qquad 0 < y < b$ $0 \qquad\qquad\qquad y > b$
$(a^2 + x^2)^{-\frac{1}{2}} J_\nu\big[b(a^2 + x^2)^{\frac{1}{2}}\big]$	$\cos\left(\dfrac{1}{2} \nu \pi\right) I_{\frac{1}{2}\nu}\left\{\dfrac{1}{2} a \left[y - (y^2 - b^2)^{\frac{1}{2}}\right]\right\} \times$ $\times K_{\frac{1}{2}\nu}\left\{\dfrac{1}{2} a \left[y + (y^2 - b^2)^{\frac{1}{2}}\right]\right\} \qquad y > b$
$(a^2 + x^2)^{\frac{1}{2}\nu} J_\nu\big[b(a^2 + x^2)^{\frac{1}{2}}\big]$ $\operatorname{Re}\nu < \dfrac{1}{2}$	$-\left(\dfrac{1}{2} \pi a\right)^{\frac{1}{2}} (a b)^\nu (b^2 - y^2)^{-\frac{1}{2}(\nu+\frac{1}{2})} \times$ $\times Y_{\nu+\frac{1}{2}}\left[a(b^2 - y^2)^{\frac{1}{2}}\right] \qquad 0 < y < b$ $-\left(\dfrac{2a}{\pi}\right)^{\frac{1}{2}} \sin(\pi \nu) (a b)^\nu (y^2 - b^2)^{-\frac{1}{2}(\nu+\frac{1}{2})} \times$ $\times K_{\nu+\frac{1}{2}}\left[a(y^2 - b^2)^{\frac{1}{2}}\right] \qquad y > b$
$(a^2 + x^2)^{-\frac{1}{2}\nu} J_\nu\big[b(a^2 + x^2)^{\frac{1}{2}}\big]$ $\operatorname{Re}\nu > -\dfrac{1}{2}$	$\left(\dfrac{1}{2} \pi a\right)^{\frac{1}{2}} (a b)^{-\nu} (b^2 - y^2)^{\frac{1}{2}(\nu-\frac{1}{2})} \times$ $\times J_{\nu-\frac{1}{2}}\left[a(b^2 - y^2)^{\frac{1}{2}}\right] \qquad 0 < y < b$ $0 \qquad\qquad\qquad y > b$

$f(x)$	$g(y) = \int\limits_0^\infty f(x)\cos(xy)\,dx$
$(a^2 + x^2)^{-1}(b^2 + x^2)^{-\frac{1}{2}\nu} \times$ $\times J_\nu[c(b^2 + x^2)^{\frac{1}{2}}]$ $\operatorname{Re}\nu > -\dfrac{5}{2}$	$\dfrac{1}{2}\pi\,a^{-1}e^{-ay}(b^2 - a^2)^{-\frac{1}{2}\nu}J_\nu[c(b^2 - a^2)^{\frac{1}{2}}]$ $y > c$
$J_0(b(a^2 - x^2)^{\frac{1}{2}}]\quad 0 < x < a$ $0 \qquad\qquad\qquad x > a$	$(b^2 + y^2)^{-\frac{1}{2}}\sin[a(b^2 + y^2)^{\frac{1}{2}}]$
$(a^2 - x^2)^{-\frac{1}{2}}J_\nu[b(a^2 - x^2)^{\frac{1}{2}}]$ $0 < x < a$ $0 \qquad\qquad x > a$ $\operatorname{Re}\nu > -1$	$\dfrac{1}{2}\pi J_{\frac{1}{2}\nu}\left\{\dfrac{1}{2}a\left[(b^2 + y^2)^{\frac{1}{2}} + y\right]\right\} \times$ $\times J_{\frac{1}{2}\nu}\left\{\dfrac{1}{2}a\left[(b^2 + y^2)^{\frac{1}{2}} - y\right]\right\}$
$(a^2 - x^2)^{\frac{1}{2}\nu}J_\nu[b(a^2 - x^2)^{\frac{1}{2}}]$ $0 < x < a$ $0 \qquad\qquad x > a$ $\operatorname{Re}\nu > -1$	$\left(\dfrac{1}{2}a\pi\right)^{\frac{1}{2}}(ab)^\nu(b^2 + y^2)^{-\frac{1}{2}(\nu+\frac{1}{2})} \times$ $\times J_{\nu+\frac{1}{2}}[a(b^2 + y^2)^{\frac{1}{2}}]$
$J_0[b(x^2 - a^2)^{\frac{1}{2}}]\qquad x > a$ $0 \qquad\qquad\qquad 0 < x < a$	$(b^2 - y^2)^{-\frac{1}{2}}e^{-a(b^2 - y^2)^{\frac{1}{2}}} \qquad 0 < y < b$ $-(y^2 - b^2)^{-\frac{1}{2}}\sin[a(y^2 - b^2)^{\frac{1}{2}}] \qquad y > b$
$0 \qquad\qquad\qquad 0 < x < a$ $(x^2 - a^2)^{\frac{1}{2}\nu}J_\nu[b(x^2 - a^2)^{\frac{1}{2}}]$ $x > a$ $-1 < \operatorname{Re}\nu < \dfrac{1}{2}$	$\left(\dfrac{2a}{\pi}\right)^{\frac{1}{2}}(ab)^\nu(b^2 - y^2)^{-\frac{1}{2}(\nu+\frac{1}{2})} \times$ $\times K_{\nu+\frac{1}{2}}[a(b^2 - y^2)^{\frac{1}{2}}] \qquad 0 < y < b$ $-\left(\dfrac{1}{2}\pi a\right)^{\frac{1}{2}}(ab)^\nu(y^2 - b^2)^{-\frac{1}{2}(\nu+\frac{1}{2})} \times$ $\times Y_{-\nu-\frac{1}{2}}[a(y^2 - b^2)^{\frac{1}{2}}] \qquad y > b$
$0 \qquad\qquad\qquad 0 < x < a$ $(x^2 - a^2)^{-\frac{1}{2}}J_\nu[b(x^2 - a^2)^{\frac{1}{2}}]$ $x > a$ $\operatorname{Re}\nu > -1$	$-\dfrac{1}{2}\pi J_{\frac{1}{2}\nu}\left\{\dfrac{1}{2}a\left[y - (y^2 - b^2)^{\frac{1}{2}}\right]\right\} \times$ $\times Y_{-\frac{1}{2}\nu}\left\{\dfrac{1}{2}a\left[y + (y^2 - b^2)^{\frac{1}{2}}\right]\right\} \qquad y > b$
$0 \qquad\qquad\qquad 0 < x < 1$ $x(x^2 - 1)^{\frac{1}{2}\nu}J_\nu[a(x^2 - 1)^{\frac{1}{2}}]$ $x > 1$ $-1 < \operatorname{Re}\nu < -\dfrac{1}{2}$	$0 \qquad\qquad\qquad 0 < y < a$ $\left(\dfrac{1}{2}\pi\right)^{\frac{1}{2}}(ay)^\nu(y^2 - a^2)^{-\frac{1}{2}(\nu+\frac{3}{2})} \times$ $\times J_{-\nu-\frac{3}{2}}[(y^2 - a^2)^{\frac{1}{2}}] \qquad y > a$

$f(x)$	$g(y) = \int\limits_0^\infty f(x) \cos(x y)\, dx$
$0 \qquad 0 < x < c$ $x(b^2 + x^2)^{-1}(x^2 - c^2)^{\frac{1}{2}\nu} \times$ $\qquad \times J_\nu[a(x^2 - c^2)^{\frac{1}{2}}] \quad x > c$ $\qquad -1 < \operatorname{Re}\nu < \dfrac{3}{2}$	$(b^2 + c^2)^{\frac{1}{2}\nu} \cosh(b y)\, K_\nu[a(b^2 + c^2)^{\frac{1}{2}}]$ $\qquad\qquad 0 < y < a$
$0 \qquad 0 < x < a$ $\left(\dfrac{x-a}{x+a}\right)^{\frac{1}{2}\nu} J_\nu[b(x^2 - a^2)^{\frac{1}{2}}]$ $\qquad\qquad x > a$ $\qquad\qquad \operatorname{Re}\nu > -1$	$(b^2 - y^2)^{-\frac{1}{2}} e^{-a(b^2 - y^2)^{\frac{1}{2}}} \times$ $\qquad \times \cos\{\nu \arctan[y(b^2 - y^2)^{-\frac{1}{2}}]\}$ $\qquad\qquad 0 < y < b$ $- (y^2 - b^2)^{-\frac{1}{2}} b^\nu [y + (y^2 - b^2)^{\frac{1}{2}}]^{-\nu} \times$ $\qquad \times \sin\left[\dfrac{1}{2}\pi\nu + a(y^2 - b^2)^{\frac{1}{2}}\right] \qquad y > b$
$\log\left(\dfrac{x-a}{x+a}\right) J_0[b(x^2 - a^2)^{\frac{1}{2}}]$ $\qquad\qquad x > a$ $0 \qquad 0 < x < a$	$- \pi^{-1}(b^2 - y^2)^{-\frac{1}{2}}\Big\{\sinh[a(b^2 - y^2)^{\frac{1}{2}}] \times$ $\qquad \times [\operatorname{Ci}(z_1) + \operatorname{Ci}(z_2)] - \cosh[a(b^2 - y^2)^{\frac{1}{2}}] \times$ $\qquad \times [\operatorname{si}(z_1) - \operatorname{si}(z_2)]\} \qquad 0 < y < b$ $- \pi^{-1}(y^2 - b^2)^{-\frac{1}{2}}\Big\{\sin[a(y^2 - b^2)^{\frac{1}{2}}] \times$ $\qquad \times \left[\operatorname{Ci}(z_1) + \operatorname{Ci}(z_2) - 2\pi\log\left(\dfrac{y + \sqrt{y^2 - b^2}}{b}\right)\right] -$ $\qquad - \cos[a(y^2 - b^2)^{\frac{1}{2}}][\operatorname{si}(z_1) - \operatorname{si}(z_2) + \pi^2]\Big\}$ $\qquad\qquad z_1 = a[y + (y^2 - b^2)^{\frac{1}{2}}]$ $\qquad\qquad z_2 = a[y - (y^2 - b^2)^{\frac{1}{2}}]$ $\qquad\qquad y > b$
$(x^2 + a^2)^{-\frac{1}{2}\nu} \times$ $\qquad \times C_{2n}^\nu[x(a^2 + x^2)^{-\frac{1}{2}}] \times$ $\qquad \times J_{\nu+2n}[(a^2 + x^2)^{\frac{1}{2}}]$ $\qquad\qquad n = 0, 1, 2, \ldots$ $\qquad\qquad \operatorname{Re}\nu > -\dfrac{3}{2}$	$(-1)^n \left(\dfrac{1}{2}\pi a\right)^{\frac{1}{2}} a^{-\nu}(1 - y^2)^{\frac{1}{2}(\nu - \frac{1}{2})} \times$ $\qquad \times C_{2n}^\nu(y)\, J_{\nu-\frac{1}{2}}[a(1 - y^2)^{\frac{1}{2}}] \quad 0 < y < 1$ $0 \qquad\qquad y > 1$
$T_{2n}[x(a^2 + x^2)^{-\frac{1}{2}}] \times$ $\qquad \times J_{2n}[(a^2 + x^2)^{\frac{1}{2}}]$ $\qquad\qquad n = 0, 1, 2, \ldots$	$(-1)^n (1 - y^2)^{-\frac{1}{2}} \cos[a(1 - y^2)^{\frac{1}{2}}]\, T_{2n}(y)$ $\qquad\qquad 0 < y < 1$ $0 \qquad\qquad y > 1$

$f(x)$	$g(y) = \int\limits_0^\infty f(x) \cos(xy)\,dx$
$(1-x^2)^{\frac{1}{2}\nu}\, C_{2n}^{\nu+\frac{1}{2}}(x) \times$ $\times J_\nu[a(1-x^2)^{\frac{1}{2}}]$ $\qquad 0 < x < 1$ $0 \qquad\qquad x > 1$ $\qquad n = 0, 1, 2, \ldots$ $\qquad \operatorname{Re}\nu > -\dfrac{1}{2}$	$(-1)^n \left(\dfrac{1}{2}\pi\right)^{\frac{1}{2}} a^\nu (a^2+y^2)^{-\frac{1}{2}(\nu+\frac{1}{2})} \times$ $\times C_{2n}^{\nu+\frac{1}{2}}[y(a^2+y^2)^{-\frac{1}{2}}]\, J_{\nu+2n+\frac{1}{2}}[(a^2+y^2)^{\frac{1}{2}}]$
$Y_0[b(a^2+x^2)^{\frac{1}{2}}]$	$(b^2-y^2)^{-\frac{1}{2}}\sin[a(b^2-y^2)^{\frac{1}{2}}] \qquad 0 < y < b$ $-\,(y^2-b^2)^{-\frac{1}{2}} e^{-a(y^2-b^2)^{\frac{1}{2}}} \qquad y > b$
$(a^2+x^2)^{-\frac{1}{2}}\, Y_\nu[b(a^2+x^2)^{\frac{1}{2}}]$	$-\,K_{\frac{1}{2}\nu}\left\{\dfrac{1}{2}a\left[y+(y^2-b^2)^{\frac{1}{2}}\right]\right\} \times$ $\times\left[\pi^{-1} K_{\frac{1}{2}\nu}\left\{\dfrac{1}{2}a\left[y-(y^2-b^2)^{\frac{1}{2}}\right]\right\} +\right.$ $\left.+\,\sin\left(\dfrac{1}{2}\nu\pi\right) I_{\frac{1}{2}\nu}\left\{\dfrac{1}{2}a\left[y-(y^2-b^2)^{\frac{1}{2}}\right]\right\}\right]$ $\qquad\qquad y > b$
$(a^2+x^2)^{\frac{1}{2}\nu}\, Y_\nu[b(a^2+x^2)^{\frac{1}{2}}]$ $\qquad \operatorname{Re}\nu < \dfrac{1}{2}$	$\left(\dfrac{1}{2}\pi a\right)^{\frac{1}{2}} (ab)^\nu (b^2-y^2)^{-\frac{1}{2}(\nu+\frac{1}{2})} \times$ $\times J_{\nu+\frac{1}{2}}[a(b^2-y^2)^{\frac{1}{2}}] \qquad 0 < y < b$ $-\left(\dfrac{2a}{\pi}\right)^{\frac{1}{2}} (ab)^\nu \cos(\pi\nu)\,(y^2-b^2)^{-\frac{1}{2}(\nu+\frac{1}{2})} \times$ $\times K_{\nu+\frac{1}{2}}[a(y^2-b^2)^{\frac{1}{2}}] \qquad y > b$
$(a^2+x^2)^{-\frac{1}{2}\nu}\, Y_\nu[b(a^2+x^2)^{\frac{1}{2}}]$ $\qquad \operatorname{Re}\nu > -\dfrac{1}{2}$	$\left(\dfrac{1}{2}\pi a\right)^{\frac{1}{2}} (ab)^{-\nu} (b^2-y^2)^{\frac{1}{2}(\nu-\frac{1}{2})} \times$ $\times Y_{\nu-\frac{1}{2}}[a(b^2-y^2)^{\frac{1}{2}}] \qquad 0 < y < b$ $-\left(\dfrac{2a}{\pi}\right)^{\frac{1}{2}} (ab)^{-\nu} (y^2-b^2)^{\frac{1}{2}(\nu-\frac{1}{2})} \times$ $\times K_{\nu-\frac{1}{2}}[a(y^2-b^2)^{\frac{1}{2}}] \qquad y > b$
$Y_0[b(a^2-x^2)^{\frac{1}{2}}] \quad 0 < x < a$ $0 \qquad\qquad x > a$	$\pi^{-1}(b^2+y^2)^{-\frac{1}{2}}\left\{\sin\alpha\,[\operatorname{Ci}(z_1)+\operatorname{Ci}(z_2)] -\right.$ $\left.-\cos\alpha\,[\operatorname{Si}(z_1)+\operatorname{Si}(z_2)]\right\}$ $\alpha = a(b^2+y^2)^{\frac{1}{2}}, \quad z_1 = \alpha + ay, \quad z_2 = \alpha - ay$

$f(x)$	$g(y) = \int\limits_0^\infty f(x)\cos(x\,y)\,dx$
$(a^2 - x^2)^{-\frac{1}{2}}\,Y_\nu\big[b\,(a^2 - x^2)^{\frac{1}{2}}\big]$ $\quad 0 < x < a$ $0 \qquad\qquad x > a$ $\qquad -1 < \operatorname{Re}\nu < 1$	$\dfrac{1}{2}\,\pi\Big\{\cos\Big(\dfrac{1}{2}\,\pi\nu\Big)\big[J_{\frac{1}{2}\nu}(z_1)\,Y_{\frac{1}{2}\nu}(z_2) +$ $+ Y_{\frac{1}{2}\nu}(z_1)\,J_{\frac{1}{2}\nu}(z_2)\big] - \sin\Big(\dfrac{1}{2}\,\nu\pi\Big)\times$ $\times \big[J_{\frac{1}{2}\nu}(z_1)\,J_{\frac{1}{2}\nu}(z_2) + Y_{\frac{1}{2}\nu}(z_1)\,Y_{\frac{1}{2}\nu}(z_2)\big]\Big\}$ $z_1 = \dfrac{1}{2}\,a\big[(b^2 + y^2)^{\frac{1}{2}} + y\big]$ $z_2 = \dfrac{1}{2}\,a\big[(b^2 + y^2)^{\frac{1}{2}} - y\big]$
$0 \qquad\qquad 0 < x < a$ $(x^2 - a^2)^{-\frac{1}{2}}\,Y_\nu\big[b\,(x^2 - a^2)^{\frac{1}{2}}\big]$ $\qquad\qquad\qquad x > a$ $\qquad -1 < \operatorname{Re}\nu < 1$	$-\dfrac{1}{4}\,\pi\sec\Big(\dfrac{1}{2}\,\nu\pi\Big)\big[Y_{\frac{1}{2}\nu}(z_1)\,Y_{\frac{1}{2}\nu}(z_2) +$ $+ 2\cos(\nu\pi)\,J_{\frac{1}{2}\nu}(z_1)\,J_{\frac{1}{2}\nu}(z_2)\big]$ $z_1 = \dfrac{1}{2}\,a\big[y + (y^2 - b^2)^{\frac{1}{2}}\big]$ $z_2 = \dfrac{1}{2}\,a\big[y - (y^2 - b^2)^{\frac{1}{2}}\big]$ $y > b$
$0 \qquad\qquad 0 < x < a$ $Y_0\big[b\,(x^2 - a^2)^{\frac{1}{2}}\big] \qquad x > a$	$-\pi^{-1}(b^2 - y^2)^{-\frac{1}{2}}\big\{\sinh\big[a\,(b^2 - y^2)^{\frac{1}{2}}\big]\times$ $\times \big[\operatorname{Ci}(z_1) + \operatorname{Ci}(z_2)\big] - \cosh\big[a\,(b^2 - y^2)^{\frac{1}{2}}\big]\times$ $\times \big[\operatorname{si}(z_1) - \operatorname{si}(z_2)\big]\big\} \qquad\qquad 0 < y < b$ $-\pi^{-1}(y^2 - b^2)^{-\frac{1}{2}}\big\{\sin\big[a\,(y^2 - b^2)^{\frac{1}{2}}\big]\times$ $\times \big[\operatorname{Ci}(z_1) + \operatorname{Ci}(z_2)\big] - \cos\big[a\,(y^2 - b^2)^{\frac{1}{2}}\big]\times$ $\times \big[\operatorname{si}(z_1) - \operatorname{si}(z_2)\big]\big\} \qquad\qquad y > b$ $z_1 = a\big[y + (y^2 - b^2)^{\frac{1}{2}}\big]$ $z_2 = a\big[y - (y^2 - b^2)^{\frac{1}{2}}\big]$ $\arg\big[(y^2 - a^2)^{\frac{1}{2}}\big] = \genfrac{}{}{0pt}{}{0}{\frac{1}{2}\pi}\ \text{für}\ \ y \genfrac{}{}{0pt}{}{>a}{<a}$
$0 \qquad\qquad 0 < x < c$ $x\,(b^2 + x^2)^{-1}\times$ $\quad \times (x^2 - c^2)^{\frac{1}{2}\nu + n - \frac{1}{2}}\times$ $\quad \times Y_\nu\big[a\,(x^2 - c^2)^{\frac{1}{2}}\big]\ \ x > c$ $\qquad n = 0, 1, 2, \ldots$ $-\dfrac{1}{2} - n < \operatorname{Re}\nu < \dfrac{5}{2} - 2n$	$(-1)^{n+1}(b^2 + c^2)^{\frac{1}{2}\nu + n - \frac{1}{2}}\cosh(b\,y)\times$ $\quad \times K_\nu\big[a\,(b^2 + c^2)^{\frac{1}{2}}\big] \qquad\qquad 0 < y < a$

$f(x)$	$g(y) = \int\limits_0^\infty f(x)\cos(xy)\,dx$
$x^{\frac{1}{2}} J_{-\frac{1}{4}}\left\{\frac{1}{2}a\left[(b^2+x^2)^{\frac{1}{2}}-b\right]\right\} J_{-\frac{1}{4}}\left\{\frac{1}{2}\times a\left[(b^2+x^2)^{\frac{1}{2}}+b\right]\right\}$	$\left(\frac{1}{2}\pi y\right)^{-\frac{1}{2}}(a^2-y^2)^{-\frac{1}{2}}\cos\left[b(a^2-y^2)^{\frac{1}{2}}\right]$ $0<y<a$ 0 $y>a$
$J_\nu\left\{a\left[(b^2+x^2)^{\frac{1}{2}}+x\right]\right\}\times J_\nu\left\{a\left[(b^2+x^2)^{\frac{1}{2}}-x\right]\right\}$ $\mathrm{Re}\,\nu>-1$	$(4a^2-y^2)^{-\frac{1}{2}} J_{2\nu}\left[b(4a^2-y^2)^{\frac{1}{2}}\right]$ $0<y<2a$ 0 $y>2a$
$J_\nu\left\{a\left[x+(x^2-b^2)^{\frac{1}{2}}\right]\right\}\times J_\nu\left\{a\left[x-(x^2-b^2)^{\frac{1}{2}}\right]\right\}$	$(4a^2-y^2)^{-\frac{1}{2}} I_{2\nu}\left[b(4a^2-y^2)^{\frac{1}{2}}\right]$ $0<y<2a$ 0 $y>2a$
$x^{\frac{1}{2}} J_{-\frac{1}{4}}\left\{\frac{1}{2}a\left[(b^2+x^2)^{\frac{1}{2}}-b\right]\right\} Y_{-\frac{1}{4}}\left\{\frac{1}{2}\times a\left[(b^2+x^2)^{\frac{1}{2}}+b\right]\right\}$	$\left(\frac{1}{2}\pi y\right)^{-\frac{1}{2}}(a^2-y^2)^{-\frac{1}{2}}\sin\left[b(a^2-y^2)^{\frac{1}{2}}\right]$ $0<y<a$ $-\left(\frac{1}{2}\pi y\right)^{-\frac{1}{2}}(y^2-a^2)^{-\frac{1}{2}}e^{-b(y^2-a^2)^{\frac{1}{2}}}$ $y>a$
$Y_\nu\left\{a\left[(b^2+x^2)^{\frac{1}{2}}+x\right]\right\}\times Y_\nu\left\{a\left[(b^2+x^2)^{\frac{1}{2}}-x\right]\right\}$ $-1<\mathrm{Re}\,\nu<1$	$-(4a^2-y^2)^{-\frac{1}{2}} J_{2\nu}\left[b(4a^2-y^2)^{\frac{1}{2}}\right]$ $0<y<2a$ $4\pi^{-1}\cos(\pi\nu)(y^2-4a^2)^{-\frac{1}{2}} K_{2\nu}\left[b(y^2-4a^2)^{\frac{1}{2}}\right]$ $y>2a$
$J_\nu(z_1)Y_\nu(z_2)+J_\nu(z_2)Y_\nu(z_1)$ $z_1=a\left[(b^2+x^2)^{\frac{1}{2}}+x\right]$ $z_2=a\left[(b^2+x^2)^{\frac{1}{2}}-x\right]$	$2(4a^2-y^2)^{-\frac{1}{2}} Y_{2\nu}\left[b(4a^2-y^2)^{\frac{1}{2}}\right]$ $0<y<2a$ $4\pi^{-1}\sin(\pi\nu)(y^2-4a^2)^{-\frac{1}{2}} K_{2\nu}\left[b(y^2-4a^2)^{\frac{1}{2}}\right]$ $y>2a$

§ 18. BESSEL-Funktionen mit trigonometrischem und hyperbolischem Argument

$f(x)$	$g(y) = \int\limits_0^\infty f(x)\cos(xy)\,dx$
$J_{2\nu}\left[2a\cos\left(\frac{1}{2}x\right)\right]$ $0<x<\pi$ 0 $x>\pi$ $\mathrm{Re}\,\nu>-\frac{1}{2}$	$\pi J_{\nu-y}(a) J_{\nu+y}(a)$

$f(x)$	$g(y) = \int_0^\infty f(x)\cos(xy)\,dx$
$Y_{2\nu}\left[2a\cos\left(\frac{1}{2}x\right)\right]$ $\qquad\qquad 0<x<\pi$ $0 \qquad\qquad x>\pi$ $\qquad -\frac{1}{2}<\mathrm{Re}\,\nu<\frac{1}{2}$	$\pi\csc(2\pi\nu)\left[\cos(2\pi\nu)J_{\nu+y}(a)J_{\nu-y}(a) - J_{y-\nu}(a)J_{-y-\nu}(a)\right]$
$J_\nu(2a\sin x) \qquad 0<x<\pi$ $0 \qquad\qquad x>\pi$ $\qquad\qquad \mathrm{Re}\,\nu>-1$	$\pi\cos\left(\frac{1}{2}\pi y\right)J_{\frac{1}{2}(\nu-y)}(a)J_{\frac{1}{2}(\nu+y)}(a)$
$Y_\nu(2a\sin x) \qquad 0<x<\pi$ $0 \qquad\qquad x>\pi$ $\qquad -1<\mathrm{Re}\,\nu<1$	$\pi\csc(\pi\nu)\cos\left(\frac{1}{2}\pi y\right)\times$ $\times\left[J_{\frac{1}{2}(\nu-y)}(a)J_{\frac{1}{2}(\nu+y)}(a)\cos(\pi\nu) - J_{-\frac{1}{2}(\nu+y)}(a)J_{-\frac{1}{2}(\nu-y)}(a)\right]$
$J_0\left[2a\sinh\left(\frac{1}{2}x\right)\right]$	$[I_{iy}(a)+I_{-iy}(a)]K_{iy}(a)$
$J_{2\nu}\left[2a\sinh\left(\frac{1}{2}x\right)\right]$ $\qquad\qquad \mathrm{Re}\,\nu>-\frac{1}{2}$	$I_{\nu-iy}(a)K_{\nu+iy}(a)+I_{\nu+iy}(a)K_{\nu-iy}(a)$
$Y_0\left[2a\sinh\left(\frac{1}{2}x\right)\right]$	$-2\pi^{-1}\cosh(\pi y)[K_{iy}(a)]^2$
$Y_{2\nu}\left[2a\sinh\left(\frac{1}{2}x\right)\right]$ $\qquad -\frac{1}{2}<\mathrm{Re}\,\nu<\frac{1}{2}$	$\csc(2\pi\nu)\left\{\cos(2\pi\nu)\left[I_{\nu-iy}(a)K_{\nu+iy}(a) + I_{\nu+iy}(a)K_{\nu-iy}(a)\right] - K_{\nu-iy}(a)\times I_{-\nu-iy}(a) - I_{-\nu+iy}(a)K_{\nu+iy}(a)\right\}$
$J_{2\nu}\left[2a\cosh\left(\frac{1}{2}x\right)\right]$	$-\frac{1}{2}\pi\left[J_{\nu+iy}(a)Y_{\nu-iy}(a)J_{\nu-iv}(a)Y_{\nu+iy}(a)\right]$
$Y_{2\nu}\left[2a\cosh\left(\frac{1}{2}x\right)\right]$	$\frac{1}{2}\pi\left[J_{\nu+iy}(a)J_{\nu-iy}(a) - Y_{\nu+iy}(a)Y_{\nu-iy}(a)\right]$
$J_0[a(2\sinh x)^{\frac{1}{2}}]$	$[J_{iy}(a)+J_{-iy}(a)]K_{iy}(a)$
$J_0[a(2\cosh x)^{\frac{1}{2}}]$	$i\pi^{-1}\left[K_{iy}\left(ae^{i\frac{\pi}{4}}\right)K_{iy}\left(ae^{i\frac{3\pi}{4}}\right) - K_{iy}\left(ae^{-i\frac{\pi}{4}}\right)K_{iy}\left(ae^{-i\frac{3\pi}{4}}\right)\right]$

$f(x)$	$g(y) = \int\limits_0^\infty f(x)\cos(xy)\,dx$
$Y_0\big[a\,(2\cosh x)^{\frac{1}{2}}\big]$	$-\pi^{-1}\Big[K_{iy}\big(a\,e^{i\frac{\pi}{4}}\big)\,K_{iy}\big(a\,e^{i\frac{3\pi}{4}}\big) + {}$ $+ K_{iy}\big(a\,e^{-i\frac{\pi}{4}}\big)\,K_{iy}\big(a\,e^{-i\frac{3\pi}{4}}\big)\Big]$
$J_0\big[(a^2+b^2+2ab\cosh x)^{\frac{1}{2}}\big]$	$-\dfrac{1}{2}\pi\big[J_{iy}(a)\,Y_{-iy}(b) + J_{-iy}(b)\,Y_{iy}(a)\big]$
$Y_0\big[(a^2+b^2+2ab\cosh x)^{\frac{1}{2}}\big]$	$\dfrac{1}{2}\pi\big[J_{iy}(a)\,J_{-iy}(b) - Y_{iy}(a)\,Y_{-iy}(b)\big]$
$H_0^{(2)}\big[(a^2+b^2+2ab\cosh x)^{\frac{1}{2}}\big]$	$-i\,\dfrac{\pi}{2}\,H_{iy}^{(2)}(a)\,H_{-iy}^{(2)}(b)$ $= -i\,\dfrac{\pi}{2}\,e^{\frac{\pi}{2}y}\,H_{iy}^{(2)}(a)\,H_{iy}^{(2)}(b)$

§ 19. Bessel-Funktionen mit variabler Ordnung

$f(x)$	$g(y) = \int\limits_0^\infty f(x)\cos(xy)\,dx$	
$J_{\nu-x}(a)\,J_{\nu+x}(a)$ $\qquad\mathrm{Re}\,\nu > -\dfrac{1}{2}$	$\dfrac{1}{2}\,J_{2\nu}\Big[2a\cos\big(\tfrac{1}{2}y\big)\Big]$ 0	$y < \pi$ $y > \pi$
$\mathrm{sech}\big(\tfrac{1}{2}\pi x\big)\times$ $\times\big[J_{ix}(a) + J_{-ix}(a)\big]$ $= i\,\mathrm{csch}\big(\tfrac{1}{2}\pi x\big)\times$ $\times\big[Y_{ix}(a) - Y_{-ix}(a)\big]$	$2\sin(a\cosh y)$	
$\mathrm{csch}\big(\tfrac{1}{2}\pi x\big)\times$ $\times\big[J_{ix}(a) - J_{-ix}(a)\big]$ $= i\,\mathrm{sech}\big(\tfrac{1}{2}\pi x\big)\times$ $\times\big[Y_{ix}(a) + Y_{-ix}(a)\big]$	$-2i\cos(a\cosh y)$	

$f(x)$	$g(y) = \int_0^\infty f(x)\cos(xy)\,dx$
$\dfrac{\cosh\left(\dfrac{\pi}{2}x\right)}{\cosh(\pi x)}\left[J_{ix}(a)+J_{-ix}(a)\right]$	$\cos(a\cosh y)\left[C\left(2a\cosh^2\dfrac{y}{2}\right)-\right.$ $\left. -\,S\left(2a\cosh^2\dfrac{y}{2}\right)\right]+$ $+\sin(a\cosh y)\left[C\left(2a\cosh^2\dfrac{y}{2}\right)+\right.$ $\left. +\,S\left(2a\cosh^2\dfrac{y}{2}\right)\right]$
$\dfrac{\sinh\left(\dfrac{\pi}{2}x\right)}{\cosh(\pi x)}\left[J_{ix}(a)-J_{-ix}(a)\right]$	$-\,i\cos(a\cosh y)\left[C\left(2a\cosh^2\dfrac{y}{2}\right)+\right.$ $\left. +\,S\left(2a\cosh^2\dfrac{y}{2}\right)\right]+$ $+\,i\sin(a\cosh y)\left[C\left(2a\cosh^2\dfrac{y}{2}\right)-\right.$ $\left. -\,S\left(2a\cosh^2\dfrac{y}{2}\right)\right]$
$\operatorname{sech}(\pi x)\operatorname{sech}\left(\dfrac{\pi}{2}x\right)\times$ $\times\left[J_{ix}(a)+J_{-ix}(a)\right]$	$2\cos(a\cosh y)\left[C\left(2a\cosh^2\dfrac{y}{2}\right)-\right.$ $\left. -\,S\left(2a\cosh^2\dfrac{y}{2}\right)\right]+$ $+\,2\sin(a\cosh y)\left[C\left(2a\cosh^2\dfrac{y}{2}\right)+\right.$ $\left. +\,S\left(2a\cosh^2\dfrac{y}{2}\right)-1\right]$
$\operatorname{sech}(\pi x)\operatorname{csch}\left(\dfrac{\pi}{2}x\right)\times$ $\times\left[J_{ix}(a)-J_{-ix}(a)\right]$	$2i\cos(a\cosh y)\left[C\left(2a\cosh^2\dfrac{y}{2}\right)+\right.$ $\left. +\,S\left(2a\cosh^2\dfrac{y}{2}\right)-1\right]-$ $-\,2i\sin(a\cosh y)\left[C\left(2a\cosh^2\dfrac{y}{2}\right)-\right.$ $\left. -\,S\left(2a\cosh^2\dfrac{y}{2}\right)\right]$
$\operatorname{sech}(\pi x)\operatorname{sech}\left(\dfrac{\pi}{2}x\right)\times$ $\times\left[Y_{ix}(a)+Y_{-ix}(a)\right]$	$2\cos(a\cosh y)\left[C\left(2a\cosh^2\dfrac{y}{2}\right)+\right.$ $\left. +\,S\left(2a\cosh^2\dfrac{y}{2}\right)-1\right]$ $-\,2\sin(a\cosh y)\left[C\left(2a\cosh^2\dfrac{y}{2}\right)-\right.$ $\left. -\,S\left(2a\cosh^2\dfrac{y}{2}\right)\right]$

$f(x)$	$g(y) = \int_0^\infty f(x)\cos(xy)\,dx$
$\operatorname{sech}(\pi x)\operatorname{csch}\left(\dfrac{\pi}{2}x\right)\times$ $\times\left[Y_{ix}(a) - Y_{-ix}(a)\right]$	$2i\cos(a\cosh y)\left[S\left(2a\cosh^2\dfrac{y}{2}\right) - \right.$ $\left. - C\left(2a\cosh^2\dfrac{y}{2}\right)\right]$ $+ 2i\sin(a\cosh y)\left[1 - C\left(2a\cosh^2\dfrac{y}{2}\right) - \right.$ $\left. - S\left(2a\cosh^2\dfrac{y}{2}\right)\right]$
$e^{\frac{1}{2}\pi x}H_{ix}^{(2)}(a)$	$i\,e^{-ia\cosh y}$
$e^{-\frac{1}{2}\pi x}H_{ix}^{(1)}(a)$	$-\,i\,e^{ia\cosh y}$
$[J_{ix}(a)]^2 + [Y_{ix}(a)]^2$	$2\pi^{-1}K_0\left[2a\sinh\left(\dfrac{1}{2}y\right)\right]$
$\operatorname{sech}(\pi x)\times$ $\times\{[J_{ix}(a)]^2 + [Y_{ix}(a)]^2\}$	$\mathbf{H}_0\left[2a\cosh\left(\dfrac{1}{2}y\right)\right] - Y_0\left[2a\cosh\left(\dfrac{1}{2}y\right)\right]$
$J_{ix}(a)\,Y_{-ix}(b) +$ $+ J_{-ix}(b)\,Y_{ix}(a)$	$-\,J_0\left[(a^2 + b^2 + 2ab\cosh y)^{\frac{1}{2}}\right]$
$J_{ix}(a)\,J_{-ix}(b) -$ $- Y_{ix}(a)\,Y_{-ix}(b)$	$Y_0\left[(a^2 + b^2 + 2ab\cosh y)^{\frac{1}{2}}\right]$
$H_{ix}^{(2)}(a)\,H_{ix}^{(2)}(b)\,e^{\pi x}$	$i\,H_0^{(2)}\left[(a^2 + b^2 + 2ab\cosh y)^{\frac{1}{2}}\right]$
$H_{ix}^{(1)}(a)\,H_{ix}^{(1)}(b)\,e^{-\pi x}$	$-\,i\,H_0^{(1)}\left[(a^2 + b^2 + 2ab\cosh y)^{\frac{1}{2}}\right]$

§ 20. Modifizierte Bessel-Funktionen vom Argument x

$f(x)$	$g(y) = \int_0^\infty f(x)\cos(xy)\,dx$
$e^{-\frac{1}{2}ax}I_0\left(\dfrac{1}{2}ax\right)$	$a(2y)^{-\frac{1}{2}}(a^2 + y^2)^{-\frac{1}{2}}\left[y + (a^2 + y^2)^{\frac{1}{2}}\right]^{-\frac{1}{2}}$
$e^{-bx}I_0(ax)$ $\qquad\qquad b \geq a$	$2^{-\frac{1}{2}}[(b^2 - a^2 - y^2)^2 + 4b^2y^2]^{-\frac{1}{2}}\times$ $\times\{[(b^2 - a^2 - y^2)^2 + 4b^2y^2]^{\frac{1}{2}} +$ $+ b^2 - a^2 - y^2\}^{\frac{1}{2}}$

$f(x)$	$g(y) = \int\limits_0^\infty f(x)\cos(xy)\,dx$
$\sin(ax)\,I_1(bx)\,[I_2(cx)]^{-1}$	Timpe, A.: Math. Ann. Bd. 71, S. 480—509. 1912.
$K_0(ax)$	$\dfrac{1}{2}\,\pi\,(a^2+y^2)^{-\frac{1}{2}}$
$K_\nu(ax)$ $\qquad -1 < \operatorname{Re}\nu < 1$	$\dfrac{\pi}{4}\,\sec\left(\dfrac{1}{2}\nu\pi\right)(a^2+y^2)^{-\frac{1}{2}}\times$ $\times\left\{a^{-\nu}\,[y+(a^2+y^2)^{\frac{1}{2}}]^\nu +\right.$ $\left.+\,a^\nu\,[y+(a^2+y^2)^{\frac{1}{2}}]^{-\nu}\right\}$
$x^\nu\,K_\nu(ax)$ $\qquad \operatorname{Re}\nu > -\dfrac{1}{2}$	$\dfrac{1}{2}\,\pi^{\frac{1}{2}}\,(2a)^\nu\,\Gamma\left(\dfrac{1}{2}+\nu\right)(y^2+a^2)^{-\nu-\frac{1}{2}}$
$x^{-\mu}\,K_\nu(ax)$ $\qquad \operatorname{Re}(\mu\pm\nu) < 1$	$\dfrac{1}{2}\,a^{-1}\left(\dfrac{1}{2}\,a\right)^\mu\,\Gamma\left(\dfrac{1}{2}\nu-\dfrac{1}{2}\mu+\dfrac{1}{2}\right)\times$ $\times\Gamma\left(\dfrac{1}{2}-\dfrac{1}{2}\mu-\dfrac{1}{2}\nu\right){}_2F_1\left(\dfrac{1}{2}\nu-\dfrac{1}{2}\mu+\dfrac{1}{2},\right.$ $\left.\dfrac{1}{2}-\dfrac{1}{2}\nu-\dfrac{1}{2}\mu;\ \dfrac{1}{2};\ -y^2a^{-2}\right)$
$\log(bx)\,K_0(ax)$	$\dfrac{1}{2}\,\pi\,(a^2+y^2)^{-\frac{1}{2}}\times$ $\times\left[\log\left(\dfrac{1}{2}\,ab\right)-\gamma-\log(a^2+y^2)\right]$
$\sinh\left(\dfrac{1}{2}\,ax\right)K_1\left(\dfrac{1}{2}\,ax\right)$	$\pi\,a^2\,(2y)^{-\frac{1}{2}}\,(a^2+y^2)^{-\frac{1}{2}}\,[y+(a^2+y^2)^{\frac{1}{2}}]^{-\frac{3}{2}}$
$x^{-\nu}\cosh\left(\dfrac{1}{2}\,ax\right)K_\nu\left(\dfrac{1}{2}\,ax\right)$ $\qquad -\dfrac{1}{2} < \operatorname{Re}\nu < \dfrac{1}{2}$	$\dfrac{1}{2}\,\pi^{\frac{3}{2}}\left[\Gamma\left(\dfrac{1}{2}+\nu\right)\right]^{-1}\sec(\pi\nu)\,a^{-\nu}\times$ $\times y^{\nu-\frac{1}{2}}(a^2+y^2)^{\frac{1}{2}(\nu-\frac{1}{2})}\times$ $\times\cos\left[\left(\nu-\dfrac{1}{2}\right)\operatorname{arc\,ctn}\left(\dfrac{y}{a}\right)\right]$
$K_0(ax)\,I_0(bx)\qquad a > b$	$[y^2+(a+b)^2]^{-\frac{1}{2}}\,K\left\{\dfrac{2(ab)^{\frac{1}{2}}}{[y^2+(a+b)^2]^{\frac{1}{2}}}\right\}$
$K_\nu(ax)\,I_\nu(bx)$ $\qquad a > b,\ \operatorname{Re}\nu > -\dfrac{1}{2}$	$\dfrac{1}{2}\,(ab)^{-\frac{1}{2}}\,\mathfrak{Q}_{\nu-\frac{1}{2}}\left(\dfrac{a^2+b^2+y^2}{2ab}\right)$

$f(x)$	$g(y) = \int\limits_0^\infty f(x)\cos(xy)\,dx$
$x^{\frac{1}{2}} I_{-\frac{1}{4}}(a\,x)\,K_{\frac{1}{4}}(a\,x)$	$\left(\dfrac{\pi}{2y}\right)^{\frac{1}{2}}(y^2+4a^2)^{-\frac{1}{2}}$
$x^{\frac{1}{2}} I_{\nu-\frac{1}{4}}(a\,x)\,K_{\nu+\frac{1}{4}}(a\,x)$ $\qquad \operatorname{Re}\nu > -\dfrac{3}{4}$	$a^{-2\nu}\left(\dfrac{\pi}{2y}\right)^{\frac{1}{2}}(y^2+4a^2)^{-\frac{1}{2}}\left[(4a^2+y^2)^{\frac{1}{2}}-y\right]^{2\nu}$
$x^{-\frac{1}{2}} I_\nu(a\,x)\,K_\nu(b\,x)$ $\qquad \operatorname{Re}\nu > -\dfrac{1}{4}$	$e^{i\pi\nu}\left(\dfrac{\pi}{2y}\right)^{\nu}\Gamma\left(\dfrac{1}{4}+\nu\right)\left[\Gamma\left(\dfrac{1}{4}-\nu\right)\right]^{-1}\times$ $\times\,\mathfrak{Q}^{-\nu}_{-\frac{3}{4}}\left[y^{-1}(y^2+4a^2)^{\frac{1}{2}}\right]\times$ $\times\,\mathfrak{P}^{-\nu}_{-\frac{3}{4}}\left[y^{-1}(y^2+4a^2)^{\frac{1}{2}}\right]$
$K_\nu(a\,x)\,K_\nu(b\,x)$ $\qquad -\dfrac{1}{2} < \operatorname{Re}\nu < \dfrac{1}{2}$	$\dfrac{1}{4}\,\pi^2\sec(\pi\nu)\,(a\,b)^{-\frac{1}{2}}\,P_{\nu-\frac{1}{2}}\left(\dfrac{a^2+b^2+y^2}{2ab}\right)$
$K_0(a\,x)\,K_0(b\,x)\,[K_0(c\,x)]^{-1}$	Ollendorf, F.: Arch. Elektrotechnik Bd. 17, S. 79—101. 1926.
$K_0(a\,x)\,K_0(b\,x)$	$\pi\left[y^2+(a+b)^2\right]^{-\frac{1}{2}}K\left[\left(\dfrac{y^2+(a-b)^2}{y^2+(a+b)^2}\right)^{\frac{1}{2}}\right]$
$x^{\nu-\mu}\,J_\mu(a\,x)\,K_\nu(b\,x)$ $\operatorname{Re}\mu > -1,\ \operatorname{Re}\nu > -\dfrac{1}{2}$	$\pi\,2^{-\nu-\mu-\frac{3}{2}}\,\Gamma(1+2\nu)\,[\Gamma(1+\mu)]^{-1}\,a^{\mu-\nu-\frac{3}{2}}\times$ $\times\,y^{\frac{1}{2}}(\cosh\vartheta-\cos\delta)\,P^{-\nu}_{\nu-\mu-\frac{1}{2}}(\cos\delta)\times$ $\times\,(\sinh\vartheta)^{-\frac{1}{2}}\cosh\left[(\nu-\mu)\,\vartheta\right]$ $y+i\,b = i\,a\,\operatorname{ctn}\left(\dfrac{1}{2}\,\delta+i\,\dfrac{1}{2}\,\vartheta\right)$
$x^{\nu-\mu}\,I_\mu(a\,x)\,K_\nu(b\,x)$ $\qquad \operatorname{Re}\nu > -\dfrac{1}{2},\ a > b$	$\dfrac{1}{2}\,\pi\int\limits_0^\infty t^{\nu-\mu}\,J_\mu(a\,t)\,J_\nu(b\,t)\,e^{-ty}\,dt$
$x^{-2\nu}\,I_\nu(a\,x)\,K_\nu(a\,x)$ $\qquad -\dfrac{1}{2} < \operatorname{Re}\nu < \dfrac{1}{2}$	$\pi^{\frac{1}{2}}\,2^{-2\nu-1}\,\Gamma\left(\dfrac{1}{2}-\nu\right)[\Gamma(1+\nu)]^{-1}\,y^{2\nu-1}\times$ $\times\,{}_2F_1\left(\dfrac{1}{2},\dfrac{1}{2}-\nu;1+\nu;-4a^2y^{-2}\right)$
$x^{2\nu+1}\,I_\nu(a\,x)\,K_\nu(a\,x)$ $\qquad -\dfrac{1}{2} < \operatorname{Re}\nu < 0$	$-\dfrac{1}{2}\,a^{-1}\sin(\pi\nu)\,y^{-2\nu-1}\times$ $\times\,{}_2F_1\left(\dfrac{1}{2},\dfrac{1}{2}+\nu;-\nu;-\dfrac{1}{4}\,y^2a^{-2}\right)$

$f(x)$	$g(y) = \int\limits_0^\infty f(x) \cos(x\,y)\,dx$
$x^{\frac{1}{2}} [K_\nu(a\,x)]^2$ $-\dfrac{3}{4} < \operatorname{Re} \nu < \dfrac{3}{4}$	$e^{i\,2\,\pi\,\nu} \left(\dfrac{1}{2}\,\pi\,y\right)^{\frac{1}{2}} \Gamma\left(\dfrac{3}{4} + \nu\right) \left[\Gamma\left(-\dfrac{1}{4} - \nu\right)\right]^{-1} \times$ $\times (y^2 + 4a^2)^{-\frac{1}{2}} \mathfrak{Q}^{-\nu}_{-\frac{1}{4}}[y^{-1}(y^2 + 4a^2)^{\frac{1}{2}}] \times$ $\times \mathfrak{Q}^{-\nu}_{-\frac{1}{4}}[y^{-1}(y^2 + 4a^2)^{\frac{1}{2}}]$
$x^{-\frac{1}{2}} [K_\nu(a\,x)]^2$ $-\dfrac{1}{4} < \operatorname{Re} \nu < \dfrac{1}{4}$	$e^{i\,2\,\pi\,\nu} \Gamma\left(\dfrac{1}{4} + \nu\right) \left[\Gamma\left(\dfrac{1}{4} - \nu\right)\right]^{-1} \times$ $\times \left(\dfrac{\pi}{2\,y}\right)^{\frac{1}{2}} \left\{\mathfrak{Q}^{-\nu}_{-\frac{3}{4}}[y^{-1}(y^2 + 4a^2)^{\frac{1}{2}}]\right\}^2$
$x^{\frac{1}{2}} K_\nu(a\,x)\, K_{\nu+1}(a\,x)$ $-\dfrac{5}{4} < \operatorname{Re} \nu < \dfrac{1}{4}$	$-\, e^{2\,i\,\pi\,\nu} \left(\dfrac{1}{2}\,\pi\,y\right)^{\frac{1}{2}} \Gamma\left(\dfrac{5}{4} + \nu\right) \times$ $\times \left[\Gamma\left(-\dfrac{3}{4} - \nu\right)\right]^{-1} (y^2 + 4a^2)^{-\frac{1}{2}} \times$ $\times Q^{-\nu}_{-\frac{3}{4}}[y^{-1}(y^2 + 4a^2)^{\frac{1}{2}}] \times$ $\times Q^{-\nu-1}_{-\frac{3}{4}}[y^{-1}(y^2 + 4a^2)^{\frac{1}{2}}]$
$x^{\lambda-1} K_\nu(x)\, K_\mu(x)$ $\operatorname{Re} \lambda > |\operatorname{Re}\mu| + |\operatorname{Re}\nu|$	$2^{\lambda-3} [\Gamma(\lambda)]^{-1} \Gamma\left(\dfrac{\lambda+\mu+\nu}{2}\right) \Gamma\left(\dfrac{\lambda+\mu-\nu}{2}\right) \times$ $\times \Gamma\left(\dfrac{\lambda-\mu+\nu}{2}\right) \Gamma\left(\dfrac{\lambda-\mu-\nu}{2}\right) \times$ $\times {}_4F_3\left(\dfrac{\lambda+\mu+\nu}{2}, \dfrac{\lambda+\mu-\nu}{2}, \dfrac{\lambda-\mu+\nu}{2},\right.$ $\left.\dfrac{\lambda-\mu-\nu}{2}; \dfrac{1}{2}, \dfrac{\lambda}{2}, \dfrac{1+\lambda}{2}; -\dfrac{1}{4}\,y^2\right)$

§ 21. Modifizierte Bessel-Funktionen vom Argument x^2 und $1/x$

$f(x)$	$g(y) = \int\limits_0^\infty f(x) \cos(x\,y)\,dx$
$x^{\frac{1}{3}} e^{-a\,x^2} I_{-\frac{1}{3}}(a\,x^2)$	$2^{-\frac{18}{6}} \pi^{\frac{1}{2}} a^{-\frac{5}{6}} y^{\frac{1}{3}} e^{-\frac{y^2}{16a}} I_{-\frac{1}{3}}\left(\dfrac{y^2}{16a}\right)$
$x^{\frac{1}{2}} e^{-a\,x^2} I_{-\frac{1}{4}}(a\,x^2)$	$\dfrac{1}{2} (a\,y)^{-\frac{1}{2}} e^{-\frac{y^2}{8a}}$
$e^{-a\,x^2} I_0(a\,x^2)$	$\dfrac{1}{2} (2\,\pi\,a)^{-\frac{1}{2}} e^{-\frac{y^2}{16a}} K_0\left(\dfrac{y^2}{16a}\right)$

$f(x)$	$g(y) = \int\limits_0^\infty f(x) \cos(xy)\, dx$
$x^{-2\nu} e^{-x^2} I_\nu(x^2)$ $\operatorname{Re}\nu > -\dfrac{1}{2}$	$2^{-\frac{1}{2}\nu} y^{\nu-1} e^{-\frac{y^2}{16}} W_{-\frac{3}{2}\nu,\,\frac{1}{2}\nu}\left(\dfrac{1}{8} y^2\right)$
$x^{2\nu} e^{-x^2} I_\nu(x^2)$ $-\dfrac{1}{4} < \operatorname{Re}\nu < \dfrac{1}{2}$	$\pi^{-1} 2^{-\nu-\frac{3}{2}} \Gamma(-\nu)\, \Gamma\left(\dfrac{1}{2} + 2\nu\right) e^{-\frac{y^2}{8}} \times$ $\times {}_1F_1\left(\dfrac{1}{2} - \nu;\, 1 + \nu;\, \dfrac{y^2}{8}\right) +$ $+\, 2^{2\nu-\frac{3}{2}} y^{-2\nu} e^{-\frac{y^2}{8}}\, \Gamma(\nu) \times$ $\times \left[\Gamma\left(\dfrac{1}{2} - \nu\right)\right]^{-1} {}_1F_1\left(\dfrac{1}{2} - 2\nu;\, 1 - \nu;\, \dfrac{y^2}{8}\right)$
$x^{2\nu+1} e^{-a x^2} I_\nu(a x^2)$ $-\dfrac{1}{2} < \operatorname{Re}\nu < 0$	$2^{2\nu-\frac{1}{2}} a^{-\frac{1}{2}} \Gamma\left(\dfrac{1}{2} + \nu\right) [\Gamma(-\nu)]^{-1} \times$ $\times y^{-2\nu-1} e^{-\frac{y^2}{4a}} {}_1F_1\left(-\dfrac{1}{2} - 2\nu;\, -\nu;\, \dfrac{y^2}{8a}\right)$
$K_0(a x^2)$	$\dfrac{1}{8} \pi a^{-1} y\, K_{\frac{1}{4}}\left(\dfrac{y^2}{8a}\right)\left[I_{\frac{1}{4}}\left(\dfrac{y^2}{8a}\right) + I_{-\frac{1}{4}}\left(\dfrac{y^2}{8a}\right)\right]$
$e^{x^2} K_0(x^2)$	$\dfrac{1}{2}\left(\dfrac{1}{2}\pi\right)^{\frac{1}{2}} e^{\frac{y^2}{16}} K_0\left(\dfrac{y^2}{16}\right)$
$e^{-x^2} K_0(x^2)$	$\left(\dfrac{1}{2}\pi\right)^{\frac{3}{2}} e^{-\frac{y^2}{16}} I_0\left(\dfrac{y^2}{16}\right)$
$x^{\frac{1}{2}} K_{\frac{1}{4}}(a^2 x^2)$	$\dfrac{1}{4} \pi a^{-2} \left(\dfrac{1}{2}\pi y\right)^{\frac{1}{2}}\left[I_{-\frac{1}{4}}\left(\dfrac{1}{4} y^2 a^{-2}\right) -\right.$ $\left. -\, \boldsymbol{L}_{-\frac{1}{4}}\left(\dfrac{1}{4} y^2 a^{-2}\right)\right]$
$x^{\frac{3}{2}} K_{\frac{1}{4}}(a x^2)$	$\dfrac{1}{4}\left(\dfrac{1}{2}\pi\right)^{\frac{3}{2}} a^{-2} y^{\frac{3}{2}}\left[I_{-\frac{3}{4}}\left(\dfrac{1}{4} y^2 a^{-1}\right) -\right.$ $\left. -\, \boldsymbol{L}_{-\frac{3}{4}}\left(\dfrac{1}{4} y^2 a^{-1}\right)\right]$
$x^{2\nu} e^{-a x^2} K_\nu(a x^2)$ $\operatorname{Re}\nu > -\dfrac{1}{4}$	$\dfrac{\pi}{2} (2a)^{-\nu-\frac{1}{2}} \dfrac{\Gamma(\frac{1}{2} + 2\nu)}{\Gamma(1 + \nu)} e^{-\frac{y^2}{8a}} \times$ $\times {}_1F_1\left(\dfrac{1}{2} - \nu;\, 1 + \nu;\, \dfrac{y^2}{8a}\right)$
$x^{-2\nu} e^{x^2} K_\nu(x^2)$ $-\dfrac{1}{2} < \operatorname{Re}\nu < \dfrac{1}{2}$	$\pi\, 2^{-\frac{1}{2}\nu} \Gamma\left(\dfrac{1}{2} - 2\nu\right)\left[\Gamma\left(\dfrac{1}{2} + \nu\right)\right]^{-1} y^{\nu-1} \times$ $\times e^{\frac{y^2}{16}} W_{\frac{3}{2}\nu,\,-\frac{1}{2}\nu}\left(\dfrac{y^2}{8}\right)$

$f(x)$	$g(y) = \int\limits_0^\infty f(x)\cos(x\,y)\,dx$
$x^{2\lambda-1}\,e^{-x^2}\,K_\nu(x^2)$ $\operatorname{Re}\lambda > \lvert\operatorname{Re}\nu\rvert$	$\pi^{\frac{1}{2}}\,2^{-\lambda-1}\,\Gamma(\lambda+\nu)\,\Gamma(\lambda-\nu)\left[\Gamma\!\left(\tfrac{1}{2}+\lambda\right)\right]^{-1}\times$ $\times\,{}_2F_2\!\left(\lambda+\nu,\,\lambda-\nu;\,\tfrac{1}{2},\,\lambda+\tfrac{1}{2};\,-\tfrac{y^2}{8}\right)$
$x^{\frac{1}{2}}\,I_{-\frac{1}{8}}(a^2\,x^2)\,K_{\frac{1}{8}}(a^2\,x^2)$	$\dfrac{1}{4}\,a^{-2}\left(\dfrac{\pi y}{2}\right)^{\frac{1}{2}} I_{-\frac{1}{8}}\!\left(\dfrac{y^2}{16a^2}\right) K_{\frac{1}{8}}\!\left(\dfrac{y^2}{16a^2}\right)$
$x^{\frac{1}{2}}\,I_{-\frac{1}{8}-\nu}(a^2\,x^2)\,K_{\frac{1}{8}-\nu}(a^2\,x^2)$ $\operatorname{Re}\nu < \tfrac{3}{8}$	$\left[\Gamma\!\left(\tfrac{3}{4}\right)\right]^{-1}\Gamma\!\left(\tfrac{3}{8}-\nu\right) y^{-1}\left(\dfrac{2\pi}{y}\right)^{\frac{1}{2}}\times$ $\times\,W_{\nu,\,-\frac{1}{8}}\!\left(\dfrac{y^2}{8a^2}\right) M_{-\nu,\,-\frac{1}{8}}\!\left(\dfrac{y^2}{8a^2}\right)$
$K_0(a\,x^{-1})$	$-\pi\left(\dfrac{a}{2y}\right)^{\frac{1}{2}}\Big\{J_0\big[(2a\,y)^{\frac{1}{2}}\big]\,K_1\big[(2a\,y)^{\frac{1}{2}}\big] +$ $+\,J_1\big[(2a\,y)^{\frac{1}{2}}\big]\,K_0\big[(2a\,y)^{\frac{1}{2}}\big]\Big\}$
$x^{-1}\,K_0(a\,x^{-1})$	$-\pi\,K_0\big[(2a\,y)^{\frac{1}{2}}\big]\,Y_0\big[(2a\,y)^{\frac{1}{2}}\big]$
$x^{-3}\,K_0(a\,x^{-1})$	$-\pi\,a^{-1}\,y\,K_1\big[(2a\,y)^{\frac{1}{2}}\big]\,Y_1\big[(2a\,y)^{\frac{1}{2}}\big]$
$x^{-1}\,K_\nu(a\,x^{-1})$ $-1 < \operatorname{Re}\nu < 1$	$-\pi\,K_\nu\big[(2a\,y)^{\frac{1}{2}}\big]\left\{J_\nu\big[(2a\,y)^{\frac{1}{2}}\big]\sin\!\left(\tfrac{1}{2}\nu\pi\right) +\right.$ $\left.+\,Y_\nu\big[(2a\,y)^{\frac{1}{2}}\big]\cos\!\left(\tfrac{1}{2}\nu\pi\right)\right\}$

§ 22. Modifizierte Bessel-Funktionen vom Argument $(a\,x^2 + b\,x + c)^{\frac{1}{2}}$

$f(x)$	$g(y) = \int\limits_0^\infty f(x)\cos(x\,y)\,dx$
$K_0(a\,x^{\frac{1}{2}})$	$(2y)^{-1}\left[\operatorname{Ci}\!\left(\dfrac{a^2}{4y}\right)\sin\!\left(\dfrac{a^2}{4y}\right) - \operatorname{si}\!\left(\dfrac{a^2}{4y}\right)\cos\!\left(\dfrac{a^2}{4y}\right)\right]$
$x^{-\frac{1}{2}}\,K_\nu(a\,x^{\frac{1}{2}})$ $-1 < \operatorname{Re}\nu < 1$	$-\dfrac{1}{4}\,\pi\sec\!\left(\tfrac{1}{2}\nu\pi\right)\left(\dfrac{\pi}{y}\right)^{\frac{1}{2}}\times$ $\times\left[J_{\frac{1}{2}\nu}\!\left(\dfrac{a^2}{8y}\right)\sin\!\left(\dfrac{\pi\nu}{4} - \dfrac{\pi}{4} - \dfrac{a^2}{8y}\right) +\right.$ $\left.+\,Y_{\frac{1}{2}\nu}\!\left(\dfrac{a^2}{8y}\right)\cos\!\left(\dfrac{\pi\nu}{4} - \dfrac{\pi}{4} - \dfrac{a^2}{8y}\right)\right]$
$J_0(a\,x^{\frac{1}{2}})\,K_0(a\,x^{\frac{1}{2}})$	$\dfrac{1}{4}\,\pi\,y^{-1}\left[I_0\!\left(\dfrac{a^2}{2y}\right) - \mathbf{L}_0\!\left(\dfrac{a^2}{2y}\right)\right]$

$f(x)$	$g(y) = \int\limits_0^\infty f(x)\cos(xy)\,dx$
$J_\nu(a\,x^{\frac{1}{2}})\,K_\nu(a\,x^{\frac{1}{2}})$ $\operatorname{Re}\nu > -1$	$\dfrac{1}{2}\,\pi\,\csc(\pi\nu)\,y^{-1}\Big[\sin\Big(\dfrac{1}{2}\,\pi\nu\Big)\,I_\nu\Big(\dfrac{a^2}{2y}\Big) +$ $+\,\dfrac{1}{2}\,i\,J_\nu\Big(i\,\dfrac{a^2}{2y}\Big) - \dfrac{1}{2}\,i\,J_\nu\Big(-i\,\dfrac{a^2}{2y}\Big)\Big]$
$Y_0(a\,x^{\frac{1}{2}})\,K_0(a\,x^{\frac{1}{2}})$	$-\dfrac{1}{2}\,y^{-1}\,K_0\Big(\dfrac{a^2}{2y}\Big)$
$\Big[J_\nu(a\,x^{\frac{1}{2}})\sin\Big(\dfrac{1}{2}\,\nu\,\pi\Big) +$ $+\,Y_\nu(a\,x^{\frac{1}{2}})\cos\Big(\dfrac{1}{2}\,\nu\,\pi\Big)\Big]\times$ $\times K_\nu(a\,x^{\frac{1}{2}})$ $-1 < \operatorname{Re}\nu < 1$	$-\dfrac{1}{2}\,y^{-1}\,K_\nu\Big(\dfrac{a^2}{2y}\Big)$
$x^{-\frac{1}{2}}\,J_\nu(a\,x^{\frac{1}{2}})\,K_\nu(a\,x^{\frac{1}{2}})$ $\operatorname{Re}\nu > -\dfrac{1}{2}$	$a^{-2}\,\Gamma\Big(\dfrac{1}{4}+\dfrac{1}{2}\,\nu\Big)\,[\Gamma(1+\nu)]^{-1}\times$ $\times\Big(\dfrac{1}{2}\,\pi\,y\Big)^{\frac{1}{2}} W_{\frac{1}{4},\,\frac{1}{2}\nu}\Big(\dfrac{a^2}{2y}\Big)\,M_{-\frac{1}{4},\,\frac{1}{2}\nu}\Big(\dfrac{a^2}{2y}\Big)$
$x^{-\frac{1}{2}}\,K_\nu(a\,x^{\frac{1}{2}})\times$ $\times\Big[\cos\Big(\dfrac{1}{2}\,\nu\,\pi - \dfrac{\pi}{4}\Big)\times$ $\times J_\nu(a\,x^{\frac{1}{2}}) +$ $+\cos\Big(\dfrac{1}{2}\,\nu\,\pi + \dfrac{\pi}{4}\Big)\times$ $\times Y_\nu(a\,x^{\frac{1}{2}})\Big]$ $-\dfrac{1}{2} < \operatorname{Re}\nu < \dfrac{1}{2}$	$-\,a^{-2}\Big(\dfrac{1}{2}\,\pi\,y\Big)^{\frac{1}{2}} W_{-\frac{1}{4},\,\frac{1}{2}\nu}\Big(\dfrac{a^2}{2y}\Big)\,W_{\frac{1}{4},\,\frac{1}{2}\nu}\Big(\dfrac{a^2}{2y}\Big)$
$x\,Y_1(x^{\frac{1}{2}})\,K_1(x^{\frac{1}{2}})$	$-\dfrac{1}{4}\,y^{-3}\,K_0\Big(\dfrac{1}{2}\,y^{-1}\Big)$
$I_0(a\,x^{\frac{1}{2}})\,K_0(a\,x^{\frac{1}{2}})$	$\dfrac{1}{4}\,\pi\,y^{-1}\Big[\cos\Big(\dfrac{a^2}{2y}\Big)\,J_0\Big(\dfrac{a^2}{2y}\Big) + \sin\Big(\dfrac{a^2}{2y}\Big)\,Y_0\Big(\dfrac{a^2}{2y}\Big)\Big]$
$[I_\nu(a\,x^{\frac{1}{2}}) + I_{-\nu}(a\,x^{\frac{1}{2}})]\times$ $\times K_\nu(a\,x^{\frac{1}{2}})$ $-1 < \operatorname{Re}\nu < 1$	$\dfrac{1}{2}\,\pi\,y^{-1}\Big[\cos\Big(\dfrac{1}{2}\,\nu\,\pi - \dfrac{a^2}{2y}\Big)\,J_\nu\Big(\dfrac{a^2}{2y}\Big) -$ $-\,\sin\Big(\dfrac{1}{2}\,\nu\,\pi - \dfrac{a^2}{2y}\Big)\,Y_0\Big(\dfrac{a^2}{2y}\Big)\Big]$

$f(x)$	$g(y) = \int\limits_0^\infty f(x)\cos(x\,y)\,dx$
$x^{\frac{1}{2}\nu}\Big\{e^{i\pi\frac{\nu}{4}}K_\nu\big[a(i\,x)^{\frac{1}{2}}\big] + {}$ $+\, e^{-i\pi\frac{\nu}{4}}K_\nu\big[a(-i\,x)^{\frac{1}{2}}\big]\Big\}$ $\operatorname{Re}\nu > -1$	$\pi\,2^{-\nu-1}\,a^{2\nu}\,y^{-\nu-1}\,e^{-\frac{a^2}{4y}}$
$x^{-\frac{1}{2}}K_\nu\big[a(i\,x)^{\frac{1}{2}}\big]\times$ $\times K_\nu\big[a(-i\,x)^{\frac{1}{2}}\big]$ $-\dfrac{1}{2} < \operatorname{Re}\nu < \dfrac{1}{2}$	$\dfrac{1}{2}\,a^{-2}\left(\dfrac{1}{2}\pi y\right)^{\frac{1}{2}}\Gamma\left(\dfrac{1}{4}+\dfrac{1}{2}\nu\right)\Gamma\left(\dfrac{1}{4}-\dfrac{1}{2}\nu\right)\times$ $\times W_{\frac{1}{4},\frac{1}{2}\nu}\left(i\,\dfrac{a^2}{2y}\right)W_{\frac{1}{4},\frac{1}{2}\nu}\left(-i\,\dfrac{a^2}{2y}\right)$
$K_0\big[a(i\,x)^{\frac{1}{2}}\big]\,K_0\big[a(-i\,x)^{\frac{1}{2}}\big]$	$\dfrac{\pi^2}{8y}\left[\mathbf{H}_0\left(\dfrac{a^2}{2y}\right)-Y_0\left(\dfrac{a^2}{2y}\right)\right]$
$K_\nu\big[a(i\,x)^{\frac{1}{2}}\big]\,K_\nu\big[a(-i\,x)^{\frac{1}{2}}\big]$ $-1 < \operatorname{Re}\nu < 1$	$\dfrac{1}{4}\pi y^{-1}\sec\left(\dfrac{1}{2}\pi\nu\right)S_{0,\nu}\left(\dfrac{a^2}{2y}\right)$
$\log(b\,x)\left[K_0(a\,x^{\frac{1}{2}}) - {}\right.$ $\left. -\dfrac{1}{2}\pi\,Y_0(a\,x^{\frac{1}{2}})\right]$	$\pi\,y^{-1}\cos\left(\dfrac{a^2}{4y}\right)\log\left(\dfrac{a\,b^{\frac{1}{2}}}{2y}\right)$
$x^{-\frac{1}{2}\nu}\left[K_\nu(a\,x^{\frac{1}{2}})\cos(\pi\nu) - {}\right.$ $\left. -\dfrac{1}{2}\pi\,Y_\nu(a\,x^{\frac{1}{2}})\right]$ $-1 < \operatorname{Re}\nu < 1$	$\dfrac{1}{2}\pi\left(\dfrac{1}{2}a\right)^{-\nu}y^{\nu-1}\cos\left(\dfrac{a^2}{4y}-\dfrac{1}{2}\nu\pi\right)$
$x^{-\frac{1}{2}\nu}\left[K_\nu(a\,x^{\frac{1}{2}})\sin(\pi\nu) - {}\right.$ $\left. -\dfrac{1}{2}\pi\,J_\nu(a\,x^{\frac{1}{2}})\right]$ $-1 < \operatorname{Re}\nu < 1$	$-\dfrac{1}{2}\pi\left(\dfrac{1}{2}a\right)^{-\nu}y^{\nu-1}\sin\left(\dfrac{a^2}{4y}-\dfrac{1}{2}\nu\pi\right)$
$x^{-\frac{1}{2}}\left[K_1(a\,x^{\frac{1}{2}}) + {}\right.$ $\left. +\dfrac{1}{2}\pi\,Y_1(a\,x^{\frac{1}{2}})\right]$	$-\pi\,a^{-1}\sin\left(\dfrac{a^2}{2y}\right)$
$K_0\big[b(a^2+x^2)^{\frac{1}{2}}\big]$	$\dfrac{1}{2}\pi(y^2+b^2)^{-\frac{1}{2}}\,e^{-a(y^2+b^2)^{\frac{1}{2}}}$
$(x^2+a^2)^{-\frac{1}{2}}K_1\big[b(a^2+x^2)^{\frac{1}{2}}\big]$	$\dfrac{1}{2}\pi\,b^{-1}a^{-1}\,e^{-a(y^2+b^2)^{\frac{1}{2}}}$

$f(x)$	$g(y) = \int\limits_0^\infty f(x) \cos(x\,y)\,dx$
$(x^2 + a^2)^{-\frac{1}{2}} K_\nu\left[b\,(a^2 + x^2)^{\frac{1}{2}}\right]$	$\dfrac{1}{2} K_{\frac{1}{2}\nu}\left\{\dfrac{1}{2} a\left[(y^2 + b^2)^{\frac{1}{2}} - y\right]\right\} \times$ $\times K_{\frac{1}{2}\nu}\left\{\dfrac{1}{2} a\left[(y^2 + b^2)^{\frac{1}{2}} + y\right]\right\}$
$(x^2 + a^2)^{\mp \frac{1}{2}\nu} K_\nu\left[b\,(a^2 + x^2)^{\frac{1}{2}}\right]$	$\left(\dfrac{\pi}{2a}\right)^{\frac{1}{2}} (a\,b)^{\mp \nu}\,(b^2 + y^2)^{\pm \frac{1}{2}\nu - \frac{1}{4}} \times$ $\times K_{\pm \nu - \frac{1}{2}}\left[a\,(b^2 + y^2)^{\frac{1}{2}}\right]$
$[x(1+x)]^{-\frac{1}{2}} \times$ $\times K_\nu\left\{b\,[x(1+x)]^{\frac{1}{2}}\right\}$ $-1 < \operatorname{Re}\nu < 1$	$\dfrac{1}{8}\pi^2 \sec\left(\dfrac{1}{2}\nu\pi\right)\left\{\cos\left(\dfrac{1}{2}y\right)\left[J_{\frac{1}{2}\nu}(z_1)\,J_{\frac{1}{2}\nu}(z_2) + \right.\right.$ $\left. + Y_{\frac{1}{2}\nu}(z_1)\,Y_{\frac{1}{2}\nu}(z_2)\right] + \sin\left(\dfrac{1}{2}y\right) \times$ $\left.\times \left[J_{\frac{1}{2}\nu}(z_2)\,Y_{\frac{1}{2}\nu}(z_1) - J_{\frac{1}{2}\nu}(z_1)\,Y_{\frac{1}{2}\nu}(z_2)\right]\right\}$ $z_1 = \dfrac{1}{4}\left[(b^2 + y^2)^{\frac{1}{2}} + y\right]$ $z_2 = \dfrac{1}{4}\left[(b^2 + y^2)^{\frac{1}{2}} - y\right]$
$x^{\frac{1}{2}} I_{-\frac{1}{4}}\left\{\dfrac{1}{2} b\left[(a^2 + x^2)^{\frac{1}{2}} - a\right]\right\} \times$ $\times K_{\frac{1}{4}}\left\{\dfrac{1}{2} b\left[(a^2 + x^2)^{\frac{1}{2}} + a\right]\right\}$	$\left(\dfrac{\pi}{2y}\right)^{\frac{1}{2}} (b^2 + y^2)^{-\frac{1}{2}} e^{-a\,(b^2 + y^2)^{\frac{1}{2}}}$
$I_0\left\{a\left[(b^2 + x^2)^{\frac{1}{2}} - x\right]\right\} \times$ $\times K_0\left\{a\left[(b^2 + x^2)^{\frac{1}{2}} + x\right]\right\}$	$\dfrac{1}{2}\pi\,(4a^2 + y^2)^{-\frac{1}{2}}\left\{I_0\left[b\,(4a^2 + y^2)^{\frac{1}{2}}\right] - \right.$ $\left. - L_0\left[b\,(4a^2 + y^2)^{\frac{1}{2}}\right]\right\}$
$I_\nu\left\{a\left[(b^2 + x^2)^{\frac{1}{2}} - x\right]\right\} \times$ $\times K_\nu\left\{a\left[(b^2 + x^2)^{\frac{1}{2}} + x\right]\right\}$	$(4a^2 + y^2)^{-\frac{1}{2}}\left\{\dfrac{1}{2}\pi \sec(\pi\nu) \times \right.$ $\times I_{2\nu}\left[b\,(y^2 + 4a^2)^{\frac{1}{2}}\right] + i\,\dfrac{1}{2}\pi \csc(2\pi\nu) \times$ $\times \left(J_{2\nu}\left[i\,b\,(y^2 + 4a^2)^{\frac{1}{2}}\right] - \right.$ $\left.\left. - J_{-2\nu}\left[i\,b\,(y^2 + 4a^2)^{\frac{1}{2}}\right]\right)\right\}$
$K_0\left\{a\left[x + (x^2 - b^2)^{\frac{1}{2}}\right]\right\} \times$ $\times K_0\left\{a\left[x - (x^2 - b^2)^{\frac{1}{2}}\right]\right\}$	$\dfrac{1}{2}\pi^2\,(4a^2 + y^2)^{-\frac{1}{2}}\left\{H_0\left[b\,(4a^2 + y^2)^{\frac{1}{2}}\right] - \right.$ $\left. - Y_0\left[b\,(4a^2 + y^2)^{\frac{1}{2}}\right]\right\}$

$f(x)$	$g(y) = \int\limits_0^\infty f(x)\cos(x\,y)\,d\,x$
$K_\nu\{a\,[x + (x^2 - b^2)^{\frac{1}{2}}]\}\times$ $\times K_\nu\{a\,[x - (x^2 - b^2)^{\frac{1}{2}}]\}$	$\pi\,(4a^2 + y^2)^{-\frac{1}{2}}\,S_{0,2\nu}\,[b\,(4a^2 + y^2)^{\frac{1}{2}}]$
$K_\nu\{a\,[(b^2 + x^2)^{\frac{1}{2}} - x]\}\times$ $\times K_\nu\{a\,[(b^2 + x^2)^{\frac{1}{2}} + x]\}$	$\pi\,(4a^2 + y^2)^{-\frac{1}{2}}\,K_{2\nu}\,[b\,(y^2 + 4a^2)^{\frac{1}{2}}]$
$(a^2 - x^2)^{-\frac{1}{2}}\,I_\nu\,[b\,(a^2 - x^2)^{\frac{1}{2}}]$ $0 < x < a$ $0 \qquad x > a$ $\operatorname{Re}\nu > -1$	$\dfrac{1}{2}\,\pi\,J_{\frac{1}{2}\nu}\left\{\dfrac{1}{2}\,a\,[y + (y^2 - b^2)^{\frac{1}{2}}]\right\}\times$ $\times J_{\frac{1}{2}\nu}\left\{\dfrac{1}{2}\,a\,[y - (y^2 - b^2)^{\frac{1}{2}}]\right\}$
$(a - x)^{\frac{1}{2}\nu}\,I_\nu\,[b\,(a - x)^{\frac{1}{2}}]$ $0 < x < a$ $0 \qquad x < a$ $\operatorname{Re}\nu > -1$	$y^{-1}\left(\dfrac{b}{2y}\right)^{\nu}\,U_{\nu+1}(2a\,y,\,i\,b\,a^{\frac{1}{2}})$
$I_0\,[b\,(a^2 - x^2)^{\frac{1}{2}}] \quad 0 < x < a$ $0 \qquad\qquad x > a$	$(y^2 - b^2)^{-\frac{1}{2}}\sin[a\,(y^2 - b^2)^{\frac{1}{2}}] \qquad y > b$ $(b^2 - y^2)^{-\frac{1}{2}}\sinh[a\,(b^2 - y^2)^{\frac{1}{2}}] \qquad 0 < y < b$
$(a^2 - x^2)^{\frac{1}{2}\nu}\,I_\nu\,[b\,(a^2 - x^2)^{\frac{1}{2}}]$ $0 < x < a$ $0 \qquad x > a$ $\operatorname{Re}\nu > -1$	$\left(\dfrac{1}{2}\,a\,\pi\right)^{\frac{1}{2}}(a\,b)^{\nu}\,(b^2 - y^2)^{-\frac{1}{2}(\nu+\frac{1}{2})}\times$ $\times I_{\nu+\frac{1}{2}}[a\,(b^2 - y^2)^{\frac{1}{2}}] \qquad 0 < y < b$ $\left(\dfrac{1}{2}\,a\,\pi\right)^{\frac{1}{2}}(a\,b)^{\nu}\,(y^2 - b^2)^{-\frac{1}{2}(\nu+\frac{1}{2})}\times$ $\times J_{\nu+\frac{1}{2}}[a\,(y^2 - b^2)^{\frac{1}{2}}] \qquad y > b$
$K_0\,[b\,(a^2 - x^2)^{\frac{1}{2}}] \quad 0 < x < a$ $0 \qquad\qquad x > a$	$-\dfrac{1}{2}\,(y^2 - b^2)^{-\frac{1}{2}}\big\{\sin\alpha\,[\operatorname{Ci}(z_1) + \operatorname{Ci}(z_2)] -$ $-\cos\alpha\,[\operatorname{Si}(z_1) - \operatorname{Si}(z_2)]\big\}$ $\alpha = a\,(y^2 - b^2)^{\frac{1}{2}}, \quad z_1 = a\,y + \alpha, \quad z_2 = a\,y - \alpha$ $\arg(y^2 - b^2)^{\frac{1}{2}} = \dfrac{0}{\frac{1}{2}\,\pi} \quad \text{für} \quad y \gtrless b$

$f(x)$	$g(y) = \int\limits_0^\infty f(x)\cos(xy)\,dx$
$(a^2 - x^2)^{-\frac{1}{2}} K_\nu[b(a^2-x^2)^{\frac{1}{2}}]$ $\qquad\qquad 0 < x < a$ $0 \qquad\qquad x > a$ $\qquad -1 < \mathrm{Re}\,\nu < 1$	$-\dfrac{1}{8}\pi^2 \sec\left(\dfrac{1}{2}\nu\pi\right)\left[J_{\frac{1}{2}\nu}(z_1)\,Y_{-\frac{1}{2}\nu}(z_2) + Y_{\frac{1}{2}\nu}(z_1)\,J_{-\frac{1}{2}\nu}(z_2)\right] = -\dfrac{1}{8}\pi^2 \times$ $\times \sec\left(\dfrac{1}{2}\nu\pi\right)\left[Y_{\frac{1}{2}\nu}(z_2)\,J_{-\frac{1}{2}\nu}(z_1) + J_{\frac{1}{2}\nu}(z_2)\,Y_{-\frac{1}{2}\nu}(z_1)\right]$ $z_1 = \dfrac{1}{2}a[y + (y^2 - b^2)^{\frac{1}{2}}]$ $z_2 = \dfrac{1}{2}a[y - (y^2 - b^2)^{\frac{1}{2}}]$ $y > b$
$(x^2 - a^2)^{-\frac{1}{2}} K_\nu[b(x^2-a^2)^{\frac{1}{2}}]$ $\qquad\qquad x > a$ $0 \qquad\qquad 0 < x < a$ $\qquad -1 < \mathrm{Re}\,\nu < 1$	$\dfrac{1}{8}\pi^2 \sec\left(\dfrac{1}{2}\nu\pi\right)\left[J_{\frac{1}{2}\nu}(z_1)\,J_{\frac{1}{2}\nu}(z_2) + Y_{\frac{1}{2}\nu}(z_1)\,Y_{\frac{1}{2}\nu}(z_2)\right]$ $z_1 = \dfrac{1}{2}a\left[(b^2 + y^2)^{\frac{1}{2}} + y\right]$ $z_2 = \dfrac{1}{2}a\left[(b^2 + y^2)^{\frac{1}{2}} - y\right]$
$0 \qquad\qquad 0 < x < a$ $K_0[b(x^2-a^2)^{\frac{1}{2}}] \qquad x > a$	$\dfrac{1}{2}(b^2 + y^2)^{-\frac{1}{2}}\left\{\sin\alpha\,[\mathrm{Ci}(z_1) + \mathrm{Ci}(z_2)] - \cos\alpha\,[\mathrm{si}(z_1) + \mathrm{si}(z_2)]\right\}$ $\alpha = a(b^2 + y^2)^{\frac{1}{2}},\ z_1 = ay + \alpha,\ z_2 = \alpha - ay$
$(a^2 - x^2)^{-\frac{1}{2}} J_\nu[b(a^2-x^2)^{\frac{1}{2}}]$ $\qquad\qquad 0 < x < a$ $-2\pi^{-1}\cos(\pi\nu)\times$ $\times (x^2 - a^2)^{-\frac{1}{2}}\times$ $\times K_\nu[b(x^2-a^2)^{\frac{1}{2}}]$ $\qquad\qquad x > a$ $\qquad -1 < \mathrm{Re}\,\nu < 1$	$-\dfrac{1}{2}\pi\, Y_{\frac{1}{2}\nu}\left\{\dfrac{1}{2}a\left[(b^2 + y^2)^{\frac{1}{2}} + y\right]\right\}\times$ $\times Y_{\frac{1}{2}\nu}\left\{\dfrac{1}{2}a\left[(b^2 + y^2)^{\frac{1}{2}} - y\right]\right\}$
$(a^2 - x^2)^{\frac{1}{2}\nu} Y_\nu[b(a^2-x^2)^{\frac{1}{2}}]$ $\qquad\qquad 0 < x < a$ $-2\pi^{-1}(x^2 - a^2)^{\frac{1}{2}\nu}\times$ $\times K_\nu[b(x^2-a^2)^{\frac{1}{2}}] \quad x > a$	$\left(\dfrac{1}{2}\pi a\right)^{\frac{1}{2}}(ab)^\nu\,(b^2 + y^2)^{-\frac{1}{2}(\nu+\frac{1}{2})}\times$ $\times Y_{\nu+\frac{1}{2}}[a(b^2 + y^2)^{\frac{1}{2}}]$

§ 23. Modifizierte Bessel-Funktionen mit trigonometrischem und hyperbolischem Argument

$f(x)$	$g(y) = \int\limits_0^\infty f(x) \cos(xy)\, dx$
$I_{2\nu}\left[2a\cos\left(\dfrac{1}{2}x\right)\right] \quad 0 < x < \pi$ $0 \qquad\qquad\qquad x > \pi$ $\operatorname{Re}\nu > -\dfrac{1}{2}$	$\pi I_{\nu-y}(a)\, I_{\nu+y}(a)$
$K_{2\nu}\left[2a\cos\left(\dfrac{1}{2}x\right)\right]$ $\qquad\qquad\qquad 0 < x < \pi$ $0 \qquad\qquad\qquad x > \pi$ $-\dfrac{1}{2} < \operatorname{Re}\nu < \dfrac{1}{2}$	$\pi\csc(2\pi\nu)\big\{I_{y-\nu}(a)\,K_{y+\nu}(a)\sin[\pi(y+\nu)] -$ $\quad - I_{y+\nu}(a)\,K_{y-\nu}(a)\sin[\pi(y-\nu)]\big\}$
$I_{2\nu}(2a\sin x) \qquad 0 < x < \pi$ $0 \qquad\qquad\qquad x > \pi$ $\operatorname{Re}\nu > -\dfrac{1}{2}$	$\pi\cos\left(\dfrac{1}{2}\pi y\right) I_{\nu-\frac{1}{2}y}(a)\, I_{\nu+\frac{1}{2}y}(a)$
$K_{2\nu}(2a\sin x) \qquad 0 < x < \pi$ $0 \qquad\qquad\qquad x > \pi$ $-\dfrac{1}{2} < \operatorname{Re}\nu < \dfrac{1}{2}$	$\dfrac{1}{2}\pi^2\csc(2\pi\nu)\cos\left(\dfrac{1}{2}\pi y\right)\big[I_{-\nu-\frac{1}{2}y}(a) \times$ $\times I_{-\nu+\frac{1}{2}y}(a) - I_{\nu-\frac{1}{2}y}(a)\, I_{\nu+\frac{1}{2}y}(a)\big]$
$K_0\left[2a\sinh\left(\dfrac{1}{2}x\right)\right]$	$\dfrac{1}{4}\pi^2\big\{[J_{iy}(a)]^2 + [Y_{iy}(a)]^2\big\}$
$e^{-a^2\cos^2 x}\, I_{\frac{1}{2}\nu}(a^2\cos^2 x)$ $\qquad\qquad 0 < x < \dfrac{\pi}{2}$ $0 \qquad\qquad\qquad x > \dfrac{\pi}{2}$ $\operatorname{Re}\nu > -1$	$2^{-\frac{1}{2}\nu-1}\pi^{\frac{1}{2}}a^\nu\, \Gamma\left(\dfrac{1+\nu}{2}\right)\left[\Gamma\left(\dfrac{2+\nu-y}{2}\right) \times\right.$ $\times \left.\Gamma\left(\dfrac{2+\nu+y}{2}\right)\right]^{-1} {}_3F_3\left(\dfrac{1+\nu}{2},\dfrac{1+\nu}{2},\dfrac{2+\nu}{2};\right.$ $\left.\dfrac{2+\nu-y}{2},\dfrac{2+\nu+y}{2},1+\nu;\,-2a^2\right)$
$K_{2\nu}\left[2a\sinh\left(\dfrac{1}{2}x\right)\right]$ $-\dfrac{1}{2} < \operatorname{Re}\nu < \dfrac{1}{2}$	$\dfrac{1}{4}\pi^2\big\{J_{iy-\nu}(a)\,J_{iy+\nu}(a) +$ $+ Y_{iy-\nu}(a)\,Y_{iy+\nu}(a) + \tan(\nu\pi) \times$ $\times [J_{iy+\nu}(a)\,Y_{iy-\nu}(a) - J_{iy-\nu}(a)\,Y_{iy+\nu}(a)]\big\}$

$f(x)$	$g(y) = \int\limits_0^\infty f(x) \cos(xy)\,dx$
$K_{2\nu}\left[2a \cosh\left(\frac{1}{2}x\right)\right]$	$K_{\nu+iy}(a)\,K_{\nu-iy}(a)$
$K_0\left[a\,(2\cosh x)^{\frac{1}{2}}\right]$	$K_{iy}\left(a\,e^{i\frac{\pi}{4}}\right) K_{iy}\left(a\,e^{-i\frac{\pi}{4}}\right)$
$2\pi^{-1} K_0\left[a\,(2\sinh x)^{\frac{1}{2}}\right] -$ $\quad - Y_0\left[a\,(2\sinh x)^{\frac{1}{2}}\right]$	$-\left[Y_{iy}(a) + Y_{-iy}(a)\right] K_{iy}(a)$
$K_0\left[(a^2 + b^2 + 2ab\cosh x)^{\frac{1}{2}}\right]$	$K_{iy}(a)\,K_{iy}(b)$
$K_0\left[(a^2 + b^2 - 2ab\cos x)^{\frac{1}{2}}\right]$ $\qquad\qquad 0 < x < \pi$ $0 \qquad\qquad\qquad x > \pi$	$y\sin(\pi y)\sum\limits_{n=0}^\infty (-1)^n\, \varepsilon_n\,(y^2 - n^2)^{-1}\,I_n(b)\,K_n(a)$ $\qquad\qquad\qquad\qquad a \geq b$

§24. Modifizierte Bessel-Funktionen mit variabler Ordnung

$f(x)$	$g(y) = \int\limits_0^\infty f(x) \cos(xy)\,dx$
$I_x(a)$	MacRobert, T. M.: Proc. Roy. Soc. Ed., Bd. 55, S. 87. 1934.
$I_{\nu+x}(a)\,I_{\nu-x}(a)$	$\frac{1}{2} I_{2\nu}\left[2a\cos\left(\frac{1}{2}y\right)\right] \qquad 0 < y < \pi$ $0 \qquad\qquad\qquad\qquad y > \pi$
$\dfrac{\sinh(bx)}{\cosh(\pi x)}\left[I_{-ix}(a) - I_{ix}(a)\right]$ $\quad = 2i\,\pi^{-1}\tanh(\pi x) \times$ $\quad \times \sinh(bx)\,K_{ix}(a)$ $\qquad\qquad b \leq \dfrac{\pi}{2}$	$\frac{1}{2}\left\{e^{-a\cosh(y-ib)}\,\mathrm{Erf}\left[i\,(2a)^{\frac{1}{2}}\sinh\left(\frac{y-ib}{2}\right)\right] -\right.$ $\quad \left. - e^{-a\cosh(y+ib)}\,\mathrm{Erf}\left[i\,(2a)^{\frac{1}{2}}\sinh\left(\frac{y+ib}{2}\right)\right]\right\}$
$\dfrac{\cosh(bx)}{\cosh(\pi x)}\left[I_{ix}(a) + I_{-ix}(a)\right]$ $\qquad\qquad b \leq \dfrac{\pi}{2}$	$-\frac{1}{2}i\left\{e^{-a\cosh(y+ib)} \times\right.$ $\quad \times \mathrm{Erf}\left[i\,(2a)^{\frac{1}{2}}\cosh\left(\frac{y+ib}{2}\right)\right] +$ $\quad \left. + e^{-a\cosh(y-ib)}\,\mathrm{Erf}\left[i\,(2a)^{\frac{1}{2}}\cosh\left(\frac{y-ib}{2}\right)\right]\right\}$

$f(x)$	$g(y) = \int\limits_0^\infty f(x) \cos(x\,y)\,dx$
$K_{ix}(a)$	$\dfrac{1}{2}\,\pi\,e^{-a\cosh y}$
$\cosh(b\,x)\,K_{ix}(a)$ $\qquad b \le \dfrac{1}{2}\,\pi$	$\dfrac{1}{2}\,\pi \cos(a \sin b \sinh y)\,e^{-a\cos b \cosh y}$
$\operatorname{sech}(\pi x)\,K_{ix}(a)$	$\dfrac{1}{2}\,\pi\,e^{a\cosh y}\,\operatorname{Erfc}\left[(2a)^{\frac{1}{2}}\cosh\left(\dfrac{1}{2}\,y\right)\right]$
$\operatorname{sech}\left(\dfrac{1}{2}\,\pi x\right)K_{ix}(a)$	$a \int\limits_0^\infty (a^2 + t^2)^{-\frac{1}{2}}\,e^{-t\cosh y}\,K_1[(a^2 + t^2)^{\frac{1}{2}}]\,dt$
$\dfrac{\cosh(b\,x)}{\cosh(\pi x)}\,K_{ix}(a)$ $\qquad b \le \dfrac{3}{2}\,\pi$	$\dfrac{1}{4}\,\pi\left\{e^{a\cosh(y+ib)}\,\operatorname{Erfc}\left[(2a)^{\frac{1}{2}}\cosh\left(\dfrac{y+ib}{2}\right)\right] + \right.$ $\left. + e^{a\cosh(y-ib)}\,\operatorname{Erfc}\left[(2a)^{\frac{1}{2}}\cosh\left(\dfrac{y-ib}{2}\right)\right]\right\}$
$\dfrac{\sinh(\pi x)}{\sinh(b\,x)}\,K_{ix}(a)$ $\qquad b \ge \dfrac{1}{2}\,\pi$	$\dfrac{1}{2}\,\pi^2 b^{-1} \sum\limits_{n=0}^{\infty} (-1)^n\,\varepsilon_n\,I_{n\frac{\pi}{b}}(a)\cosh\left(n\,\pi\,\dfrac{y}{b}\right)$
$[J_{ix}(a) + J_{-ix}(a)]\,K_{ix}(a)$	$\dfrac{1}{2}\,\pi\,J_0[a\,(2\sinh y)^{\frac{1}{2}}]$
$[Y_{ix}(a) + Y_{-ix}(a)]\,K_{ix}(a)$	$\dfrac{1}{2}\,\pi\,Y_0[a\,(2\sinh y)^{\frac{1}{2}}] - K_0[a\,(2\sinh y)^{\frac{1}{2}}]$
$[I_{ix}(a) + I_{-ix}(a)]\,K_{ix}(a)$	$\dfrac{1}{2}\,\pi\,J_0\left[2a\sinh\left(\dfrac{1}{2}\,y\right)\right]$
$\operatorname{sech}(\pi x)\,[I_{ix}(a) +$ $\quad + I_{-ix}(a)]\,K_{ix}(a)$	$\dfrac{1}{2}\,\pi\left[I_0\left(2a\cosh\dfrac{y}{2}\right) - \boldsymbol{L}_0\left(2a\cosh\dfrac{y}{2}\right)\right]$
$[K_{ix}(a)]^2$	$\dfrac{1}{2}\,\pi\,K_0\left[2a\cosh\left(\dfrac{1}{2}\,y\right)\right]$
$\cosh(\pi x)\,[K_{ix}(a)]^2$	$-\dfrac{1}{4}\,\pi^2\,Y_0\left[2a\sinh\left(\dfrac{1}{2}\,y\right)\right]$
$K_{ix}(a)\,K_{ix}(b)$	$\dfrac{1}{2}\,\pi\,K_0[(a^2 + b^2 + 2a\,b\cosh y)^{\frac{1}{2}}]$
$K_{\nu+ix}(a)\,K_{\nu-ix}(a)$	$\dfrac{1}{2}\,\pi\,K_{2\nu}\left[2a\cosh\left(\dfrac{1}{2}\,y\right)\right]$

§ 25. LOMMEL-Funktionen

$f(x)$	$g(y) = \int\limits_0^\infty f(x)\cos(x\,y)\,dx$
$x^{-\nu-1}\, s_{\nu,\,\nu+2}(x)$ $\operatorname{Re}\nu > -\dfrac{3}{2}$	$-\dfrac{1}{2}\,\pi\,y\,(1-y^2)^{\nu+\frac{1}{2}} \qquad 0<y<1$ $0 \qquad\qquad\qquad y>1$
$x^{-\mu-1}\, s_{\mu,\,\nu}(x)$ $\operatorname{Re}\mu > -\dfrac{3}{2}$	$\left(\dfrac{1}{2}\,\pi\right)^{\frac{1}{2}} 2^\mu\, \Gamma\!\left(\dfrac{1}{2}+\dfrac{1}{2}\mu+\dfrac{1}{2}\nu\right) \times$ $\times\, \Gamma\!\left(\dfrac{1}{2}+\dfrac{1}{2}\mu-\dfrac{1}{2}\nu\right)(1-y^2)^{\frac{1}{2}(\mu+\frac{1}{2})} \times$ $\times\, P_{\nu-\frac{1}{2}}^{-\mu-\frac{1}{2}}(y) \qquad\qquad 0<y<1$ $0 \qquad\qquad\qquad y>1$
$x^{-\mu-1}\, S_{\mu,\,\nu}(a\,x)$ $\operatorname{Re}(\mu\pm\nu) < 0$	$\dfrac{1}{4}\left(\dfrac{\pi}{2a}\right)^{\frac{1}{2}} 2^{-\mu}\, \Gamma\!\left(-\dfrac{1}{2}\nu-\dfrac{1}{2}\mu\right) \times$ $\times\, \Gamma\!\left(\dfrac{1}{2}\nu-\dfrac{1}{2}\mu\right)(y^2-a^2)^{\frac{1}{2}(\mu+\frac{1}{2})} \times$ $\times\, \mathfrak{P}_{\nu-\frac{1}{2}}^{\mu+\frac{1}{2}}\!\left(\dfrac{y}{a}\right)$
$x^\nu\, S_{\mu,\,\nu}(a\,x)$ $\operatorname{Re}\nu > -\dfrac{1}{2}$ $-2 < \operatorname{Re}(\mu+\nu) < 1$	$\pi^{\frac{1}{2}}(2\nu+1)^{-1}\,2^{\nu+\mu}\,a^\nu\, \Gamma\!\left(1+\dfrac{1}{2}\mu+\dfrac{1}{2}\nu\right) \times$ $\times\left[\Gamma\!\left(\dfrac{1}{2}-\dfrac{1}{2}\mu-\dfrac{1}{2}\nu\right)\right]^{-1}\, {}_2F_1\!\left(\dfrac{1}{2}+\nu,\right.$ $\left.\dfrac{1}{2}-\dfrac{1}{2}\mu+\dfrac{1}{2}\nu;\ \dfrac{3}{2}+\nu;\ 1-a^2\,y^{-2}\right)$
$(a^2+x^2)^{-\frac{1}{2}}\, S_{0,\,\nu}\big[b\,(a^2+x^2)^{\frac{1}{2}}\big]$	$\dfrac{1}{2}\,K_{\frac{1}{2}\nu}\!\left\{\dfrac{1}{2}\,a\,[y+(y^2-b^2)^{\frac{1}{2}}]\right\} \times$ $\times\, K_{\frac{1}{2}\nu}\!\left\{\dfrac{1}{2}\,a\,[y-(y^2-b^2)^{\frac{1}{2}}]\right\}$
$(a^2+x^2)^{-\frac{1}{2}} \times$ $\times\left\{\dfrac{1}{2}\,\pi\sec\!\left(\dfrac{1}{2}\,\nu\,\pi\right) \times\right.$ $\times\, I_\nu\big[b\,(a^2+x^2)^{\frac{1}{2}}\big] +$ $\left.+\,i\,s_{0,\,\nu}\big[i\,b\,(a^2+x^2)^{\frac{1}{2}}\big]\right\}$	$\dfrac{1}{2}\,\pi\, I_{\frac{1}{2}\nu}\!\left\{\dfrac{1}{2}\,a\,[(b^2+y^2)^{\frac{1}{2}}-y]\right\} \times$ $\times\, K_{\frac{1}{2}\nu}\!\left\{\dfrac{1}{2}\,a\,[(b^2+y^2)^{\frac{1}{2}}+y]\right\}$
$S_{0,\,i\,x}(a)$	$e^{-a\,\sinh y}$
$\operatorname{sech}\!\left(\dfrac{1}{2}\,\pi\,x\right) S_{0,\,i\,x}(a)$	$[\sin(a\cosh y)\,\operatorname{Ci}(a\cosh y) -$ $-\,\cos(a\cosh y)\,\operatorname{si}(a\cosh y)]$

$f(x)$	$g(y) = \int\limits_0^\infty f(x)\cos(xy)\,dx$
$x \operatorname{csch}\left(\dfrac{1}{2}\pi x\right) S_{-1,\,ix}(a)$	$-\cos(a\cosh y)\operatorname{Ci}(a\cosh y) -$ $-\sin(a\cosh y)\operatorname{si}(a\cosh y)$
$\Gamma\left(\dfrac{1}{2}-\dfrac{1}{2}\mu-\dfrac{1}{2}ix\right)\times$ $\times\Gamma\left(\dfrac{1}{2}-\dfrac{1}{2}\mu+\dfrac{1}{2}ix\right)\times$ $\times S_{\mu,\,ix}(a)$ $\operatorname{Re}\mu < 1$	$2^\mu\pi a^{\frac{1}{2}}\Gamma(1-\mu)(\cosh y)^{\frac{1}{2}} S_{\mu-\frac{1}{2},\,\frac{1}{2}}(a\cosh y)$
$(\cosh x)^{\frac{1}{2}} S_{\mu,\,\frac{1}{2}}(a\cosh x)$ $\operatorname{Re}\mu < \dfrac{1}{2}$	$(2a)^{-\frac{1}{2}}2^{-\mu-1}\times$ $\times\left[\Gamma\left(\dfrac{1}{2}-\mu\right)\right]^{-1}\Gamma\left(\dfrac{1}{4}-\dfrac{1}{2}\mu-\dfrac{1}{2}iy\right)\times$ $\times\Gamma\left(\dfrac{1}{4}-\dfrac{1}{2}\mu+\dfrac{1}{2}iy\right) S_{\mu+\frac{1}{2},\,iy}(a)$

§ 26. ANGER-WEBER-Funktionen

$f(x)$	$g(y) = \int\limits_0^\infty f(x)\cos(xy)\,dx$
$J_\nu(ax) + J_{-\nu}(ax)$	$2\cos\left(\dfrac{1}{2}\pi\nu\right)(a^2-y^2)^{-\frac{1}{2}}\cos\left[\nu\arccos\left(\dfrac{y}{a}\right)\right]$ $\hfill 0 < y < a$ $0 \hfill y > a$
$\dfrac{\pi}{2}(a^2+x^2)^{-\frac{1}{2}}\left\{\sec\left(\dfrac{1}{2}\nu\pi\right)\times\right.$ $\times I_\nu[b(a^2+x^2)^{\frac{1}{2}}] +$ $+ i\csc(\pi\nu)\times$ $\times\left[J_\nu(ib\sqrt{a^2+x^2}) -\right.$ $\left.\left. - J_{-\nu}(ib\sqrt{a^2+x^2})\right]\right\}$	$\dfrac{1}{2}\pi I_{\frac{1}{2}\nu}\left\{\dfrac{1}{2}a\,[(b^2+y^2)^{\frac{1}{2}}-y]\right\}\times$ $\times K_{\frac{1}{2}\nu}\left\{\dfrac{1}{2}a\,[(b^2+y^2)^{\frac{1}{2}}+y]\right\}$
$J_\nu(2a\cosh x)$	$\dfrac{1}{2}\pi i\operatorname{csch}(\pi y)\left[J_{\frac{1}{2}(\nu+iy)}(a)\,J_{-\frac{1}{2}(\nu-iy)}(a)\times\right.$ $\times\cos\left(\dfrac{\pi}{2}\nu+i\dfrac{\pi}{2}y\right) - J_{\frac{1}{2}(\nu-iy)}(a)\times$ $\left.\times J_{-\frac{1}{2}(\nu+iy)}(a)\cos\left(\dfrac{\pi}{2}\nu-i\dfrac{\pi}{2}y\right)\right]$

$f(x)$	$g(y) = \int\limits_0^\infty f(x)\cos(x y)\,dx$
$\boldsymbol{E}_\nu(2a\cosh x)$	$\dfrac{1}{2}\,i\,\pi\,\operatorname{csch}(\pi y)\left[J_{-\frac{1}{2}(\nu-i y)}(a)\,J_{\frac{1}{2}(\nu+i y)}(a)\times\right.$ $\times\sin\left(\dfrac{\pi}{2}\nu+i\dfrac{\pi}{2}y\right)-J_{-\frac{1}{2}(\nu+i y)}(a)\times$ $\left.\times J_{\frac{1}{2}(\nu-i y)}(a)\,\sin\left(\dfrac{\pi}{2}\nu-i\dfrac{\pi}{2}y\right)\right]$
$\boldsymbol{J}_\nu(a\sinh x)+\boldsymbol{J}_{-\nu}(a\sinh x)$	$-\dfrac{1}{2}\,i\,\pi\,\cos\left(\dfrac{1}{2}\pi\nu\right)\operatorname{csch}\left(\dfrac{1}{2}\pi y\right)\times$ $\times\left[I_{-\frac{1}{2}(\nu+i y)}\left(\dfrac{1}{2}a\right)I_{\frac{1}{2}(\nu-i y)}\left(\dfrac{1}{2}a\right)-\right.$ $\left.-I_{-\frac{1}{2}(\nu-i y)}\left(\dfrac{1}{2}a\right)I_{\frac{1}{2}(\nu+i y)}\left(\dfrac{1}{2}a\right)\right]$
$\boldsymbol{E}_\nu(a\sinh x)-\boldsymbol{E}_{-\nu}(a\sinh x)$	$\dfrac{1}{2}\,i\,\pi\,\sin\left(\dfrac{1}{2}\pi\nu\right)\operatorname{csch}\left(\dfrac{1}{2}\pi y\right)\times$ $\times\left[I_{-\frac{1}{2}(\nu-i y)}\left(\dfrac{1}{2}a\right)I_{\frac{1}{2}(\nu+i y)}\left(\dfrac{1}{2}a\right)-\right.$ $\left.-I_{-\frac{1}{2}(\nu+i y)}\left(\dfrac{1}{2}a\right)I_{\frac{1}{2}(\nu-i y)}\left(\dfrac{1}{2}a\right)\right]$
$\operatorname{ctn}\left(\dfrac{1}{2}\pi x\right)\left[\boldsymbol{J}_x(a)-\boldsymbol{J}_{-x}(a)\right]$	$\sin(a\sin y)\qquad\qquad 0<y<\pi$ $0\qquad\qquad\qquad\qquad y>\pi$
$\operatorname{csc}\left(\dfrac{1}{2}\pi x\right)\left[\boldsymbol{J}_x(a)-\boldsymbol{J}_{-x}(a)\right]$	$2\sin(a\cos y)\qquad\qquad 0<y<\dfrac{1}{2}\pi$ $0\qquad\qquad\qquad\qquad y>\dfrac{1}{2}\pi$
$\boldsymbol{J}_x(a)+\boldsymbol{J}_{-x}(a)$	$\cos(a\sin y)\qquad\qquad 0<y<\pi$ $0\qquad\qquad\qquad\qquad y>\pi$
$\sec\left(\dfrac{1}{2}\pi x\right)\left[\boldsymbol{J}_x(a)+\boldsymbol{J}_{-x}(a)\right]$	$2\cos(a\cos y)\qquad\qquad 0<y<\dfrac{1}{2}\pi$ $0\qquad\qquad\qquad\qquad y>\dfrac{1}{2}\pi$
$\operatorname{csch}(\pi x)\left[\boldsymbol{J}_{ix}(a)-\boldsymbol{J}_{ix}(a)+\right.$ $\left.+\boldsymbol{J}_{-ix}(a)-\boldsymbol{J}_{-ix}(a)\right]$	$2\,i\,\pi^{-1}e^{-a\sinh y}$

§ 27. STRUVE-Funktionen

$f(x)$	$g(y) = \int\limits_0^\infty f(x)\cos(xy)\,dx$
$x^{-1}\,\boldsymbol{H}_0(a\,x)$	$\arccos\left(\dfrac{y}{a}\right) \qquad\qquad 0 < y < a$ $0 \qquad\qquad\qquad\qquad y > a$
$x^{-1}\left[\sin x - \boldsymbol{H}_0(x)\right]$	$\arcsin y \qquad\qquad 0 < y < 1$ $0 \qquad\qquad\qquad y > 1$
$\boldsymbol{H}_{-1}(a\,x)$	$a^{-1}y\,(a^2 - y^2)^{-\frac{1}{2}} \qquad 0 < y < a$ $0 \qquad\qquad\qquad\qquad y > a$
$\boldsymbol{H}_0(a\,x)$	$\pi^{-1}(a^2 - y^2)^{-\frac{1}{2}}\log\left[\dfrac{a + (a^2 - y^2)^{\frac{1}{2}}}{a - (a^2 - y^2)^{\frac{1}{2}}}\right]$ $\qquad\qquad\qquad\qquad 0 < y < a$ $-\,2\pi^{-1}(y^2 - a^2)^{-\frac{1}{2}}\operatorname{arc\,ctn}\left[a^{-1}(y^2 - a^2)^{\frac{1}{2}}\right]$ $\qquad\qquad\qquad\qquad y > a$
$x^{-\nu-1}\,\boldsymbol{H}_\nu(x)$ $\operatorname{Re}\nu > -\dfrac{3}{2}$	$(2\pi)^{\frac{1}{2}}\,(1 - y^2)^{\frac{1}{2}(\nu+\frac{1}{2})}\,P_{\nu-\frac{1}{2}}^{-\nu-\frac{1}{2}}(y) \qquad 0 < y < 1$ $0 \qquad\qquad\qquad\qquad\qquad\qquad\qquad y > 1$
$x^{-\nu}\left[\boldsymbol{H}_\nu(a\,x) - Y_\nu(a\,x)\right]$	$2^{-\nu}\pi^{-\frac{1}{2}}a^{\nu-1}\left[\left(\dfrac{1}{2} - \nu\right)\Gamma\left(\dfrac{1}{2} + \nu\right)\right]^{-1}\times$ $\times\,{}_2F_1\left(\dfrac{1}{2} - \nu,\,1;\,\dfrac{3}{2} - \nu;\,1 - y^2a^{-2}\right)$
$x^\nu\left[\boldsymbol{H}_\nu(a\,x) - Y_\nu(a\,x)\right]$ $-\dfrac{1}{2} < \operatorname{Re}\nu < \dfrac{1}{2}$	$2^\nu\pi^{-1}\left(\dfrac{1}{2} + \nu\right)^{-1}\cos(\pi\nu)\,a^{\nu-1}\,\Gamma(1 + \nu)\times$ $\times\,y^{-2\nu}\,{}_2F_1\left(\dfrac{1}{2},\,1;\,\dfrac{3}{2} + \nu;\,1 - y^2a^{-2}\right)$ $=\left(\dfrac{1}{2}\pi\right)^{-\frac{1}{2}}\cos(\pi\nu)\,\Gamma(1 + 2\nu)\times$ $\times\,a^\nu y^{-\nu-\frac{1}{2}}(a^2 - y^2)^{-\frac{1}{2}(\nu+\frac{1}{2})}\,\mathfrak{P}_{-\nu-\frac{1}{2}}^{-\nu-\frac{1}{2}}\left(\dfrac{a}{y}\right)$
$I_0(a\,x) - \boldsymbol{L}_0(a\,x)$	$2\pi^{-1}(a^2 + y^2)^{-\frac{1}{2}}\log\left[\dfrac{a + (y^2 + a^2)^{\frac{1}{2}}}{y}\right]$
$x^{-1}\left[1 - I_0(a\,x) + \boldsymbol{L}_0(a\,x)\right]$	$\log\left[\dfrac{y + (a^2 + y^2)^{\frac{1}{2}}}{2y}\right]$

$f(x)$	$g(y) = \int\limits_0^\infty f(x) \cos(xy)\, dx$
$x^{-\nu}[I_\nu(ax) - L_\nu(ax)]$	$\pi^{-\frac{1}{2}} 2^{-\nu} a^{\nu+1} \left[\Gamma\left(\dfrac{3}{2}+\nu\right)\right]^{-1} y^{-1} \times$ $\times\, {}_2F_1\left(1, 1; \dfrac{3}{2}+\nu; -a^2 y^{-2}\right)$
$x^{-\nu}[I_{-\nu}(ax) - L_\nu(ax)]$ $\mathrm{Re}\,\nu < \dfrac{1}{2}$	$2^{-\nu} \pi^{-\frac{1}{2}} a^{\nu-1} \left[\Gamma\left(\dfrac{1}{2}+\nu\right)\right]^{-1} (a^2+y^2)^{\nu-\frac{1}{2}} \times$ $\times\left\{\left(\nu+\dfrac{1}{2}\right)^{-1} a^2 y^{-2\nu-1}\, {}_2F_1\left(\dfrac{1}{2}+\nu, \dfrac{1}{2}+\nu;\right.\right.$ $\left.\left.\dfrac{3}{2}+\nu; -a^2 y^{-2}\right) + \pi a^{1-2\nu}\tan(\pi\nu)\right\}$
$x^{\nu+1}[I_\nu(ax) - L_\nu(ax)]$ $-1 < \mathrm{Re}\,\nu < 1$	$2^{\nu+1} a^{\nu-1} [\Gamma(-\nu)]^{-1} y^{-2\nu-1} \times$ $\times\, {}_2F_1\left(1, \dfrac{1}{2}; -\nu; -y^2 a^{-2}\right)$
$H_0(ax^2)$	$\dfrac{1}{8}\pi a^{-1} y\left\{\left[J_{\frac{1}{4}}\left(\dfrac{y^2}{8a}\right)\right]^2 - \left[Y_{-\frac{1}{4}}\left(\dfrac{y^2}{8a}\right)\right]^2\right\}$
$x^{\frac{1}{2}} H_{-\frac{1}{4}}(a^2 x^2)$	$-\dfrac{1}{2} a^{-2}\left(\dfrac{1}{2}\pi y\right)^{\frac{1}{2}} Y_{-\frac{1}{4}}\left(\dfrac{1}{4} y^2 a^{-2}\right)$
$x^{\frac{3}{2}} H_{-\frac{3}{4}}(a^2 x^2)$	$-\dfrac{1}{4} a^{-4}\left(\dfrac{1}{2}\pi\right)^{\frac{1}{2}} y^{\frac{3}{2}} Y_{\frac{1}{4}}\left(\dfrac{1}{4} y^2 a^{-2}\right)$
$x^{-\nu-1}[I_{-\nu}(ax) - L_\nu(ax)]$ $\mathrm{Re}\,\nu < 0$	$\pi^{\frac{1}{2}} 2^{-\nu-1} \Gamma(-\nu)\left[\Gamma(1-\nu)\,\Gamma\left(\dfrac{1}{2}+\nu\right)\right]^{-1} a^{-\nu} \times$ $\times (a^2+y^2)^\nu\, {}_2F_1\left(-\nu, \dfrac{1}{2}; 1-\nu; \dfrac{a^2}{a^2+y^2}\right)$
$I_0(ax^2) - L_0(ax^2)$	$2^{-\frac{1}{2}}(2\pi a)^{-1} y\left[K_{\frac{1}{4}}\left(\dfrac{y^2}{8a}\right)\right]^2$
$x^{-1}[H_0(ax^{-1}) - Y_0(ax^{-1})]$	$4\pi^{-1} K_0[(2iay)^{\frac{1}{2}}]\, K_0[(-2iay)^{\frac{1}{2}}]$
$x^{-1}[I_0(ax^{-1}) - L_0(ax^{-1})]$	$2 J_0[(2ay)^{\frac{1}{2}}]\, K_0[(2ay)^{\frac{1}{2}}]$
$(a^2+x^2)^{-\frac{1}{2}} \times$ $\times\left\{I_0[b(a^2+x^2)^{\frac{1}{2}}] -\right.$ $\left.- L_0[b(a^2+x^2)^{\frac{1}{2}}]\right\}$	$I_0\left\{\dfrac{1}{2} a[(b^2+y^2)^{\frac{1}{2}} - y]\right\} \times$ $\times K_0\left\{\dfrac{1}{2} a[(b^2+y^2)^{\frac{1}{2}} + y]\right\}$
$(a^2+x^2)^{-\frac{1}{2}} H_0[b(a^2+x^2)^{\frac{1}{2}}]$	$0 \hspace{4cm} y > b$

$f(x)$	$g(y) = \int\limits_{0}^{\infty} f(x)\cos(xy)\,dx$
$(a^2+x^2)^{-\frac{1}{2}}\times \{ \boldsymbol{H}_0[b(a^2+x^2)^{\frac{1}{2}}] - Y_0[b(a^2+x^2)^{\frac{1}{2}}] \}$	$\pi^{-1} K_0\{\tfrac{1}{2}a[y+(y^2-b^2)^{\frac{1}{2}}]\}\times K_0\{\tfrac{1}{2}a[y-(y^2-b^2)^{\frac{1}{2}}]\}$
$\boldsymbol{H}_0\!\left[2a\cosh\left(\tfrac{1}{2}x\right)\right] - Y_0\!\left[2a\cosh\left(\tfrac{1}{2}x\right)\right]$	$\tfrac{1}{2}\pi\operatorname{sech}(\pi y)\{[J_{iy}(a)]^2 + [Y_{iy}(a)]^2\}$
$I_0\!\left(2a\cosh\tfrac{1}{2}x\right) - \boldsymbol{L}_0\!\left(2a\cosh\tfrac{1}{2}x\right)$	$\operatorname{sech}(\pi y)\,K_{iy}(a)\,[I_{iy}(a) + I_{iy}(a)]$

§ 28. Elliptische Integrale

$f(x)$	$g(y) = \int\limits_{0}^{\infty} f(x)\cos(xy)\,dx$
$a^{-1}K(xa^{-1})\qquad 0<x<a$ $x^{-1}K(ax^{-1})\qquad\ \ x>a$	$-\tfrac{1}{4}\pi^2 J_0\!\left(\tfrac{1}{2}ay\right) Y_0\!\left(\tfrac{1}{2}ay\right)$
$K\!\left[\left(\tfrac{1}{2}-\tfrac{1}{2}x\right)^{\frac{1}{2}}\right]\quad 0<x<1$ $0\qquad\qquad\qquad\quad\ x>1$	$\tfrac{1}{16}\pi^{\frac{3}{2}}\left[\Gamma\!\left(\tfrac{5}{4}\right)\right]^{-2} y^{-\frac{1}{2}} s_{-\frac{1}{2},0}(y)$
$(a+x)^{-\frac{1}{2}} K[x^{\frac{1}{2}}(a+x)^{-\frac{1}{2}}]$	$-\tfrac{1}{4}\pi^{\frac{3}{2}} y^{-\frac{1}{2}}\Big[J_0\!\left(\tfrac{1}{2}ay\right)\cos\!\left(\tfrac{\pi}{4}+\tfrac{1}{2}ay\right) + Y_0\!\left(\tfrac{1}{2}ay\right)\sin\!\left(\tfrac{\pi}{4}+\tfrac{1}{2}ay\right)\Big]$
$(a^2+x^2)^{-\frac{1}{2}} K\!\left[\left(\tfrac{b^2+x^2}{a^2+x^2}\right)^{\frac{1}{2}}\right]$	$\tfrac{1}{2}K_0\!\left[\tfrac{1}{2}y(a+b)\right] K_0\!\left[\tfrac{1}{2}y(a-b)\right]\qquad a>b$
$(a^2+x^2)^{-\frac{1}{2}} K[b(a^2+x^2)^{-\frac{1}{2}}]$	$\tfrac{1}{2}\pi K_0\{\tfrac{1}{2}y[a+(a^2-b^2)^{\frac{1}{2}}]\}\times I_0\{\tfrac{1}{2}y[a-(a^2-b^2)^{\frac{1}{2}}]\}\qquad a>b$

$f(x)$	$g(y) = \int\limits_0^\infty f(x)\cos(xy)\,dx$
$K\left[(1 - x^2 a^{-2})^{\frac{1}{2}}\right] \quad 0 < x < a$ $0 \qquad\qquad\qquad\qquad x > a$	$\dfrac{1}{4}\,\pi^2 a\left[J_0\left(\dfrac{1}{2}\,a\,y\right)\right]^2$
$a^{-1}K\left[(1 - x^2 a^{-2})^{\frac{1}{2}}\right]$ $\qquad\qquad\qquad 0 < x < a$ $2\,x^{-1}K\left[(1 - a^2 x^{-2})^{\frac{1}{2}}\right]$ $\qquad\qquad\qquad\qquad x > a$	$\dfrac{1}{4}\,\pi^2\left[Y_0\left(\dfrac{1}{2}\,a\,y\right)\right]^2$
$(a^2 - x^2)^{-\frac{1}{2}}K\left[\left(\dfrac{a^2-b^2}{a^2-x^2}\right)^{\frac{1}{2}}\right]$ $\qquad\qquad\qquad 0 < x < b$ $(a^2 - b^2)^{-\frac{1}{2}}K\left[\left(\dfrac{a^2-x^2}{a^2-b^2}\right)^{\frac{1}{2}}\right]$ $\qquad\qquad\qquad b < x < a$	$\dfrac{1}{2}\,\pi^2 J_0\left[\dfrac{1}{2}\,y\,(a+b)\right] J_0\left[\dfrac{1}{2}\,y\,(a-b)\right]$ $\qquad\qquad\qquad\qquad\qquad a > b$
$0 \qquad\qquad\qquad\quad 0 < x < 1$ $(1 + x)^{-\frac{1}{2}}K\left[\left(\dfrac{x-1}{x+1}\right)^{\frac{1}{2}}\right]$ $\qquad\qquad\qquad\qquad x > 1$	$-\dfrac{1}{4}\,\pi\left(\dfrac{\pi}{2y}\right)^{\frac{1}{2}}\left[J_0(y) + Y_0(y)\right]$
$0 \qquad\qquad\qquad\quad 0 < x < a$ $x^{-1}K\left[(1 - a^2 x^{-2})^{\frac{1}{2}}\right] \quad x > a$	$\dfrac{1}{8}\,\pi^2\left\{\left[Y_0\left(\dfrac{1}{2}\,a\,y\right)\right]^2 - \left[J_0\left(\dfrac{1}{2}\,a\,y\right)\right]^2\right\}$
$0 \qquad\qquad\qquad\quad 0 < x < a$ $(x^2 - b^2)^{-\frac{1}{2}}K\left[\left(\dfrac{x^2-a^2}{x^2-b^2}\right)^{\frac{1}{2}}\right]$ $\qquad\qquad\qquad\qquad x > a$	$\dfrac{1}{8}\,\pi^2\left\{Y_0\left[\dfrac{1}{2}\,y\,(a+b)\right] Y_0\left[\dfrac{1}{2}\,y\,(a-b)\right] -\right.$ $\left. - J_0\left[\dfrac{1}{2}\,y\,(a+b)\right] J_0\left[\dfrac{1}{2}\,y\,(a-b)\right]\right\}$ $\qquad\qquad\qquad\qquad\qquad a > b$
$\operatorname{sech}(a\,x)\,K\left[\tanh(a\,x)\right]$	$\dfrac{1}{16}\,(\pi a)^{-1}\left\|\Gamma\left(\dfrac{1}{4} + i\,\dfrac{1}{4}\,y\,a^{-1}\right)\right\|^4$
$(a\cosh x + 1)^{-\frac{1}{2}}\times$ $\qquad \times K\left[\left(\dfrac{a\cosh x-1}{a\cosh x+1}\right)^{\frac{1}{2}}\right]$	$2^{-\frac{7}{2}}\left(\dfrac{\pi}{a}\right)^{\frac{1}{2}}\operatorname{sech}(\pi y)\,\Gamma\left(\dfrac{1}{4} + \dfrac{1}{2}\,iy\right)\times$ $\qquad \times \Gamma\left(\dfrac{1}{4} - \dfrac{1}{2}\,iy\right)\left\{P_{-\frac{1}{2}+iy}\left[(1 - a^{-2})^{\frac{1}{2}}\right] +\right.$ $\qquad\qquad \left. + P_{-\frac{1}{2}+iy}\left[-(1 - a^{-2})^{\frac{1}{2}}\right]\right\}$

§ 29. Parabolische Zylinderfunktionen

$f(x)$	$g(y) = \int\limits_0^\infty f(x)\cos(xy)\,dx$
$e^{\frac{1}{4}x^2} D_{-2}(x)$	$\left(\dfrac{1}{2}\pi\right)^{\frac{1}{2}} e^{\frac{1}{4}y^2} D_{-2}(y)$
$e^{-\frac{1}{4}x^2} D_{2n}(x)$ $\qquad n = 0,1,2,\dots$	$(-1)^n \left(\dfrac{1}{2}\pi\right)^{\frac{1}{2}} y^{2n} e^{-\frac{1}{2}y^2}$
$e^{\frac{1}{4}a^2 x^2} D_\nu(a x)$ $\qquad \operatorname{Re}\nu < 0$	$\pi^{\frac{1}{2}} 2^{\frac{1}{4}+\frac{3}{4}\nu} \left[\Gamma\left(-\dfrac{1}{2}\nu\right)\right]^{-1} a^{\frac{1}{2}(1+\nu)} y^{-\frac{1}{2}(\nu+3)} \times$ $\times\, e^{\frac{1}{4}y^2 a^{-2}} W_{\frac{1}{4}(\nu-1),\,\frac{1}{4}(\nu+1)}\left(\dfrac{y^2}{2a^2}\right)$
$e^{-\frac{1}{4}a^2 x^2} D_\nu(a x)$	$2^{\frac{1}{2}(\nu-1)} \pi^{\frac{1}{2}} \left[\Gamma\left(1-\dfrac{1}{2}\nu\right)\right]^{-1} a^{-1} \times$ $\times\, {}_1F_1\left(1;\, 1-\dfrac{1}{2}\nu;\, -\dfrac{y^2}{2a^2}\right)$
$x^\mu e^{-\frac{1}{4}x^2} D_\nu(x)$ $\qquad \operatorname{Re}\mu > -1$	$2^{\frac{1}{2}(\nu-\mu-1)} \pi^{\frac{1}{2}} \Gamma(1+\mu) \left[\Gamma\left(1+\dfrac{1}{2}\mu-\dfrac{1}{2}\nu\right)\right]^{-1} \times$ $\times\, {}_2F_2\left(\dfrac{1}{2}+\dfrac{1}{2}\mu,\, 1+\dfrac{1}{2}\mu;\right.$ $\left.\dfrac{1}{2},\, 1+\dfrac{1}{2}\mu-\dfrac{1}{2}\nu;\, -\dfrac{1}{2}y^2\right)$
$D_{2\nu-\frac{1}{2}}\left[(2x)^{\frac{1}{2}}\right] \times$ $\times\left\{D_{-2\nu-\frac{1}{2}}\left[(2x)^{\frac{1}{2}}\right] +\right.$ $\left.+\, D_{-2\nu-\frac{1}{2}}\left[-(2x)^{\frac{1}{2}}\right]\right\}$	$\pi^{\frac{1}{2}} \sin\left(\dfrac{\pi}{4} - \nu\pi\right) y^{-2\nu-\frac{1}{2}} (1+y^2)^{-\frac{1}{2}} \times$ $\times\, [1 + (1+y^2)^{\frac{1}{2}}]^{2\nu}$
$e^{-\frac{1}{2}x^2} [D_{2\nu-\frac{1}{2}}(x) +$ $+\, D_{2\nu-\frac{1}{2}}(-x)]$	$2^{\frac{1}{4}-2\nu} \pi^{\frac{1}{2}} \sin\left(\dfrac{\pi}{4} + \nu\pi\right) y^{2\nu-\frac{1}{2}} e^{-\frac{1}{4}y^2}$
$x^{-\nu} e^{-\frac{1}{4}a^2 x^{-1}} D_{2\nu-1}(a x^{-\frac{1}{2}})$	$\left(\dfrac{1}{2}\pi\right)^{\frac{1}{2}} 2^\nu y^{\nu-1} e^{-a y^{\frac{1}{2}}} \sin\left(\dfrac{1}{2}\nu\pi - a y^{\frac{1}{2}}\right)$
$x^{-\nu} e^{\frac{1}{4}a^2 x} D_{2\nu-1}(a x^{\frac{1}{2}})$ $\qquad \operatorname{Re}\nu < 1$	$\left(\dfrac{\pi}{y}\right)^{\frac{1}{2}} [y + (a+y^{\frac{1}{2}})^2]^{\nu-\frac{1}{2}} \times$ $\times\cos\left[(2\nu-1)\arctan\left(\dfrac{y^{\frac{1}{2}}}{a+y^{\frac{1}{2}}}\right) - \dfrac{\pi}{4}\right]$
$x^{-\nu-1} e^{\frac{1}{4}a^2 x} D_{2\nu-1}(a x^{\frac{1}{2}})$ $\qquad \operatorname{Re}\nu < 0$	$-\left(\dfrac{1}{2}\pi\right)^{\frac{1}{2}} \nu^{-1} [y + (a+y^{\frac{1}{2}})^2]^\nu \times$ $\times\cos\left[2\nu\arctan\left(\dfrac{y^{\frac{1}{2}}}{a+y^{\frac{1}{2}}}\right)\right]$

$f(x)$	$g(y) = \int\limits_0^\infty f(x)\cos(xy)\,dx$
$e^{(a\sinh x)^2} D_\nu(2a\cosh x)$ $\mathrm{Re}\,\nu < 0$	$2^{-\frac{1}{2}(\nu+5)} a^{-1} [\Gamma(-\nu)]^{-1} \times$ $\times\, \Gamma\left(-\frac{1}{2}\nu + i\frac{1}{2}y\right) \times$ $\times\, \Gamma\left(-\frac{1}{2}\nu - i\frac{1}{2}y\right) W_{\frac{1}{2}(\nu+1),\, i\frac{1}{2}y}(2a^2)$
$e^{-(a\sinh x)^2} D_\nu(2a\cosh x)$	$2^{\frac{1}{2}(\nu-3)} \pi^{\frac{1}{2}} a^{-1} W_{\frac{1}{2}\nu,\, i\frac{1}{2}y}(2a^2)$
$D_{x-\frac{1}{2}}(a)\, D_{-x-\frac{1}{2}}(a)$	$\dfrac{1}{2}\pi^{\frac{1}{2}} e^{-\frac{1}{2}a^2\sec y}(\cos y)^{-\frac{1}{2}} \qquad 0 < y < \dfrac{1}{2}\pi$ $0 \qquad\qquad\qquad\qquad\qquad\qquad y > \dfrac{1}{2}\pi$

§ 30. Whittaker-Funktionen

$f(x)$	$g(y) = \int\limits_0^\infty f(x)\cos(xy)\,dx$
$x^{2\nu} W_{k,\nu}(ax)\, M_{-k,\nu}(ax)$ $\mathrm{Re}\,\nu > -\dfrac{1}{2},\ \ \mathrm{Re}\,(\nu+k) < 0$	$\pi^{\frac{1}{2}} 2^{2\nu+2k} a^{2k} \Gamma(1+2\nu)\,[\Gamma(1-\nu-k)]^{-1} \times$ $\times\, y^{-2\nu-2k-1}\, {}_3F_2\left(\dfrac{1}{2}-k,\, 1-k,\right.$ $\left. \dfrac{1}{2}-k+\nu;\, 1-2k,\, -\nu-k;\, -y^2 a^{-2}\right)$
$x^\mu W_{k,\nu}(ax)\, W_{-k,\nu}(ax)$ $2\,|\mathrm{Re}\,\nu| < 2 + \mathrm{Re}\,\mu$	$\dfrac{1}{2} a^{1-2\mu}\, \Gamma(\mu+\nu)\,\Gamma(\mu-\nu)\,\Gamma(2\mu) \times$ $\times\left[\Gamma\left(\dfrac{1}{2}+k+\mu\right)\Gamma\left(\dfrac{1}{2}-k+\mu\right)\right]^{-1} \times$ $\times\, {}_4F_3\left(\mu,\, \dfrac{1}{2}+\mu,\, \mu+\nu,\, \mu-\nu;\right.$ $\left. \dfrac{1}{2}+k+\mu,\, \dfrac{1}{2}-k+\mu,\, \dfrac{1}{2};\, -y^2 a^{-2}\right)$
$x^{2\nu} e^{-\frac{1}{4}x^2} M_{k,\nu}\left(\dfrac{1}{2}x^2\right)$ $-\dfrac{1}{2} < \mathrm{Re}\,\nu < -\dfrac{1}{2} + \mathrm{Re}\,k$	$\pi^{\frac{1}{2}} 2^{\frac{3}{2}\nu-\frac{1}{2}k}\, \Gamma(1+2\nu)\,[\Gamma(k-\nu)]^{-1} \times$ $\times\, y^{k-\nu-1} e^{-\frac{1}{4}y^2} M_{\frac{1}{2}(1+k+3\nu),\, \frac{1}{2}(k-\nu-1)}\left(\dfrac{1}{2}y^2\right)$
$x^{-2\nu-1} e^{-\frac{1}{2}x^2} M_{-k,\nu}(x^2)$ $\mathrm{Re}\,(k-\nu) < \dfrac{1}{2}$	$2^{k-\nu}\pi^{\frac{1}{2}}\Gamma(1+2\nu)\left[\Gamma\left(\dfrac{1}{2}-k+\nu\right)\right]^{-1} \times$ $\times\, y^{\nu-k-1} e^{-\frac{1}{8}y^2} W_{-\frac{1}{2}k-\frac{3}{4}\nu,\, \frac{1}{2}\nu-\frac{1}{2}k}\left(\dfrac{1}{4}y^2\right)$
$x^{-2\nu-1} e^{-\frac{1}{4}x^2} W_{k,\nu}\left(\dfrac{1}{2}x^2\right)$ $\mathrm{Re}\,\nu < \dfrac{1}{4}$	$\pi^{\frac{1}{2}} 2^{-\frac{1}{2}(1+k+3\nu)}\, \Gamma\left(\dfrac{1}{2}-2\nu\right)[\Gamma(1-k-\nu)]^{-1} \times$ $\times\, y^{k+\nu-1} e^{-\frac{1}{4}y^2} M_{\frac{1}{2}(k-3\nu),\, -\frac{1}{2}(k+\nu)}\left(\dfrac{1}{2}y^2\right)$

$f(x)$	$g(y) = \int\limits_{0}^{\infty} f(x) \cos(x\,y)\,dx$
$x^{-2\nu-1} e^{\frac{1}{4}x^2} W_{k,\nu}\left(\dfrac{1}{2}x^2\right)$ $\operatorname{Re}\nu < \dfrac{1}{4}, \ \operatorname{Re}(k-\nu) < 0$	$\pi^{\frac{1}{2}} 2^{\frac{1}{2}(k-3\nu-1)} \Gamma\left(\dfrac{1}{2}-2\nu\right)\left[\Gamma\left(\dfrac{1}{2}+\nu-k\right)\right]^{-1} \times$ $\times\, y^{\nu-k-1} e^{\frac{1}{4}y^2} W_{\frac{1}{2}(k+3\nu),\,\frac{1}{2}(k-\nu)}\left(\dfrac{1}{2}y^2\right)$
$x^{2\mu-1} e^{-\frac{1}{2}x^2} W_{k,\nu}(x^2)$ $\operatorname{Re}\mu > |\operatorname{Re}\nu| - \dfrac{1}{2}$	$\dfrac{1}{2}\Gamma\left(\dfrac{1}{2}+\nu+\mu\right)\Gamma\left(\dfrac{1}{2}-\nu+\mu\right) \times$ $\times\,[\Gamma(1-k+\mu)]^{-1}\,{}_2F_2\left(\dfrac{1}{2}+\nu+\mu,\right.$ $\left. \dfrac{1}{2}-\nu+\mu;\dfrac{1}{2},\,1-k+\mu;\,-\dfrac{1}{4}y^2\right)$
$x^{-\frac{1}{2}} K_{\nu+\frac{1}{4}}\left(\dfrac{1}{2}x^2\right) M_{k,\nu}(x^2)$ $\operatorname{Re}k > -\dfrac{3}{4}, \ \operatorname{Re}\nu > -\dfrac{1}{2}$	$\dfrac{1}{2}\left(\dfrac{1}{2}\pi\right)^{\frac{1}{2}}\Gamma(1+2\nu)\left[\Gamma\left(\dfrac{3}{2}+k\right)\right]^{-1} \times$ $\times\, y^{-\frac{1}{2}} W_{\frac{1}{2}(k-\nu),\,\frac{1}{8}+\frac{1}{2}k}\left(\dfrac{1}{2}y^2\right) \times$ $\times\, M_{\frac{1}{2}(k-\nu),\,\frac{1}{2}k-\frac{1}{8}}\left(\dfrac{1}{2}y^2\right)$
$x^{-\frac{3}{2}} W_{\nu+\mu,\,k-\frac{1}{8}}\left(\dfrac{1}{2}x^2\right) \times$ $\times\, M_{\nu-\mu,\,-k-\frac{1}{8}}\left(\dfrac{1}{2}x^2\right)$ $\operatorname{Re}\mu < \dfrac{1}{8}, \ \operatorname{Re}k < \dfrac{3}{8}$	$y^{-1}\left(\dfrac{\pi}{2y}\right)^{\frac{1}{2}}\Gamma\left(\dfrac{3}{4}-2\mu\right)\left[\Gamma\left(\dfrac{3}{4}-2k\right)\right]^{-1} \times$ $\times\, W_{\nu+k,\,\mu-\frac{1}{8}}\left(\dfrac{1}{2}y^2\right) M_{\nu-k,\,-\mu-\frac{3}{8}}\left(\dfrac{1}{2}y^2\right)$
$W_{k,\,ix}(a)$	$\dfrac{1}{2}(\pi a)^{\frac{1}{2}} 2^{-k} e^{-\frac{1}{2}a\,[\sinh(\frac{1}{2}y)]^2} \times$ $\times\, D_{2k}\left[(2a)^{\frac{1}{2}}\cosh\left(\dfrac{1}{2}y\right)\right]$
$\Gamma\left(\dfrac{1}{2}-k+ix\right) \times$ $\times\,\Gamma\left(\dfrac{1}{2}-k-ix\right) \times$ $\times\, W_{k,\,ix}(a)$	$\pi\, 2^{k}\left(\dfrac{1}{2}a\right)^{\frac{1}{2}}\Gamma(1-2k) \times$ $\times\, e^{\frac{1}{2}a\,[\sinh(\frac{1}{2}y)]^2} D_{2k-1}\left[(2a)^{\frac{1}{2}}\cosh\left(\dfrac{1}{2}y\right)\right]$

§ 31. Thetafunktionen

$f(x)$	$g(y) = \int\limits_{0}^{\infty} f(x) \cos(x\,y)\,dx$
$[\vartheta_4(0,\,i\,e^{2x}) + \vartheta_2(0,\,i\,e^{2x}) - {}$ $-\,\vartheta_3(0,\,i\,e^{2x})]\,e^{\frac{1}{2}x}$	$\dfrac{1}{2}(2^{\frac{1}{2}+iy} - 1)(1 - 2^{\frac{1}{2}-iy})\,\pi^{-\frac{1}{4}-\frac{1}{2}iy} \times$ $\times\,\Gamma\left(\dfrac{1}{4}+\dfrac{1}{2}iy\right)\zeta\left(\dfrac{1}{2}+iy\right)$
$e^{\frac{1}{2}x}[\vartheta_3(0,\,i\,e^{2x}) - 1]$	$2(1+4y^2)^{-1}[1 - 2\xi(y)]$

Zweites Kapitel

FOURIER-Sinus-Transformationen

§ 1. Algebraische Funktionen

$f(x)$		$g(y) = \int\limits_0^\infty f(x) \sin(xy)\,dx$
1	$0 < x < a$	$y^{-1}[1 - \cos(ay)]$
0	$x > a$	
x	$0 < x < 1$	
$2 - x$	$1 < x < 2$	$4y^{-2} \sin y \sin^2\left(\dfrac{1}{2}y\right)$
0	$x > 2$	
x^{-1}		$\dfrac{1}{2}\pi$
x^{-1}	$0 < x < a$	$\mathrm{Si}(ay)$
0	$x > a$	
0	$0 < x < a$	$-\mathrm{si}(ay)$
x^{-1}	$x > a$	
$x^{-\frac{1}{2}}$		$\pi^{\frac{1}{2}}(2y)^{-\frac{1}{2}}$
$x^{-\frac{1}{2}}$	$0 < x < a$	$(2\pi)^{\frac{1}{2}} y^{-\frac{1}{2}} \mathrm{S}(ay)$
0	$x > a$	
0	$0 < x < a$	$(2\pi)^{\frac{1}{2}} y^{-\frac{1}{2}}\left[\dfrac{1}{2} - \mathrm{S}(ay)\right]$
$x^{-\frac{1}{2}}$	$x > a$	
$x^{-\frac{3}{2}}$		$(2\pi y)^{\frac{1}{2}}$
$(a + x)^{-1}$		$\sin(ay)\,\mathrm{Ci}(ay) - \cos(ay)\,\mathrm{si}(ay)$
0	$0 < x < b$	$\sin(ay)\,\mathrm{Ci}[y(a+b)] - \cos(ay)\,\mathrm{si}[y(a+b)]$
$(a + x)^{-1}$	$x > b$	

$f(x)$	$g(y) = \int\limits_0^\infty f(x) \sin(xy)\, dx$
$0 \qquad 0 < x < b$ $(a+x)^{-n} \qquad x > b$ $n = 1, 2, 3, \ldots$	$\sum\limits_{m=1}^{n-1} \dfrac{(m-1)!}{(n-1)!} \cos\left[\dfrac{\pi}{2}(n-m) - by\right] \times$ $\times (a+b)^{-m} (-y)^{n-m-1} - \dfrac{(-y)^{n-1}}{(n-1)!} \times$ $\times \left[\cos\left(ay + \dfrac{\pi}{2} n\right) \operatorname{Ci}(ay + by) +\right.$ $\left. + \sin\left(ay + \dfrac{\pi}{2} n\right) \operatorname{si}(ay + by)\right]$
$x^{\frac{1}{2}} (a+x)^{-1}$	$\left(\dfrac{2y}{\pi}\right)^{-\frac{1}{2}} + \pi a^{\frac{1}{2}} \sin(ay)\left[1 - \mathrm{C}(ay) - \mathrm{S}(ay)\right] -$ $- \pi a^{\frac{1}{2}} \cos(ay)\left[\mathrm{C}(ay) - \mathrm{S}(ay)\right]$
$x^{-1}(a+x)^{-1}$	$a^{-1}\left[\dfrac{1}{2}\pi + \cos(ay)\operatorname{si}(ay) - \sin(ay)\operatorname{Ci}(ay)\right]$
$0 \qquad 0 < x < b$ $x^{-1}(a+x)^{-1} \qquad x > b$	$a^{-1}\left[\cos(ay)\operatorname{si}(ay + by) -\right.$ $\left. - \sin(ay)\operatorname{Ci}(ay + by) - \operatorname{si}(by)\right]$
$x^{-\frac{1}{2}}(a+x)^{-1}$	$\pi a^{-\frac{1}{2}}\left\{\cos(ay)\left[\mathrm{C}(ay) - \mathrm{S}(ay)\right] -\right.$ $\left. - \sin(ay)\left[1 - \mathrm{C}(ay) - \mathrm{S}(ay)\right]\right\}$
$(a+x)^{-\frac{1}{2}}$	$(2\pi)^{\frac{1}{2}} y^{-\frac{1}{2}}\left\{\left[\dfrac{1}{2} - \mathrm{S}(ay)\right]\cos(ay) -\right.$ $\left. - \left[\dfrac{1}{2} - \mathrm{C}(ay)\right]\sin(ay)\right\}$
$(a-x)^{-1}$	$\sin(ay)\operatorname{Ci}(ay) - \cos(ay)\left[\dfrac{1}{2}\pi + \operatorname{Si}(ay)\right]$ Das Integral ist als CAUCHY-Hauptwert definiert.
$0 \qquad 0 < x < b$ $(a+x)^{-\frac{1}{2}} \qquad x > b$	$\pi^{\frac{1}{2}}(2y)^{-\frac{1}{2}}\left[\cos(ay) - \sin(ay) +\right.$ $+ 2\mathrm{C}(ay + by)\sin(ay) -$ $\left. - 2\mathrm{S}(ay + by)\cos(ay)\right]$
$0 \qquad 0 < x < a$ $(x-a)^{-\frac{1}{2}} \qquad x > a$	$\pi^{\frac{1}{2}}(2y)^{-\frac{1}{2}}\left[\sin(ay) + \cos(ay)\right]$
$(a-x)^{-\frac{1}{2}} \qquad 0 < x < a$ $0 \qquad x > a$	$\left(\dfrac{2\pi}{y}\right)^{\frac{1}{2}}\left[\sin(ay)\mathrm{C}(ay) - \cos(ay)\mathrm{S}(ay)\right]$

$f(x)$	$g(y) = \int\limits_0^\infty f(x) \sin(x\,y)\,dx$
$0 \qquad 0 < x < a$ $x^{-1}(x-a)^{\frac{1}{2}} \qquad x > a$	$\pi^{\frac{1}{2}} y^{-\frac{1}{2}} \sin\left(\dfrac{\pi}{4} + a\,y\right) - \pi\,a^{\frac{1}{2}}\left[C(a\,y) - S(a\,y)\right]$
$0 \qquad 0 < x < a$ $x^{-1}(x-a)^{-\frac{1}{2}} \qquad x > a$	$\pi\,a^{-\frac{1}{2}}\left[C(a\,y) - S(a\,y)\right]$
$0 \qquad 0 < x < a$ $(x-a)^{-\frac{1}{2}}(a+x)^{-1} \qquad x > a$	$\pi(2a)^{-\frac{1}{2}}\big\{[C(2a\,y) - S(2a\,y)]\cos(a\,y) -$ $- [1 - C(2a\,y) - S(2a\,y)]\sin(a\,y)\big\}$
$x^{-\frac{3}{2}}\left[a + x + (2a\,x)^{\frac{1}{2}}\right]^{-1}$	$\pi\,a^{-1}(2a)^{-\frac{1}{2}}\left\{2\left(\dfrac{a\,y}{\pi}\right)^{\frac{1}{2}} -\right.$ $\left. - 1 + e^{a\,y}\,\mathrm{Erfc}\left[(a\,y)^{\frac{1}{2}}\right]\right\}$
$0 \qquad 0 < x < b$ $(a+x)^{-1}(x-b)^{-\frac{1}{2}} \qquad x > b$	$\pi(a+b)^{-\frac{1}{2}}\big\{[C(a\,y + b\,y) - S(a\,y + b\,y)]\times$ $\times\cos(a\,y) - [1 - C(a\,y + b\,y) -$ $- S(a\,y + b\,y)]\sin(a\,y)\big\}$
$x^{-1}(a+x)^{-\frac{1}{2}}\left[(x+a)^{\frac{1}{2}} - a^{\frac{1}{2}}\right]$	$\dfrac{1}{2}\,\pi\,\mathrm{Erfc}\left[(i\,a\,y)^{\frac{1}{2}}\right]\,\mathrm{Erfc}\left[(-i\,a\,y)^{\frac{1}{2}}\right]$ $= \dfrac{1}{2}\,\pi\big\{1 + 2C(a\,y)\,[C(a\,y) - 1] +$ $+ 2S(a\,y)\,[S(a\,y) - 1]\big\}$
$(a^2 + x^2)^{-1}$	$(2a)^{-1}\left[e^{-a\,y}\,\overline{\mathrm{Ei}}(a\,y) - e^{a\,y}\,\mathrm{Ei}(-a\,y)\right]$
$x(a^2 + x^2)^{-1}$	$\dfrac{1}{2}\,\pi\,e^{-a\,y}$
$b\big\{[b^2 + (a-x)^2]^{-1} -$ $- [b^2 + (a+x)^2]^{-1}\big\}$	$\pi\,e^{-b\,y}\sin(a\,y)$
$(a+x)\,[b^2 + (a+x)^2]^{-1} -$ $- (a-x)\,[b^2 + (a-x)^2]^{-1}$	$\pi\,e^{-b\,y}\cos(a\,y)$
$(a^2 - x^2)^{-1}$	$a^{-1}\left[\sin(a\,y)\,\mathrm{Ci}(a\,y) - \cos(a\,y)\,\mathrm{Si}(a\,y)\right]$ Das Integral ist als Cauchy-Hauptwert definiert.

$f(x)$	$g(y) = \int\limits_0^\infty f(x) \sin(xy)\,dx$
$x(a^2 - x^2)^{-1}$	$-\dfrac{1}{2}\pi \cos(ay)$ Das Integral ist als CAUCHY-Hauptwert definiert.
$x^{-1}(a^2 - x^2)^{-1}$	$\dfrac{1}{2}\pi a^{-2}(1 - \cos ay)$ Das Integral ist als CAUCHY-Hauptwert definiert.
$x^{-\frac{1}{2}}(a^2 - x^2)^{-1}$	$\left(\dfrac{1}{2}\pi y\right)^{\frac{1}{2}} a^{-1} S_{0,\frac{1}{2}}(ay) - \dfrac{1}{2}\pi a^{-\frac{3}{2}} \cos(ay)$ Das Integral ist als CAUCHY-Hauptwert definiert.
$x^{-1}(a^2 + x^2)^{-1}$	$\dfrac{1}{2}\pi a^{-2}(1 - e^{-ay})$
$(a^2 + x^2)^{-\frac{1}{2}}$	$\dfrac{1}{2}\pi \left[I_0(ay) - \boldsymbol{L}_0(ay)\right]$
$x(a^2 + x^2)^{-\frac{1}{2}} - 1$	$a K_1(ay) - \dfrac{1}{y}$
$[x + (a^2 + x^2)^{\frac{1}{2}}]^{-1}$	$\dfrac{1}{2}\pi (ay)^{-1}[I_1(ay) - \boldsymbol{L}_1(ay)]$
$(a + x)^{-\frac{3}{2}}$	$(2\pi y)^{\frac{1}{2}}\left\{\left[1 - 2S\left(\sqrt{ay}\right)\right]\sin(ay) + \left[1 - 2C\left(\sqrt{ay}\right)\right]\cos(ay)\right\}$
$\begin{aligned}(a^2 - x^2)^{-\frac{1}{2}} \quad & 0 < x < a \\ 0 \quad & x > a\end{aligned}$	$\dfrac{1}{2}\pi \boldsymbol{H}_0(ay)$
$\begin{aligned}x(a^2 - x^2)^{-\frac{1}{2}} \quad & 0 < x < a \\ 0 \quad & x > a\end{aligned}$	$\dfrac{1}{2}\pi a J_1(ay)$
$\begin{aligned}0 \quad & 0 < x < a \\ (x^2 - a^2)^{-\frac{1}{2}} \quad & x > a\end{aligned}$	$\dfrac{1}{2}\pi J_0(ay)$
$\begin{aligned}0 \quad & 0 < x < a \\ x^{-1}(x^2 - a^2)^{-\frac{1}{2}} \quad & x > a\end{aligned}$	$-\dfrac{1}{4}\pi^2 y\left[\boldsymbol{H}_0(ay) Y_1(ay) + Y_0(ay) \boldsymbol{H}_{-1}(ay)\right]$

$f(x)$	$g(y) = \int\limits_0^\infty f(x) \sin(xy)\, dx$
$x^{-\frac{1}{2}}(a^2 + x^2)^{-\frac{1}{2}}$	$\left(\frac{1}{2}\pi y\right)^{\frac{1}{2}}\left[I_{\frac{1}{4}}\left(\frac{1}{2}ay\right)K_{\frac{1}{4}}\left(\frac{1}{2}ay\right)\right]$
$x^{-\frac{1}{2}}(a^2 - x^2)^{-\frac{1}{2}}\quad 0 < x < a$ $0 \hspace{4.5em} x > a$	$\left(\frac{1}{2}\pi\right)^{\frac{3}{2}} y^{\frac{1}{2}}\left[J_{\frac{1}{4}}\left(\frac{1}{2}ay\right)\right]^2$
$0 \hspace{4.5em} 0 < x < a$ $x^{-\frac{1}{2}}(x^2 - a^2)^{-\frac{1}{2}}\quad x > a$	$-\left(\frac{1}{2}\pi\right)^{\frac{3}{2}} y^{\frac{1}{2}} J_{\frac{1}{4}}\left(\frac{1}{2}ay\right)Y_{\frac{1}{4}}\left(\frac{1}{2}ay\right)$
$(a^2 + x^2)^{-\frac{1}{2}}\left[(a^2 + x^2)^{\frac{1}{2}} + a\right]^{-\frac{1}{2}}$	$-i\pi(2a)^{-\frac{1}{2}}\,\mathrm{Erf}\left[i(ay)^{\frac{1}{2}}\right]\mathrm{Erfc}\left[(ay)^{\frac{1}{2}}\right]$
$(a^2 + x^2)^{-\frac{1}{2}}\left[(a^2 + x^2)^{\frac{1}{2}} - a\right]^{-\frac{1}{2}}$	$\pi(2a)^{-\frac{1}{2}}\,\mathrm{Erf}\left[(ay)^{\frac{1}{2}}\right]$
$x^{-\frac{1}{2}}(a^2 + x^2)^{-\frac{1}{2}}\times$ $\times\left[x + (a^2 + x^2)^{\frac{1}{2}}\right]^{\frac{1}{2}}$	$2^{-\frac{1}{2}}\pi e^{-\frac{1}{2}ay} I_0\left(\frac{1}{2}ay\right)$
$x^{-\frac{1}{2}}(a^2 + x^2)^{-\frac{1}{2}}\times$ $\times\left[x + (a^2 + x^2)^{\frac{1}{2}}\right]^{-\frac{1}{2}}$	$2^{\frac{1}{2}} a^{-1}\sinh\left(\frac{1}{2}ay\right)K_0\left(\frac{1}{2}ay\right)$
$x^{-\frac{1}{2}}(a^2 + x^2)^{-\frac{1}{2}}\times$ $\times\left[x + (a^2 + x^2)^{\frac{1}{2}}\right]^{-\frac{3}{2}}$	$2^{-\frac{1}{2}}\pi a^{-2} e^{-\frac{1}{2}ay} I_1\left(\frac{1}{2}ay\right)$
$(a^2 + x^2)^{-\frac{1}{2}}\left[(a^2 + x^2)^{\frac{1}{2}} - a\right]^{\frac{1}{2}}$	$\left(\frac{\pi}{2y}\right)^{\frac{1}{2}} e^{-ay}$
$x^{-1}(a^2 + x^2)^{-\frac{1}{2}}\times$ $\times\left[(a^2 + x^2)^{\frac{1}{2}} + a\right]^{\frac{1}{2}}$	$\pi(2a)^{-\frac{1}{2}}\,\mathrm{Erf}\left[(ay)^{\frac{1}{2}}\right]$
$x\left[(a^2 + x^2)(b^2 + x^2)\right]^{-1}$	$\frac{1}{2}\pi(a^2 - b^2)^{-1}(e^{-by} - e^{-ay})$
$x\left[x^4 + 2a^2 x^2\times\right.$ $\left.\times\cos(2\delta) + a^4\right]^{-1}$ $\vert\delta\vert < \frac{1}{2}\pi$	$\frac{1}{2}\pi a^{-2}\csc(2\delta)\sin(ay\sin\delta)\,e^{-ay\cos\delta}$
$x^3\left[x^4 + 2a^2 x^2\times\right.$ $\left.\times\cos(2\delta) + a^4\right]^{-1}$ $\vert\delta\vert < \frac{1}{2}\pi$	$\frac{1}{2}\pi\csc(2\delta)\sin(2\delta - ay\sin\delta)\,e^{-ay\cos\delta}$

$f(x)$	$g(y) = \int\limits_0^\infty f(x)\sin(xy)\,dx$
$x(a^2 + x^2)^{-n}$	$2^{2-2n} a^{3-2n}\pi\,[(n-1)!]^{-1} y\, e^{-ay}\times$ $\times \sum\limits_{m=0}^{n-2} (2n-m-4)!\times$ $\times [m!(n-m-2)!]^{-1}(2ay)^m$
$x^{-1}(a^2 + x^2)^{-n}$	$\frac{1}{2}\pi a^{-2n}\Big\{1 - 2^{1-n} e^{-ay} F_{n-1}(ay)\times$ $\times [(n-1)!]^{-1}\Big\}$ $F_0(z) = 1$ $F_n(z) = (z+2n)F_{n-1}(z) - z F_{n-1}^0(z)$
$x^{2m+1}(a^2 + x^2)^{-n-\frac{1}{2}}$ $-1 \leqq m < n$	$(-1)^{m+1}(2a)^{-n}\pi^{\frac{1}{2}}\Big[\Gamma\Big(n+\frac{1}{2}\Big)\Big]^{-1}\times$ $\times \frac{d^{2m+1}}{dy^{2m+1}}[y^n K_n(ay)]$
$x(a^4 + x^4)^{-1}$	$\frac{1}{2}\pi a^{-2} e^{-2^{-\frac{1}{2}}ay}\sin(2^{-\frac{1}{2}}ay)$
$x^{2m-1}(x^{2n} + a^{2n})^{-1}$ $m \leqq n,\ n,m = 1,2,3,\ldots$	$-\frac{1}{2}\pi a^{2m-2n} n^{-1}\sum\limits_{k=1}^{n} e^{-ay\sin[(k-\frac{1}{2})\pi n^{-1}]}\times$ $\times \cos\Big[n^{-1}\Big(k-\frac{1}{2}\Big)2m\pi +$ $+ ay\cos\Big(k-\frac{1}{2}\Big)\pi n^{-1}\Big]$
$x^{-1}(x^{2n} + a^{2n})^{-1}$ $n = 1,2,3,\ldots$	$\frac{1}{2}\pi a^{-2n}\Big\{1 - n^{-1}\sum\limits_{k=1}^{n} e^{-ay\sin[(k-\frac{1}{2})\pi n^{-1}]}\times$ $\times \cos\Big[ay\cos\Big(k-\frac{1}{2}\Big)\pi n^{-1}\Big]\Big\}$
$(A_1 A_2)^{-1}\Big(\dfrac{A_2-A_1}{A_2+A_1}\Big)^{\frac{1}{2}} x^{\frac{1}{2}}$ $A_1 = [a^2 + (b-x)^2]^{\frac{1}{2}}$ $A_2 = [a^2 + (b+x)^2]^{\frac{1}{2}}$	$b^{-\frac{1}{2}} K_0(ay)\sin(by)$
$x^{2m+1}(a + x^2)^{-n-1}$ $m \leqq n,\ n,m = 1,2,3,\ldots$	$\dfrac{(-1)^{n+m}}{n!}\,\frac{1}{2}\pi\,\frac{d^n}{da^n}\Big(a^m e^{-ya^{\frac{1}{2}}}\Big)$

§ 2. Beliebige Potenzen

$f(x)$	$g(y) = \int\limits_0^\infty f(x)\sin(xy)\,dx$
$x^{-\nu} \qquad 0 < \mathrm{Re}\,\nu < 2$	$\cos\left(\dfrac{1}{2}\pi\nu\right)\Gamma(1-\nu)\,y^{\nu-1}$
$\begin{aligned}x^{\nu-1} &\qquad 0 < x < a\\ 0 &\qquad x > a\\ &\qquad \mathrm{Re}\,\nu > -1\end{aligned}$	$\dfrac{1}{2}\,i\nu^{-1}a^{\nu}\big[{}_1F_1(\nu;\nu+1;-iay) - {}_1F_1(\nu;\nu+1;iay)\big]$
$\begin{aligned}(a-x)^{\nu} &\qquad 0 < x < a\\ 0 &\qquad x > a\\ &\qquad \mathrm{Re}\,\nu > -1\end{aligned}$	$\dfrac{1}{2}\,i(\nu+1)^{-1}a^{\nu+1}\big[{}_1F_1(1;\nu+2;-iay) - {}_1F_1(1;\nu+2;iay)\big]$
$\begin{aligned}x^{\nu}(a-x)^{\nu} &\qquad 0 < x < a\\ 0 &\qquad x > a\\ &\qquad \mathrm{Re}\,\nu > -1\end{aligned}$	$\pi^{\frac{1}{2}}\Gamma(\nu+1)\left(\dfrac{2y}{a}\right)^{-\nu-\frac{1}{2}}\sin(ay)\,J_{\nu+\frac{1}{2}}(ay)$
$\begin{aligned}x^{\nu-1}(a-x)^{\mu-1} &\ \ 0 < x < a\\ 0 &\qquad x > a\\ \mathrm{Re}\,\nu > -1,\ &\mathrm{Re}\,\mu > 0\end{aligned}$	$\dfrac{1}{2}\,i\,B(\nu,\mu)\,a^{\nu+\mu-1}\big[{}_1F_1(\nu;\nu+\mu;-iay) - {}_1F_1(\nu;\nu+\mu;iay)\big]$
$\begin{aligned}x^{\nu}(a+x)^{-1}\\ -2 < \mathrm{Re}\,\nu < 1\end{aligned}$	$(2a)^{\nu}(\pi ay)^{\frac{1}{2}}\left[\dfrac{\Gamma(1+\frac{1}{2}\nu)}{\Gamma(\frac{1}{2}-\frac{1}{2}\nu)}\,S_{-\nu-\frac{1}{2},\frac{1}{2}}(ay) - 2\,\dfrac{\Gamma(\frac{3}{2}+\frac{1}{2}\nu)}{\Gamma(-\frac{1}{2}\nu)}\,S_{-\nu-\frac{3}{2},\frac{1}{2}}(ay)\right]$
$\begin{aligned}x^{\nu}(a^2+x^2)^{-1}\\ -2 < \mathrm{Re}\,\nu < 2\end{aligned}$	$2^{\nu-2}\pi^{\frac{1}{2}}\,\dfrac{\Gamma(\frac{1}{2}\nu)}{\Gamma(\frac{3}{2}-\frac{1}{2}\nu)}\,y^{1-\nu}\,{}_1F_2\left(1;\dfrac{3}{2}-\dfrac{1}{2}\nu,\ 1-\dfrac{1}{2}\nu;\dfrac{1}{4}\,a^2y^2\right) - \dfrac{1}{2}\,\pi a^{\nu-1}\csc\left(\dfrac{1}{2}\pi\nu\right)\sinh(ay)$
$\begin{aligned}(a^2+x^2)^{-\nu-\frac{1}{2}}\\ \mathrm{Re}\,\nu > -\dfrac{1}{2}\end{aligned}$	$2^{-\nu-1}\pi^{\frac{1}{2}}\Gamma\left(\dfrac{1}{2}-\nu\right)y^{\nu}a^{-\nu}\times \big[I_\nu(ay) - \boldsymbol{L}_{-\nu}(ay)\big]$
$\begin{aligned}x^{-1}(a^2+x^2)^{-\nu-\frac{1}{2}}\\ \mathrm{Re}\,\nu > -1\end{aligned}$	$\dfrac{1}{2}\,\pi a^{-2\nu}y\times \big[K_\nu(ay)\boldsymbol{L}_{\nu-1}(ay) + \boldsymbol{L}_\nu(ay)K_{\nu-1}(ay)\big]$

$f(x)$	$g(y) = \int_0^\infty f(x) \sin(xy)\, dx$
$(a^2 - x^2)^{\nu-\frac{1}{2}} \qquad 0 < x < a$ $0 \qquad\qquad\qquad x > a$ $\qquad\qquad \mathrm{Re}\,\nu > -\dfrac{1}{2}$	$\dfrac{1}{2}\,\pi^{\frac{1}{2}}\left(\dfrac{2a}{y}\right)^\nu \Gamma\left(\dfrac{1}{2}+\nu\right) \boldsymbol{H}_\nu(ay)$
$0 \qquad\qquad\qquad 0 < x < a$ $(x^2 - a^2)^{-\nu-\frac{1}{2}} \qquad x > a$ $\qquad -\dfrac{1}{2} < \mathrm{Re}\,\nu < \dfrac{1}{2}$	$\dfrac{1}{2}\,\pi^{\frac{1}{2}} \Gamma\left(\dfrac{1}{2}-\nu\right)\left(\dfrac{y}{2a}\right)^\nu J_\nu(ay)$
$x(a^2 - x^2)^{\nu-\frac{1}{2}} \qquad 0 < x < a$ $0 \qquad\qquad\qquad x > a$ $\qquad\qquad \mathrm{Re}\,\nu > -\dfrac{1}{2}$	$2^{\nu-\frac{1}{2}}\,\pi^{\frac{1}{2}}\,a^{\nu+1} \Gamma\left(\dfrac{1}{2}+\nu\right) y^{-\nu} J_{\nu+1}(ay)$
$x^{-1}(a^2 - x^2)^{\nu-\frac{1}{2}} \quad 0 < x < a$ $0 \qquad\qquad\qquad x > a$ $\qquad\qquad \mathrm{Re}\,\nu > -\dfrac{1}{2}$	$\dfrac{1}{4}\,\pi^2 \sec(\pi\nu)\,a^{2\nu}\,y\,[J_\nu(ay)\,\boldsymbol{H}_{-\nu-1}(ay) +$ $\qquad + \boldsymbol{H}_{-\nu}(ay)\,J_{\nu+1}(ay)]$
$0 \qquad\qquad\qquad 0 < x < a$ $x(x^2 - a^2)^{\nu-\frac{1}{2}} \qquad x > a$ $\qquad -\dfrac{1}{2} < \mathrm{Re}\,\nu < 0$	$2^{\nu-1}\,\pi^{\frac{1}{2}}\,a^{\nu+1} \Gamma\left(\dfrac{1}{2}+\nu\right) y^{-\nu} Y_{-\nu-1}(ay)$
$0 \qquad\qquad\qquad 0 < x < a$ $x^{-1}(x^2 - a^2)^{-\nu-\frac{1}{2}} \quad x > a$ $\qquad -1 < \mathrm{Re}\,\nu < \dfrac{1}{2}$	$\dfrac{1}{4}\,\pi^2 \sec(\pi\nu)\,a^{-2\nu}\,y\,[\boldsymbol{H}_\nu(ay)\,Y_{\nu-1}(ay) -$ $\qquad - Y_\nu(ay)\,\boldsymbol{H}_{\nu-1}(ay)]$
$x(a^2 + x^2)^{\nu-\frac{3}{2}}$ $\qquad\qquad \mathrm{Re}\,\nu > -1$	$\dfrac{1}{2}\,\pi^{\frac{1}{2}}(2a)^\nu\left[\Gamma\left(\dfrac{3}{2}-\nu\right)\right]^{-1} y^{1-\nu} K_\nu(ay)$
$(x^2 + 2ax)^{-\nu-\frac{1}{2}}$ $\qquad -\dfrac{1}{2} < \mathrm{Re}\,\nu < \dfrac{3}{2}$	$\dfrac{1}{2}\,\pi^{\frac{1}{2}} \Gamma\left(\dfrac{1}{2}-\nu\right)\left(\dfrac{y}{2a}\right)^\nu \times$ $\qquad \times [J_\nu(ay)\cos(ay) + Y_\nu(ay)\sin(ay)]$
$(2ax - x^2)^{\nu-\frac{1}{2}} \quad 0 < x < 2a$ $0 \qquad\qquad\qquad x > 2a$ $\qquad\qquad \mathrm{Re}\,\nu > -\dfrac{1}{2}$	$\pi^{\frac{1}{2}} \Gamma\left(\dfrac{1}{2}+\nu\right)(2a)^\nu\, y^{-\nu} \sin(ay)\, J_\nu(ay)$

$f(x)$	$g(y) = \int\limits_0^\infty f(x) \sin(xy)\,dx$
$0 \qquad 0 < x < 2a$ $(x^2 - 2ax)^{-\nu-\frac{1}{2}} \qquad x > 2a$ $-\dfrac{1}{2} < \operatorname{Re}\nu < \dfrac{1}{2}$	$\dfrac{1}{2}\,\pi^{\frac{1}{2}}\,\Gamma\!\left(\dfrac{1}{2}-\nu\right)\left(\dfrac{y}{2a}\right)^\nu \times$ $\times\,[J_\nu(ay)\cos(ay) - Y_\nu(ay)\sin(ay)]$
$[(a^2 + x^2)^{\frac{1}{2}} + x]^{-\nu}$ $\operatorname{Re}\nu > 0$	$a^{-\nu}\,y^{-1} + a^{-\nu}\,\pi\nu\,\csc(\pi\nu)\,y^{-1}\times$ $\times\left[I_\nu(ay)\cos\!\left(\dfrac{1}{2}\,\pi\nu\right) - \right.$ $\left. -\dfrac{1}{2}\,\boldsymbol{J}_\nu(iay) - \dfrac{1}{2}\,\boldsymbol{J}_\nu(-iay)\right]$
$(a^2 + x^2)^{-\frac{1}{2}}[(a^2 + x^2)^{\frac{1}{2}} + x]^{-\nu}$ $\operatorname{Re}\nu > -1$	$\pi\csc(\pi\nu)\,a^{-\nu}\left[I_\nu(ay)\sin\!\left(\dfrac{1}{2}\,\pi\nu\right) + \right.$ $\left. + \dfrac{1}{2}\,i\,\boldsymbol{J}_\nu(iay) - \dfrac{1}{2}\,i\,\boldsymbol{J}_\nu(-iay)\right]$
$x^{-\frac{1}{2}}(a^2 + x^2)^{-\frac{1}{2}}\times$ $\times\,[(a^2 + x^2)^{\frac{1}{2}} + x]^\nu$ $\operatorname{Re}\nu < \dfrac{3}{2}$	$a^\nu\left(\dfrac{1}{2}\,\pi y\right)^{\frac{1}{2}} I_{\frac{1}{2}(\frac{1}{2}-\nu)}\!\left(\dfrac{1}{2}\,ay\right) K_{\frac{1}{2}(\frac{1}{2}+\nu)}\!\left(\dfrac{1}{2}\,ay\right)$
$x^{-\nu-\frac{1}{2}}(a^2 + x^2)^{-\frac{1}{2}}\times$ $\times\,[(a^2 + x^2)^{\frac{1}{2}} + a]^\nu$ $\operatorname{Re}\nu < \dfrac{3}{2}$	$a^{-1}\Gamma\!\left(\dfrac{3}{4} - \dfrac{1}{2}\,\nu\right)\left(\dfrac{1}{2}\,y\right)^{-\frac{1}{2}} \times$ $\times\,W_{\frac{1}{2}\nu,\frac{1}{4}}(ay)\,M_{-\frac{1}{2}\nu,\frac{1}{4}}(ay)$
$(a + ix)^\nu - (a - ix)^\nu$ $\operatorname{Re}\nu < 0$	$\pi\,i\,[\Gamma(-\nu)]^{-1}\,y^{-\nu-1}\,e^{-ay}$
$x^{2n}\,[(a + ix)^{-\nu} - \\ - (a - ix)^{-\nu}]$ $0 \leq 2n < \operatorname{Re}\nu$	$(-1)^n\,\pi\,i\,(2n)!\,[\Gamma(\nu)]^{-1}\times$ $\times\,y^{\nu-2n-1}\,e^{-ay}\,L_{2n}^{\nu-2n-1}(ay)$
$x\,[(a + ix)^{-\nu} + (a - ix)^{-\nu}]$ $\operatorname{Re}\nu > 1$	$-\pi\,[\Gamma(\nu)]^{-1}\,y^{\nu-2}\,(1 - ay)\,e^{-ay}$
$x^{-1}\,[(a + ix)^{-\nu} + \\ + (a - ix)^{-\nu}]$ $\operatorname{Re}\nu > -1$	$\pi\,a^{-\nu}\,[\Gamma(\nu)]^{-1}\,\gamma(\nu, ay)$

$f(x)$	$g(y) = \int\limits_0^\infty f(x) \sin(xy)\, dx$
$x^{2n+1}\left[(a+ix)^{-\nu} + (a-ix)^{-\nu}\right]$ $-1 \leqq 2n+1 < \operatorname{Re}\nu$	$(-1)^{n+1}\pi\left[\Gamma(\nu)\right]^{-1} \times$ $\times e^{-ay}\, y^{\nu-2n-2}(2n+1)!\, L_{2n+1}^{\nu-2n-2}(ay)$
$(a^2+x^2)^{-\frac{1}{2}} \times$ $\times\left\{\left[(a^2+x^2)^{\frac{1}{2}}+x\right]^\nu - \left[(a^2+x^2)^{\frac{1}{2}}-x\right]^\nu\right\}$ $-1 < \operatorname{Re}\nu < 1$	$2a^\nu \sin\left(\frac{1}{2}\pi\nu\right) K_\nu(ay)$
$(2ax+x^2)^{-\frac{1}{2}} \times$ $\times\left\{\left[a+x+(2ax+x^2)^{\frac{1}{2}}\right]^\nu + \left[a+x-(2ax+x^2)^{\frac{1}{2}}\right]^\nu\right\}$ $-1 < \operatorname{Re}\nu < 1$	$\pi a^\nu\left[\sin\left(ay-\frac{1}{2}\pi\nu\right) Y_\nu(ay) + \cos\left(ay-\frac{1}{2}\pi\nu\right) J_\nu(ay)\right]$
$(a^2-x^2)^{-\frac{1}{2}} \times$ $\times\left\{\left[x+i(a^2-x^2)^{\frac{1}{2}}\right]^\nu + \left[x-i(a^2-x^2)^{\frac{1}{2}}\right]^\nu\right\}$ $\quad 0 < x < a$ $0 \qquad x > a$	$\frac{1}{2}\pi a^\nu \csc\left(\frac{1}{2}\pi\nu\right)\left[\boldsymbol{J}_\nu(ay) - \boldsymbol{J}_{-\nu}(ay)\right]$
$x^{-\nu-\frac{1}{2}}(a^2-x^2)^{-\frac{1}{2}} \times$ $\times\left\{\left[a+(a^2-x^2)^{\frac{1}{2}}\right]^\nu + \left[a-(a^2-x^2)^{\frac{1}{2}}\right]^\nu\right\}$ $\quad 0 < x < a$ $0 \qquad x > a$ $-\frac{3}{2} < \operatorname{Re}\nu < \frac{3}{2}$	$(2a)^{\frac{1}{2}} B\left(\frac{3}{4}+\frac{1}{2}\nu,\ \frac{3}{4}-\frac{1}{2}\nu\right) \times$ $\times y\,{}_1F_1\left(\frac{3}{4}-\frac{1}{2}\nu;\ \frac{3}{2};\ -iay\right) \times$ $\times {}_1F_1\left(\frac{3}{4}-\frac{1}{2}\nu;\ \frac{3}{2};\ iay\right)$
$x^\nu(a^2-x^2)^\mu \qquad 0 < x < a$ $0 \qquad x > a$ $\operatorname{Re}\nu > -2,\ \operatorname{Re}\mu > -1$	$\frac{1}{2}a^{\nu+2\mu+2} B\left(\mu+1,\ 1+\frac{1}{2}\nu\right) \times$ $\times y\,{}_1F_2\left(1+\frac{1}{2}\nu;\ \frac{3}{2},\ 2+\mu+\frac{1}{2}\nu;\right.$ $\left. -\frac{a^2y^2}{4}\right)$

$f(x)$	$g(y) = \int\limits_0^\infty f(x) \sin(x\,y)\,dx$
$0 \qquad 0 < x < a$ $(x^2 - a^2)^{-\frac{1}{2}} \times$ $\qquad \times \left\{ [x + (x^2 - a^2)^{\frac{1}{2}}]^\nu + \right.$ $\qquad + \left. [x - (x^2 - a^2)^{\frac{1}{2}}]^\nu \right\}$ $\qquad\qquad x > a$ $\qquad -1 < \operatorname{Re}\nu < 1$	$\pi\,a^\nu \left[\cos\left(\frac{1}{2}\,\pi\nu \right) J_\nu(a\,y) - \sin\left(\frac{1}{2}\,\pi\nu \right) Y_\nu(a\,y) \right]$
$0 \qquad 0 < x < a$ $x^{-\frac{1}{2}} (x^2 - a^2)^{-\frac{1}{2}} \times$ $\qquad \times \left\{ [x + (x^2 - a^2)^{\frac{1}{2}}]^\nu + \right.$ $\qquad + \left. [x - (x^2 - a^2)^{\frac{1}{2}}]^\nu \right\}$ $\qquad\qquad x > a$ $\qquad -\frac{3}{2} < \operatorname{Re}\nu < \frac{3}{2}$	$-\frac{1}{2}\,\pi\,a^\nu \left(\frac{1}{2}\,\pi\,y \right)^{\frac{1}{2}} \times$ $\qquad \times \left[J_{\frac{1}{2}(\frac{1}{2}+\nu)} \left(\frac{1}{2}\,a\,y \right) Y_{\frac{1}{2}(\frac{1}{2}-\nu)} \left(\frac{1}{2}\,a\,y \right) + \right.$ $\qquad + \left. J_{\frac{1}{2}(\frac{1}{2}-\nu)} \left(\frac{1}{2}\,a\,y \right) Y_{\frac{1}{2}(\frac{1}{2}+\nu)} \left(\frac{1}{2}\,a\,y \right) \right]$
$x^\nu (a^2 - x^2)^{-1}$ $\qquad\qquad -2 < \operatorname{Re}\nu < 2$	$-\frac{1}{2}\,\pi\,a^{\nu-1} \cos(a\,y) +$ $\qquad + \left(\frac{\pi}{a} \right)^{\frac{1}{2}} (2\,a)^\nu \frac{\Gamma(1 + \frac{1}{2}\nu)}{\Gamma(\frac{1}{2} - \frac{1}{2}\nu)}\, y^{\frac{1}{2}}\, S_{-\nu-\frac{1}{2},\frac{1}{2}}(a\,y)$ Das Integral ist als Cauchy-Hauptwert definiert.
$x^{-\frac{1}{2}} (a^2 - x^2)^{-\frac{1}{2}} \times$ $\qquad \times \left\{ [x + i(a^2 - x^2)^{\frac{1}{2}}]^\nu + \right.$ $\qquad + \left. [x - i(a^2 - x^2)^{\frac{1}{2}}]^\nu \right\}$ $\qquad\qquad 0 < x < a$ $0 \qquad x > a$	$2^{-\frac{1}{2}}\,\pi^{\frac{3}{2}}\,a^\nu\,y^{\frac{1}{2}}\, J_{\frac{1}{2}(\frac{1}{2}+\nu)} \left(\frac{1}{2}\,a\,y \right) J_{\frac{1}{2}(\frac{1}{2}-\nu)} \left(\frac{1}{2}\,a\,y \right)$
$x^\nu (a^2 + x^2)^{-\mu-1}$ $\qquad\qquad \operatorname{Re}\nu > -2$ $\qquad\qquad \operatorname{Re}(\nu - 2\mu) < 2$	$\frac{1}{2}\,a^{\nu-2\mu}\,B\left(1 + \frac{1}{2}\,\nu, \mu - \frac{1}{2}\,\nu \right) \times$ $\qquad \times y\,{}_1F_2\left(1 + \frac{1}{2}\nu; 1 + \frac{1}{2}\nu - \mu, \frac{3}{2}; \frac{a^2 y^2}{4} \right) +$ $\qquad + 2^{\nu-2\mu-2}\,\pi^{\frac{1}{2}}\,\Gamma\left(\frac{1}{2}\,\nu - \mu \right) \times$ $\qquad \times \left[\Gamma\left(\mu - \frac{1}{2}\,\nu + \frac{3}{2} \right) \right]^{-1} \times$ $\qquad \times y^{2\mu-\nu+1}\,{}_1F_2\left(\mu + 1; \mu - \frac{1}{2}\,\nu + \frac{3}{2}, \right.$ $\qquad \left. \mu - \frac{1}{2}\,\nu + 1; \frac{a^2 y^2}{4} \right)$

§ 3. Exponentialfunktionen

$f(x)$	$g(y) = \int\limits_0^\infty f(x) \sin(x y)\, dx$
$e^{-a x}$	$y\,(a^2 + y^2)^{-1}$
$x^{-1} e^{-a x}$	$\arctan\left(\dfrac{y}{a}\right)$
$x^{-2}\left(e^{-a x} - e^{-b x}\right)$	$\dfrac{1}{2}\, y \log\left(\dfrac{b^2 + y^2}{a^2 + y^2}\right) + b \arctan\left(\dfrac{y}{b}\right) - a \arctan\left(\dfrac{y}{a}\right)$
$x^{\frac{1}{2}} e^{-a x}$	$\dfrac{1}{2}\, \pi^{\frac{1}{2}} (a^2 + y^2)^{-\frac{3}{4}} \sin\left[\dfrac{3}{2} \arctan\left(\dfrac{y}{a}\right)\right]$
$x^{-\frac{1}{2}} e^{-a x}$	$\left(\dfrac{1}{2}\, \pi\right)^{\frac{1}{2}} (a^2 + y^2)^{-\frac{1}{2}} \left[(a^2 + y^2)^{\frac{1}{2}} - a\right]^{\frac{1}{2}}$
$x^{-\frac{3}{2}} e^{-a x}$	$(2\pi)^{\frac{1}{2}} \left[(a^2 + y^2)^{\frac{1}{2}} - a\right]^{\frac{1}{2}}$
$x^n e^{-a x}$	$n!\, a^{n+1} (a^2 + y^2)^{-n-1} \times \sum\limits_{m=0}^{[\frac{1}{2} n]} (-1)^m \binom{n+1}{2m+1} \left(\dfrac{y}{a}\right)^{2m+1}$
$x^{n-\frac{1}{2}} e^{-a x}$	$(-1)^n \left(\dfrac{1}{2}\, \pi\right)^{\frac{1}{2}} \dfrac{d^n}{d a^n} \times \left\{(a^2 + y^2)^{-\frac{1}{2}} \left[(a^2 + y^2)^{\frac{1}{2}} - a\right]^{\frac{1}{2}}\right\}$
$x^{\nu-1} e^{-a x}$	$\Gamma(\nu)\, (a^2 + y^2)^{-\frac{1}{2}\nu} \sin\left[\nu \arctan\left(\dfrac{y}{a}\right)\right]$
$\begin{aligned} & 0 && 0 < x < b \\ & (x-b)^\nu e^{-a x} && x > b \\ & && \operatorname{Re}\nu > -1 \end{aligned}$	$\Gamma(1+\nu)\,(a^2+y^2)^{-\frac{1}{2}(\nu+1)} e^{-ab} \times \sin\left[b y + (\nu+1) \arctan\left(\dfrac{y}{a}\right)\right]$
$(e^{a x} + 1)^{-1}$	$\dfrac{1}{2}\, y^{-1} - \dfrac{1}{2}\, \pi a^{-1} \operatorname{csch}\left(\pi \dfrac{y}{a}\right)$
$(e^{a x} - 1)^{-1}$	$\dfrac{1}{2}\, \pi a^{-1} \operatorname{ctnh}\left(\pi \dfrac{y}{a}\right) - \dfrac{1}{2}\, y^{-1}$
$x^{-1}(e^{a x} + 1)^{-1}$	$\dfrac{1}{2}\, \pi + \dfrac{1}{2}\, i \log\left[\dfrac{\Gamma\left(\dfrac{1}{2} + i\dfrac{y}{2a}\right) \Gamma\left(-i\dfrac{y}{2a}\right)}{\Gamma\left(\dfrac{1}{2} - i\dfrac{y}{2a}\right) \Gamma\left(i\dfrac{y}{2a}\right)}\right]$

$f(x)$	$g(y) = \int\limits_0^\infty f(x) \sin(xy)\, dx$
$x^{\nu-1}(e^{ax}+1)^{-1}$ $\operatorname{Re}\nu > -1$	$\Gamma(\nu)\left\{ y^{-\nu}\sin\left(\tfrac{1}{2}\pi\nu\right) + \tfrac{1}{2}i(2a)^{-\nu}\times \right.$ $\times\left[\zeta\left(\nu,\tfrac{1}{2}+i\tfrac{y}{2a}\right) - \zeta\left(\nu,\tfrac{1}{2}-i\tfrac{y}{2a}\right) - \right.$ $\left.\left. -\zeta\left(\nu, i\tfrac{y}{2a}\right) + \zeta\left(\nu, -i\tfrac{y}{2a}\right)\right]\right\}$
$x^{\nu-1}(e^{ax}-1)^{-1}$ $\operatorname{Re}\nu > 0$	$\tfrac{1}{2}i\,a^{-\nu}\Gamma(\nu)\left[\zeta\left(\nu, 1+i\tfrac{y}{a}\right) - \zeta\left(\nu, 1-i\tfrac{y}{a}\right)\right]$
$e^{-\frac{1}{2}x}(1-e^{-x})^{-1}$	$-\tfrac{1}{2}\tanh(\pi y)$
$e^{-nx}(1-e^{-x})^{-1}$	$\tfrac{1}{2}\pi - \tfrac{1}{2}y^{-1} + \pi(e^{2\pi y}-1)^{-1} -$ $- y\sum\limits_{m=1}^{n-1}(y^2+m^2)^{-1}$
$e^{-ax}(1-e^{-x})^{-1}$	$\tfrac{1}{2}i\left[\psi(a-iy) - \psi(a+iy)\right]$
$(e^{ax}-e^{bx})^{-1}$	$\tfrac{1}{2}i(a-b)^{-1}\left[\psi\left(\tfrac{a-iy}{a-b}\right) - \psi\left(\tfrac{a+iy}{a-b}\right)\right]$
$x^{-1}(1-e^{-cx})^{-1}(e^{-ax}-e^{-bx})$	$\tfrac{1}{2}i\log\left[\dfrac{\Gamma\left(\tfrac{b-iy}{c}\right)\Gamma\left(\tfrac{a+iy}{c}\right)}{\Gamma\left(\tfrac{b+iy}{c}\right)\Gamma\left(\tfrac{a-iy}{c}\right)}\right]$
$e^{-ax}(1-e^{-bx})^{\nu-1}$ $\operatorname{Re}\nu > -1$	$\tfrac{1}{2}i\,b^{-1}\left[B\left(\nu, \tfrac{a+iy}{b}\right) - B\left(\nu, \tfrac{a-iy}{b}\right)\right]$
$x^{-2}(1-e^{-ax})^2$	$2a\arctan\left(\tfrac{ay}{y^2+2a^2}\right) - \tfrac{1}{2}y\log\left[\dfrac{y^2(y^2+4a^2)}{(a^2+y^2)^2}\right]$
e^{-ax^2}	$\tfrac{1}{2}a^{-1}y\,_1F_1\left(1;\tfrac{3}{2};-\tfrac{y^2}{4a}\right)$ $= -\tfrac{1}{2}i\left(\tfrac{\pi}{a}\right)^{\frac{1}{2}}e^{-\frac{y^2}{4a}}\operatorname{Erf}\left(\tfrac{1}{2}iya^{-\frac{1}{2}}\right)$
$x\,e^{-ax^2}$	$\tfrac{1}{4}a^{-1}\left(\tfrac{\pi}{a}\right)^{\frac{1}{2}}y\,e^{-\frac{y^2}{4a}}$

$f(x)$	$g(y) = \int\limits_0^\infty f(x) \sin(xy)\, dx$
$x^{-1} e^{-ax^2}$	$\dfrac{1}{2}\,\pi\,\mathrm{Erf}\left(\dfrac{1}{2}\,y\,a^{-\frac{1}{2}}\right)$
$x^{\frac{1}{2}} e^{-ax^2}$	$\dfrac{1}{4}\,\pi\left(\dfrac{y}{2a}\right)^{\frac{3}{2}} e^{-\frac{y^2}{8a}} \left[I_{-\frac{1}{4}}\left(\dfrac{y^2}{8a}\right) - I_{\frac{3}{4}}\left(\dfrac{y^2}{8a}\right)\right]$
$x^{-\frac{1}{2}} e^{-ax^2}$	$\dfrac{1}{2}\,\pi\left(\dfrac{y}{2a}\right)^{\frac{1}{2}} e^{-\frac{y^2}{8a}} I_{\frac{1}{4}}\left(\dfrac{y^2}{8a}\right)$
$x^{2n+1} e^{-ax^2}$	$(-1)^n\, 2^{-n-\frac{3}{2}}\, \pi^{\frac{1}{2}}\, a^{-n-1}\, e^{-\frac{y^2}{4a}} \times$ $\times\, \mathrm{He}_{2n+1}\left[(2a)^{-\frac{1}{2}} y\right]$
$x^{\nu-1} e^{-ax^2}$	$\dfrac{1}{2}\, a^{-\frac{1}{2}(\nu+1)}\, \Gamma\left(\dfrac{1}{2} + \dfrac{1}{2}\,\nu\right) \times$ $\times\, y\, {}_1F_1\left(\dfrac{1}{2}\,\nu + \dfrac{1}{2};\, \dfrac{3}{2};\, -\dfrac{y^2}{4a}\right)$
$x\, e^{a(1-x^2)} \qquad 0 < x < 1$ $0 \hspace{4.5em} x > 1$	$\left(\dfrac{\pi}{2y}\right)^{\frac{1}{2}} \sum\limits_{m=0}^\infty \left(\dfrac{2a}{y}\right)^m J_{m+\frac{3}{2}}(y)$
$x\,(b^2 + x^2)^{-1} e^{-a^2 x^2}$	$\dfrac{1}{4}\,\pi\, e^{a^2 b^2} \left[e^{-by}\,\mathrm{Erfc}\left(ab - \dfrac{y}{2a}\right) - \right.$ $\left. - e^{by}\,\mathrm{Erfc}\left(ab + \dfrac{y}{2a}\right)\right]$
e^{-ax-bx^2}	$-\dfrac{1}{4}\, i\left(\dfrac{\pi}{b}\right)^{\frac{1}{2}} \times$ $\times\left\{ e^{\frac{1}{4b}(a-iy)^2}\,\mathrm{Erfc}\left[\dfrac{1}{2}\, b^{-\frac{1}{2}}(a-iy)\right] - \right.$ $\left. - e^{\frac{1}{4b}(a+iy)^2}\,\mathrm{Erfc}\left[\dfrac{1}{2}\, b^{-\frac{1}{2}}(a+iy)\right]\right\}$
$x^{\nu-1} e^{-ax-bx^2}$ $\qquad\qquad \mathrm{Re}\,\nu > -1$	$\dfrac{1}{2}\, i\, \Gamma(\nu)\, (2b)^{-\frac{1}{2}\nu}\, e^{\frac{a^2-y^2}{8b}} \times$ $\times\left\{ e^{i\frac{ay}{4b}} D_{-\nu}\left[(2b)^{-\frac{1}{2}}(a+iy)\right] - \right.$ $\left. - e^{-i\frac{ay}{4b}} D_{-\nu}\left[(2b)^{-\frac{1}{2}}(a-iy)\right]\right\}$
$x^{-\frac{1}{2}} e^{-ax^{-1}}$	$\left(\dfrac{2y}{\pi}\right)^{-\frac{1}{2}} e^{-(2ay)^{\frac{1}{2}}} \left[\cos(2ay)^{\frac{1}{2}} + \sin(2ay)^{\frac{1}{2}}\right]$
$x^{-\frac{3}{2}} e^{-ax^{-1}}$	$\left(\dfrac{\pi}{a}\right)^{\frac{1}{2}} e^{-(2ay)^{\frac{1}{2}}} \sin(2ay)^{\frac{1}{2}}$

$f(x)$	$g(y) = \int\limits_0^\infty f(x)\sin(xy)\,dx$
$x^{\nu-1}e^{-ax^{-1}}$	$i\,a^{\frac{1}{2}\nu}\,y^{-\frac{1}{2}\nu}\left\{e^{-i\pi\frac{\nu}{4}}K_\nu[2(i\,a\,y)^{\frac{1}{2}}]-\right.$ $\left.-e^{i\pi\frac{\nu}{4}}K_\nu[2(-i\,a\,y)^{\frac{1}{2}}]\right\}$
$x^{-\frac{1}{2}}e^{-ax-bx^{-1}}$	$\pi^{\frac{1}{2}}(a^2+y^2)^{-\frac{1}{2}}e^{-2b^{\frac{1}{2}}u}\left[u\sin(2b^{\frac{1}{2}}v)+\right.$ $\left.+v\cos(2b^{\frac{1}{2}}v)\right]$ $u=2^{-\frac{1}{2}}[(a^2+y^2)^{\frac{1}{2}}+a]^{\frac{1}{2}}$ $v=2^{-\frac{1}{2}}[(a^2+y^2)^{\frac{1}{2}}-a]^{\frac{1}{2}}$
$x^{-\frac{3}{2}}e^{-ax-bx^{-1}}$	$\pi^{\frac{1}{2}}b^{-\frac{1}{2}}e^{-2b^{\frac{1}{2}}v}\sin(2b^{\frac{1}{2}}u)$ $u=2^{-\frac{1}{2}}a^{-1}b^{\frac{1}{2}}[(a^2+y^2)^{\frac{1}{2}}-a]^{\frac{1}{2}}$ $v=2^{-\frac{1}{2}}a^{-1}b^{\frac{1}{2}}[(a^2+y^2)^{\frac{1}{2}}+a]^{\frac{1}{2}}$
$x^{\nu-1}e^{-ax-bx^{-1}}$ $\operatorname{Re}\nu>-1$	$i\,b^{\frac{1}{2}\nu}\left\{(a+iy)^{-\frac{1}{2}\nu}K_\nu[2b^{\frac{1}{2}}(a+iy)^{\frac{1}{2}}]-\right.$ $\left.-(a-iy)^{-\frac{1}{2}\nu}K_\nu[2b^{\frac{1}{2}}(a-iy)^{\frac{1}{2}}]\right\}$
$x^{-2}e^{-ax^{-2}}$	$y\sum\limits_{m=0}^\infty\frac{a^m y^{2m}}{m!(2m+1)!}\left[\psi(2m+2)+\right.$ $\left.+\frac{1}{2}\psi(m+1)-\log(y\,a^{\frac{1}{2}})\right]$
$e^{-ax^{\frac{1}{2}}}$	$y^{-1}+\left(\frac{1}{2}\pi\right)^{\frac{1}{2}}a\,y^{-\frac{3}{2}}\left\{\sin\left(\frac{a^2}{4y}\right)\left[\frac{1}{2}-\mathrm{C}\left(\frac{a^2}{4y}\right)\right]-\right.$ $\left.-\cos\left(\frac{a^2}{4y}\right)\left[\frac{1}{2}-\mathrm{S}\left(\frac{a^2}{4y}\right)\right]\right\}$
$x^{-1}e^{-ax^{\frac{1}{2}}}$	$\pi\left[\frac{1}{2}-\mathrm{C}\left(\frac{a^2}{4y}\right)\right]^2+\pi\left[\frac{1}{2}-\mathrm{S}\left(\frac{a^2}{4y}\right)\right]^2$
$x^{-\frac{1}{2}}e^{-ax^{\frac{1}{2}}}$	$\left(\frac{y}{2\pi}\right)^{-\frac{1}{2}}\left\{\cos\left(\frac{a^2}{4y}\right)\left[\frac{1}{2}-\mathrm{C}\left(\frac{a^2}{4y}\right)\right]+\right.$ $\left.+\sin\left(\frac{a^2}{4y}\right)\left[\frac{1}{2}-\mathrm{S}\left(\frac{a^2}{4y}\right)\right]\right\}$
$x^{-\frac{3}{4}}e^{-ax^{\frac{1}{2}}}$	$-\frac{1}{2}\pi\left(\frac{y}{a}\right)^{-\frac{1}{2}}\left[\cos\left(\frac{\pi}{8}+\frac{a^2}{8y}\right)J_{\frac{1}{4}}\left(\frac{a^2}{8y}\right)+\right.$ $\left.+\sin\left(\frac{\pi}{8}+\frac{a^2}{8y}\right)Y_{\frac{1}{4}}\left(\frac{a^2}{8y}\right)\right]$

$f(x)$	$g(y) = \int\limits_0^\infty f(x) \sin(xy)\, dx$
$x^{\nu-1} e^{-a x^2}$ $\mathrm{Re}\,\nu > -1$	$i\, 2^{-\nu} \Gamma(2\nu)\, y^{-\nu} \Big\{ e^{-i\left(\frac{1}{2}\pi\nu + \frac{a^2}{8y}\right)} \times$ $\times D_{-2\nu}\left[\frac{1}{2} a\, y^{-\frac{1}{2}} (1-i)\right] -$ $- e^{i\left(\frac{\pi}{2}\nu + \frac{a^2}{8y}\right)} D_{-2\nu}\left[\frac{1}{2} a\, y^{-\frac{1}{2}} (1+i)\right] \Big\}$
$(a^2+x^2)^{-\frac{1}{2}} e^{-b(a^2+x^2)^{\frac{1}{2}}}$	$\arctan\left(\frac{y}{b}\right) I_0\left[a\,(b^2+y^2)^{\frac{1}{2}}\right] -$ $- \pi^{-1} \int\limits_0^\pi e^{ab\cos t}\, t\, \sinh(a\,y \sin t)\, dt$
$x\, e^{-b(a^2+x^2)^{\frac{1}{2}}}$	$b\, a^2\, y\, (b^2+y^2)^{-1} K_2\left[a\,(b^2+y^2)^{\frac{1}{2}}\right]$
$x\,(a^2+x^2)^{-\frac{1}{2}} e^{-b(a^2+x^2)^{\frac{1}{2}}}$	$a\, y\, (b^2+y^2)^{-\frac{1}{2}} K_1\left[a\,(b^2+y^2)^{\frac{1}{2}}\right]$
$x^{-\frac{1}{2}}(b^2+x^2)^{-\frac{1}{2}} e^{-a(b^2+x^2)^{\frac{1}{2}}}$	$\left(\frac{\pi y}{2}\right)^{\frac{1}{2}} I_{\frac{1}{4}}\left\{\frac{1}{2} b\left[(a^2+y^2)^{\frac{1}{2}} - a\right]\right\} \times$ $\times K_{\frac{1}{4}}\left\{\frac{1}{2} b\left[(a^2+y^2)^{\frac{1}{2}} + a\right]\right\}$
$(a^2+x^2)^{-\frac{1}{2}} \times$ $\times \left[(a^2+x^2)^{\frac{1}{2}} - a\right]^{\frac{1}{2}} \times$ $\times e^{-b(a^2+x^2)^{\frac{1}{2}}}$	$\left(\frac{1}{2}\pi\right)^{\frac{1}{2}} y\left[(b^2+y^2)^{\frac{1}{2}} + b\right]^{-\frac{1}{2}} \times$ $\times (b^2+y^2)^{-\frac{1}{2}} e^{-a(b^2+y^2)^{\frac{1}{2}}}$
$(a^2+x^2)^{-\frac{1}{2}} \times$ $\times \left[(a^2+x^2)^{\frac{1}{2}} + a\right]^{-\frac{1}{2}} \times$ $\times e^{-b(a^2+x^2)^{\frac{1}{2}}}$	$- i\,\pi\,(2a)^{-\frac{1}{2}} e^{ab}\, \mathrm{Erfc}\left\{a^{\frac{1}{2}}\left[(b^2+y^2)^{\frac{1}{2}} + b\right]^{\frac{1}{2}}\right\} \times$ $\times \mathrm{Erf}\left\{i\, a^{\frac{1}{2}}\left[(b^2+y^2)^{\frac{1}{2}} - b\right]^{\frac{1}{2}}\right\}$
$(a^2+x^2)^{-\frac{1}{2}} e^{-b(a^2+x^2)^{\frac{1}{2}}} \times$ $\times \left\{\left[(a^2+x^2)^{\frac{1}{2}} + x\right]^{\nu} -\right.$ $\left.- \left[(a^2+x^2)^{\frac{1}{2}} - x\right]^{\nu}\right\}$	$2 a^{\nu} \sin\left(\nu \arctan\frac{y}{b}\right) K_{\nu}\left[a\,(b^2+y^2)^{\frac{1}{2}}\right]$
$x^{\nu-\frac{1}{2}}(a^2+x^2)^{-\frac{1}{2}} e^{-b(a^2+x^2)^{\frac{1}{2}}} \times$ $\times \left[(a^2+x^2)^{\frac{1}{2}} + a\right]^{-\nu}$ $\mathrm{Re}\,\nu > -\frac{3}{2}$	$2^{\frac{1}{2}\nu} \left(\frac{1}{2}a\right)^{-\frac{3}{4}} \Gamma\left(\frac{1}{2}\nu + \frac{3}{4}\right) \times$ $\times y^{-\frac{1}{2}}\left[(b^2+y^2)^{\frac{1}{2}} + b\right]^{\frac{1}{4}} \times$ $\times D_{-\nu-\frac{1}{2}}\left\{(2a)^{\frac{1}{2}}\left[(b^2+y^2)^{\frac{1}{2}} + b\right]^{\frac{1}{2}}\right\} \times$ $\times M_{\frac{1}{2}\nu,\frac{1}{4}}\left\{a\left[(b^2+y^2)^{\frac{1}{2}} - b\right]\right\}$

$f(x)$	$g(y) = \int\limits_0^\infty f(x) \sin(xy)\, dx$

$x^{-2\nu-\frac{1}{2}}(a^2-x^2)^{-\frac{1}{2}}\times$
 $\times\left\{[a-(a^2-x^2)^{\frac{1}{2}}]^{2\nu}\times\right.$
 $\times e^{b(a^2-x^2)^{\frac{1}{2}}}+$
 $+[a+(a^2-x^2)^{\frac{1}{2}}]^{2\nu}\times$
 $\left.\times e^{-b(a^2-x^2)^{\frac{1}{2}}}\right\}$
              $0 < x < a$
 0 $x > a$
      $\mathrm{Re}\left(\dfrac{3}{4}\pm\nu\right) > 0$
	$2\left(\dfrac{1}{2}\pi\right)^{-\frac{1}{2}} a^{-1}\Gamma\left(\dfrac{3}{4}+\nu\right)\Gamma\left(\dfrac{3}{4}-\nu\right)y^{-\frac{1}{2}}\times$
	 $\times M_{\nu,\frac{1}{4}}\left\{a\,[b+(b^2-y^2)^{\frac{1}{2}}]\right\}\times$
	 $\times M_{-\nu,\frac{1}{4}}\left\{a\,[b-(b^2-y^2)^{\frac{1}{2}}]\right\}$
	             $0 < y < b$

$(e^{2\pi x^{\frac{1}{2}}}-1)^{-1}$	Siehe Ramanujan, S.: Mess. Math., Bd. 44, S. 75—85. 1915.

§ 4. Logarithmische Funktionen

$f(x)$	$g(y) = \int\limits_0^\infty f(x) \sin(xy)\, dx$
$\log x$ $0 < x < 1$ 0 $x > 1$	$y^{-1}[\mathrm{Ci}(y)-\gamma-\log y]$
$x^{-1}\log x$	$-\dfrac{1}{2}\pi(\gamma+\log y)$
$\log(a-x)$ $0 < x < a$ 0 $x > a$	$y^{-1}\left\{\log a - \sin(ay)\,\mathrm{Si}(ay) -\right.$ $\left. - \cos(ay)\,[\mathrm{Ci}(ay)-\gamma-\log y]\right\}$
$\log(a-x)$ $0 < x < b$ 0 $x > b$	$y^{-1}\left\{\log a - \cos(by)\log(a-b) +\right.$ $+ \cos(ay)\,[\mathrm{Ci}(ay-by)-\mathrm{Ci}(ay)] +$ $\left. + \sin(ay)\,[\mathrm{Si}(ay-by)-\mathrm{Si}(ay)]\right\}$
$x^{-1}\log(2x-1)$ $x > 1$ 0 $0 < x < 1$	$\mathrm{si}\left(\dfrac{1}{2}y\right)\mathrm{Ci}\left(\dfrac{1}{2}y\right)$
$x^{-\frac{1}{2}}\log x$	$\left(\dfrac{\pi}{2y}\right)^{\frac{1}{2}}\left[\dfrac{1}{2}\pi-\gamma-\log(4y)\right]$
$x^{\nu-1}\log x$ $-1 < \mathrm{Re}\,\nu < 1$	$\dfrac{1}{2}\pi y^{-\nu}\,[\Gamma(1-\nu)]^{-1}\sec\left(\dfrac{1}{2}\nu\pi\right)\times$ $\times\left[\psi(\nu)-\log y + \dfrac{1}{2}\pi\,\mathrm{ctn}\left(\dfrac{1}{2}\nu\pi\right)\right]$

$f(x)$	$g(y) = \int\limits_0^\infty f(x)\sin(xy)\,dx$
$x(b^2 + x^2)^{-1}\log a\,x$	$\dfrac{1}{2}\,\pi\,e^{-by}\log(ab) -$ $\qquad -\dfrac{1}{4}\,\pi\left[e^{by}\,\mathrm{Ei}(-by) + e^{-by}\,\overline{\mathrm{Ei}}(by)\right]$
$x(x^2 - a^2)^{-1}\log(b\,x)$	$\dfrac{1}{2}\,\pi\left\{\cos(ay)\left[\log(ab) - \mathrm{Ci}(ay)\right] -\right.$ $\qquad \left. - \sin(ay)\,\mathrm{si}(ay)\right\}$ Das Integral ist als CAUCHY-Hauptwert definiert.
$x(x^2 - a^2)^{-1}\log\left(\dfrac{x}{a}\right)$	$-\dfrac{1}{2}\,\pi\left[\cos(ay)\,\mathrm{Ci}(ay) + \sin(ay)\,\mathrm{si}(ay)\right]$
$e^{-ax}\log x$	$(a^2 + y^2)^{-1}\left[a\,\arctan\left(\dfrac{y}{a}\right) - \gamma\,y -\right.$ $\qquad \left. - \dfrac{1}{2}\,y\log(a^2 + y^2)\right]$
$x^{\nu-1}e^{-ax}\log x$ $\qquad\qquad \mathrm{Re}\,\nu > -1$	$\Gamma(\nu)\,(a^2 + y^2)^{-\frac{1}{2}\nu}\left\{\cos\left[\nu\arctan\left(\dfrac{y}{a}\right)\right]\times\right.$ $\qquad \times\arctan\left(\dfrac{y}{a}\right) + \sin\left[\nu\arctan\left(\dfrac{y}{a}\right)\right]\times$ $\qquad \left.\times\left[\psi(\nu) - \dfrac{1}{2}\log(a^2 + b^2)\right]\right\}$
$x^{-1}(\log x)^2$	$\dfrac{1}{2}\,\pi\,\gamma^2 + \dfrac{\pi^3}{24} + \pi\,\gamma\log y + \dfrac{1}{2}\,\pi\,(\log y)^2$
$e^{-ax}(\log x)^2$	$(a^2 + y^2)^{-1}\left\{\dfrac{\pi^2}{6}\,y - y\left(\arctan\dfrac{y}{a}\right)^2 +\right.$ $\qquad + \left[\gamma + \dfrac{1}{2}\log(a^2 + y^2)\right]\times$ $\qquad \times\left[\gamma\,y + \dfrac{1}{2}\,y\log(a^2 + y^2) -\right.$ $\qquad \left.\left. - 2a\arctan\left(\dfrac{y}{a}\right)\right]\right\}$
$x^{-1}e^{-\frac{1}{4}a^2x^{-1}}\log x$	$i\log(2a^{-1}y^{\frac{1}{2}})\left[K_0\left(ay^{\frac{1}{2}}e^{-i\frac{\pi}{4}}\right) -\right.$ $\qquad \left. - K_0\left(ay^{\frac{1}{2}}e^{i\frac{\pi}{4}}\right)\right] + \dfrac{1}{4}\,\pi\left[K_0\left(ay^{\frac{1}{2}}e^{i\frac{\pi}{4}}\right) +\right.$ $\qquad \left. + K_0\left(ay^{\frac{1}{2}}e^{-i\frac{\pi}{4}}\right)\right]$

$f(x)$	$g(y) = \int\limits_0^\infty f(x)\sin(xy)\,dx$
$\log(1 + a\,x^{-1})$	$y^{-1}\big[\gamma + \log(a\,y) - \cos(a\,y)\,\mathrm{Ci}(a\,y) - {}$ $\quad - \sin(a\,y)\,\mathrm{si}(a\,y)\big]$
$\log\left\|\dfrac{a+x}{b-x}\right\|$	$y^{-1}\Big\{\log\left(\dfrac{a}{b}\right) + \cos(b\,y)\,\mathrm{Ci}(b\,y) - {}$ $\quad - \cos(a\,y)\,\mathrm{Ci}(a\,y) + \sin(b\,y)\,\mathrm{Si}(b\,y) - {}$ $\quad - \sin(a\,y)\,\mathrm{Si}(a\,y) + {}$ $\quad + \dfrac{1}{2}\,\pi\,[\sin(b\,y) + \sin(a\,y)]\Big\}$
$\log\left\|\dfrac{a+x}{a-x}\right\|$	$\pi\,y^{-1}\sin(a\,y)$
$x^{-2}\log\left(\dfrac{a+x}{a-x}\right)^2$	$2\pi\,a^{-1}\big[1 - \cos(a\,y) - a\,y\,\mathrm{si}(a\,y)\big]$
$\log\left(\dfrac{a^2+x^2}{b^2+x^2}\right)$	$y^{-1}\Big[2\log\left(\dfrac{a}{b}\right) + e^{b\,y}\,\mathrm{Ei}(-\,b\,y) - {}$ $\quad - e^{a\,y}\,\mathrm{Ei}(-\,a\,y) + e^{-b\,y}\,\overline{\mathrm{Ei}}(b\,y) - {}$ $\quad - e^{-a\,y}\,\overline{\mathrm{Ei}}(a\,y)\Big]$
$\log\left\|\dfrac{x^2+a^2}{x^2-b^2}\right\|$	$y^{-1}\Big[2\log\left(\dfrac{a}{b}\right) - e^{-a\,y}\,\overline{\mathrm{Ei}}(a\,y) - {}$ $\quad - e^{a\,y}\,\mathrm{Ei}(-\,a\,y) + 2\cos(b\,y)\,\mathrm{Ci}(b\,y) + {}$ $\quad + 2\sin(b\,y)\,\mathrm{Si}(b\,y)\Big]$
$\log\left(\dfrac{a^2+x^2+x}{a^2+x^2-x}\right)$	$2\pi\,y^{-1}e^{-(a^2-\frac{1}{4})^{\frac{1}{2}}y}\sin\left(\dfrac{1}{2}\,y\right)$
$\log(1 + a^2\,x^{-2})$	$y^{-1}\big[2\gamma + 2\log(a\,y) - {}$ $\quad - e^{a\,y}\,\mathrm{Ei}(-\,a\,y) - e^{-a\,y}\,\overline{\mathrm{Ei}}(a\,y)\big]$
$\log\|1 - a^2\,x^{-2}\|$	$2\,y^{-1}\big[\gamma + \log(a\,y) - \cos(a\,y)\,\mathrm{Ci}(a\,y) - {}$ $\quad - \sin(a\,y)\,\mathrm{Si}(a\,y)\big]$
$\log\left[\dfrac{a^2+(b+x)^2}{a^2+(b-x)^2}\right]$	$2\pi\,y^{-1}e^{-a\,y}\sin(b\,y)$
$x^{-1}\log(1 + a^2\,x^2)$	$-\,\pi\,\mathrm{Ei}(-\,y\,a^{-1})$

$f(x)$	$g(y) = \int\limits_0^\infty f(x) \sin(xy)\, dx$
$x^{-1} \log\lvert 1 - a^2 x^2 \rvert$	$-\pi \operatorname{Ci}(y a^{-1})$
$x^{-1} \log\lvert 1 - a^2 x^{-2} \rvert$	$\pi[\gamma + \log(ay) - \operatorname{Ci}(ay)]$
$x^{-1} \log\left\lvert \dfrac{a^2 + x^2}{b^2 - x^2} \right\rvert$	$\pi\left[\operatorname{Ci}(by) - \operatorname{Ei}(ay) - \log\left(\dfrac{b}{a}\right)\right]$
$x^{-1} \log\left(\dfrac{c^2 + a^2 x^2}{c^2 + b^2 x^2}\right)$	$\pi[\operatorname{Ei}(-cyb^{-1}) - \operatorname{Ei}(-cya^{-1})]$
$\begin{aligned} &0 \qquad\qquad 0 < x < a \\ &(x^2 - a^2)^{-\frac{1}{2}} \log(x^2 - a^2) \\ &\qquad\qquad\qquad x > a \end{aligned}$	$\begin{aligned} -\tfrac{1}{2}\pi\Big\{&J_0(ay)\left[\gamma - \log\left(\tfrac{a}{2y}\right)\right] + \\ &+ \tfrac{1}{2}\pi\, Y_0(ay)\Big\} \end{aligned}$
$\begin{aligned} &[x(1-x)]^{-\frac{1}{2}} \log[x(1-x)] \\ &\qquad\qquad 0 < x < 1 \\ &0 \qquad\qquad\qquad x > 1 \end{aligned}$	$\pi \sin y \left[\tfrac{1}{2}\pi\, Y_0(y) - J_0(y)(\gamma + \log 8y)\right]$
$\begin{aligned} &0 \qquad\qquad 0 < x < 1 \\ &x^{-1} \log[x + (x^2 - 1)^{\frac{1}{2}}] \\ &\qquad\qquad\qquad x > 1 \end{aligned}$	$\tfrac{1}{2}\pi \int\limits_y^\infty t^{-1} J_0(t)\, dt$
$\begin{aligned} &0 \qquad\qquad 0 < x < b \\ &\log\left[\dfrac{(x+b)^{\frac{1}{2}} + (x-b)^{\frac{1}{2}}}{2 x^{\frac{1}{2}}}\right] \\ &\qquad\qquad\qquad x > b \end{aligned}$	$\tfrac{1}{2} y^{-1}\left[\operatorname{Ci}(by) - \log 2 - \tfrac{1}{2}\pi\, Y_0(by)\right]$
$\log\left[\dfrac{1 + (1 + a x^{-1})^{\frac{1}{2}}}{2}\right]$	$\begin{aligned} \tfrac{1}{4}\pi y^{-1}\Big[&\sin\left(\tfrac{1}{2}ay\right) J_0\left(\tfrac{1}{2}ay\right) - \\ &- \cos\left(\tfrac{1}{2}ay\right) Y_0\left(\tfrac{1}{2}ay\right) + \\ &+ \tfrac{2}{\pi}\gamma + \tfrac{2}{\pi}\log\left(\tfrac{1}{4}ay\right)\Big] \end{aligned}$
$\log\left[\dfrac{x + (a^2 + x^2)^{\frac{1}{2}}}{2x}\right]$	$y^{-1}\left[K_0(ay) + \gamma + \log\left(\tfrac{1}{2}ay\right)\right]$
$\begin{aligned} &(a^2 + x^2)^{-\frac{1}{2}} \times \\ &\quad \times \log[x + (a^2 + x^2)^{\frac{1}{2}}] \end{aligned}$	$\tfrac{1}{2}\pi\{K_0(ay) + \log a\,[I_0(ay) - \boldsymbol{L}_0(ay)]\}$

$f(x)$	$g(y) = \int\limits_0^\infty f(x) \sin(xy)\, dx$
$(a^2 + x^2)^{-\frac{1}{2}} \times$ $\times \log\left[(a^2 + x^2)^{\frac{1}{2}} - x\right]$	$\dfrac{1}{2}\pi \left\{ \log a\left[I_0(ay) - \boldsymbol{L}_0(ay)\right] - K_0(ay) \right\}$
$(a^2 + x^2)^{-\frac{1}{2}} \log\left[\dfrac{(a^2 + x^2)^{\frac{1}{2}} + x}{a}\right]$	$\dfrac{1}{2}\pi K_0(ay)$
$(a^2 + x^2)^{-\frac{1}{2}} e^{-b(a^2 + x^2)^{\frac{1}{2}}} \times$ $\times \log\left[\dfrac{(a^2 + x^2)^{\frac{1}{2}} + x}{a}\right]$	$\arctan\left(\dfrac{y}{b}\right) K_0\left[a(b^2 + y^2)^{\frac{1}{2}}\right]$
$\log(1 + e^{-ax})$	$y^{-1}\left[\log 2 - \dfrac{1}{4}\psi\left(1 + i\dfrac{y}{2a}\right) - \right.$ $- \dfrac{1}{4}\psi\left(1 - i\dfrac{y}{2a}\right) +$ $\left. + \dfrac{1}{4}\psi\left(\dfrac{1}{2} + i\dfrac{y}{2a}\right) + \dfrac{1}{4}\psi\left(\dfrac{1}{2} - i\dfrac{y}{2a}\right)\right]$
$\log(1 - e^{-ax})$	$- y^{-1}\left[\gamma + \dfrac{1}{2}\psi\left(1 + i\dfrac{y}{a}\right) + \dfrac{1}{2}\psi\left(1 - i\dfrac{y}{a}\right)\right]$

§ 5. Trigonometrische Funktionen

$f(x)$	$g(y) = \int\limits_0^\infty f(x) \sin(xy)\, dx$
$x^{-1}\sin(ax)$	$\dfrac{1}{2}\log\left|\dfrac{y+a}{y-a}\right|$
$x^{-2}\sin(ax)$	$\dfrac{1}{2}\pi y \qquad\qquad 0 < y < a$ $\dfrac{1}{2}\pi a \qquad\qquad y > a$
$x^{\nu-1}\sin(ax)$ $\qquad -2 < \operatorname{Re}\nu < 1$	$\dfrac{1}{4}\pi\left[\Gamma(1 - \nu)\right]^{-1}\csc\left(\dfrac{1}{2}\nu\pi\right) \times$ $\times\left[|y - a|^{-\nu} - |y + a|^{-\nu}\right]$
$(1 - x^2)^{-1}\sin(\pi x)$	$\sin y \qquad\qquad 0 \leq y \leq \pi$ $0 \qquad\qquad\qquad y \geq \pi$
$(b^2 + x^2)^{-1}\sin(ax)$	$\dfrac{1}{2}\pi b^{-1} e^{-ab}\sinh(by) \qquad 0 < y < a$ $\dfrac{1}{2}\pi b^{-1} e^{-by}\sinh(ab) \qquad y > a$

$f(x)$	$g(y) = \int\limits_0^\infty f(x)\sin(xy)\,dx$
$e^{-bx}\sin(ax)$	$\dfrac{1}{2}\,b\left\{[b^2+(a-y)^2]^{-1}-[b^2+(a+y)^2]^{-1}\right\}$
$x^{-1}e^{-bx}\sin(ax)$	$\dfrac{1}{4}\log\left[\dfrac{b^2+(y+a)^2}{b^2+(y-a)^2}\right]$
$e^{-bx^2}\sin(ax)$	$\dfrac{1}{2}\left(\dfrac{\pi}{b}\right)^{\frac{1}{2}}e^{-\frac{1}{4}b^{-1}(a^2+y^2)}\sinh\left(\dfrac{ay}{2b}\right)$
$x^{-1}\sin^2(ax)$	$\dfrac{1}{4}\pi \qquad\qquad\qquad 0<y<2a$ $\dfrac{1}{8}\pi \qquad\qquad\qquad y=2a$ $0 \qquad\qquad\qquad\qquad y>2a$
$x^{-1}\sin(ax)\sin(bx)$	$0 \qquad\qquad\qquad\qquad 0<y<a-b$ $\dfrac{1}{4}\pi \qquad\qquad\qquad a-b<y<a+b$ $0 \qquad\qquad\qquad\qquad y>a+b$
$x^{-2}\sin^2(ax)$	$\dfrac{1}{4}\left\{(y+2a)\log(y+2a)+\right.$ $\left. + (y-2a)\log|y-2a| - \dfrac{1}{2}\,y\log y\right\}$
$x^{-3}\sin^2(ax)$	$\dfrac{1}{4}\pi y\left(2a-\dfrac{1}{2}y\right) \qquad\qquad 0<y<2a$ $\dfrac{1}{2}\pi a^2 \qquad\qquad\qquad y>2a$
$x^{-\nu}\sin(ax)\sin(bx)$ $\qquad 0<\operatorname{Re}\nu<4$ $\qquad\qquad a\geq b$	$\dfrac{1}{4}\,\Gamma(1-\nu)\cos\left(\dfrac{1}{2}\nu\pi\right)\times$ $\times\left[(y+a-b)^{\nu-1}-(y+a+b)^{\nu-1}-\right.$ $-\operatorname{sgn}(a-b-y)\,|y-a+b|^{\nu-1}+$ $\left. +\operatorname{sgn}(a+b-y)\,|y-a-b|^{\nu-1}\right]$
$x^{-4}\sin^3(ax)$	$\dfrac{\pi y}{24}(9a^2-y^2) \qquad\qquad 0<y\leq a$ $\dfrac{\pi}{48}[24a^3-(3a-y)^3] \qquad a\leq y\leq 3a$ $\dfrac{1}{2}\pi a^3 \qquad\qquad\qquad y\geq 3a$

$f(x)$	$g(y) = \int\limits_0^\infty f(x) \sin(xy)\,dx$
$\left(\dfrac{\sin(ax)}{x}\right)^{2m}$ $\quad m = 1, 2, 3, \ldots$	$(-1)^m\, 2m\, 2^{-2m} \left\{ (m!)^{-2}\, y \log\left(\dfrac{y}{a}\right) + \right.$ $+ \displaystyle\sum_{n=1}^{m} (-1)^n\, \dfrac{\left[(y-2an)^{2m-1} \log\left\lvert\dfrac{y}{a} - 2n\right\rvert + \left. + (y+2an)^{2m-1} \log\left(\dfrac{y}{a} + 2n\right)\right]\right.}{(m-n)!\,\times} \left. \rule{0pt}{12pt} \times\,(m+n)! \right\}$
$\left(\dfrac{\sin(ax)}{x}\right)^{2m+1}$ $\quad m = 0, 1, 2, \ldots$	$(-1)^m\, 2^{-2m-1}\,(2m+1) \times$ $\times\left\{ \displaystyle\sum_{n=0}^{m} (-1)^n \times \right.$ $\times\, \dfrac{[(2n+1)a+y]^{2m} \log\left(\dfrac{y}{a} + 2n + 1\right)}{(m+1+n)!\,(m-n)!} -$ $-\displaystyle\sum_{n=0}^{m} (-1)^n \times$ $\left. \times\, \dfrac{[2n+1)a-y]^{2m} \log\left\lvert 2n + 1 - \dfrac{y}{a}\right\rvert}{(m+1+n)!\,(m-n)!} \right\}$
$e^{-ax}(\sin x)^{2n}$ $\quad n = 0, 1, 2, \ldots$	$\dfrac{-(-4)^{-n-1}}{2n+1} \left\{ \left[\dbinom{n+\frac{1}{2}y+i\frac{1}{2}a}{2n+1}\right]^{-1} + \right.$ $\left. + \left[\dbinom{n+\frac{1}{2}y-i\frac{1}{2}a}{2n+1}\right]^{-1} \right\}$
$e^{-ax}(\sin x)^{2n-1}$ $\quad n = 1, 2, 3, \ldots$	$-i\,n^{-1}(-4)^{-n-1}\left\{ \left[\dbinom{n-\frac{1}{2}+\frac{1}{2}y-i\frac{1}{2}a}{2n}\right]^{-1} - \right.$ $\left. - \left[\dbinom{n-\frac{1}{2}+\frac{1}{2}y+i\frac{1}{2}a}{2n}\right]^{-1} \right\}$
$[\sin(\pi x)]^{\nu-1} \quad 0 < x < 1$ $0 \qquad\qquad\quad x > 1$ $\qquad\qquad\qquad \operatorname{Re}\nu > 0$	$2^{1-\nu} \sin\left(\dfrac{1}{2}y\right) \Gamma(\nu)\, \Gamma\left(\dfrac{1}{2} + \dfrac{1}{2}\nu + \dfrac{y}{2\pi}\right) \times$ $\times\left[\Gamma\left(\dfrac{1}{2} + \dfrac{1}{2}\nu - \dfrac{y}{2\pi}\right)\right]^{-1}$
$(a^2 + x^2)^{-1} \csc(bx)$	$\dfrac{1}{2}\,\pi a^{-1} \sinh(by)\,\operatorname{csch}(ab) \qquad 0 < y < a$ Das Integral ist als Cauchy-Hauptwert definiert.

$f(x)$	$g(y) = \int\limits_0^\infty f(x) \sin(x\,y)\,dx$
$x^{-1}\cos(a\,x)$	$\begin{aligned} &0 &\quad 0 < y < a \\ &\tfrac{1}{4}\pi &\quad y = a \\ &\tfrac{1}{2}\pi &\quad y > a \end{aligned}$
$x^{\nu-1}\cos(a\,x)$ $\qquad -1 < \operatorname{Re}\nu < 1$	$\tfrac{1}{2}\,\Gamma(\nu)\sin\left(\tfrac{1}{2}\pi\nu\right)\times$ $\times\left[(y+a)^{-\nu} + \operatorname{sgn}(y-a)\,|y-a|^{-\nu}\right]$
$x\,(b^2+x^2)^{-1}\cos(a\,x)$	$\begin{aligned} &-\tfrac{1}{2}\pi e^{-ab}\sinh(b\,y) &\quad 0 < y < a \\ &\tfrac{1}{2}\pi e^{-b\,y}\cosh(a\,b) &\quad y > a \end{aligned}$
$x^{-1}(1-2a\cos x + a^2)^{-1}$ $\qquad 0 < a < 1$	$\begin{aligned} &\tfrac{1}{2}\pi(1+a)^{-1}(1-a)^{-2}(1+a-2a^{1+[y]}) \\ &\qquad\qquad\qquad\qquad\qquad y \neq 0, 1, 2, \ldots \\ &\tfrac{1}{2}\pi(1+a)^{-1}(1-a)^{-2}(1+a-a^y-a^{1+y}) \\ &\qquad\qquad\qquad\qquad\qquad y = 0, 1, 2, \ldots \end{aligned}$
$x\,(a^2+x^2)^{-1}\sec(b\,x)$	$-\tfrac{1}{2}\pi\operatorname{csch}(a\,b)\sinh(a\,y) \qquad 0 < y < b$ Das Integral ist als Cauchy-Hauptwert definiert.
$x^{-1}(a^2-x^2)^{-1}\sec(b\,x)$	$0 \qquad\qquad\qquad\qquad\qquad 0 < y < b$ Das Integral ist als Cauchy-Hauptwert definiert.
$x^{-1}(a^2+x^2)^{-1}\sec(b\,x)$	$\tfrac{1}{2}\pi a^{-2}\operatorname{sech}(a\,b)\sinh(a\,y) \qquad 0 < y < b$ Das Integral ist als Cauchy-Hauptwert definiert.
$\begin{aligned} &(\cosh a - \cos x)^{-1} \\ &\qquad\qquad 0 < x < \pi \\ &0 \qquad\qquad\quad x > \pi \end{aligned}$	$y\operatorname{csch}a\cos(\pi y)\Big[\pi y^{-1}\csc(\pi y) -$ $\qquad -\sum\limits_{n=0}^{\infty}(-1)^n\,\varepsilon_n\,(y^2-n^2)^{-1}e^{-n\,a}\Big]$

$f(x)$	$g(y) = \int\limits_{0}^{\infty} f(x)\,\sin(x\,y)\,dx$
$(\cosh a - \cos x)^{-\nu}$ $0 < x < \pi$ 0 $x > \pi$	$2^{1-\nu}\,[\Gamma(\nu)]^{-1}\,e^{(\nu-1)\,a}\,(\sinh a)^{1-2\nu} \times$ $\times y \sum\limits_{n=0}^{\infty} \varepsilon_n\,(y^2 - n^2)^{-1}\,(n!)^{-1}\,\Gamma(n+\nu) \times$ $\times [1 - (-1)^n \cos(\pi y)] \times$ $\times e^{-n a}\,{}_2F_1(1-\nu,\,n+1-\nu;\,n+1;\,e^{-2a})$
$x^{-1} \log(a \cosh \delta \pm a \cos b x)$	$\pi \left\{ \dfrac{1}{2}\left(\delta + \log\dfrac{a}{2}\right) - \sum\limits_{n=1}^{m} (\mp 1)^n\, n^{-1}\, e^{-n\delta} \right\}$ $\delta \geq 0, \quad m \leq \dfrac{y}{b} < m+1, \quad m = 1, 2, 3, \ldots$ Für $m = 0, \quad \sum\limits_{n=1}^{m}(\ ) = 0$
$x^{-3} \log(\cos^2 b x)$	$\pi y \left[\dfrac{1}{2}\,y \log 2 - b + \right.$ $\left. + \dfrac{1}{2} \sum\limits_{n=1}^{m} (-1)^n\, n^{-1}\,(y - 4 b n) \right]$ $m \leq \dfrac{y}{2b} < m+1, \quad m = 1, 2, 3, \ldots$ Für $m = 0, \quad \sum\limits_{n=1}^{m}(\ ) = 0$
$x^{-1}(a^2 + x^2)^{-1} \log(c^2 \sin^2 b x)$	$\pi a^{-2} \left\{ \sinh(a y) \log(1 - e^{-2ab}) + \right.$ $+ \log\left(\dfrac{1}{2}\,c\right)(1 - e^{-a y}) +$ $+ \sum\limits_{n=1}^{m} n^{-1} [\cosh(a y - 2 a b n) -$ $\left. - \cosh(2 a b n)] \right\}$ $m = 1, 2, 3, \ldots, \quad m \leq \dfrac{y}{2b} < m+1$ Für $m = 0, \quad \sum\limits_{n=1}^{m}(\ ) = 0$

$f(x)$	$g(y) = \int\limits_0^\infty f(x)\,\sin(x\,y)\,dx$
$x^{-1}(a^2+x^2)^{-1}\log(c^2\cos^2 b x)$	$\pi a^{-2}\Big\{\sinh(a y)\log(1+e^{-2ab})+$ $+(1-e^{-a y})\log\left(\dfrac{1}{2}c\right)+$ $+\displaystyle\sum_{n=1}^{m}(-1)^n n^{-1}\left[\cosh(a y-2ab n)-\right.$ $\left.-\cosh(2ab n)\right]\Big\}$ $m=1,2,3,\ldots,\quad m\leqq\dfrac{y}{2b}<m+1$ Für $m=0,\quad \displaystyle\sum_{n=1}^{m}(\ )=0$
$x^{-1}(a^2+x^2)^{-1}\times$ $\times\log(c\cosh\delta\pm c\cos b x)$	$\pi a^{-2}\Big\{\dfrac{1}{2}(1-e^{-a y})\left(\delta+\log\dfrac{1}{2}c\right)+$ $+\sinh(a y)\log(1\pm e^{-ab-\delta})+$ $+\displaystyle\sum_{n=1}^{m}(\mp 1)^n n^{-1}e^{-n\delta}\left[\cosh(a y-ab n)-\right.$ $\left.-\cosh(ab n)\right]\Big\}$ $\delta\geqq 0,\quad m=1,2,3,\ldots,\quad m\leqq\dfrac{y}{b}<m+1$ Für $m=0,\quad \displaystyle\sum_{n=1}^{m}(\ )=0$
$x(a^2+x^2)^{-1}\times$ $\times\log(c\cosh\delta\pm c\cos b x)$	$\pi\Big\{\dfrac{1}{2}\left(\delta+\log\dfrac{c}{2}\right)e^{-a y}-$ $-\sinh(a y)\log(1\pm e^{-ab-\delta})-$ $-\displaystyle\sum_{n=1}^{m}(\mp 1)^n n^{-1}e^{-n\delta}\cosh[a(y-b n)]\Big\}$ $\delta\geqq 0,\quad m=1,2,3,\ldots,\quad m\leqq\dfrac{y}{b}<m+1$ Für $m=0,\quad \displaystyle\sum_{n=1}^{m}(\ )=0$
$\sin(a x^2)$	$\left(\dfrac{\pi}{2a}\right)^{\frac{1}{2}}\left[\cos\left(\dfrac{y^2}{4a}\right)\mathrm{C}\left(\dfrac{y^2}{4a}\right)+\sin\left(\dfrac{y^2}{4a}\right)\mathrm{S}\left(\dfrac{y^2}{4a}\right)\right]$

$f(x)$	$g(y) = \int\limits_0^\infty f(x) \sin(xy)\, dx$
$x \sin\left[b\left(a^2 - x^2\right)\right]$ $\qquad\qquad 0 < x < a$ $0 \qquad\qquad\qquad x > a$	$\dfrac{1}{4}\,\pi^{\frac{1}{2}}\, b^{-\frac{3}{2}}\, y\, U_{\frac{5}{2}}\left(2a^2 b,\, a y\right)$
$x^{-1} \sin\left(a x^2\right)$	$\dfrac{1}{2}\,\pi\left[\mathrm{C}\left(\dfrac{y^2}{4a}\right) - \mathrm{S}\left(\dfrac{y^2}{4a}\right)\right]$
$x^{\frac{1}{2}} \sin\left(a x^2\right)$	$\dfrac{1}{4}\,\pi\left(\dfrac{y}{2a}\right)^{\frac{3}{2}}\left[\cos\left(\dfrac{y^2}{8a} - \dfrac{\pi}{8}\right) J_{-\frac{1}{4}}\left(\dfrac{y^2}{8a}\right) - \right.$ $\qquad\qquad \left. - \sin\left(\dfrac{y^2}{8a} - \dfrac{\pi}{8}\right) J_{\frac{3}{4}}\left(\dfrac{y^2}{8a}\right)\right]$
$x^{-\frac{1}{2}} \sin\left(a x^2\right)$	$-\dfrac{1}{2}\,\pi\left(\dfrac{y}{2a}\right)^{\frac{1}{2}} \sin\left(\dfrac{y^2}{8a} - \dfrac{3\pi}{8}\right) J_{\frac{1}{4}}\left(\dfrac{y^2}{8a}\right)$
$\cos\left(a x^2\right)$	$\left(\dfrac{\pi}{2a}\right)^{\frac{1}{2}}\left[\sin\left(\dfrac{y^2}{4a}\right) \mathrm{C}\left(\dfrac{y^2}{4a}\right) - \cos\left(\dfrac{y^2}{4a}\right) \mathrm{S}\left(\dfrac{y^2}{4a}\right)\right]$
$x \cos\left[b\left(a^2 - x^2\right)\right]$ $\qquad\qquad 0 < x < a$ $0 \qquad\qquad\qquad x > a$	$\dfrac{1}{4}\,\pi^{\frac{1}{2}}\, b^{-\frac{3}{2}}\, y\, U_{\frac{3}{2}}\left(2a^2 b,\, a y\right)$
$x^{-1} \cos\left(a x^2\right)$	$\dfrac{1}{2}\,\pi\left[\mathrm{C}\left(\dfrac{y^2}{4a}\right) + \mathrm{S}\left(\dfrac{y^2}{4a}\right)\right]$
$x^{\frac{1}{2}} \cos\left(a x^2\right)$	$\dfrac{1}{4}\,\pi\left(\dfrac{y}{2a}\right)^{\frac{3}{2}}\left[\cos\left(\dfrac{y^2}{8a} - \dfrac{\pi}{8}\right) J_{\frac{3}{4}}\left(\dfrac{y^2}{8a}\right) + \right.$ $\qquad\qquad \left. + \sin\left(\dfrac{y^2}{8a} - \dfrac{\pi}{8}\right) J_{-\frac{1}{4}}\left(\dfrac{y^2}{8a}\right)\right]$
$x^{-\frac{1}{2}} \cos\left(a x^2\right)$	$\dfrac{1}{2}\,\pi\left(\dfrac{y}{2a}\right)^{\frac{1}{2}} \cos\left(\dfrac{y^2}{8a} - \dfrac{3\pi}{8}\right) J_{\frac{1}{4}}\left(\dfrac{y^2}{8a}\right)$
$x^{\nu-1} \sin\left(a x^2\right)$ $\qquad\qquad -2 < \operatorname{Re}\nu < 2$	$\dfrac{1}{4}\,\Gamma\left(\dfrac{1}{2} + \dfrac{1}{2}\,\nu\right) a^{-\frac{1}{2}(1+\nu)}\, y\, i\, \times$ $\times\left[e^{-i\frac{\pi}{4}(3-\nu)} {}_1F_1\left(\dfrac{1}{2} + \dfrac{1}{2}\nu;\, \dfrac{3}{2};\, -i\,\dfrac{y^2}{4a}\right) - \right.$ $\qquad \left. - e^{i\frac{\pi}{4}(3-\nu)} {}_1F_1\left(\dfrac{1}{2} + \dfrac{1}{2}\nu;\, \dfrac{3}{2};\, i\,\dfrac{y^2}{4a}\right)\right]$
$x^{\nu-1} \cos\left(a x^2\right)$ $\qquad\qquad -1 < \operatorname{Re}\nu < 2$	$-\dfrac{1}{4}\,\Gamma\left(\dfrac{1}{2} + \dfrac{1}{2}\,\nu\right) a^{-\frac{1}{2}(1+\nu)}\, y\, \times$ $\times\left[e^{i\frac{\pi}{4}(\nu-3)} {}_1F_1\left(\dfrac{1}{2} + \dfrac{1}{2}\nu;\, \dfrac{3}{2};\, -i\,\dfrac{y^2}{4a}\right) + \right.$ $\qquad \left. + e^{-i\frac{\pi}{4}(\nu-3)} {}_1F_1\left(\dfrac{1}{2} + \dfrac{1}{2}\nu;\, \dfrac{3}{2};\, i\,\dfrac{y^2}{4a}\right)\right]$

$f(x)$	$g(y) = \int\limits_0^\infty f(x) \sin(x\,y)\,dx$
$\sin(a^3 x^3)$	$\dfrac{1}{2}\pi(3a)^{-\frac{3}{2}}y^{\frac{1}{2}}\left\{J_{\frac{1}{3}}\left[2\left(\dfrac{y}{3a}\right)^{\frac{3}{2}}\right] + J_{-\frac{1}{3}}\left[2\left(\dfrac{y}{3a}\right)^{\frac{3}{2}}\right] - \pi^{-1}3^{\frac{1}{2}}K_{\frac{1}{3}}\left[2\left(\dfrac{y}{3a}\right)^{\frac{3}{2}}\right]\right\}$
$\cos(a^3 x^3)$	$\dfrac{\pi}{18a}\left(\dfrac{y}{a}\right)^{\frac{1}{2}}\left\{I_{-\frac{1}{3}}(v)+I_{\frac{1}{3}}(v)-J_{-\frac{1}{3}}(v)+J_{\frac{1}{3}}(v)+2\left[\boldsymbol{J}_{\frac{1}{3}}(v)-\boldsymbol{J}_{-\frac{1}{3}}(v)+i\boldsymbol{J}_{\frac{1}{3}}(iv)-i\boldsymbol{J}_{-\frac{1}{3}}(iv)\right]\right\}$ $\qquad v = 2\left(\dfrac{y}{3a}\right)^{\frac{1}{2}}$
$\sin(a\,x^{-1})$	$\dfrac{1}{2}\pi\left(\dfrac{a}{y}\right)^{\frac{1}{2}}J_1\left[2(a\,y)^{\frac{1}{2}}\right]$
$x^{-1}\sin(a\,x^{-1})$	$\dfrac{1}{2}\pi\,Y_0\left[2(a\,y)^{\frac{1}{2}}\right]+K_0\left[2(a\,y)^{\frac{1}{2}}\right]$
$x^{-2}\sin(a\,x^{-1})$	$\dfrac{1}{2}\pi\left(\dfrac{y}{a}\right)^{\frac{1}{2}}J_1\left[2(a\,y)^{\frac{1}{2}}\right]$
$x^{-\frac{1}{2}}\sin(a\,x^{-1})$	$\dfrac{1}{2}\left(\dfrac{\pi}{2y}\right)^{\frac{1}{2}}\left\{\sin\left[2(a\,y)^{\frac{1}{2}}\right]-\cos\left[2(a\,y)^{\frac{1}{2}}\right]+e^{-2(a\,y)^{\frac{1}{2}}}\right\}$
$x^{-\frac{3}{2}}\sin(a\,x^{-1})$	$\dfrac{1}{2}\left(\dfrac{\pi}{2a}\right)^{\frac{1}{2}}\left\{e^{-2(a\,y)^{\frac{1}{2}}}+\sin\left[2(a\,y)^{\frac{1}{2}}\right]-\cos\left[2(a\,y)^{\frac{1}{2}}\right]\right\}$
$x^{\nu-1}\sin(a\,x^{-1})$ $-2 < \mathrm{Re}\,\nu < 2$	$\dfrac{1}{2}\pi\left(\dfrac{a}{y}\right)^{\frac{1}{2}\nu}\left\{\sin\left(\dfrac{1}{2}\nu\pi\right)J_\nu\left[2(a\,y)^{\frac{1}{2}}\right]+\cos\left(\dfrac{1}{2}\nu\pi\right)Y_\nu\left[2(a\,y)^{\frac{1}{2}}\right]+2\pi^{-1}\cos\left(\dfrac{1}{2}\nu\pi\right)K_\nu\left[2(a\,y)^{\frac{1}{2}}\right]\right\}$
$x^{-1}\cos(a\,x^{-1})$	$\dfrac{1}{2}\pi\,J_0\left[2(a\,y)^{\frac{1}{2}}\right]$
$x^{-\frac{1}{2}}\cos(a\,x^{-1})$	$\dfrac{1}{2}\left(\dfrac{\pi}{2y}\right)^{\frac{1}{2}}\left\{\sin\left[2(a\,y)^{\frac{1}{2}}\right]+\cos\left[2(a\,y)^{\frac{1}{2}}\right]+e^{-2(a\,y)^{\frac{1}{2}}}\right\}$

$f(x)$	$g(y) = \int\limits_0^\infty f(x) \sin(xy)\, dx$
$x^{-\frac{3}{2}} \cos(a x^{-1})$	$\dfrac{1}{2}\left(\dfrac{\pi}{2a}\right)^{\frac{1}{2}}\left\{\cos\left[2(ay)^{\frac{1}{2}}\right] + {}\right.$ $\left. {}+ \sin\left[2(ay)^{\frac{1}{2}}\right] - e^{-2(ay)^{\frac{1}{2}}}\right\}$
$x^{\nu-1}\cos(a x^{-1})$ $\qquad -2 < \operatorname{Re}\nu < 2$	$\dfrac{1}{2}\pi\left(\dfrac{a}{y}\right)^{\frac{1}{2}\nu}\left\{\cos\left(\dfrac{1}{2}\nu\pi\right) J_\nu\left[2(ay)^{\frac{1}{2}}\right] - {}\right.$ $\left.{}- \sin\left(\dfrac{1}{2}\nu\pi\right) Y_\nu\left[2(ay)^{\frac{1}{2}}\right] + {}\right.$ $\left.{}+ 2\pi^{-1}\sin\left(\dfrac{1}{2}\nu\pi\right) K_\nu\left[2(ay)^{\frac{1}{2}}\right]\right\}$
$e^{-a^2 b (b^2+x^2)^{-1}}\sin\left(\dfrac{a^2 x}{b^2+x^2}\right)$	$\dfrac{1}{4}\pi a\, y^{-\frac{1}{2}} e^{-by} J_1(2a y^{\frac{1}{2}})$
$x^{-1}\log(bx)\sin(a x^{-1})$	$\log\left[b\left(\dfrac{a}{y}\right)^{\frac{1}{2}}\right]\left\{K_0\left[2(ay)^{\frac{1}{2}}\right] + \dfrac{1}{2}\pi Y_0\left[2(ay)^{\frac{1}{2}}\right]\right\}$
$x^{-1}\log(bx)\cos(a x^{-1})$	$\dfrac{1}{2}\pi\left\{J_0\left[2(ay)^{\frac{1}{2}}\right]\log\left[b\left(\dfrac{a}{y}\right)^{\frac{1}{2}}\right] + K_0\left[2(ay)^{\frac{1}{2}}\right]\right\}$
$x^{-1}\sin(a x^{\frac{1}{2}})$	$\pi\left[\mathrm{C}\left(\dfrac{a^2}{4y}\right) - \mathrm{S}\left(\dfrac{a^2}{4y}\right)\right]$
$x^{-\frac{1}{2}}\sin(a x^{\frac{1}{2}})$	$\left(\dfrac{2\pi}{y}\right)^{\frac{1}{2}}\left[\cos\left(\dfrac{a^2}{4y}\right)\mathrm{C}\left(\dfrac{a^2}{4y}\right) + \sin\left(\dfrac{a^2}{4y}\right)\mathrm{S}\left(\dfrac{a^2}{4y}\right)\right]$
$x^{-\frac{3}{4}}\sin(a x^{\frac{1}{2}})$	$-\pi\left(\dfrac{a}{2y}\right)^{\frac{1}{2}}\sin\left(\dfrac{a^2}{8y} - \dfrac{3\pi}{8}\right) J_{\frac{1}{4}}\left(\dfrac{a^2}{8y}\right)$
$e^{-a x^{\frac{1}{2}}}\sin(a x^{\frac{1}{2}})$	$\dfrac{1}{2}a\, y^{-1}\left(\dfrac{\pi}{2y}\right)^{\frac{1}{2}} e^{-\frac{1}{2}a^2 y^{-1}}$
$x^{-\nu}\sin(a x^{\frac{1}{2}})$ $\qquad 0 < \operatorname{Re}\nu < \dfrac{5}{2}$	$-\dfrac{1}{2}a\,\Gamma\left(\dfrac{3}{2}-\nu\right) y^{\nu-\frac{3}{2}} i \times$ $\times\left[e^{i\frac{\pi}{2}(\nu+\frac{1}{2})}\,{}_1F_1\left(\dfrac{3}{2}-\nu;\dfrac{3}{2}; i\dfrac{a^2}{4y}\right) - {}\right.$ $\left.{}- e^{-i\frac{\pi}{2}(\nu+\frac{1}{2})}\,{}_1F_1\left(\dfrac{3}{2}-\nu;\dfrac{3}{2}; -i\dfrac{a^2}{4y}\right)\right]$
$x^{-1}\cos(a x^{\frac{1}{2}})$	$\pi\left\{\dfrac{1}{2} - \left[\mathrm{C}\left(\dfrac{a^2}{4y}\right)\right]^2 - \left[\mathrm{S}\left(\dfrac{a^2}{4y}\right)\right]^2\right\}$
$x^{-\frac{1}{2}}\cos(a x^{\frac{1}{2}})$	$\left(\dfrac{\pi}{y}\right)^{\frac{1}{2}}\cos\left(\dfrac{1}{4}a^2 y^{-1} + \dfrac{\pi}{4}\right)$

$f(x)$	$g(y) = \int\limits_0^\infty f(x) \sin(x\,y)\,dx$
$x^{-\frac{3}{4}} \cos(a\,x^{\frac{1}{2}})$	$-\pi \left(\dfrac{a}{2\,y}\right)^{\frac{1}{2}} \sin\left(\dfrac{a^2}{8\,y} - \dfrac{\pi}{8}\right) J_{-\frac{1}{4}}\left(\dfrac{a^2}{8\,y}\right)$
$x^{-\nu} \cos(a\,x^{\frac{1}{2}})$ $0 < \operatorname{Re}\nu < 2$	$\dfrac{1}{2}\, y^{\nu-1}\, \Gamma(1-\nu) \times$ $\times\left[e^{-i\frac{\pi}{2}\nu}\,{}_1F_1\left(1-\nu;\dfrac{1}{2}; -i\,\dfrac{a^2}{4\,y}\right) +\right.$ $\left. + e^{i\frac{\pi}{2}\nu}\,{}_1F_1\left(1-\nu;\dfrac{1}{2}; i\,\dfrac{a^2}{4\,y}\right)\right]$
$e^{-b\,x} \sin(a\,x^{\frac{1}{2}})$	$-\dfrac{1}{2}\, \pi^{\frac{1}{2}}\, a\, (b^2+y^2)^{-\frac{3}{4}}\, e^{-\frac{1}{4}a^2 b(b^2+y^2)^{-1}} \times$ $\times \sin\left[\dfrac{1}{4}\,a^2\,y\,(b^2+y^2)^{-1} - \dfrac{3}{2}\arctan\left(\dfrac{y}{b}\right)\right]$
$x^{-1} e^{-a\,x^{\frac{1}{2}}} \sin(a\,x^{\frac{1}{2}})$	$-\dfrac{1}{2}\, i\, \pi\, \operatorname{Erfc}\left[a\,(2\,y)^{-\frac{1}{2}}\right] \operatorname{Erf}\left[i\,a\,(2\,y)^{-\frac{1}{2}}\right]$
$x^{-1} e^{-a\,x^{\frac{1}{2}}} \cos(a\,x^{\frac{1}{2}})$	$\dfrac{1}{2}\, \pi\, \operatorname{Erfc}\left[a\,(2\,y)^{-\frac{1}{2}}\right]$
$x^{\nu-1}\, e^{-a\,x^{\frac{1}{2}}} \cos\left(a\,x^{\frac{1}{2}} - \dfrac{1}{2}\,\nu\,\pi\right)$ $\operatorname{Re}\nu > -1$	$\left(\dfrac{1}{2}\,\pi\right)^{\frac{1}{2}} (2\,y)^{-\nu}\, e^{-\frac{1}{4}a^2 y^{-1}}\, D_{2\nu-1}\left(a\,y^{-\frac{1}{2}}\right)$
$x^{-\frac{1}{2}} e^{-a\,x^{\frac{1}{2}}} \left[\cos(a\,x^{\frac{1}{2}}) +\right.$ $\left. + \sin(a\,x^{\frac{1}{2}})\right]$	$\left(\dfrac{\pi}{2\,y}\right)^{\frac{1}{2}} e^{-\frac{1}{2}a^2 y^{-1}}$
$\sin\left[b\,(a-x)^{\frac{1}{2}}\right] \quad 0 < x < a$ $0 \qquad\qquad x > a$	$\dfrac{1}{2}\, \pi^{\frac{1}{2}}\, b\, y^{-\frac{3}{2}}\, U_{\frac{5}{2}}(2\,a\,y, b\,a^{\frac{1}{2}})$
$(a-x)^{-\frac{1}{2}} \cos\left[b\,(a-x)^{\frac{1}{2}}\right]$ $0 < x < a$ $0 \qquad\qquad x > a$	$\left(\dfrac{\pi}{y}\right)^{\frac{1}{2}} U_{\frac{3}{2}}(2\,a\,y, b\,a^{\frac{1}{2}})$
$x^{-\frac{1}{2}}(a-x)^{-\frac{1}{2}} \times$ $\times \sin\left[b\,x^{\frac{1}{2}}(a-x)^{\frac{1}{2}}\right]$ $0 < x < a$ $0 \qquad\qquad x > a$	$\pi \sin\left(\dfrac{1}{2}\,a\,y\right) J_0\left[\dfrac{1}{2}\,a\,(b^2+y^2)^{\frac{1}{2}}\right]$
$(1+x)^{-\frac{1}{2}} \cos\left[a\,(1+x)^{\frac{1}{2}}\right]$	$\left(\dfrac{\pi}{y}\right)^{\frac{1}{2}} V_{\frac{1}{2}}(2\,y, a)$

$f(x)$	$g(y) = \int\limits_0^\infty f(x) \sin(xy)\, dx$
$(a^2 + x^2)^{-\frac{1}{2}} \cos\left[b\,(a^2 + x^2)^{\frac{1}{2}}\right]$	$\dfrac{1}{2}\,\pi\, I_0\left[a\,(y^2 - b^2)^{\frac{1}{2}}\right] -$ $\qquad - \int\limits_0^{\frac{1}{2}\pi} \cos(a\,b\cos t)\,\sinh(a\,y\sin t)\,dt$ $\hspace{8cm} y > b$ $- \int\limits_0^{\frac{1}{2}\pi} \cos(a\,b\cos t)\,\sinh(a\,y\sin t)\,dt \qquad y < b$
$x\,(b^2 + x^2)^{-2} \times$ $\qquad \times \sin\left[a\,(b^2 + x^2)^{\frac{1}{2}}\right]$	$\dfrac{1}{2}\,\pi\,a\,e^{-b\,y} \hspace{6cm} y > a$
$x\,(b^2 + x^2)^{-1}\,(a^2 + x^2)^{-\frac{1}{2}} \times$ $\qquad \times \sin\left[c\,(a^2 + x^2)^{\frac{1}{2}}\right]$	$\dfrac{1}{2}\,\pi\,(a^2 - b^2)^{-\frac{1}{2}}\,e^{-b\,y}\sin\left[c\,(a^2 - b^2)^{\frac{1}{2}}\right] \quad y > c$
$x^{-\frac{1}{2}}\,(a^2 + x^2)^{-\frac{1}{2}} \times$ $\qquad \times \sin\left[b\,(a^2 + x^2)^{\frac{1}{2}}\right]$	$\dfrac{\pi}{2}\left(\dfrac{1}{2}\,\pi\,y\right)^{\frac{1}{2}} J_{\frac{1}{4}}\left\{\dfrac{1}{2}\,a\left[b - (b^2 - y^2)^{\frac{1}{2}}\right]\right\} \times$ $\qquad \times J_{-\frac{1}{4}}\left\{\dfrac{1}{2}\,a\left[b + (b^2 - y^2)^{\frac{1}{2}}\right]\right\}$ $\hspace{8cm} 0 < y < b$
$x\,(a^2 + x^2)^{-1} \times$ $\qquad \times \cos\left[c\,(b^2 + x^2)^{\frac{1}{2}}\right]$	$\dfrac{1}{2}\,\pi\,e^{-a\,y}\cos\left[c\,(b^2 - a^2)^{\frac{1}{2}}\right]$
$x^{-\frac{1}{2}}\,(a^2 + x^2)^{-\frac{1}{2}} \times$ $\qquad \times \cos\left[b\,(a^2 + x^2)^{\frac{1}{2}}\right]$	$-\dfrac{1}{2}\,\pi\left(\dfrac{1}{2}\,\pi\,y\right)^{\frac{1}{2}} J_{\frac{1}{4}}\left\{\dfrac{1}{2}\,a\left[b - (b^2 - y^2)^{\frac{1}{2}}\right]\right\} \times$ $\qquad \times Y_{-\frac{1}{4}}\left\{\dfrac{1}{2}\,a\left[b + (b^2 - y^2)^{\frac{1}{2}}\right]\right\}$ $\hspace{8cm} 0 < y < b$
$x\,(a^2 + x^2)^{-\frac{3}{2}} \cos\left[b\,(a^2 + x^2)^{\frac{1}{2}}\right]$	$\dfrac{1}{2}\,\pi\,e^{-a\,y} \hspace{6cm} y > b$
$(a^2 + x^2)^{-\frac{1}{2}}\left[(a^2 + x^2)^{\frac{1}{2}} - a\right]^{\frac{1}{2}} \times$ $\qquad \times \sin\left[b\,(a^2 + x^2)^{\frac{1}{2}}\right]$	$\left(\dfrac{1}{2}\,\pi\right)^{\frac{1}{2}} y\,(b^2 - y^2)^{-\frac{1}{2}}\left[b + (b^2 - y^2)^{\frac{1}{2}}\right]^{-\frac{1}{2}} \times$ $\qquad \times \cos\left[a\,(b^2 - y^2)^{\frac{1}{2}} + \dfrac{\pi}{4}\right] \hspace{2cm} 0 < y < b$ $\left(\dfrac{\pi}{2\,y}\right)^{\frac{1}{2}}(y^2 - b^2)^{-\frac{1}{2}}\,e^{-a\,(y^2 - b^2)^{\frac{1}{2}}} \times$ $\qquad \times \sin\left[\dfrac{1}{2}\arcsin\left(\dfrac{b}{y}\right)\right] \hspace{3cm} y > b$

$f(x)$	$g(y) = \int\limits_0^\infty f(x)\sin(xy)\,dx$
$(a^2+x^2)^{-\frac{1}{2}}[(a^2+x^2)^{\frac{1}{2}}-a]^{\frac{1}{2}} \times$ $\times \cos[b(a^2+x^2)^{\frac{1}{2}}]$	$-\left(\dfrac{1}{2}\,\pi\right)^{\frac{1}{2}} y\,(b^2-y^2)^{-\frac{1}{2}}[b+(b^2-y^2)^{\frac{1}{2}}]^{-\frac{1}{2}} \times$ $\times \sin\left[a(b^2-y^2)^{\frac{1}{2}}+\dfrac{\pi}{4}\right] \qquad 0<y<b$ $\left(\dfrac{\pi}{2y}\right)^{\frac{1}{2}}(y^2-b^2)^{-\frac{1}{2}}\,e^{-a(y^2-b^2)^{\frac{1}{2}}} \times$ $\times \cos\left[\dfrac{1}{2}\arcsin\left(\dfrac{b}{y}\right)\right] \qquad\qquad y>b$
$(a^2+x^2)^{-\frac{1}{2}}\cos[b(a^2+x^2)^{\frac{1}{2}}] \times$ $\times\{[(a^2+x^2)^{\frac{1}{2}}+x]^\nu -$ $-[(a^2+x^2)^{\frac{1}{2}}-x]^\nu\}$ $-1<\operatorname{Re}\nu<1$	$-\dfrac{1}{2}\,\pi\,a^\nu\left[\left(\dfrac{b+y}{b-y}\right)^{\frac{1}{2}\nu}-\left(\dfrac{b-y}{b+y}\right)^{\frac{1}{2}\nu}\right] \times$ $\times\left\{\cos\left(\dfrac{1}{2}\,\nu\pi\right)J_\nu[a(b^2-y^2)^{\frac{1}{2}}] -\right.$ $\left.- \sin\left(\dfrac{1}{2}\,\nu\pi\right)Y_\nu[a(b^2-y^2)^{\frac{1}{2}}]\right\} \quad 0<y<b$ $a^\nu\sin\left(\dfrac{1}{2}\,\nu\pi\right)\left[\left(\dfrac{y+b}{y-b}\right)^{\frac{1}{2}\nu}+\left(\dfrac{y-b}{y+b}\right)^{\frac{1}{2}\nu}\right] \times$ $\times K_\nu[a(y^2-b^2)^{\frac{1}{2}}] \qquad\qquad y>b$
$(a^2+x^2)^{-\frac{1}{2}}\sin[b(a^2+x^2)^{\frac{1}{2}}] \times$ $\times\{[(a^2+x^2)^{\frac{1}{2}}+x]^\nu -$ $-[(a^2+x^2)^{\frac{1}{2}}-x]^\nu\}$ $-1<\operatorname{Re}\nu<1$	$-\dfrac{1}{2}\,\pi\,a^\nu\left[\left(\dfrac{b+y}{b-y}\right)^{\frac{1}{2}\nu}-\left(\dfrac{b-y}{b+y}\right)^{\frac{1}{2}\nu}\right] \times$ $\times\left\{\sin\left(\dfrac{1}{2}\,\nu\pi\right)J_\nu[a(b^2-y^2)^{\frac{1}{2}}] +\right.$ $\left.+ \cos\left(\dfrac{1}{2}\,\nu\pi\right)Y_\nu[a(b^2-y^2)^{\frac{1}{2}}]\right\}$ $0<y<b$ $a^\nu\cos\left(\dfrac{1}{2}\,\nu\pi\right)\left[\left(\dfrac{y+b}{y-b}\right)^{\frac{1}{2}\nu}-\left(\dfrac{y-b}{y+b}\right)^{\frac{1}{2}\nu}\right] \times$ $- K_\nu[a(y^2-b^2)^{\frac{1}{2}}] \qquad\qquad y>b$
$(a^2+x^2)^{-\frac{1}{2}} \times$ $\times \log\left[\dfrac{(a^2+x^2)^{\frac{1}{2}}+x}{a}\right] \times$ $\times \sin[b(a^2+x^2)^{\frac{1}{2}}]$	$-\dfrac{1}{4}\,\pi\log\left(\dfrac{b+y}{b-y}\right)Y_0[a(b^2-y^2)^{\frac{1}{2}}]$ $0<y<b$ $\dfrac{1}{2}\log\left(\dfrac{y+b}{y-b}\right)K_0[a(y^2-b^2)^{\frac{1}{2}}] \qquad y>b$
$(a^2+x^2)^{-\frac{1}{2}} \times$ $\times \log\left[\dfrac{(a^2+x^2)^{\frac{1}{2}}+x}{a}\right] \times$ $\times \cos[b(a^2+x^2)^{\frac{1}{2}}]$	$-\dfrac{1}{4}\,\pi\log\left(\dfrac{b+y}{b-y}\right)J_0[a(b^2-y^2)^{\frac{1}{2}}]$ $0<y<b$ $\dfrac{1}{2}\,\pi K_0[a(y^2-b^2)^{\frac{1}{2}}] \qquad\qquad y>b$

$f(x)$	$g(y) = \int\limits_0^\infty f(x) \sin(xy)\, dx$
$x^{-\frac{1}{2}}(a^2 - x^2)^{-\frac{1}{2}} \times$ $\times \cos[b(a^2 - x^2)^{\frac{1}{2}}]$ $0 < x < a$ 0 $x > a$	$\frac{1}{2}\pi\left(\frac{1}{2}\pi y\right)^{\frac{1}{2}} J_{\frac{1}{4}}\left\{\frac{1}{2}a[(b^2+y^2)^{\frac{1}{2}}-b]\right\} \times$ $\times J_{\frac{1}{4}}\left\{\frac{1}{2}a[(b^2+y^2)^{\frac{1}{2}}+b]\right\}$
0 $0 < x < a$ $x^{-\frac{1}{2}}(x^2 - a^2)^{-\frac{1}{2}} \times$ $\times \cos[b(x^2 - a^2)^{\frac{1}{2}}]$ $x > a$	$\frac{1}{2}(\pi y)^{\frac{1}{2}} I_{\frac{1}{4}}\left\{\frac{1}{2}a[b - (b^2-y^2)^{\frac{1}{2}}]\right\} \times$ $\times K_{\frac{1}{4}}\left\{\frac{1}{2}a[b + (b^2-y^2)^{\frac{1}{2}}]\right\}$ $0 < y < b$
0 $0 < x < a$ $(x^2 + c^2)^{-1} \sin[b(x^2 - a^2)^{\frac{1}{2}}]$ $x > a$	$\frac{1}{2}\pi c^{-1} e^{-b(a^2+c^2)^{\frac{1}{2}}} \sinh(cy)$ $0 < y < b$
0 $0 < x < a$ $(x^2 - a^2)^{-\frac{3}{4}} \sin[b(x^2 - a^2)^{\frac{1}{2}}]$ $x > a$	$\frac{1}{2}\pi\left(\frac{1}{2}\pi b\right)^{\frac{1}{2}} J_{\frac{1}{4}}\left\{\frac{1}{2}a[y - (y^2-b^2)^{\frac{1}{2}}]\right\} \times$ $\times J_{-\frac{1}{4}}\left\{\frac{1}{2}a[y + (y^2-b^2)^{\frac{1}{2}}]\right\}$ $y > b$
$x^{-\frac{1}{2}}(a^2 - x^2)^{-\frac{1}{2}} \times$ $\times \sin[b(a^2 - x^2)^{\frac{1}{2}}]$ $0 < x < a$ $- x^{-\frac{1}{2}}(x^2 - a^2)^{-\frac{1}{2}} e^{-b(x^2-a^2)^{\frac{1}{2}}}$ $x > a$	$\frac{1}{2}\pi\left(\frac{1}{2}\pi y\right)^{\frac{1}{2}} J_{\frac{1}{4}}\left\{\frac{1}{2}a[(b^2+y^2)^{\frac{1}{2}}-b]\right\} \times$ $\times Y_{\frac{1}{4}}\left\{\frac{1}{2}a[(b^2+y^2)^{\frac{1}{2}}+b]\right\}$
0 $0 < x < a$ $(x^2 - a^2)^{-\frac{3}{4}} \cos[b(x^2 - a^2)^{\frac{1}{2}}]$ $x > a$	$\frac{1}{2}\pi\left(\frac{1}{2}\pi b\right)^{\frac{1}{2}} J_{-\frac{1}{4}}\left\{\frac{1}{2}a[y - (y^2-b^2)^{\frac{1}{2}}]\right\} \times$ $\times J_{\frac{1}{4}}\left\{\frac{1}{2}a[y + (y^2-b^2)^{\frac{1}{2}}]\right\}$ $y > b$
0 $0 < x < a$ $(x^2 - a^2)^{-\frac{1}{2}} \cos[b(x^2 - a^2)^{\frac{1}{2}}]$ $x > a$	0 $0 < y < b$ $\frac{1}{2}\pi J_0[a(y^2 - b^2)^{\frac{1}{2}}]$ $y > b$
0 $0 < x < a$ $(x^2 + c^2)^{-1}(x^2 - a^2)^{-\frac{1}{2}} \times$ $\times \cos[b(x^2 - a^2)^{\frac{1}{2}}]$ $x > a$	$\frac{1}{2}\pi c^{-1}(c^2 + a^2)^{-\frac{1}{2}} e^{-b(c^2+a^2)^{\frac{1}{2}}} \sinh(cy)$ $0 < y < b$

$f(x)$	$g(y) = \int\limits_0^\infty f(x) \sin(x\,y)\,dx$
$x^{-\frac{2}{3}} \sin(a\,x^{\frac{1}{3}})$	$\dfrac{1}{2}\,\pi \left(\dfrac{3\,y}{a}\right)^{-\frac{1}{2}} \left[J_{\frac{1}{3}}(v) + J_{-\frac{1}{3}}(v) - \pi^{-1}\,3^{\frac{1}{2}} K_{\frac{1}{3}}(v) \right]$ $v = 2\left(\dfrac{a}{3}\right)^{\frac{3}{2}} y^{-\frac{1}{2}}$
$x^{-\frac{2}{3}} \cos(a\,x^{\frac{1}{3}})$	$\dfrac{\pi}{6}\left(\dfrac{y}{a}\right)^{-\frac{1}{2}} \Big\{ I_{-\frac{1}{3}}(v) + I_{\frac{1}{3}}(v) + J_{-\frac{1}{3}}(v) - J_{\frac{1}{3}}(v) -$ $- 2\left[J_{\frac{1}{3}}(v) - J_{-\frac{1}{3}}(v) - i\,J_{\frac{1}{3}}(i\,v) +\right.$ $\left.+ i\,J_{-\frac{1}{3}}(i\,v) \right] \Big\} \qquad v = 2\left(\dfrac{a}{3}\right)^{\frac{3}{2}} y^{-\frac{1}{2}}$
$e^{a\sin x} \qquad 0 < x < \pi$ $0 \qquad\qquad x > \pi$	$-\dfrac{1}{2}\,\pi\,i \sec\left(\dfrac{1}{2}\,\pi\,y\right) \times$ $\times \left[e^{i\frac{\pi}{2}\,y} J_y(i\,a) - e^{-i\frac{\pi}{2}\,y} J_{-y}(i\,a) \right]$
$e^{-a\sin x} \qquad 0 < x < \pi$ $0 \qquad\qquad x > \pi$	$\dfrac{1}{2}\,\pi\,i \sec\left(\dfrac{1}{2}\,\pi\,y\right) \times$ $\times \left[e^{-i\frac{\pi}{2}\,y} J_y(i\,a) - e^{i\frac{\pi}{2}\,y} J_{-y}(i\,a) \right]$
$(\sin x)^{-\frac{1}{2}} e^{-a\sin x} \quad 0 < x < \pi$ $0 \qquad\qquad\qquad x > \pi$	$\pi \left(\dfrac{1}{2}\,a\,\pi\right)^{\frac{1}{2}} \sin\left(\dfrac{1}{2}\,\pi\,y\right) \times$ $\times \left[I_{-\frac{1}{2}(\frac{1}{2}+y)}\left(\dfrac{1}{2}\,a\right) I_{-\frac{1}{2}(\frac{1}{2}-y)}\left(\dfrac{1}{2}\,a\right) -\right.$ $\left.- I_{\frac{1}{2}(\frac{1}{2}-y)}\left(\dfrac{1}{2}\,a\right) I_{\frac{1}{2}(\frac{1}{2}+y)}\left(\dfrac{1}{2}\,a\right) \right]$
$(\sin x)^{-\frac{1}{2}} e^{a\sin x} \quad 0 < x < \pi$ $0 \qquad\qquad\qquad x > \pi$	$\pi \left(\dfrac{1}{2}\,a\,\pi\right)^{\frac{1}{2}} \sin\left(\dfrac{1}{2}\,\pi\,y\right) \times$ $\times \left[I_{\frac{1}{2}(\frac{1}{2}-y)}\left(\dfrac{1}{2}\,a\right) I_{\frac{1}{2}(\frac{1}{2}+y)}\left(\dfrac{1}{2}\,a\right) +\right.$ $\left.+ I_{-\frac{1}{2}(\frac{1}{2}+y)}\left(\dfrac{1}{2}\,a\right) I_{-\frac{1}{2}(\frac{1}{2}-y)}\left(\dfrac{1}{2}\,a\right) \right]$
$\sin(a\sin x) \qquad 0 < x < \pi$ $0 \qquad\qquad\qquad x > \pi$	$\sin(\pi\,y)\,s_{0,y}(a) = \dfrac{1}{2}\,\pi \left[J_y(a) - J_{-y}(a) \right]$
$\cos(a\sin x) \qquad 0 < x < \pi$ $0 \qquad\qquad\qquad x > \pi$	$-y\left[1 - \cos(\pi\,y)\right] s_{-1,y}(a)$ $= \dfrac{1}{2}\,\pi \tan\left(\dfrac{1}{2}\,\pi\,y\right) \left[J_y(a) + J_{-y}(a) \right]$
$(\sin x)^{-\frac{1}{2}} \sin(a\sin x)$ $\qquad\qquad\qquad 0 < x < \pi$ $0 \qquad\qquad\qquad x > \pi$	$\pi\,(a\,\pi)^{\frac{1}{2}} \sin\left(\dfrac{1}{2}\,\pi\,y\right) J_{\frac{1}{2}(\frac{1}{2}-y)}\left(\dfrac{1}{2}\,a\right) J_{\frac{1}{2}(\frac{1}{2}+y)}\left(\dfrac{1}{2}\,a\right)$

$f(x)$	$g(y) = \int\limits_0^\infty f(x) \sin (x y)\, dx$
$(\sin x)^{-\frac{1}{2}} \cos (a \sin x)$ $\qquad\qquad 0 < x < \pi$ $0 \qquad\qquad x > \pi$	$\pi (a \pi)^{\frac{1}{2}} \sin \left(\dfrac{1}{2} \pi y\right) J_{-\frac{1}{2}(\frac{1}{2}+y)} \left(\dfrac{1}{2} a\right) \times$ $\qquad \times J_{-\frac{1}{2}(\frac{1}{2}-y)} \left(\dfrac{1}{2} a\right)$

§ 6. Zyklometrische Funktionen

$f(x)$	$g(y) = \int\limits_0^\infty f(x) \sin (x y)\, dx$
$\arccos \sin x \qquad 0 < x < 1$ $0 \qquad\qquad x > 1$	$\dfrac{1}{2} \pi y^{-1} \left[J_0 (y) - \cos y\right]$
$\arccos x \qquad 0 < x < 1$ $0 \qquad\qquad x > 1$	$\dfrac{1}{2} \pi y^{-1} \left[1 - J_0 (y)\right]$
$x^{-2} \arctan (a x)$	$\dfrac{1}{2} \pi \left[a - y \operatorname{Ei}\left(-\dfrac{y}{a}\right) - e^{-\frac{y}{a}}\right]$
$(1 - x^2)^{-\frac{1}{2}} \cos (\nu \arccos x)$ $\qquad\qquad 0 < x < 1$ $0 \qquad\qquad x > 1$	$\dfrac{1}{4} \pi \csc \left(\dfrac{1}{2} \nu \pi\right) \left[\boldsymbol{J}_\nu (y) - \boldsymbol{J}_{-\nu} (y)\right]$
$x^{-\frac{1}{2}} (1 - x^2)^{-\frac{1}{2}} \times$ $\qquad \times \cos (\nu \arccos x)$ $\qquad\qquad 0 < x < 1$ $0 \qquad\qquad x > 1$	$\dfrac{1}{2} \pi \left(\dfrac{1}{2} \pi y\right)^{\frac{1}{2}} J_{\frac{1}{2}(\nu+\frac{1}{2})} \left(\dfrac{1}{2} y\right) J_{-\frac{1}{2}(\nu-\frac{1}{2})} \left(\dfrac{1}{2} y\right)$
$(1 + x^2)^{-\frac{1}{2}\nu} \sin (\nu \arctan x)$ $\qquad\qquad \operatorname{Re} \nu > 0$	$\dfrac{1}{2} \pi \left[\Gamma(\nu)\right]^{-1} y^{\nu-1} e^{-y}$
$x^\nu (1 + x^2)^{\frac{1}{2}\nu} \sin (\nu \operatorname{arc\,ctn} x)$ $\qquad -1 < \operatorname{Re} \nu < \dfrac{1}{2}$	$\pi^{-\frac{1}{2}} \sin (\pi \nu) \Gamma(\nu+1) \times$ $\qquad \times y^{-\nu-\frac{1}{2}} \sinh \left(\dfrac{1}{2} y\right) K_{\nu+\frac{1}{2}} \left(\dfrac{1}{2} y\right)$
$x^\nu (1 + x^2)^{\frac{1}{2}\nu} \cos (\nu \operatorname{arc\,ctn} x)$ $\qquad -1 < \operatorname{Re} \nu < \dfrac{1}{2}$	$\dfrac{1}{2} \pi^{\frac{1}{2}} \Gamma(1 + \nu) y^{-\nu-\frac{1}{2}} \left[\cosh \left(\dfrac{1}{2} y\right) \times\right.$ $\qquad \left. \times I_{-\nu-\frac{1}{2}} \left(\dfrac{1}{2} y\right) - \sinh \left(\dfrac{1}{2} y\right) I_{\nu+\frac{1}{2}} \left(\dfrac{1}{2} y\right)\right]$
$\arctan (a x^{-1})$	$\pi y^{-1} e^{-\frac{1}{2} a y} \sinh \left(\dfrac{1}{2} a y\right)$

$f(x)$	$g(y) = \int\limits_0^\infty f(x) \sin(xy)\,dx$
$\arctan\left[a x (b^2 + x^2)^{-1}\right]$	$\pi\, y^{-1} e^{-y\left(b^2 + \frac{a^2}{4}\right)^{\frac12}} \sinh\left(\frac{1}{2} a y\right)$
$\arctan(a^n x^{-n})$ $n = 1, 3, 5, \ldots$	$\dfrac{1}{2}\pi\, y^{-1}\left\{1 + \sum_{m=1}^{n} (-1)^m e^{-a y \sin\left[\left(m-\frac12\right)\frac{\pi}{n}\right]} \times \right.$ $\left. \times \cos\left[a y \cos\left(m - \frac12\right)\frac{\pi}{n}\right]\right\}$
$\arctan\left(a x^{-\frac12}\right)$	$\dfrac{1}{2}\pi\, y^{-1}\left\{1 - \left[1 - C(a^2 y) - S(a^2 y)\right] \times \right.$ $\times \cos(a^2 y) -$ $\left. - \left[C(a^2 y) - S(a^2 y)\right] \sin(a^2 y)\right\}$
$(a^2 - x^2)^{-\frac12} \arccos\left(\dfrac{x}{a}\right)$ $0 < x < a$ $(x^2 - a^2)^{-\frac12} \log\left[\dfrac{x + (x^2 - a^2)^{\frac12}}{a}\right]$ $x > a$	$\dfrac{1}{4}\pi^2 \left[\boldsymbol{H}_0(a y) - Y_0(a y)\right]$
$(a^2 - x^2)^{-\frac12} \arcsin\left(\dfrac{x}{a}\right)$ $0 < x < a$ $(x^2 - a^2)^{-\frac12} \log\left[\dfrac{x - (x^2 - a^2)^{\frac12}}{a}\right]$ $x > a$	$\dfrac{1}{4}\pi^2 Y_0(a y)$

§ 7. Hyperbolische Funktionen

$f(x)$	$g(y) = \int\limits_0^\infty f(x) \sin(xy)\,dx$
$\operatorname{sech}(a x)$	$-\dfrac{1}{2}\pi\, a^{-1} \tanh\left(\dfrac{1}{2}\pi y a^{-1}\right) -$ $-\dfrac{1}{2} i\, a^{-1}\left[\psi\left(\dfrac{1}{4} + i\,\dfrac{y}{4a}\right) - \psi\left(\dfrac{1}{4} - i\,\dfrac{y}{4a}\right)\right]$
$\left[\operatorname{sech}(a x)\right]^2$	$\dfrac{1}{4} y\, a^{-2}\left[\psi\left(i\,\dfrac{y}{4a}\right) + \psi\left(-i\,\dfrac{y}{4a}\right) - \right.$ $\left. - \psi\left(\dfrac{1}{2} + i\,\dfrac{y}{4a}\right) - \psi\left(\dfrac{1}{2} - i\,\dfrac{y}{4a}\right)\right]$

$f(x)$	$g(y) = \int\limits_0^\infty f(x) \sin(x\,y)\,dx$
$[\cosh(a\,x) + \cos b]^{-1}$ $-\pi < b < \pi$	$-2\,y\,\csc b \sum\limits_{n=1}^{\infty} (-1)^n \,(y^2 + a^2\,n^2)^{-1} \sin(n\,b)$
$[\cosh(a\,x) + \cosh b]^{-1}$	$-\pi\,\operatorname{csch} b \left\{ a^{-1} \cos\left(\dfrac{b\,y}{a}\right) \operatorname{csch}\left(\dfrac{\pi\,y}{a}\right) - \right.$ $\left. - \dfrac{y}{\pi} \sum\limits_{n=0}^{\infty} (-1)^n \,\varepsilon_n \,(y^2 + a^2\,n^2)^{-1}\, e^{-n\,b} \right\}$
$\sinh\left(\dfrac{1}{2}\,a\,x\right) \times$ $\times [\cos b + \cosh(a\,x)]^{-1}$ $-\pi < b < \pi$	$\dfrac{1}{2}\,\pi\,a^{-1} \csc\left(\dfrac{1}{2}\,b\right) \sinh\left(\dfrac{b\,y}{a}\right) \operatorname{sech}\left(\dfrac{\pi\,y}{a}\right)$
$\sinh(a\,x) \times$ $\times [\cos b + \cosh(c\,x)]^{-1}$	$\pi\,c^{-1} \csc b \left\{ \sin\left[\dfrac{a}{c}\,(\pi + b)\right] \times \right.$ $\times \sinh\left[\dfrac{y}{c}\,(\pi - b)\right] -$ $\left. - \sin\left[\dfrac{a}{c}\,(\pi - b)\right] \sinh\left[\dfrac{y}{c}\,(\pi + b)\right] \right\} \times$ $\times \left[\cosh\left(2\pi\,\dfrac{y}{c}\right) - \cos\left(2\pi\,\dfrac{a}{c}\right)\right]^{-1}$
$0 \qquad\qquad 0 < x < a$ $(\cosh x - \cosh a)^{-\frac{1}{2}} \quad x > a$	$2^{-\frac{1}{2}}\pi \tanh(\pi\,y)\, P_{-\frac{1}{2}+i\,y}(\cosh a)$
$0 \qquad\qquad 0 < x < a$ $(\cosh x - \cosh a)^{-\mu} \quad x > a$ $\qquad\qquad 0 < \operatorname{Re}\mu < 1$	$(2\pi)^{-\frac{1}{2}} \Gamma(1 - \mu)\,(\sinh a)^{\frac{1}{2}-\mu} \times$ $\times \sinh(\pi\,y)\,\Gamma(\mu + i\,y)\,\Gamma(\mu - i\,y) \times$ $\times \mathfrak{P}^{\frac{1}{2}-\mu}_{-\frac{1}{2}+i\,y}(\cosh a)$
$\sinh x\,[(1 + \cosh x)^{-\frac{3}{2}} -$ $- (a + \cosh x)^{-\frac{3}{2}}]$ $a > -1$	$- i\,\pi\,2^{-\frac{3}{2}} \operatorname{sech}(\pi\,y)\,[P_{\frac{1}{2}+i\,y}(a) - P_{\frac{1}{2}-i\,y}(a)]$
$\operatorname{csch}(a\,x)$	$\dfrac{1}{2}\,\pi\,a^{-1} \tanh\left(\dfrac{\pi\,y}{2\,a}\right)$
$x\,\operatorname{csch}(a\,x)$	$\dfrac{1}{4}\,i\,a^{-2}\left[\psi'\left(\dfrac{1}{2} + i\,\dfrac{y}{2\,a}\right) - \psi'\left(\dfrac{1}{2} - i\,\dfrac{y}{2\,a}\right)\right]$

$f(x)$	$g(y) = \int\limits_0^\infty f(x) \sin(xy)\, dx$
$x^{-1} - \operatorname{csch} x$	$\pi\left(1 + e^{\pi y}\right)^{-1}$
$x^{-1}\left(x^{-1} - \operatorname{csch} x\right)$	$i \log\left[\dfrac{\Gamma(\frac{1}{2} - i\frac{1}{2}y)}{\Gamma(\frac{1}{2} + i\frac{1}{2}y)}\right] - y\left[\log\left(\dfrac{1}{2}\, y\right) - 1\right]$
$x^{s-1}\left(\operatorname{csch} x - x^{-1}\right)$ $\qquad -2 < \operatorname{Re} s < 1$	$\cos\left(\dfrac{1}{2}\,\pi s\right)\Gamma(s-1)\,y^{1-s} -$ $\quad - i\, 2^{-s}\,\Gamma(s)\left[\zeta\left(s, \dfrac{1}{2} - i\,\dfrac{1}{2}\, y\right) -\right.$ $\quad \left. - \zeta\left(s, \dfrac{1}{2} + i\,\dfrac{1}{2}\, y\right)\right]$
$x\operatorname{sech}(ax)$	$\dfrac{1}{4}\,\pi^2 a^{-2} \sinh\left(\dfrac{\pi y}{2a}\right)\operatorname{sech}^2\left(\dfrac{\pi y}{2a}\right)$
$x^{-1}\operatorname{sech}(ax)$	$\arctan\left[\sinh\left(\dfrac{\pi y}{2a}\right)\right]$
$x^{-1}\left[1 - \operatorname{sech}(ax)\right]$	$\operatorname{arc\,ctn}\left[\sinh\left(\dfrac{\pi y}{2a}\right)\right]$
$1 - \tanh(ax)$	$y^{-1} - \dfrac{1}{2}\,\pi a^{-1} \operatorname{csch}\left(\dfrac{\pi y}{2a}\right)$
$1 - \operatorname{ctnh}(ax)$	$y^{-1} - \dfrac{1}{2}\,\pi a^{-1} \operatorname{ctnh}\left(\dfrac{\pi y}{2a}\right)$
$x^{-1}\tanh(ax)$	$\dfrac{1}{2}\,\pi - i \log\left[\dfrac{\Gamma\left(\frac{1}{2} + i\,\frac{y}{4a}\right)\Gamma\left(1 - i\,\frac{y}{4a}\right)}{\Gamma\left(\frac{1}{2} - i\,\frac{y}{4a}\right)\Gamma\left(1 + i\,\frac{y}{4a}\right)}\right]$
$\dfrac{\cosh(ax)}{\sinh(bx)} \qquad a < b$	$\dfrac{1}{2}\,\pi b^{-1}\, \dfrac{\sinh\left(\frac{\pi y}{b}\right)}{\cosh\left(\frac{\pi y}{b}\right) + \cos\left(\frac{\pi a}{b}\right)}$
$\dfrac{\sinh(ax)}{\cosh(bx)} \qquad a < b$	$\pi b^{-1} \sin\left(\dfrac{\pi a}{2b}\right) \dfrac{\sinh\left(\frac{\pi y}{2b}\right)}{\cosh\left(\frac{\pi y}{b}\right) + \cos\left(\frac{\pi a}{b}\right)}$

$f(x)$	$g(y) = \int\limits_0^\infty f(x) \sin(xy)\,dx$
$\dfrac{\cosh(ax)}{\cosh(bx)}$ $a < b$	$\dfrac{1}{4} i\, b^{-1} \left\{ \psi\left(\dfrac{3}{4} + \dfrac{a+iy}{4b}\right) - \psi\left(\dfrac{3}{4} + \dfrac{a-iy}{4b}\right) + \right.$ $+\, \psi\left(\dfrac{3}{4} - \dfrac{a-iy}{4b}\right) - \psi\left(\dfrac{3}{4} - \dfrac{a+iy}{4b}\right) -$ $-\, 2\pi i \sinh\left(\dfrac{\pi y}{b}\right) \times$ $\left. \times \left[\cosh\left(\dfrac{\pi y}{b}\right) + \cos\left(\dfrac{\pi a}{b}\right)\right]^{-1} \right\}$
$\dfrac{\sinh(ax)}{\sinh(bx)}$ $a < b$	$\dfrac{1}{2} \pi\, b^{-1} \sinh\left(\dfrac{\pi y}{b}\right) \times$ $\times \left[\cosh\left(\dfrac{\pi y}{b}\right) + \cos\left(\dfrac{\pi a}{b}\right)\right]^{-1} +$ $+\, \dfrac{1}{2} i\, b^{-1} \left[\psi\left(\dfrac{1}{2} + \dfrac{a+iy}{2b}\right) - \right.$ $\left. -\, \psi\left(\dfrac{1}{2} + \dfrac{a-iy}{2b}\right)\right]$
$x^{-1} \sinh(ax)\,\operatorname{csch}(bx)$ $a \leqq b$	$\arctan\left[\tan\left(\dfrac{\pi a}{2b}\right) \tanh\left(\dfrac{\pi y}{2b}\right)\right]$
$x^{-1} \cosh(ax)\,\operatorname{sech}(bx)$ $a \leqq b$	$\arctan\left[\sinh\left(\dfrac{\pi y}{2b}\right) \sec\left(\dfrac{\pi a}{2b}\right)\right]$
$x^{-1} \sinh(ax)\,\operatorname{sech}(bx)$ $a \leqq b$	$\arctan\left[\tan\left(\dfrac{\pi a}{2b}\right) \tanh\left(\dfrac{\pi y}{2b}\right)\right] -$ $-\, i\left[\log \Gamma\left(\dfrac{3}{4} - \dfrac{a-iy}{4b}\right) - \right.$ $-\, \log \Gamma\left(\dfrac{3}{4} - \dfrac{a+iy}{4b}\right) +$ $+\, \log \Gamma\left(\dfrac{3}{4} + \dfrac{a-iy}{4b}\right) -$ $\left. -\, \log \Gamma\left(\dfrac{3}{4} + \dfrac{a+iy}{4b}\right)\right]$
$x^{-1}\left[1 - \cosh(ax)\,\operatorname{sech}(bx)\right]$ $a \leqq b$	$\arctan\left[\cos\left(\dfrac{\pi a}{2b}\right) \operatorname{csch}\left(\dfrac{\pi y}{2b}\right)\right]$
$x\,\operatorname{sech}^2 x$	$-\dfrac{1}{2} \pi \dfrac{d}{dy}\left[y\,\operatorname{csch}\left(\dfrac{1}{2}\pi y\right)\right]$

$f(x)$	$g(y) = \int\limits_0^\infty f(x) \sin(xy)\, dx$
$x^{-1} \operatorname{csch}(bx) [\sinh(ax)]^2$ $a \leq \dfrac{b}{2}$	$\dfrac{1}{2} \arctan \left\{ \dfrac{2\left(\sin\dfrac{\pi a}{2b}\right)^2 \sinh\left(\dfrac{\pi y}{2b}\right)}{\left(\cosh\dfrac{\pi y}{2b}\right)^2 - 2\left(\sin\dfrac{\pi a}{2b}\right)^2} \right\}$
$\sinh(ax) [\operatorname{sech}(bx)]^2$ $a < 2b$	$\pi b^{-2} \dfrac{y \sin\left(\dfrac{\pi a}{2b}\right)\cosh\left(\dfrac{\pi y}{2b}\right) - a \cos\left(\dfrac{\pi a}{2b}\right)\sinh\left(\dfrac{\pi y}{2b}\right)}{\cosh\left(\dfrac{\pi y}{b}\right) - \cos\left(\dfrac{\pi a}{b}\right)}$
$(1+x^2)^{-1}\operatorname{csch}(\pi x)$	$\sinh y \log(1 + e^{-y}) - \dfrac{1}{2} y e^{-y}$
$(1+x^2)^{-1}\operatorname{csch}\left(\dfrac{1}{2}\pi x\right)$	$e^y \arctan(e^{-y}) - e^{-y} \arctan(e^y)$
$(m^2+x^2)^{-1}\operatorname{csch}(\pi x)$ $m = 1, 2, 3, \ldots$	$(-1)^m \dfrac{1}{2} m^{-1} y v^m +$ $+ \dfrac{1}{2} m^{-1} \sum\limits_{n=1}^{m-1} (-1)^n v^n (m-n)^{-1} +$ $+ (-1)^m \dfrac{1}{2} m^{-1} v^m \log(1+v) +$ $+ \dfrac{1}{2} (m!)^{-1} \dfrac{d^{m-1}}{dv^{m-1}} [v^{-1}(1+v)^{m-1} \times$ $\times \log(1+v)] \qquad v = e^{-y}$
$(a^2+x^2)^{-1}\operatorname{csch}(\pi x)$	$-\dfrac{1}{2} a^{-2} - \dfrac{1}{2} \pi a^{-1} \csc(\pi a) e^{-ay} +$ $+ \dfrac{1}{2} a^{-2}[{}_2F_1(1, -a; 1-a; -e^{-y}) +$ $+ {}_2F_1(1, a; 1+a; -e^{-y})]$
$x(1+x^2)^{-1}\operatorname{sech}\left(\dfrac{1}{4}\pi x\right)$	$2^{-\frac{1}{2}}\left[\pi e^{-y} + \sinh y \log\left(\dfrac{2^{\frac{1}{2}}\cosh y + 1}{2^{\frac{1}{2}}\cosh y - 1}\right)\right] -$ $- 2^{\frac{1}{2}} \cosh[\arctan(2^{-\frac{1}{2}}\operatorname{csch} y)]$
$(x^2+b^2)^{-1}\cosh(ax) \times$ $\times \operatorname{csch}(\pi x) \qquad a \leq \pi$	$-\dfrac{1}{2} \pi b^{-1} \csc(\pi b) e^{-by} \cos(ab)$ $- \dfrac{1}{2} \sum\limits_{n=0}^{\infty} (-1)^n \varepsilon_n (n^2 - b^2)^{-1} e^{-ny} \cos(an)$

$f(x)$	$g(y) = \int\limits_0^\infty f(x)\sin(xy)\,dx$
$e^{-ax}\operatorname{csch}(bx) \qquad a > b$	$-\dfrac{1}{2}\,i\,b^{-1}\left[\psi\left(\dfrac{1}{2}+\dfrac{a+iy}{2b}\right)-\psi\left(\dfrac{1}{2}+\dfrac{a-iy}{2b}\right)\right]$
$e^{-ax}\operatorname{csch}(ax)$	$\dfrac{1}{2}\,\pi\,a^{-1}\operatorname{ctnh}\left(\dfrac{\pi y}{2a}\right)-y^{-1}$
$[\sinh(ax)]^{-\nu}$ $\qquad 0 < \operatorname{Re}\nu < 2$	$2^\nu\pi a^{-1}\cos\left(\dfrac{1}{2}\,\pi\nu\right)\Gamma(1-\nu)\times$ $\times\left[\Gamma\left(1-\dfrac{1}{2}\nu+i\,\dfrac{y}{2a}\right)\times\right.$ $\left.\times\Gamma\left(1-\dfrac{1}{2}\nu-i\,\dfrac{y}{2a}\right)\right]^{-1}\times$ $\times\sinh\left(\dfrac{\pi y}{2a}\right)\left[\cosh\left(\dfrac{\pi y}{2a}\right)-\cos(\pi\nu)\right]^{-1}$
$e^{-ax}[\operatorname{csch}(bx)]^\nu$ $\qquad \operatorname{Re}\nu > -2$ $-b\operatorname{Re}\nu < \operatorname{Re}\alpha < b\operatorname{Re}\nu$	$-i\,b^{-1}2^{-\nu-2}\Gamma(1+\nu)\times$ $\times\left[\dfrac{\Gamma\left(-\dfrac{1}{2}\nu+\dfrac{a-iy}{2b}\right)}{\Gamma\left(\dfrac{1}{2}\nu+1+\dfrac{a-iy}{2b}\right)}-\right.$ $\left.-\dfrac{\Gamma\left(-\dfrac{1}{2}\nu+\dfrac{a+iy}{2b}\right)}{\Gamma\left(\dfrac{1}{2}\nu+1+\dfrac{a+iy}{2b}\right)}\right]$
$(e^{bx}-1)^{-1}\sinh(ax)$ $\qquad a < b$	$\dfrac{1}{2}\,\pi\,b^{-1}\sinh\left(\dfrac{2\pi y}{b}\right)\times$ $\times\left[\cosh\left(\dfrac{2\pi y}{b}\right)-\cos\left(\dfrac{2\pi a}{b}\right)\right]^{-1}-$ $-\dfrac{1}{2}\,y\,(a^2+y^2)^{-1}+$ $+\dfrac{1}{2}\,i\,b^{-1}\left[\psi\left(1+\dfrac{a+iy}{b}\right)-\psi\left(1+\dfrac{a-iy}{b}\right)\right]$
$x^{-1}e^{-bx}\sinh(ax)$	$\dfrac{1}{2}\arctan\left[2ay\,(y^2+b^2-a^2)^{-1}\right]$
$x^{-1}e^{-x^2}\sinh x^2$	$\dfrac{1}{4}\,\pi\operatorname{Erfc}\left(2^{-\frac{3}{2}}y\right)$

$f(x)$	$g(y) = \int\limits_0^\infty f(x) \sin(xy)\, dx$
$\sin(\pi x^2)\,\text{ctnh}(\pi x)$	$\dfrac{1}{2}\sin\left(\dfrac{\pi}{4} + \dfrac{y^2}{4\pi}\right)\tanh\left(\dfrac{1}{2}y\right)$
$\cos(\pi x^2)\,\text{ctnh}(\pi x)$	$\dfrac{1}{2}\left[1 - \cos\left(\dfrac{\pi}{4} + \dfrac{y^2}{4\pi}\right)\right]\tanh\left(\dfrac{1}{2}y\right)$
$\sin(\pi^{-1}a^2 x^2)\,\text{csch}(ax)$	$\dfrac{1}{2}\pi a^{-1}\sin\left(\dfrac{1}{4}\pi y^2 a^{-2}\right)\text{csch}\left(\dfrac{1}{2}\pi y a^{-1}\right)$
$\cos(\pi^{-1}a^2 x^2)\,\text{csch}(ax)$	$\dfrac{1}{2}\pi a^{-1}\left[\cosh\left(\dfrac{\pi y}{2a}\right) - \cos\left(\dfrac{1}{4}\pi y^2 a^{-2}\right)\right]\times$ $\times\text{csch}\left(\dfrac{\pi y}{2a}\right)$
$e^{-bx}\sinh(ax^{\frac{1}{2}})$	$\dfrac{1}{2}\pi^{\frac{1}{2}}a\,(b^2+y^2)^{-\frac{3}{4}}e^{\frac{1}{4}a^2 b\,(b^2+y^2)^{-1}}\times$ $\times\sin\left[\dfrac{1}{4}a^2 y\,(b^2+y^2)^{-1} + \dfrac{3}{2}\arctan\left(\dfrac{y}{b}\right)\right]$
$e^{-ax}\begin{cases}\tanh(bx^{\frac{1}{2}})\\ \text{ctnh}(bx^{\frac{1}{2}})\end{cases}$	MORDELL, L. J.: Mess. Math., Bd. 49, S. 65—72. 1920.
$x^{-\frac{1}{2}}(a^2-x^2)^{-\frac{1}{2}}\times$ $\times\cosh\left[b\,(a^2-x^2)^{\frac{1}{2}}\right]$ $\qquad\qquad 0<x<a$ $0 \qquad\qquad x>a$	$\dfrac{1}{2}\pi\left(\dfrac{1}{2}\pi y\right)^{\frac{1}{2}}J_{\frac{1}{4}}\left\{\dfrac{1}{2}a\,[b-(b^2-y^2)^{\frac{1}{2}}]\right\}\times$ $\times J_{\frac{1}{4}}\left\{\dfrac{1}{2}a\,[b+(b^2-y^2)^{\frac{1}{2}}]\right\}$
$e^{-a\sinh x}$	$y\,S_{-1,iy}(a) = \dfrac{1}{2}\pi\,\text{csch}(\pi y)\,[\boldsymbol{J}_{iy}(a) +$ $+\,\boldsymbol{J}_{-iy}(a) - J_{iy}(a) - J_{-iy}(a)]$
$e^{-a\cosh x}$	$\text{csch}(\pi y)\left[\int\limits_0^\pi e^{a\cos t}\cosh(yt)\,dt -\right.$ $\left. -\dfrac{1}{2}\pi I_{iy}(a) - \dfrac{1}{2}\pi I_{-iy}(a)\right]$
$e^{-a\cosh x}\sinh\left(\dfrac{1}{2}x\right)$	$\dfrac{1}{2}\pi^{\frac{1}{2}}a^{-1}\,y\,W_{-\frac{1}{2},\,i\frac{1}{2}y}(2a)$
$\sinh x\,e^{-a\cosh x}$	$y\,a^{-1}K_{iy}(a)$

$f(x)$	$g(y)=\int\limits_0^\infty f(x)\sin(xy)\,dx$
$(\sinh x)^{-\frac{1}{2}}e^{-a\sinh x}$	$\frac{1}{2}\left(\frac{1}{2}\pi\right)^{\frac{3}{2}}i\,a^{\frac{1}{2}}\Big[J_{\frac{1}{2}(\frac{1}{2}-iy)}\left(\frac{1}{2}a\right)Y_{-\frac{1}{2}(\frac{1}{2}+iy)}\left(\frac{1}{2}a\right)-J_{-\frac{1}{2}(\frac{1}{2}+iy)}\left(\frac{1}{2}a\right)Y_{\frac{1}{2}(\frac{1}{2}-iy)}\left(\frac{1}{2}a\right)-J_{\frac{1}{2}(\frac{1}{2}+iy)}\left(\frac{1}{2}a\right)Y_{-\frac{1}{2}(\frac{1}{2}-iy)}\left(\frac{1}{2}a\right)+J_{-\frac{1}{2}(\frac{1}{2}-iy)}\left(\frac{1}{2}a\right)Y_{\frac{1}{2}(\frac{1}{2}+iy)}\left(\frac{1}{2}a\right)\Big]$
$\log[\tanh(ax)]$	$-y^{-1}\Big[\gamma+2\log 2+\frac{1}{2}\psi\left(\frac{1}{2}+i\frac{y}{4a}\right)+\psi\left(\frac{1}{2}-i\frac{y}{4a}\right)\Big]$
$\sin(a\sinh x)$	$\sinh\left(\frac{1}{2}\pi y\right)K_{iy}(a)$
$\cos(a\sinh x)$	$\frac{1}{4}\pi\operatorname{csch}\left(\frac{1}{2}\pi y\right)\Big\{-I_{iy}(a)-I_{-iy}(a)+y\operatorname{sech}\left(\frac{1}{2}\pi y\right)[\boldsymbol{J}_{iy}(ia)+\boldsymbol{J}_{-iy}(ia)]\Big\}$
$(\sinh x)^{-\frac{1}{2}}\sin(a\sinh x)$	$-\frac{1}{2}i\left(\frac{1}{2}\pi a\right)^{\frac{1}{2}}\Big[I_{\frac{1}{2}(\frac{1}{2}-iy)}\left(\frac{1}{2}a\right)\times K_{\frac{1}{2}(\frac{1}{2}+iy)}\left(\frac{1}{2}a\right)-I_{\frac{1}{2}(\frac{1}{2}+iy)}\left(\frac{1}{2}a\right)K_{\frac{1}{2}(\frac{1}{2}-iy)}\left(\frac{1}{2}a\right)\Big]$
$(\sinh x)^{-\frac{1}{2}}\cos(a\sinh x)$	$-\frac{1}{2}i\left(\frac{1}{2}\pi a\right)^{\frac{1}{2}}\Big[I_{-\frac{1}{2}(\frac{1}{2}+iy)}\left(\frac{1}{2}a\right)\times K_{\frac{1}{2}(\frac{1}{2}-iy)}\left(\frac{1}{2}a\right)-I_{-\frac{1}{2}(\frac{1}{2}-iy)}\left(\frac{1}{2}a\right)K_{\frac{1}{2}(\frac{1}{2}+iy)}\left(\frac{1}{2}a\right)\Big]$
$(\sin x)^{-\frac{1}{2}}\sinh(a\sin x)$ $0<x<\pi$ 0 $x>\pi$	$\pi\left(\frac{1}{2}a\pi\right)^{\frac{1}{2}}\sin\left(\frac{1}{2}\pi y\right)\times I_{\frac{1}{2}(\frac{1}{2}-y)}\left(\frac{1}{2}a\right)I_{\frac{1}{2}(\frac{1}{2}+y)}\left(\frac{1}{2}a\right)$

$f(x)$	$g(y) = \int\limits_0^\infty f(x) \sin(xy)\, dx$
$(\sin x)^{-\frac{1}{2}} \cosh(a \sin x)$ $0 < x < \pi$ 0 $x > \pi$	$\pi \left(\dfrac{1}{2} a \pi\right)^{\frac{1}{2}} \sin\left(\dfrac{1}{2} \pi y\right) \times$ $\times I_{-\frac{1}{2}(\frac{1}{2}+y)}\left(\dfrac{1}{2} a\right) I_{-\frac{1}{2}(\frac{1}{2}-y)}\left(\dfrac{1}{2} a\right)$
$e^{-a \cosh x} \sin(b \sinh x)$	$\sinh\left[y \arctan\left(\dfrac{b}{a}\right)\right] K_{iy}\left[(a^2 + b^2)^{\frac{1}{2}}\right]$
$\sin(a \cosh x) \sin(b \sinh x)$	$\dfrac{1}{4} \pi i \sin\left[\dfrac{1}{2} y \log\left(\dfrac{a+b}{a-b}\right)\right] \operatorname{csch}\left(\dfrac{1}{2} \pi y\right) \times$ $\times \left\{ J_{iy}\left[(a^2 - b^2)^{\frac{1}{2}}\right] - J_{-iy}\left[(a^2 - b^2)^{\frac{1}{2}}\right] \right\}$ $\hfill a > b$ $\sin\left[\dfrac{1}{2} y \log\left(\dfrac{b+a}{b-a}\right)\right] \cosh\left(\dfrac{1}{2} \pi y\right) \times$ $\times K_{iy}\left[(b^2 - a^2)^{\frac{1}{2}}\right] \hfill a < b$
$\cos(a \cosh x) \sin(b \sinh x)$	$-\dfrac{1}{4} \pi \sin\left[\dfrac{1}{2} y \log\left(\dfrac{a+b}{a-b}\right)\right] \operatorname{sech}\left(\dfrac{1}{2} \pi y\right) \times$ $\times \left\{ J_{iy}\left[(a^2 - b^2)^{\frac{1}{2}}\right] + J_{-iy}\left[(a^2 - b^2)^{\frac{1}{2}}\right] \right\}$ $\hfill a > b$ $\cos\left[\dfrac{1}{2} y \log\left(\dfrac{b+a}{b-a}\right)\right] \sinh\left(\dfrac{1}{2} \pi y\right) \times$ $\times K_{iy}\left[(b^2 - a^2)^{\frac{1}{2}}\right] \hfill a < b$
$\operatorname{arc\,ctn}\left[\sinh(a x)\right]$	$\dfrac{1}{2} \pi y^{-1}\left[1 - \operatorname{sech}\left(\dfrac{\pi y}{2a}\right)\right]$

§ 8. Orthogonale Polynome

$f(x)$	$g(y) = \int\limits_0^\infty f(x) \sin(xy)\, dx$
$P_n(x)$ $0 < x < 1$ 0 $x > 1$	$\dfrac{1}{4} \pi^{\frac{1}{2}} \dfrac{(1-n)(2+n)}{\Gamma(\frac{3}{2}-\frac{1}{2}n)\, \Gamma(2+\frac{1}{2}n)} y^{-\frac{1}{2}} S_{\frac{1}{2},\, n+\frac{1}{2}}(y)$
$P_{2n+1}(x)$ $0 < x < 1$ 0 $x > 1$	$(-1)^n \left(\dfrac{\pi}{2y}\right)^{\frac{1}{2}} J_{2n+\frac{3}{2}}(y)$

$f(x)$	$g(y) = \int\limits_{0}^{\infty} f(x) \sin(x\,y)\,dx$
$x^{\lambda-1} P_n(x) \qquad 0 < x < 1$ $0 \qquad\qquad\qquad x > 1$ $\mathrm{Re}\,(\lambda + n) > -1$	$\pi^{\frac{1}{2}} 2^{-\lambda-1} \Gamma(1 + \lambda) \times$ $\times \left[\Gamma\left(1 + \dfrac{\lambda - n}{2}\right) \Gamma\left(\dfrac{3 + 3\lambda + 3n}{2}\right) \right]^{-1} \times$ $\times y\,{}_2F_3\left(\dfrac{1+\lambda}{2}, 1 + \dfrac{1}{2}\lambda; \dfrac{3}{2}, 1 + \dfrac{\lambda - n}{2},\right.$ $\left. \dfrac{3 + \lambda + n}{2}; -\dfrac{y^2}{4}\right)$
$P_n(1 - 2x^2) \qquad 0 < x < 1$ $0 \qquad\qquad\qquad x > 1$	$\dfrac{1}{2}\pi \left[J_{n+\frac{1}{2}}\left(\dfrac{1}{2}y\right) \right]^2$
$(a^2 - x^2)^{-\frac{1}{2}} T_{2n+1}\left(\dfrac{x}{a}\right)$ $\qquad\qquad\qquad 0 < x < a$ $0 \qquad\qquad\qquad x > a$	$(-1)^n \dfrac{1}{2}\pi J_{2n+1}(a\,y)$
$x^{-\frac{1}{2}}(1 - x^2)^{-\frac{1}{2}} T_n(x)$ $\qquad\qquad\qquad 0 < x < 1$ $0 \qquad\qquad\qquad x > 1$	$\dfrac{1}{2}\pi \left(\dfrac{1}{2}\pi y\right)^{\frac{1}{2}} J_{\frac{1}{2}(n+\frac{1}{2})}\left(\dfrac{1}{2}y\right) J_{-\frac{1}{2}(n-\frac{1}{2})}\left(\dfrac{1}{2}y\right)$
$(1 - x^2)^{-\frac{1}{2}} \cos\left[a(1 - x^2)^{\frac{1}{2}}\right] \times$ $\times T_{2n+1}(x) \qquad 0 < x < 1$ $0 \qquad\qquad\qquad x > 1$	$(-1)^n \dfrac{1}{2}\pi T_{2n+1}\left[y(a^2 + y^2)^{-\frac{1}{2}}\right] \times$ $\times J_{2n+1}\left[(a^2 + y^2)^{\frac{1}{2}}\right]$
$T_{2n+1}\left[x(a^2 + x^2)^{-\frac{1}{2}}\right] \times$ $\times J_{2n+1}\left[(a^2 + x^2)^{\frac{1}{2}}\right]$	$(-1)^n (1 - y^2)^{-\frac{1}{2}} \cos\left[a(1 - y^2)^{\frac{1}{2}}\right] T_{2n+1}(y)$ $\qquad\qquad\qquad 0 < y < 1$ $0 \qquad\qquad\qquad y > 1$
$\sin\left[a(1 - x^2)^{\frac{1}{2}}\right] U_{2n+1}(x)$ $\qquad\qquad\qquad 0 < x < 1$ $0 \qquad\qquad\qquad x > 1$	$(-1)^n \dfrac{1}{2}\pi a(a^2 + y^2)^{-\frac{1}{2}} \times$ $\times U_{2n+1}\left[y(a^2 + y^2)^{-\frac{1}{2}}\right] J_{2n+2}\left[(a^2 + y^2)^{\frac{1}{2}}\right]$
$(a^2 + x^2)^{-\frac{1}{2}} \times$ $\times U_{2n+1}\left[x(a^2 + x^2)^{-\frac{1}{2}}\right] \times$ $\times J_{2n+2}\left[(a^2 + x^2)^{\frac{1}{2}}\right]$	$(-1)^n a^{-1} \sin\left[a(1 - y^2)^{\frac{1}{2}}\right] U_{2n+1}(y)$ $\qquad\qquad\qquad 0 < y < 1$ $0 \qquad\qquad\qquad y > 1$

$f(x)$	$g(y) = \int\limits_0^\infty f(x) \sin(xy)\, dx$
$x(1-x^2)^{-\frac{1}{2}} \sin\left[a(1-x^2)^{\frac{1}{2}}\right] \times$ $\times U_{2n+1}\left[(1-x^2)^{\frac{1}{2}}\right]$ $\qquad 0 < x < 1$ $0 \qquad\qquad x > 1$	$(-1)^n \dfrac{1}{2} \pi y (a^2 + y^2)^{-\frac{1}{2}} \times$ $\times U_{2n+1}\left[a(a^2+y^2)^{-\frac{1}{2}}\right] J_{2n+2}\left[(a^2+y^2)^{\frac{1}{2}}\right]$
$x(1-x^2)^{-\frac{1}{2}} \cos\left[a(1-x^2)^{\frac{1}{2}}\right] \times$ $\times U_{2n}\left[(1-x^2)^{\frac{1}{2}}\right]$ $\qquad 0 < x < 1$ $0 \qquad\qquad x > 1$	$(-1)^n \dfrac{1}{2} \pi y (a^2 + y^2)^{-\frac{1}{2}} \times$ $\times U_{2n}\left[a(a^2+y^2)^{-\frac{1}{2}}\right] J_{2n+1}\left[(a^2+y^2)^{\frac{1}{2}}\right]$
$x(a^2+x^2)^{-\frac{1}{2}} \times$ $\times U_{2n}\left[a(a^2+x^2)^{-\frac{1}{2}}\right] \times$ $\times J_{2n+1}\left[b(a^2+x^2)^{\frac{1}{2}}\right]$	$(-1)^n b^{-\frac{1}{4}} y (b^2 - y^2)^{-\frac{1}{2}} \cos\left[a(b^2-y^2)^{\frac{1}{2}}\right] \times$ $\times U_{2n}\left[(1-y^2 b^{-2})^{\frac{1}{2}}\right] \qquad 0 < y < b$ $0 \qquad\qquad\qquad\qquad y > b$
$x(a^2+x^2)^{-\frac{1}{2}} \times$ $\times U_{2n+1}\left[a(a^2+x^2)^{-\frac{1}{2}}\right] \times$ $\times J_{2n+2}\left[b(a^2+x^2)^{\frac{1}{2}}\right]$	$(-1)^n b^{-\frac{1}{4}} y (b^2 - y^2)^{-\frac{1}{2}} \sin\left[a(b^2-y^2)^{\frac{1}{2}}\right] \times$ $\times U_{2n+1}\left[(1-y^2 b^{-2})^{\frac{1}{2}}\right] \qquad 0 < y < b$ $0 \qquad\qquad\qquad\qquad y > b$
$(a^2-x^2)^{-\frac{1}{2}+\nu} C^{\nu}_{2n+1}\left(\dfrac{x}{a}\right)$ $\qquad\qquad 0 < x < a$ $0 \qquad\qquad\qquad x > a$	$(-1)^n \pi a^{\nu} \dfrac{\Gamma(2n+2\nu+1)}{(2n+1)!\,\Gamma(\nu)} (2y)^{-\nu} J_{\nu+2n+1}(ay)$
$(1-x^2)^{\nu} P^{(\nu,\nu)}_{2n+1}(x)$ $\qquad\qquad 0 < x < 1$ $0 \qquad\qquad\qquad x > 1$ $\qquad\qquad \operatorname{Re}\nu > -1$	$(-1)^n \pi^{\frac{1}{2}} 2^{\nu-\frac{1}{2}} \left[(2n+1)!\right]^{-1} \times$ $\times \Gamma(2n+\nu+2) y^{-\nu-\frac{1}{2}} J_{\nu+2n+\frac{3}{2}}(y)$
$\left[(1-x)^{\nu}(1+x)^{\mu} -\right.$ $-\left.(1+x)^{\nu}(1-x)^{\mu}\right] \times$ $\times P^{(\nu,\mu)}_{2n}(x) \qquad 0 < x < 1$ $0 \qquad\qquad\qquad x > 1$ $\qquad\qquad \operatorname{Re}(\nu,\mu) > -1$	$(-1)^{n+1} 2^{2n+\nu+\mu} \left[(2n)!\right]^{-1} B(2n+\nu+1,$ $2n+\mu+1) y^{2n} i\left[e^{iy}\,_1F_1(2n+\mu+1;\right.$ $4n+\nu+\mu+2; -2iy) -$ $- e^{-iy}\,_1F_1(2n+\mu+1;$ $\left.4n+\nu+\mu+2; 2iy)\right]$

$f(x)$	$g(y) = \int\limits_{0}^{\infty} f(x) \sin(x\,y)\,dx$
$[(1-x)^{\nu}(1+x)^{\mu} + (1+x)^{\nu}(1-x)^{\mu}] \times P_{2n+1}^{(\nu,\mu)}(x) \quad 0 < x < 1$ $0 \qquad x > 1$ $\mathrm{Re}\,(\nu,\mu) > -1$	$(-1)^{n+1}\,2^{\nu+\mu+2n+1}\,[(2n+1)!]^{-1} \times$ $\times B(\nu+2n+2,\,\mu+2n+2) \times$ $\times y^{2n+1}\,[e^{iy}\,{}_1F_1(\nu+2n+2;$ $\nu+\mu+4n+4;\,-2iy) +$ $+ e^{-iy}\,{}_1F_1(\nu+2n+2;$ $\nu+\mu+4n+4;\,2iy)]$
$e^{-\frac{1}{2}x^2}\,\mathrm{He}_{2n+1}(x\,2^{\frac{1}{2}})$	$(-1)^n\left(\frac{1}{2}\pi\right)^{\frac{1}{2}} e^{-\frac{1}{2}y^2}\,\mathrm{He}_{2n+1}(y\,2^{\frac{1}{2}})$
$e^{-\frac{1}{2}a^2 x^2}\,\mathrm{He}_{2n+1}(a\,x)$	$(-1)^n\left(\frac{1}{2}\pi\right)^{\frac{1}{2}} a^{-1}\left(\frac{y}{a}\right)^{2n+1} e^{-\frac{1}{2}y^2 a^{-2}}$
$e^{-\frac{1}{2}x^2 a^{-1}} \times$ $\times \mathrm{He}_{2n+1}[x\,(a^{-1}-1)^{-\frac{1}{2}}]$	$(-1)^n\left(\frac{1}{2}\pi\right)^{\frac{1}{2}} \times$ $\times a^{n+1}(1-a)^{-n-\frac{1}{2}} e^{-\frac{1}{2}a y^2}\,\mathrm{He}_{2n+1}(y)$
$e^{-\frac{1}{2}x^2}\,\mathrm{He}_n(x)\,\mathrm{He}_{n+2m+1}(x)$	$(-1)^n\left(\frac{1}{2}\pi\right)^{\frac{1}{2}} n!\,y^{2m}\,e^{-\frac{1}{2}y^2}\,L_n^{2m+1}(y^2)$
$x^{2n+1}\,e^{-\frac{1}{2}x^2}\,L_n^{n+\frac{1}{2}}\left(\frac{1}{2}x^2\right)$	$\left(\frac{1}{2}\pi\right)^{\frac{1}{2}} y^{2n+1}\,e^{-\frac{1}{2}y^2}\,L_n^{n+\frac{1}{2}}\left(\frac{1}{2}y^2\right)$
$x^{2n}\,e^{-\frac{1}{2}x^2}\,L_n^{2m+1}(x^2)$	$(-1)^m\left(\frac{1}{2}\pi\right)^{\frac{1}{2}}(n!)^{-1}\,e^{-\frac{1}{2}y^2} \times$ $\times \mathrm{He}_n(y)\,\mathrm{He}_{n+2m+1}(y)$
$e^{-\frac{1}{2}x^2}\,L_n\left(\frac{1}{2}x^2\right)\mathrm{He}_{2n+1}\left(\frac{1}{2}x\right)$	$\left(\frac{1}{2}\pi\right)^{\frac{1}{2}} e^{-\frac{1}{2}y^2}\,L_n\left(\frac{1}{2}y^2\right)\mathrm{He}_{2n+1}\left(\frac{1}{2}y\right)$
$x\,e^{-\frac{1}{2}x^2}\left[L_n^{\frac{1}{4}}\left(\frac{1}{2}x^2\right)\right]^2$	$\left(\frac{1}{2}\pi\right)^{\frac{1}{2}} y\,e^{-\frac{1}{2}y^2}\left[L_n^{\frac{1}{4}}\left(\frac{1}{2}y^2\right)\right]^2$
$x\,e^{-\frac{1}{2}x^2}\,L_n^{\alpha}\left(\frac{1}{2}x^2\right)L_n^{\frac{1}{2}-\alpha}\left(\frac{1}{2}x^2\right)$	$\left(\frac{1}{2}\pi\right)^{\frac{1}{2}} y\,e^{-\frac{1}{2}y^2}\,L_n^{\alpha}\left(\frac{1}{2}y^2\right)L_n^{\frac{1}{2}-\alpha}\left(\frac{1}{2}y^2\right)$

§ 9. Gammafunktion

$f(x)$	$g(y) = \int\limits_0^\infty f(x) \sin(xy)\, dx$
$[\Gamma(a+x)\,\Gamma(b-x)]^{-1} - $ $\qquad - [\Gamma(a-x)\,\Gamma(b+x)]^{-1}$	$[\Gamma(a+b-1)]^{-1}\left[2\cos\left(\frac{1}{2}y\right)\right]^{a+b-2} \times$ $\qquad \times \sin\left[\frac{1}{2}y(b-a)\right] \qquad\qquad 0 \leqq y < \pi$ $0 \qquad\qquad\qquad\qquad\qquad\qquad\qquad y > \pi$
$\psi(a+ix) - \psi(a-ix)$	$i\pi e^{-ay}(1-e^{-y})^{-1}$
$\psi\left(\frac{1}{4}+ax\right) - \psi\left(\frac{3}{4}+ax\right)$	$(4a)^{-1}\left[\psi\left(\frac{1}{4}+\frac{y}{8\pi a}\right) - \psi\left(\frac{3}{4}+\frac{y}{8\pi a}\right)\right]$
$x^{-1}\left[\psi\left(\frac{1}{2}+iax\right) + \right.$ $\qquad \left. + \psi\left(\frac{1}{2}-iax\right)\right]$	$-\pi\left\{\gamma + \log\left[4\tanh\left(\frac{y}{4a}\right)\right]\right\}$
$x^{-1}\psi(1+x)$	$\pi\log\Gamma\left(1+\frac{y}{2\pi}\right) - \frac{1}{2}y\left(\log\frac{y}{2\pi}-1\right) - $ $\qquad - \frac{1}{2}\pi(\gamma+\log y)$

§ 10. Fehlerintegral

$f(x)$	$g(y) = \int\limits_0^\infty f(x) \sin(xy)\, dx$
$x^{\nu-1}\,\mathrm{Erf}(ax)$ $\qquad -2 < \mathrm{Re}\,\nu < 1$	$\sin\left(\frac{1}{2}\pi\nu\right)\Gamma(\nu)\,y^{-\nu} - $ $\quad - \pi^{-\frac{1}{2}}a^{-\nu-1}(1+\nu)^{-1}\Gamma\left(1+\frac{1}{2}\nu\right)\times$ $\quad \times y\,{}_2F_2\left(\frac{1}{2}+\frac{1}{2}\nu,\, 1+\frac{1}{2}\nu;\right.$ $\qquad \left.\frac{3}{2},\,\frac{3}{2}+\frac{1}{2}\nu;\, -\frac{y^2}{4a^2}\right)$
$e^{-a^2x^2}\,\mathrm{Erf}(iax)$	$i\,\frac{1}{2}\,\pi^{\frac{1}{2}}a^{-1}e^{-\frac{1}{4}y^2a^{-2}}$
$x^{-1}\,\mathrm{Erf}\left[(ax)^{\frac{1}{2}}\right]$	$-\frac{1}{2}\pi + 2\arctan\left\{\dfrac{[(a^2+y^2)^{\frac{1}{2}}-a]^{\frac{1}{2}}}{[(a^2+y^2)^{\frac{1}{2}}+a]^{\frac{1}{2}}-(2a)^{\frac{1}{2}}}\right\}$

$f(x)$	$g(y) = \int\limits_0^\infty f(x) \sin(x\,y)\,dx$
$x^{-\frac{1}{2}} \operatorname{Erf}\left[(a\,x)^{\frac{1}{2}}\right]$	$\dfrac{1}{2}(2\pi y)^{-\frac{1}{2}}\left\{\log\left[\dfrac{a+y+(2a y)^{\frac{1}{2}}}{a+y-(2a y)^{\frac{1}{2}}}\right] + 2\arctan\left[\dfrac{(2a y)^{\frac{1}{2}}}{y-a}\right]\right\}$
$\operatorname{Erf}\left[(a\,x)^{-\frac{1}{2}}\right]$	$y^{-1}\left\{1 - e^{-\left(\frac{2y}{a}\right)^{\frac{1}{2}}}\cos\left[\left(\dfrac{2y}{a}\right)^{\frac{1}{2}}\right]\right\}$
$e^{-a^2\sinh^2 x}\operatorname{Erf}(i\,a\sinh x)$	$i\,\dfrac{1}{2}\,e^{\frac{1}{2}a^2}\tanh\left(\dfrac{1}{2}\pi y\right)K_{i\frac{1}{2}y}\left(\dfrac{1}{2}a^2\right)$
$\operatorname{Erfc}(a\,x)$	$y^{-1}\left(1 - e^{-\frac{1}{4}y^2 a^{-2}}\right)$
$x^{\nu-1}\operatorname{Erfc}(a\,x)$ $\operatorname{Re}\nu > -1$	$\pi^{-\frac{1}{2}}a^{-\nu-1}(1+\nu)^{-1}\Gamma\left(1+\dfrac{1}{2}\nu\right)\times$ $\times y\;{}_2F_2\left(\dfrac{1}{2}+\dfrac{1}{2}\nu,\,1+\dfrac{1}{2}\nu;\,\dfrac{3}{2},\,\dfrac{3}{2}+\dfrac{1}{2}\nu;\,-\dfrac{y^2}{4a^2}\right)$
$e^{a^2 x^2}\operatorname{Erfc}(a\,x)$	$\dfrac{1}{2}\pi^{\frac{1}{2}}a^{-1}e^{\frac{1}{4}y^2 a^{-2}}\operatorname{Erfc}\left(\dfrac{1}{2}y a^{-1}\right)$
$e^{-b x}\operatorname{Erfc}\left(a\,b - \dfrac{1}{2}x\,a^{-1}\right) -$ $- e^{b x}\operatorname{Erfc}\left(a\,b + \dfrac{1}{2}x\,a^{-1}\right)$	$2y(b^2+y^2)^{-1}e^{-a^2(b^2+y^2)}$
$\operatorname{Erf}(a\,x^{-1})$	$2y^{-1} - \pi^{\frac{1}{2}}y^{-1}\sum\limits_{m=0}^{\infty}\left[m!\,\Gamma\left(\dfrac{1}{2}+\dfrac{1}{2}m\right)\right]^{-1}\times$ $\times(-a y)^m$
$\operatorname{Erfc}\left[(a\,x)^{\frac{1}{2}}\right]$	$y^{-1} - \left(\dfrac{1}{2}a\right)^{\frac{1}{2}}(a^2+y^2)^{-\frac{1}{2}}\left[(a^2+y^2)^{\frac{1}{2}}-a\right]^{-\frac{1}{2}}$
$x^{-1}\operatorname{Erfc}\left[(a\,x)^{\frac{1}{2}}\right]$	$\pi - 2\arctan\left\{\dfrac{\left[(a^2+y^2)^{\frac{1}{2}}-a\right]^{\frac{1}{2}}}{\left[(a^2+y^2)^{\frac{1}{2}}+a\right]^{\frac{1}{2}}-(2a)^{\frac{1}{2}}}\right\}$
$e^{a x}\operatorname{Erfc}\left[(a\,x)^{\frac{1}{2}}\right]$	$\left[1 + \left(\dfrac{2y}{a}\right)^{-\frac{1}{2}}\right][a + y + (2a y)^{\frac{1}{2}}]^{-1}$
$x^{-1}e^{a x}\operatorname{Erfc}\left[(a\,x)^{\frac{1}{2}}\right]$	$2\arctan\left[\dfrac{y^{\frac{1}{2}}}{y^{\frac{1}{2}}+(2a)^{\frac{1}{2}}}\right]$

$f(x)$	$g(y) = \int\limits_0^\infty f(x)\sin(xy)\,dx$
$x^{-1}\operatorname{Erfc}(a\,x^{-\frac{1}{2}})$	$i\left\{\operatorname{Ei}\left[-a(-2yi)^{\frac{1}{2}}\right]-\operatorname{Ei}\left[-a(2yi)^{\frac{1}{2}}\right]\right\}$
$x^{-1}e^{a^2 x^{-1}}\operatorname{Erfc}(a\,x^{-\frac{1}{2}})$	$i\,\dfrac{1}{2}\,\pi\left\{\boldsymbol{H_0}\left[2a(iy)^{\frac{1}{2}}\right]-\boldsymbol{H_0}\left[2a(-iy)^{\frac{1}{2}}\right]-\right.$ $\left.-Y_0\left[2a(iy)^{\frac{1}{2}}\right]+Y_0\left[2a(-iy)^{\frac{1}{2}}\right]\right\}$
$\operatorname{Erf}\left[i(a\,x)^{\frac{1}{2}}\right]\operatorname{Erfc}\left[(a\,x)^{\frac{1}{2}}\right]$	$i\left(\dfrac{1}{2}\,a\right)^{\frac{1}{2}}(a^2+y^2)^{-\frac{1}{2}}\left[a+(a^2+y^2)^{\frac{1}{2}}\right]^{-\frac{1}{2}}$
$\operatorname{Erfc}\left\{a\left[(b^2+x^2)^{\frac{1}{2}}+b\right]^{\frac{1}{2}}\right\}\times$ $\times\operatorname{Erf}\left\{i\,a\left[(b^2+x^2)^{\frac{1}{2}}-b\right]^{\frac{1}{2}}\right\}$	$i\,2^{-\frac{1}{2}}a\,e^{-a^2 b}(a^4+y^2)^{-\frac{1}{2}}\times$ $\times\left[(a^4+y^2)^{\frac{1}{2}}+a^2\right]^{-\frac{1}{2}}e^{-b(a^4+y^2)^{\frac{1}{2}}}$
$e^{a^2\cosh^2 x}\operatorname{Erfc}(a\sinh x)$	$\dfrac{1}{2}\,e^{\frac{1}{2}a^2}\left\{\operatorname{csch}\left(\dfrac{1}{2}\,\pi y\right)\int\limits_0^\pi e^{-\frac{1}{2}a^2\cos t}\times\right.$ $\times\cosh\left(\dfrac{1}{2}\,yt\right)dt-\pi\operatorname{csch}(\pi y)\times$ $\left.\times\left[I_{i\frac{1}{2}y}\left(\dfrac{1}{2}\,a^2\right)+I_{-i\frac{1}{2}y}\left(\dfrac{1}{2}\,a^2\right)\right]\right\}$

§ 11. Exponentialintegral

$f(x)$	$g(y) = \int\limits_0^\infty f(x)\sin(xy)\,dx$
$\operatorname{Ei}(-a\,x)$	$-\dfrac{1}{2}\,y^{-1}\log(1+y^2 a^{-2})$
$\operatorname{Ei}(-b\,x)\qquad 0<x<a$ $0\qquad\qquad\quad x>a$	$\dfrac{1}{2}\,y^{-1}\left\{\operatorname{Ei}\left[-a(b+iy)\right]+\operatorname{Ei}\left[-a(b-iy)\right]-\right.$ $\left.-\log(1+y^2 b^{-2})-2\cos(a\,y)\operatorname{Ei}(-a\,b)\right\}$
$e^{-a\,x}\operatorname{Ei}(-b\,x)$ $a>=-b$ $b>0$	$(a^2+y^2)^{-1}\left\{a\arctan\left[y(a+b)^{-1}\right]+\right.$ $\left.+\dfrac{1}{2}\,y\log\left[\dfrac{b^2}{(a+b)^2+y^2}\right]\right\}$
$e^{a\,x}\operatorname{Ei}(-a\,x)$	$(a^2+y^2)^{-1}\left[y\log\left(\dfrac{a}{y}\right)-\dfrac{1}{2}\,\pi\,a\right]$
$e^{-a\,x}\overline{\operatorname{Ei}}(b\,x)$ $a\geq b$	$(a^2+y^2)^{-1}\left\{a\arctan\left[y(a-b)^{-1}\right]-\right.$ $\left.-\dfrac{1}{2}\,y\log\left[\dfrac{y^2+(a-b)^2}{b^2}\right]\right\}$

$f(x)$	$g(y) = \int\limits_0^\infty f(x) \sin(xy)\,dx$
$e^{-ax}\,\overline{\mathrm{Ei}}\,(ax)$	$(a^2+y^2)^{-1}\left[\dfrac{1}{2}\,\pi a - y\log\left(\dfrac{y}{a}\right)\right]$
$e^{-a\sinh x}\,\overline{\mathrm{Ei}}\,(a\sinh x) -$ $\quad - e^{a\sinh x}\,\mathrm{Ei}\,(-a\sinh x)$	$\pi\tanh\left(\dfrac{1}{2}\,\pi y\right)S_{0,\,iy}(a)$

§ 12. Integralsinus und Integralcosinus

$f(x)$	$g(y) = \int\limits_0^\infty f(x)\sin(xy)\,dx$
$\mathrm{si}\,(ax)$	$0 \qquad\qquad\qquad\qquad 0 < y < a$ $-\dfrac{1}{2}\,\pi y^{-1}$
$e^{-bx}\,\mathrm{si}\,(ax)$	$\dfrac{1}{2}\,(b^2+y^2)^{-1}\left\{y\arctan\left(\dfrac{y+a}{b}\right)-\right.$ $\quad - y\arctan\left(\dfrac{y-a}{b}\right)+$ $\quad + \dfrac{1}{2}\,b\log\left[\dfrac{b^2+(y+a)^2}{b^2+(y-a)^2}\right]-\left.\pi y\right\}$
$\begin{array}{ll}\mathrm{Si}\,(bx) & 0 < x < a\\ 0 & x > a\end{array}$	$y^{-1}\left[\dfrac{1}{2}\,\mathrm{Si}\,(ab+ay)+\dfrac{1}{2}\,\mathrm{Si}\,(ab-ay)-\right.$ $\quad -\left.\cos(ay)\,\mathrm{Si}\,(ab)\right]$
$(b^2+x^2)^{-1}\,\mathrm{Si}\,(ax)$	$\dfrac{1}{4}\,\pi b^{-1}\left\{e^{-by}\left[\overline{\mathrm{Ei}}\,(by)-\mathrm{Ei}\,(-ab)\right]+\right.$ $\quad + \left.e^{by}\left[\mathrm{Ei}\,(-ab)-\mathrm{Ei}\,(-by)\right]\right\}$ $\qquad\qquad\qquad\qquad 0 < y < a$ $\dfrac{1}{4}\,\pi b^{-1}e^{-by}\left[\overline{\mathrm{Ei}}\,(ab)-\mathrm{Ei}\,(-ab)\right]\qquad y > a$
$e^{-bx}\,\mathrm{Si}\,(ax)$	$\dfrac{1}{2}\,(b^2+y^2)^{-1}\left\{y\arctan\left(\dfrac{y+a}{b}\right)-\right.$ $\quad - y\arctan\left(\dfrac{y-a}{b}\right)+$ $\quad + \dfrac{1}{2}\,b\log\left[\dfrac{b^2+(y+a)^2}{b^2+(y-a)^2}\right]\left.\right\}$
$\mathrm{Ci}\,(ax)$	$-\dfrac{1}{2}\,y^{-1}\log\left|\,1-y^2a^{-2}\,\right|$

$f(x)$	$g(y) = \int\limits_0^\infty f(x) \sin(xy)\, dx$
$\mathrm{Ci}\,(b\,x) \qquad 0 < x < a$ $0 \qquad\qquad x > a$	$\dfrac{1}{2}\, y^{-1}\, [\mathrm{Ci}\,(a\,y + a\,b) + \mathrm{Ci}\,(|\,a\,y - a\,b|) -$ $\quad - 2\cos(a\,y)\,\mathrm{Ci}\,(a\,b) - \log(|\,1 - y^2\,b^{-2}|)]$ $\qquad\qquad\qquad\qquad\qquad\qquad y \neq b$ $\dfrac{1}{2}\, b^{-1}\, \Big[\gamma + \mathrm{Ci}\,(2\,a\,b) + \log\Big(\dfrac{1}{2}\,a\,b\Big) -$ $\quad - 2\cos(a\,b)\,\mathrm{Ci}\,(a\,b)\Big] \qquad\qquad y = b$
$(a^2 + x^2)^{-1}\,\mathrm{Ci}\,(b\,x)$	$\dfrac{1}{2}\,\pi \sinh(a\,y)\,\mathrm{Ei}\,(-a\,b) \qquad 0 < y < b$ $\dfrac{1}{2}\,\pi \sinh(a\,y)\,\mathrm{Ei}\,(-a\,y) +$ $\quad + \dfrac{1}{4}\,\pi\,e^{-a\,y}\,[\mathrm{Ei}\,(-a\,y) + \overline{\mathrm{Ei}}\,(a\,y) -$ $\quad - \mathrm{Ei}\,(-a\,b) - \overline{\mathrm{Ei}}\,(a\,b)] \qquad y > b$
$e^{-b\,x}\,\mathrm{Ci}\,(a\,x)$	$\dfrac{1}{2}\,(a^2 + y^2)^{-1}\Big\{a \arctan\Big(\dfrac{2\,a\,y}{a^2 + b^2 - y^2}\Big) -$ $\quad - y \log\dfrac{[(a^2 + b^2 - y^2)^2 + 4\,a^2\,y^2]^{\frac{1}{2}}}{b^2}\Big\}$
$x^{-1}\,\mathrm{Ci}\,(a\,x)$	$0 \qquad\qquad\qquad\qquad 0 < y < a$ $-\dfrac{1}{2}\,\pi \log\Big(\dfrac{y}{a}\Big) \qquad\qquad y > a$
$x^{-1}\,[\sin(a\,x)\,\mathrm{si}\,(a\,x) +$ $\quad + \cos(a\,x)\,\mathrm{Ci}\,(a\,x)]$	$-\dfrac{1}{2}\,\pi \log(1 + y\,a^{-1})$
$\mathrm{si}\,(a\,x^2)$	$-\pi\,y^{-1}\Big\{\Big[\mathrm{C}\Big(\dfrac{y^2}{4\,a}\Big)\Big]^2 + \Big[\mathrm{S}\Big(\dfrac{y^2}{4\,a}\Big)\Big]^2\Big\}$
$\mathrm{si}\,(a\,x)\,\mathrm{Ci}\,(a\,x)$	$\dfrac{1}{2}\,\pi\,y^{-1}\log\Big(\dfrac{y}{a} - 1\Big) \qquad\qquad y > 2a$ $0 \qquad\qquad\qquad\qquad 0 < y < 2a$
$\mathrm{si}\,(a\,x^{-1})$	$-\dfrac{1}{2}\,\pi\,y^{-1}\,J_0\,[2\,(a\,y)^{\frac{1}{2}}]$
$x^{-1}\,[\cos(a\,x^{-1})\,\mathrm{Ci}\,(a\,x^{-1}) +$ $\quad + \mathrm{si}\,(a\,x^{-1})\,\sin(a\,x^{-1})]$	$-\pi\,K_0\,[2\,(a\,y)^{\frac{1}{2}}]$
$x^{-2}\,[\mathrm{Ci}\,(a\,x^{-1})\,\sin(a\,x^{-1}) -$ $\quad - \mathrm{si}\,(a\,x^{-1})\,\cos(a\,x^{-1})]$	$\dfrac{1}{2}\,\pi\,a^{-1}\big\{1 - 2\,(a\,y)^{\frac{1}{2}}\,K_1\,[2\,(a\,y)^{\frac{1}{2}}]\big\}$

§ 13. FRESNEL-Integrale

$f(x)$	$g(y) = \int\limits_0^\infty f(x)\sin(xy)\,dx$
$\dfrac{1}{2} - S(ax)$	$\dfrac{1}{2}\,y^{-1}\left\{1 - \left(\dfrac{1}{2}\,a\right)^{\frac{1}{2}}(a^2 - y^2)^{-\frac{1}{2}} \times \right.$ $\left. \times\,[a + (a^2 - y^2)^{\frac{1}{2}}]^{\frac{1}{2}}\right\} \qquad 0 < y < a$ $\dfrac{1}{2}\,y^{-1}\left\{1 + \left(\dfrac{1}{2}\,a\right)^{\frac{1}{2}}(y^2 - a^2)^{-\frac{1}{2}} \times \right.$ $\left. \times\,[y - (y^2 - a^2)^{\frac{1}{2}}]^{\frac{1}{2}}\right\} \qquad y > a$
$\dfrac{1}{2} - C(ax)$	$\dfrac{1}{2}\,y^{-1}\left\{1 - \left(\dfrac{1}{2}\,a\right)^{\frac{1}{2}}(a^2 - y^2)^{-\frac{1}{2}} \times \right.$ $\left. \times\,[a + (a^2 - y^2)^{\frac{1}{2}}]^{\frac{1}{2}}\right\} \qquad 0 < y < a$ $\dfrac{1}{2}\,y^{-1}\left\{1 - \left(\dfrac{1}{2}\,a\right)^{\frac{1}{2}}(y^2 - a^2)^{-\frac{1}{2}} \times \right.$ $\left. \times\,[y + (y^2 - a^2)^{\frac{1}{2}}]^{\frac{1}{2}}\right\} \qquad y > a$
$C(ax) - S(ax)$	$\dfrac{1}{2}\,a^{\frac{1}{2}}\,y^{-1}(y - a)^{-\frac{1}{2}} \qquad y > a$ $0 \qquad 0 < y < a$
$x^{-\frac{1}{2}} S(ax)$	$\dfrac{1}{2}\left(\dfrac{1}{2}\,\pi\right)^{\frac{1}{2}} y^{-\frac{1}{2}} \qquad 0 < y < a$ $0 \qquad y > a$
$\dfrac{1}{2} - S(ax^2)$	$\dfrac{1}{2}\,y^{-1}\left[1 - \cos\left(\dfrac{y^2}{4a}\right) + \sin\left(\dfrac{y^2}{4a}\right)\right]$
$\dfrac{1}{2} - C(ax^2)$	$\dfrac{1}{2}\,y^{-1}\left[1 - \cos\left(\dfrac{y^2}{4a}\right) - \sin\left(\dfrac{y^2}{4a}\right)\right]$
$C(ax^2) - S(ax^2)$	$y^{-1}\sin\left(\dfrac{y^2}{4a}\right)$
$\sin(ax^2)\,C(ax^2) -$ $\quad - \cos(ax^2)\,S(ax^2)$	$\dfrac{1}{2}\left(\dfrac{\pi}{2a}\right)^{\frac{1}{2}}\cos\left(\dfrac{y^2}{4a}\right)$
$\cos(ax^2)\,C(ax^2) +$ $\quad + \sin(ax^2)\,S(ax^2)$	$\dfrac{1}{2}\left(\dfrac{\pi}{2a}\right)^{\frac{1}{2}}\sin\left(\dfrac{y^2}{4a}\right)$

$f(x)$	$g(y) = \int\limits_0^\infty f(x) \sin(xy)\,dx$
$\left[\dfrac{1}{2} - C(ax^2)\right]\cos(ax^2) +$ $+ \left[\dfrac{1}{2} - S(ax^2)\right]\sin(ax^2)$	$\dfrac{1}{2}\left(\dfrac{\pi}{2a}\right)^{\frac{1}{2}}\left\{\left[C\left(\dfrac{y^2}{4a}\right) + S\left(\dfrac{y^2}{4a}\right) - 1\right]\sin\left(\dfrac{y^2}{4a}\right) + \left[C\left(\dfrac{y^2}{4a}\right) - S\left(\dfrac{y^2}{4a}\right)\right]\cos\left(\dfrac{y^2}{4a}\right)\right\}$
$x^{-1}\left\{[C(ax^2)]^2 + [S(ax^2)]^2\right\}$	$-\dfrac{1}{2}\,\mathrm{si}\left(\dfrac{y^2}{4a}\right)$
$S(ax^{-1})$	$\dfrac{1}{4}\,y^{-1}\left\{2 - e^{-2(ay)^{\frac{1}{2}}} - \cos[2(ay)^{\frac{1}{2}}] - \sin[2(ay)^{\frac{1}{2}}]\right\}$
$C(ax^{-1})$	$\dfrac{1}{4}\,y^{-1}\left\{2 - e^{-2(ay)^{\frac{1}{2}}} - \cos[2(ay)^{\frac{1}{2}}] + \sin[2(ay)^{\frac{1}{2}}]\right\}$
$x^{-1}[\sin(a^2x^{-1})\,C(a^2x^{-1}) - \cos(a^2x^{-1})\,S(a^2x^{-1})]$	$\dfrac{1}{4}\,\pi\,[I_0(2ay^{\frac{1}{2}}) - J_0(2ay)^{\frac{1}{2}} + H_0(2ay)^{\frac{1}{2}} - L_0(2ay)^{\frac{1}{2}}]$
$x^{-1}[\cos(a^2x^{-1})\,C(a^2x^{-1}) + \sin(a^2x^{-1})\,S(a^2x^{-1})]$	$\dfrac{1}{4}\,\pi\,[J_0(2ay^{\frac{1}{2}}) - I_0(2ay^{\frac{1}{2}}) + H_0(2ay^{\frac{1}{2}}) + L_0(2ay^{\frac{1}{2}})]$
$\dfrac{1}{2} - S(ax^{\frac{1}{2}})$	$\dfrac{1}{2}\,y^{-1} + \dfrac{1}{4}\,a\,\pi^{\frac{1}{2}}\,y^{-\frac{3}{2}}\sin\left(\dfrac{a^2}{8y} - \dfrac{7\pi}{8}\right)J_{\frac{1}{4}}\left(\dfrac{a^2}{8y}\right)$
$\dfrac{1}{2} - C(ax^{\frac{1}{2}})$	$\dfrac{1}{2}\,y^{-1} + \dfrac{1}{4}\,a\,\pi^{\frac{1}{2}}\,y^{-\frac{3}{2}}\sin\left(\dfrac{a^2}{8y} - \dfrac{5\pi}{8}\right)J_{-\frac{1}{4}}\left(\dfrac{a^2}{8y}\right)$

§ 14. LEGENDRE-Funktionen

$f(x)$	$g(y) = \int\limits_0^\infty f(x) \sin(xy)\,dx$
$\mathfrak{P}_\nu(1 + ax)$ $\qquad -1 < \mathrm{Re}\,\nu < 0$	$\left(2a\dfrac{y}{\pi}\right)^{-\frac{1}{2}}\left[\sin\left(\dfrac{y}{a} - \dfrac{1}{2}\nu\pi\right)J_{\nu+\frac{1}{2}}(y\,a^{-1}) - \cos\left(\dfrac{y}{a} - \dfrac{1}{2}\nu\pi\right)Y_{\nu+\frac{1}{2}}(y\,a^{-1})\right]$
$\mathfrak{P}_\nu(1 + ax^2)$ $\qquad -1 < \mathrm{Re}\,\nu < 0$	$(2a)^{-\frac{1}{2}}K_{\nu+\frac{1}{2}}[y(2a)^{-\frac{1}{2}}] \times \times\{I_{\nu+\frac{1}{2}}[y(2a)^{-\frac{1}{2}}] + I_{-\nu-\frac{1}{2}}[y(2a)^{-\frac{1}{2}}]\}$

$f(x)$	$g(y) = \int\limits_0^\infty f(x) \sin(xy)\, dx$
$0 \qquad 0 < x < a$ $\mathfrak{P}_\nu(2\,x^2\,a^{-2} - 1) \qquad x > a$ $-1 < \mathrm{Re}\,\nu < 0$	$-\dfrac{1}{4}\,\pi\,a\,\sec(\pi\nu)\left\{\left[J_{\nu+\frac{1}{2}}\left(\dfrac{1}{2}\,a\,y\right)\right]^2 - \left[J_{-\nu-\frac{1}{2}}\left(\dfrac{1}{2}\,a\,y\right)\right]^2\right\}$
$0 \qquad 0 < x < a + b$ $\mathfrak{P}_\nu\left(\dfrac{x^2 - a^2 - b^2}{2\,a\,b}\right) \qquad x > a + b$ $-1 < \mathrm{Re}\,\nu < 0$	$-\dfrac{1}{2}\,\pi\,(a\,b)^{\frac{1}{2}}\,[J_{\nu+\frac{1}{2}}(a\,y)\,Y_{-\nu-\frac{1}{2}}(a\,y) + Y_{\nu+\frac{1}{2}}(a\,y)\,J_{-\nu-\frac{1}{2}}(a\,y)]$
$[(a + x)\,(b + x)]^{\frac{1}{2}\nu}\times$ $\times\,\mathfrak{P}_\nu[2\,(1 + a^{-1}x)\times$ $\times\,(1 + b^{-1}x) - 1]$ $-1 < \mathrm{Re}\,\nu < 0$	$-\dfrac{1}{4}\,\pi\,(a\,b)^{\frac{1}{2}\,(\nu+1)}\left\{\left[J_{\nu+\frac{1}{2}}\left(\dfrac{1}{2}\,a\,y\right)J_{\nu+\frac{1}{2}}\left(\dfrac{1}{2}\,b\,y\right) - Y_{\nu+\frac{1}{2}}\left(\dfrac{1}{2}\,a\,y\right)Y_{\nu+\frac{1}{2}}\left(\dfrac{1}{2}\,b\,y\right)\right]\times$ $\times\cos\left[\dfrac{1}{2}\,(a + b)\,y - \pi\nu\right] + \left[J_{\nu+\frac{1}{2}}(a\,y)\,Y_{\nu+\frac{1}{2}}\left(\dfrac{1}{2}\,b\,y\right) + J_{\nu+\frac{1}{2}}\left(\dfrac{1}{2}\,b\,y\right)Y_{\nu+\frac{1}{2}}\left(\dfrac{1}{2}\,a\,y\right)\right]\times$ $\times\sin\left[\dfrac{1}{2}\,(a + b)\,y - \pi\nu\right]\right\}$
$x^{-1}\,\mathfrak{D}_\nu(1 + 2\,x^{-2}\,a^2)$ $\mathrm{Re}\,\nu > -1$	$\dfrac{1}{2}\,\pi\,\Gamma(1+\nu)\,(a\,y)^{-1}\,W_{-\frac{1}{2}-\nu,\,0}(a\,y)\,M_{\frac{1}{2}+\nu,\,0}(a\,y)$
$(1 - x^2)^{-\frac{1}{2}\mu}\,P_\nu^\mu(x)$ $0 < x < 1$ $0 \qquad x > 1$	$\pi^{\frac{1}{2}}\,2^{\mu-2}\left[\Gamma\left(\dfrac{3-\mu-\nu}{2}\right)\Gamma\left(\dfrac{4-\mu+\nu}{2}\right)\right]^{-1}\times$ $\times\,(1 - \mu - \nu)\,(2 + \nu - \mu)\times$ $\times\,y^{\mu-\frac{1}{2}}\,s_{\frac{1}{2}-\mu,\,\frac{1}{2}+\nu}(y)$
$x^{\lambda-1}\,(1 - x^2)^{-\frac{1}{2}\mu}\,P_\nu^\mu(x)$ $0 < x < 1$ $0 \qquad x > 1$ $\mathrm{Re}\,\lambda > -1,\ \mathrm{Re}\,\mu < 1$	$\dfrac{\pi^{\frac{1}{2}}\,2^{\mu-\lambda-1}\,\Gamma(1+\lambda)}{\Gamma\left(1 + \dfrac{\lambda-\mu-\nu}{2}\right)\Gamma\left(\dfrac{3+\lambda+\nu-\mu}{2}\right)}\times$ $\times\,y\,{}_2F_3\left(\dfrac{1+\lambda}{2},\ 1 + \dfrac{1}{2}\,\lambda;\ \dfrac{3}{2},\right.$ $\left. 1 + \dfrac{\lambda-\mu-\nu}{2},\ \dfrac{3+\lambda-\mu+\nu}{2};\ -\dfrac{y^2}{4}\right)$

$f(x)$	$g(y) = \int\limits_0^\infty f(x) \sin(xy)\, dx$
$0 \qquad\qquad 0 < x < 1$ $(x^2 - 1)^{-\frac{1}{2}\mu}\, \mathfrak{P}_\nu^\mu(x)$ $\qquad -\dfrac{1}{2} < \operatorname{Re}\mu < 1$ $\operatorname{Re}\mu > \operatorname{Re}\nu > -\operatorname{Re}(1+\mu)$	$\left(\dfrac{\pi}{2y}\right)^{\frac{1}{2}} y^\mu \left[\sin\left(\dfrac{1}{2}\pi\mu - \dfrac{1}{2}\pi\nu\right) J_{\nu+\frac{1}{2}}(y) - \right.$ $\left. \qquad - \cos\left(\dfrac{1}{2}\pi\mu - \dfrac{1}{2}\pi\nu\right) Y_{\nu+\frac{1}{2}}(y) \right]$
$(x^2 - 1)^{\frac{1}{2}\mu}\, \mathfrak{P}_\nu^\mu(x)$ $\operatorname{Re}\mu < \dfrac{3}{2}, \quad \operatorname{Re}(\mu+\nu) < 1$	$\left(\dfrac{\pi}{y}\right)^{\frac{1}{2}} \left(\dfrac{2}{y}\right)^\mu \left[\Gamma\left(\dfrac{1-\mu-\nu}{2}\right) \Gamma\left(1 - \dfrac{\mu-\nu}{2}\right) \right]^{-1} \times$ $\qquad \times S_{\mu+\frac{1}{2},\,\nu+\frac{1}{2}}(y)$
$[x(1+x)]^{-\frac{1}{2}\mu}\, \mathfrak{P}_\nu^\mu(1+2x)$ $\qquad\qquad\qquad \operatorname{Re}\mu < 2$ $-1 - \operatorname{Re}\mu < \operatorname{Re}\nu < \operatorname{Re}\mu$	$\dfrac{1}{2}\left(\dfrac{\pi}{y}\right)^{\frac{1}{2}} y^\mu \left\{ \sin\left[\dfrac{1}{2}y + (\mu-\nu)\dfrac{\pi}{2}\right] J_{\nu+\frac{1}{2}}\left(\dfrac{1}{2}y\right) - \right.$ $\left. \qquad - \cos\left[\dfrac{1}{2}y + (\mu-\nu)\dfrac{\pi}{2}\right] Y_{\nu+\frac{1}{2}}\left(\dfrac{1}{2}y\right) \right\}$
$\tanh(\pi x)\, \mathfrak{P}_{-\frac{1}{2}+ix}(\cosh a)$	$(2\cosh y - 2\cosh a)^{-\frac{1}{2}} \qquad\qquad y > a$ $0 \qquad\qquad\qquad\qquad\qquad\qquad\qquad\quad y < a$
$\operatorname{sech}(\pi x)\left[P_{\frac{1}{2}+ix}(a) - \right.$ $\left. \qquad - P_{\frac{1}{2}-ix}(a)\right] \qquad a > -1$	$i\, 2^{\frac{1}{2}} \sinh y \left[(1+\cosh y)^{-\frac{3}{2}} - (a+\cosh y)^{-\frac{3}{2}} \right]$
$\sinh(\pi x)\, \Gamma\left(\dfrac{1}{2} - \mu + ix\right) \times$ $\Gamma\left(\dfrac{1}{2} - \mu - ix\right) \times$ $\times\, \mathfrak{P}_{-\frac{1}{2}+ix}^\mu(\cosh a)$ $\qquad\qquad\qquad \operatorname{Re}\mu > -\dfrac{1}{2}$	$\pi \left(\dfrac{1}{2}\pi\right)^{\frac{1}{2}} \left[\Gamma\left(\dfrac{1}{2} + \mu\right)\right]^{-1} (\sinh a)^{-\mu} \times$ $\qquad \times (\cosh y - \cosh a)^{\mu-\frac{1}{2}} \qquad\qquad y > a$ $0 \qquad\qquad\qquad\qquad\qquad\qquad\qquad y < a$
$\mathfrak{Q}_{-\frac{1}{2}+ix}^\mu(\cosh a) - $ $\qquad - \mathfrak{Q}_{-\frac{1}{2}-ix}^\mu(\cosh a)$ $\qquad\qquad\qquad \operatorname{Re}\mu < \dfrac{1}{2}$	$-i\,\pi\, e^{i\pi\mu} \left(\dfrac{1}{2}\pi\right)^{\frac{1}{2}} \left[\Gamma\left(\dfrac{1}{2} - \mu\right)\right]^{-1} (\sinh a)^\mu \times$ $\qquad \times (\cosh y - \cosh a)^{-\mu-\frac{1}{2}} \qquad\qquad y > a$ $0 \qquad\qquad\qquad\qquad\qquad\qquad\qquad y < a$

§ 15. Bessel-Funktionen vom Argument x

$f(x)$	$g(y) = \int\limits_0^\infty f(x) \sin(xy)\, dx$
$J_0(ax)$	$0 \qquad\qquad\qquad\qquad\qquad 0 < y < a$ $(y^2 - a^2)^{-\frac{1}{2}} \qquad\qquad\qquad\quad y > a$

$f(x)$	$g(y) = \int\limits_{0}^{\infty} f(x) \sin(x\,y)\,dx$
$J_{2n+1}(a\,x)$ $n = 0, 1, 2, \ldots$	$(-1)^n (a^2 - y^2)^{-\frac{1}{2}} T_{2n+1}(y\,a^{-1}) \qquad 0 < y < a$ $0 \qquad\qquad\qquad\qquad\qquad\qquad\qquad\qquad y > a$
$J_{\nu}(a\,x)$ $\operatorname{Re}\nu > -2$	$(a^2 - y^2)^{-\frac{1}{2}} \sin\left[\nu \arcsin(y\,a^{-1})\right] \qquad 0 < y < a$ $a^{\nu} \cos\left(\dfrac{1}{2}\nu\pi\right)(y^2 - a^2)^{-\frac{1}{2}}\left[y + (y^2 - a^2)^{\frac{1}{2}}\right]^{-\nu}$ $\qquad\qquad\qquad\qquad\qquad\qquad\qquad\qquad y > a$
$x^{-1} J_0(a\,x)$	$\arcsin(y\,a^{-1}) \qquad\qquad\qquad\qquad 0 < y < a$ $\dfrac{1}{2}\pi \qquad\qquad\qquad\qquad\qquad\qquad\qquad y > a$
$x^{-1}\left[J_0(x+b) + J_0(x-b)\right]$	$2\int\limits_{0}^{y} (1 - t^2)^{-\frac{1}{2}} \cos(b\,t)\,dt \qquad\qquad 0 \leqq y \leqq 1$ $\pi\,J_0(b) \qquad\qquad\qquad\qquad\qquad\qquad y \geqq 1$
$x^{-1} J_{\nu}(a\,x)$ $\operatorname{Re}\nu > -1$	$\nu^{-1} \sin\left[\nu \arcsin(y\,a^{-1})\right] \qquad\qquad 0 < y < a$ $\nu^{-1} a^{\nu} \sin\left(\dfrac{1}{2}\nu\pi\right)\left[y + (y^2 - a^2)^{\frac{1}{2}}\right]^{-\nu} \quad y > a$
$x^{-2} J_{\nu}(a\,x)$ $\operatorname{Re}\nu > 0$	$\dfrac{1}{2}\,a\,\nu^{-1}\left\{(\nu-1)^{-1}\sin\left[(\nu-1)\arcsin(y\,a^{-1})\right] + \right.$ $\left. + (\nu+1)^{-1}\sin\left[(\nu+1)\arcsin(y\,a^{-1})\right]\right\}$ $\qquad\qquad\qquad\qquad\qquad\qquad\qquad\qquad 0 < y < a$ $\dfrac{1}{2}\,a\,\nu^{-1}\cos\left(\dfrac{1}{2}\pi\nu\right)\times$ $\times\left\{(\nu+1)^{-1}a^{\nu+1}\left[y + (y^2 - a^2)^{\frac{1}{2}}\right]^{-\nu-1} - \right.$ $\left. - (\nu-1)^{-1}a^{\nu-1}\left[y + (y^2 - a^2)^{\frac{1}{2}}\right]^{1-\nu}\right\}$ $\qquad\qquad\qquad\qquad\qquad\qquad\qquad\qquad y > a$
$x^{-\frac{1}{2}} J_{2n-\frac{1}{2}}(a\,x)$ $n = 0, 1, 2, \ldots$	$(-1)^{n-1} \pi^{\frac{1}{2}} (2y)^{-\frac{1}{2}} P_{2n-1}(y\,a^{-1}) \qquad 0 < y < a$ $0 \qquad\qquad\qquad\qquad\qquad\qquad\qquad\qquad y > a$
$x^{\nu} J_{\nu}(a\,x)$ $-1 < \operatorname{Re}\nu < \dfrac{1}{2}$	$0 \qquad\qquad\qquad\qquad\qquad\qquad\qquad 0 < y < a$ $\pi^{\frac{1}{2}}\left[\Gamma\left(\dfrac{1}{2} - \nu\right)\right]^{-1}(2a)^{\nu}(y^2 - a^2)^{-\nu-\frac{1}{2}} \quad y > a$

$f(x)$	$g(y) = \int\limits_0^\infty f(x)\sin(xy)\,dx$
$x^{\nu+1} J_\nu(ax)$ $-\dfrac{3}{2} < \operatorname{Re}\nu < -\dfrac{1}{2}$	$-\pi^{-\frac{1}{2}} 2^{\nu+1} \Gamma\!\left(\dfrac{3}{2}+\nu\right) a^\nu y\,(a^2-y^2)^{-\nu-\frac{3}{2}}$ $0<y<a$ $-\pi^{-\frac{1}{2}} 2^{\nu+1} \Gamma\!\left(\dfrac{3}{2}+\nu\right) a^\nu \sin(\pi\nu)\times$ $\times y\,(y^2-a^2)^{-\nu-\frac{3}{2}}$ $y>a$
$x^{1-\nu} J_\nu(ax)$ $\operatorname{Re}\nu > \dfrac{1}{2}$	$\pi^{\frac{1}{2}} 2^{1-\nu} a^{-\nu} \left[\Gamma\!\left(\nu-\dfrac{1}{2}\right)\right]^{-1} y\,(a^2-y^2)^{\nu-\frac{3}{2}}$ $0<y<a$ 0 $y>a$
$x^{-\nu} J_{\nu+2n-1}(ax)$ $n = 0, 1, 2, \dots$ $\operatorname{Re}\nu > -\dfrac{1}{2}$	$(-1)^n 2^{\nu-1} a^{-\nu} (2n+1)!\,\Gamma(\nu)\times$ $\times [\Gamma(2n+2\nu+1)]^{-1} (a^2-y^2)^{\nu-\frac{1}{2}}\times$ $\times C_{2n+1}^\nu(y\,a^{-1})$ $0<y<a$ 0 $y>a$
$x^{\mu-1} J_\nu(ax)$ $\operatorname{Re}(\mu+\nu) > -1,\ \operatorname{Re}\mu < \dfrac{3}{2}$	$2^\mu a^{-\mu-1} \dfrac{\Gamma\!\left(\dfrac{\mu+\nu+1}{2}\right)}{\Gamma\!\left(\dfrac{\nu-\mu+1}{2}\right)}\, y\, {}_2F_1\!\left(\dfrac{\mu+\nu+1}{2},\right.$ $\left.\dfrac{\mu-\nu+1}{2};\ \dfrac{3}{2};\ y^2 a^{-2}\right)$ $0<y<a$ $\left(\dfrac{1}{2}a\right)^\nu y^{-\nu-\mu} \dfrac{\Gamma(\nu+\mu)}{\Gamma(1+\nu)} \sin\!\left[\dfrac{\pi}{2}(\nu+\mu)\right]\times$ $\times {}_2F_1\!\left(\dfrac{\mu+\nu+1}{2},\ \dfrac{\mu+\nu}{2};\ \nu+1;\ a^2 y^{-2}\right)$ $y>a$
$x^{-1}\left[(x+b)^{-\nu} J_{\nu+2n}(x+b)+\right.$ $\left.+(x-b)^{-\nu} J_{\nu+2n}(x-b)\right]$ $\operatorname{Re}\nu > -\dfrac{3}{2}$ $n = 0, 1, 2, \dots$	$\pi\, b^{-1} J_{\nu+2n}(b)$ $y \geqq 1$
$(b^2+x^2)^{-1} J_0(ax)$	$b^{-1} \sinh(by)\, K_0(ab)$ $0<y<a$
$x(b^2+x^2)^{-1} J_0(ax)$	$\dfrac{1}{2}\pi e^{-by} I_0(ab)$ $y>a$

$f(x)$	$g(y) = \int\limits_0^\infty f(x) \sin(xy)\,dx$
$x^{\frac{1}{2}}(b^2+x^2)^{-1} J_{2n+\frac{1}{2}}(ax)$ $n = 0, 1, 2, \ldots$	$(-1)^n \sinh(by) K_{2n+\frac{1}{2}}(ab) \qquad 0 < y < a$
$(b^2+x^2)^{-1} \times$ $\times [J_\nu(ax) + J_{-\nu}(ax)]$ $-2 < \operatorname{Re}\nu < 2$	$2b^{-1} \cos\left(\frac{1}{2}\nu\pi\right) \sinh(by) K_\nu(ab)$ $\qquad\qquad 0 < y < a$
$x^\nu (b^2+x^2)^{-1} J_\nu(ax)$ $-1 < \operatorname{Re}\nu < \frac{5}{2}$	$b^{\nu-1} \sinh(by) K_\nu(ab) \qquad 0 < y < a$
$x^{1-\nu}(b^2+x^2)^{-1} J_\nu(ax)$ $\operatorname{Re}\nu > -\frac{3}{2}$	$\frac{1}{2}\pi b^{-\nu} e^{-by} I_\nu(ab) \qquad\qquad y > a$
$x^{\nu+2n}(b^2+x^2)^{-1} J_\nu(ax)$ $\operatorname{Re}(\nu+n) > -1$ $\operatorname{Re}(\nu+2n) < \frac{5}{2}$ $n = 0, \pm 1, \pm 2, \ldots$	$(-1)^n b^{\nu+2n-1} \sinh(by) K_\nu(ab) \quad 0 < y < b$
$x^{2n+1-\nu}(b^2+x^2)^{-1} J_\nu(ax)$ $\operatorname{Re}\nu > 2n - \frac{3}{2}$ $n = -1, 0, 1, \ldots$	$(-1)^n \frac{1}{2}\pi b^{2n-\nu} e^{-by} I_\nu(ab) \qquad y > a$
$x^{-1} e^{-bx} J_0(ax)$	$\arcsin\left\{\dfrac{2y}{[b^2+(a+y)^2]^{\frac{1}{2}} + [b^2+(a-y)^2]^{\frac{1}{2}}}\right\}$
$x^\nu \cos x\, J_\nu(x)$ $-1 < \operatorname{Re}\nu < \frac{1}{2}$	$2^{\nu-1}\pi^{\frac{1}{2}}\left[\Gamma\left(\frac{1}{2}-\nu\right)\right]^{-1}(y^2+2y)^{-\nu-\frac{1}{2}}$ $\qquad\qquad 0 < y < 2$ $2^{\nu-1}\pi^{\frac{1}{2}}\left[\Gamma\left(\frac{1}{2}-\nu\right)\right]^{-1}[(y^2+2y)^{-\nu-\frac{1}{2}} +$ $+ (y^2-2y)^{-\nu-\frac{1}{2}}] \qquad\qquad y > 2$
$x^{1-\nu}\cos x\, J_\nu(x)$ $\operatorname{Re}\nu > \frac{1}{2}$	$2^{-\nu}\pi^{\frac{1}{2}}\left[\Gamma\left(\nu-\frac{1}{2}\right)\right]^{-1}(y-1)(2y-y^2)^{\nu-\frac{3}{2}}$ $\qquad\qquad 0 < y < 2$ $0 \qquad\qquad y > 2$

$f(x)$	$g(y) = \int\limits_0^\infty f(x) \sin(x\,y)\,dx$
$x^{-\nu} \sin x\, J_\nu(x)$ $\operatorname{Re}\nu > -\dfrac{1}{2}$	$2^{-\nu-1} \pi^{\frac{1}{2}} \left[\Gamma\left(\dfrac{1}{2}+\nu\right)\right]^{-1} (2y-y^2)^{\nu-\frac{1}{2}}$ $0 < y < 2$ 0 $y > 2$
$[J_0(a\,x)]^2$	$(\pi a)^{-1} K\left(\dfrac{y}{2a}\right)$ $0 < y < 2a$ $2(\pi y)^{-1} K\left(\dfrac{2a}{y}\right)$ $y > 2a$
$J_0(a\,x)\, J_0(b\,x)$	0 $0 < y < a-b$ $\pi^{-1}(a\,b)^{-\frac{1}{2}} K\left\{\left[\dfrac{y^2-(a-b)^2}{4a\,b}\right]^{\frac{1}{2}}\right\}$ $a-b < y < a+b$ $2\pi^{-1}[y^2-(a-b)^2]^{-\frac{1}{2}} K\left\{\left[\dfrac{4a\,b}{y^2-(a-b)^2}\right]^{\frac{1}{2}}\right\}$ $y > a+b$
$x^{-\frac{1}{2}}[J_0(a\,x)]^2$	$\left(\dfrac{1}{2}\pi\right)^{\frac{1}{2}} y^{-\frac{1}{2}} \left\{P_{-\frac{1}{4}}[(1-4a^2 y^{-2})^{\frac{1}{2}}]\right\}^2$ $y > 2a$
$J_{n+\frac{1}{2}}(a\,x)\, J_{n+\frac{1}{2}}(b\,x)$ $n = -1, 0, 1, \ldots$	$\dfrac{1}{2}(a\,b)^{-\frac{1}{2}} P_n\left(\dfrac{a^2+b^2-y^2}{2a\,b}\right)$ $0 < y < a+b$ 0 $y > a+b$
$x^{\frac{1}{2}}[J_{\frac{1}{4}}(a\,x)]^2$	$\left(\dfrac{2}{\pi y}\right)^{\frac{1}{2}} (4a^2-y^2)^{-\frac{1}{2}}$ $0 < y < 2a$ 0 $y > 2a$
$x^{\frac{1}{2}} J_{\frac{1}{4}-\nu}(a\,x)\, J_{\frac{1}{4}+\nu}(a\,x)$	$\left(\dfrac{1}{2}\pi y\right)^{-\frac{1}{2}} (4a^2-y^2)^{-\frac{1}{2}} \cos\left[2\nu \arccos\left(\dfrac{y}{2a}\right)\right]$ $0 < y < 2a$ 0 $y > 2a$
$J_\nu(a\,x)\, J_\nu(b\,x)$ $b \geqq a$	0 $0 < y < b-a$ $\dfrac{1}{2}(a\,b)^{-\frac{1}{2}} P_{\nu-\frac{1}{2}}\left(\dfrac{a^2+b^2-y^2}{2a\,b}\right)$ $b-a < y < b+a$ $\pi^{-1}(a\,b)^{-\frac{1}{2}} \cos(\pi\nu)\, \mathfrak{Q}_{\nu-\frac{1}{2}}\left(\dfrac{y^2-a^2-b^2}{2a\,b}\right)$ $y > a+b$

$f(x)$	$g(y) = \int\limits_0^\infty f(x) \sin(xy)\, dx$
$[J_\nu(ax)]^2 - [J_{-\nu}(ax)]^2$ $-\dfrac{1}{2} < \operatorname{Re}\nu < \dfrac{1}{2}$	$-a^{-1}\sin(\pi\nu)\, \mathfrak{P}_{\nu-\frac{1}{2}}\left(\dfrac{1}{2}y^2 a^{-2}-1\right) \quad y > 2a$ $0 \qquad\qquad\qquad\qquad\qquad 0 < y < 2a$
$x^{-\frac{1}{2}}[J_\nu(ax)]^2$ $\operatorname{Re}\nu > -\dfrac{3}{4}$	$\left(\dfrac{1}{2}\pi\right)^{\frac{1}{2}} a^{2\nu}\,\Gamma\left(\dfrac{3}{4}+\nu\right)\times$ $\times\left\{[\Gamma(\nu+1)]^2\,\Gamma\left(\dfrac{3}{4}-\nu\right)\right\}^{-1}\times$ $\times y^{-\frac{1}{2}-2\nu}\left\{{}_2F_1\left(\dfrac{1}{4}+\nu, \dfrac{3}{4}+\nu; \nu+1;\right.\right.$ $\left.\left.\dfrac{1}{2}-\dfrac{1}{2}\left[1-4a^2 y^{-2}\right]^{\frac{1}{2}}\right)\right\}^2 \qquad y > 2a$
$[x^\nu J_\nu(ax)]^2$ $-\dfrac{1}{2} < \operatorname{Re}\nu < \dfrac{1}{2}$	$2^{2\nu}\pi^{-1}\,\dfrac{\Gamma(\frac{1}{2}+\nu)}{\Gamma(\frac{1}{2}-2\nu)}\, e^{i\pi\nu}(2a)^{\nu-\frac{1}{2}}\times$ $\times y^{-\nu-\frac{1}{2}}(4a^2-y^2)^{-\nu}\,\mathfrak{Q}^{-\nu}_{-\nu-\frac{1}{2}}\left(\dfrac{y^2+4a^2}{4ay}\right)$ $\qquad\qquad\qquad\qquad\qquad 0 < y < 2a$ $2^{2\nu}\pi^{-\frac{3}{2}}\cos(2\pi\nu)\,\Gamma\left(\nu+\dfrac{1}{2}\right)e^{-i\pi\nu}(2a)^{\nu-\frac{1}{2}}\times$ $\times y^{-\nu-\frac{1}{2}}(y^2-4a^2)^{-\nu}\,\mathfrak{Q}^{\nu}_{\nu-\frac{1}{2}}\left(\dfrac{y^2+4a^2}{4ay}\right)$ $\qquad\qquad\qquad\qquad\qquad y > 2a$
$x^{\nu-\mu} J_\nu(ax)\, J_\mu(bx)$ $-1 < \operatorname{Re}\nu < 1 + \operatorname{Re}\mu$ $a > b$	$0 \qquad\qquad\qquad\qquad\qquad 0 < y < a-b$
$x^{\nu-\mu-2} J_\nu(ax)\, J_\mu(bx) \quad a > b$ $0 < \operatorname{Re}\nu < 3 + \operatorname{Re}\mu$	$2^{\nu-\mu-1}b^\mu a^{-\nu}[\Gamma(1+\mu)]^{-1}\Gamma(\nu)\, y$ $\qquad\qquad\qquad\qquad 0 < y < a-b$
$J_\nu(ax)\, J_\mu(bx)$	Watson, G. N.: Journal Lond. Math. Soc., Bd. 9, S. 21. 1934.
$x^\lambda J_\nu(ax)\, J_\mu(bx)$	Bailey, W. N.: Proc. Lond. Math. Soc., Bd. 40, S. 37. 1936.
$x^{-1}\left\{[J_{n+\frac{1}{2}}(x-b)]^2 -\right.$ $\left.- [J_{u+\frac{1}{2}}(x+b)]^2\right\}$ $n = 0, 1, 2, \ldots$	$\pi[J_{n+\frac{1}{2}}(b)]^2 \qquad\qquad\qquad 2 \leqq y$

$f(x)$	$g(y) = \int\limits_0^\infty f(x)\sin(xy)\,dx$
$x^{-1}\big\{(x-b)^{-2\nu}\times$ $\times [J_{\nu+n}(x-b)]^2 +$ $+ (x+b)^{-2\nu}\times$ $\times [J_{\nu+n}(x+b)]^2\big\}$ $n = 0, 1, 2, \ldots,\ \mathrm{Re}\,\nu > -1$	$\pi\, b^{-2\nu}[J_{\nu+n}(b)]^2 \qquad\qquad y \gtrless 2$
$Y_0(ax)$	$2\pi^{-1}(a^2-y^2)^{-\frac{1}{2}}\arcsin(ya^{-1}) \qquad 0 < y < a$ $2\pi^{-1}(y^2-a^2)^{-\frac{1}{2}}\log\left[\dfrac{y}{a} - \dfrac{(y^2-a^2)^{\frac{1}{2}}}{a}\right] \quad y > a$
$Y_1(ax)$	$0 \qquad\qquad\qquad\qquad\qquad 0 < y < a$ $-a^{-1}y(y^2-a^2)^{-\frac{1}{2}} \qquad\qquad\qquad y > a$
$Y_\nu(ax)$ $\qquad -2 < \mathrm{Re}\,\nu < 2$	$\operatorname{ctn}\left(\dfrac{1}{2}\nu\pi\right)(a^2-y^2)^{-\frac{1}{2}}\sin\left[\nu\arcsin(ya^{-1})\right]$ $\qquad\qquad\qquad\qquad 0 < y < a$ $\dfrac{1}{2}\csc\left(\dfrac{1}{2}\nu\pi\right)(y^2-a^2)^{-\frac{1}{2}}\times$ $\qquad\times\big\{a^{-\nu}\cos(\nu\pi)\,[y-(y^2-a^2)^{\frac{1}{2}}]^\nu -$ $\qquad\quad - a^\nu[y-(y^2-a^2)^{\frac{1}{2}}]^{-\nu}\big\} \qquad y > a$
$x^{-1}Y_0(ax)$	$0 \qquad\qquad\qquad\qquad\qquad 0 < y < a$ $\log\left[\dfrac{y}{a} - \dfrac{(y^2-a^2)^{\frac{1}{2}}}{a}\right] \qquad\qquad y > a$
$x^{-1}\left[\mathrm{Ci}(ax) - \log 2 -\right.$ $\left. - \dfrac{1}{2}\pi\, Y_0(ax)\right]$	$\pi\log\left[\dfrac{(y+a)^{\frac{1}{2}}+(y-a)^{\frac{1}{2}}}{2y^{\frac{1}{2}}}\right] \qquad\qquad y > a$ $0 \qquad\qquad\qquad\qquad\qquad 0 < y < a$
$x^{-1}Y_\nu(ax)$ $\qquad -1 < \mathrm{Re}\,\nu < 1$	$-\nu^{-1}\tan\left(\dfrac{1}{2}\nu\pi\right)\sin\left[\nu\arcsin(ya^{-1})\right]$ $\qquad\qquad\qquad\qquad 0 < y < a$ $\dfrac{1}{2}\nu^{-1}\sec\left(\dfrac{1}{2}\nu\pi\right)\big\{a^{-\nu}\cos(\nu\pi)\times$ $\qquad\times[y-(y^2-a^2)^{\frac{1}{2}}]^\nu - a^\nu[y-(y^2-a^2)^{\frac{1}{2}}]^{-\nu}\big\}$
$x^{1+\nu}Y_\nu(ax)$ $\qquad -\dfrac{3}{2} < \mathrm{Re}\,\nu < -\dfrac{1}{2}$	$0 \qquad\qquad\qquad\qquad\qquad 0 < y < a$ $\pi^{\frac{1}{2}}2^{\nu+1}a^\nu\left[\Gamma\left(-\nu-\dfrac{1}{2}\right)\right]^{-1}y(y^2-a^2)^{-\nu-\frac{3}{2}}$ $\qquad\qquad\qquad\qquad\qquad y > a$

$f(x)$	$g(y) = \int\limits_0^\infty f(x)\sin(xy)\,dx$
$x^{1-\nu}\,Y_\nu(ax)$ $\dfrac{1}{2} < \operatorname{Re}\nu < \dfrac{3}{2}$	$2(2a)^{-\nu}\pi^{-\frac12}\sin(\pi\nu)\,\Gamma\!\left(\dfrac{3}{2}-\nu\right) y\,(a^2-y^2)^{\nu-\frac32}$ $\hspace{6em} 0 < y < a$ $-2\pi^{-\frac12}\Gamma\!\left(\dfrac{3}{2}-\nu\right)(2a)^{-\nu}\,y\,(y^2-a^2)^{\nu-\frac32}$ $\hspace{8em} y > a$
$J_\nu(ax)\cos\!\left(ax-\dfrac12\nu\pi\right)+$ $+\,Y_\nu(ax)\sin\!\left(ax-\dfrac12\nu\pi\right)$ $-2 < \operatorname{Re}\nu < 2$	$\dfrac{1}{2}(2a)^{-\nu}y^{-\frac12}(y+2a)^{-\frac12}\times$ $\times\left\{[(y+2a)^{\frac12}+y^{\frac12}]^{2\nu}+\right.$ $\left.+\,[(y+2a)^{\frac12}-y^{\frac12}]^{2\nu}\right\}$
$(b^2+x^2)^{-1}\left[J_0(ax)\log x+\right.$ $\left.+\,\dfrac12\pi\,Y_0(ax)\right]$	$b^{-1}\log b\,\sinh(by)\,K_0(ab) \hspace{3em} 0 < y < a$
$(b^2+x^2)^{-1}\times$ $\times\,[Y_{-\nu}(ax)-Y_\nu(ax)]$ $-2 < \operatorname{Re}\nu < 2$	$2b^{-1}\sin\!\left(\dfrac12\nu\pi\right)\sinh(by)\,K_\nu(ab) \hspace{2em} 0 < y < a$
$x^{\frac12}(b^2+x^2)^{-1}\left\{J_\mu(ax)\times\right.$ $\times\cos\!\left[\dfrac{\pi}{2}\left(\mu-\dfrac12\right)\right]-$ $-\,Y_\mu(ax)\times$ $\left.\times\sin\!\left[\dfrac{\pi}{2}\left(\mu-\dfrac12\right)\right]\right\}$ $-\dfrac{5}{2} < \operatorname{Re}\mu < \dfrac{5}{2}$	$b^{-\frac12}\sinh(by)\,K_\mu(ab) \hspace{4em} 0 < y < a$
$J_0(ax)\,Y_0(ax)$	$-2(\pi y)^{-1}K\left\{[1-4a^2y^{-2}]^{\frac12}\right\} \hspace{2em} y > 2a$ $0 \hspace{8em} y < 2a$
$J_0(ax)\,Y_0(bx)+$ $+\,Y_0(ax)\,J_0(bx)$	$0 \hspace{6em} 0 < y < a+b$ $-4\pi^{-1}[y^2-(a-b)^2]^{-\frac12}K\left\{\left[\dfrac{y^2-(a+b)^2}{y^2-(a-b)^2}\right]\right\}$ $\hspace{8em} y > a+b$
$J_\nu(ax)\,Y_{-\nu}(bx)+$ $+\,Y_\nu(ax)\,J_{-\nu}(bx)$ $a > b,\ -1 < \operatorname{Re}\nu < 1$	$0 \hspace{6em} 0 < y < a+b$ $-(ab)^{-\frac12}\mathfrak{P}_{\nu-\frac12}\!\left(\dfrac{y^2-a^2-b^2}{2ab}\right) \hspace{2em} y > a+b$

$f(x)$	$g(y) = \int\limits_0^\infty f(x) \sin(x\,y)\,dx$
$x^{\frac{1}{2}} J_{\frac{1}{4}}(a\,x)\, Y_{\frac{1}{4}}(a\,x)$	$0 \qquad\qquad\qquad 0 < y < 2a$ $-\left(\dfrac{2}{\pi\,y}\right)^{\frac{1}{2}} (y^2 - 4a^2)^{-\frac{1}{2}} \qquad y > 2a$
$x^{\frac{1}{2}} J_{\frac{1}{4}-\nu}(a\,x)\, Y_{\frac{1}{4}+\nu}(a\,x)$ $\qquad\qquad \mathrm{Re}\,\nu < \dfrac{5}{4}$	$-\left(\dfrac{1}{2}\,\pi\,y\right)^{-\frac{1}{2}} (4a^2 - y^2)^{-\frac{1}{2}} \times$ $\qquad \times \sin\left[2\nu \arccos\left(\dfrac{y}{2a}\right)\right] \qquad 0 < y < 2a$ $-\left(\dfrac{1}{2}\,\pi\,y\right)^{-\frac{1}{2}} (2a)^{-2\nu} (y^2 - 4a^2)^{-\frac{1}{2}} \times$ $\qquad \times [y + (y^2 - 4a^2)^{\frac{1}{2}}]^{2\nu} \qquad y > 2a$
$x^{-1}[J_{n+\frac{1}{2}}(x-b) \times$ $\qquad \times Y_{n+\frac{1}{2}}(x-b) +$ $\qquad + J_{n+\frac{1}{2}}(x+b) \times$ $\qquad \times Y_{n+\frac{1}{2}}(x+b)]$ $\qquad n = 0, 1, 2, \ldots$	$\pi\, J_{n+\frac{1}{2}}(b)\, Y_{n+\frac{1}{2}}(b) \qquad\qquad y \gtreqqless 2$
$x^{1-2\nu} J_{\nu}(a\,x)\, Y_{\nu}(a\,x)$ $\qquad 0 < \mathrm{Re}\,\nu < \dfrac{3}{4}$	$\dfrac{1}{4}\Gamma\left(\dfrac{3}{2}-\nu\right)\left[\Gamma(2-\nu)\,\Gamma\left(2\nu-\dfrac{1}{2}\right)\right]^{-1} a^{2\nu-1} \times$ $\quad \times y\,{}_2F_1\left(\dfrac{3}{2}-\nu, \dfrac{3}{2}-2\nu; 2-\nu; \dfrac{1}{4}\,y^2\,a^{-2}\right)$ $\qquad\qquad\qquad\qquad\qquad 0 < y < 2a$
$x^{1-2\nu}\left\{[J_{\nu}(a\,x)]^2 -\right.$ $\qquad \left. - [Y_{\nu}(a\,x)]^2\right\}$ $\qquad 0 < \mathrm{Re}\,\nu < \dfrac{3}{4}$	$\dfrac{1}{2}\,\pi^{-1}[\Gamma(2-\nu)]^{-1} \sin(2\pi\nu) \times$ $\quad \times \Gamma\left(\dfrac{3}{2}-\nu\right)\Gamma\left(\dfrac{3}{2}-2\nu\right) a^{2\nu-1} \times$ $\quad \times y\,{}_2F_1\left(\dfrac{3}{2}-\nu, \dfrac{3}{2}-2\nu; 2-\nu; \dfrac{1}{4}\,y^2\,a^{-2}\right)$ $\qquad\qquad\qquad\qquad\qquad 0 < y < 2a$
$x^{2-2\nu}[J_{\nu}(a\,x)\, J_{\nu-1}(a\,x) -$ $\qquad - Y_{\nu}(a\,x)\, Y_{\nu-1}(a\,x)]$ $\qquad \dfrac{1}{2} < \mathrm{Re}\,\nu < \dfrac{5}{4}$	$-\dfrac{1}{2}\,\pi^{-1}[\Gamma(2-\nu)]^{-1} \sin(2\pi\nu) \times$ $\quad \times \Gamma\left(\dfrac{3}{2}-\nu\right)\Gamma\left(\dfrac{5}{2}-2\nu\right) a^{2\nu-2} \times$ $\quad \times y\,{}_2F_1\left(\dfrac{3}{2}-\nu, \dfrac{5}{2}-2\nu; 2-\nu; \dfrac{1}{4}\,y^2\,a^{-2}\right)$ $\qquad\qquad\qquad\qquad\qquad 0 < y < 2a$

$f(x)$	$g(y) = \int\limits_0^\infty f(x)\sin(xy)\,dx$
$x^{2-2\nu}\left[J_\nu(ax)\,Y_{\nu-1}(ax) + {}+ Y_\nu(ax)\,Y_{\nu-1}(ax)\right]$ $\dfrac{1}{2} < \operatorname{Re}\nu < \dfrac{5}{2}$	$-\dfrac{1}{2}\,\Gamma\!\left(\dfrac{3}{2}-\nu\right)\times$ $\times\left[\Gamma\!\left(2\nu-\dfrac{3}{2}\right)\Gamma(2-\nu)\right]^{-1}a^{2\nu-2}\times$ $\times y\,{}_2F_1\!\left(\dfrac{3}{2}-\nu,\ \dfrac{5}{2}-2\nu;\ 2-\nu;\ \dfrac{1}{4}\,y^2\,a^{-2}\right)$ $0 < y < 2a$

§ 16. Bessel-Funktionen vom Argument x^2 und $1/x$

$f(x)$	$g(y) = \int\limits_0^\infty f(x)\sin(xy)\,dx$
$J_0(a x^2)$	$\dfrac{1}{8}\,\pi y\,a^{-1}\,J_{\frac14}\!\left(\dfrac{y^2}{8a}\right)\left[J_{\frac14}\!\left(\dfrac{y^2}{8a}\right) - Y_{\frac14}\!\left(\dfrac{y^2}{8a}\right)\right]$
$x^{\frac12}\,J_{\frac14}(a x^2)$	$\dfrac{1}{2}\,a^{-1}\left(\dfrac{1}{2}\,\pi y\right)^{\frac12}J_{\frac14}\!\left(\dfrac{1}{4}\,y^2\,a^{-1}\right)$
$x^{\frac12}\,J_{-\frac14}(a x^2)$	$\dfrac{1}{2}\,a^{-1}\left(\dfrac{1}{2}\,\pi y\right)^{\frac12}\left[\boldsymbol{H}_{\frac14}\!\left(\dfrac{1}{4}\,y^2\,a^{-1}\right) + J_{\frac14}\!\left(\dfrac{1}{4}\,y^2\,a^{-1}\right)\right]$
$x^{\frac32}\,J_{-\frac14}(x^2)$	$\dfrac{1}{4}\,y\left(\dfrac{1}{2}\,\pi y\right)^{\frac12}J_{\frac34}\!\left(\dfrac{1}{4}\,y^2\right)$
$x^{\frac32}\,J_{\frac14}(x^2)$	$\dfrac{1}{4}\,y\left(\dfrac{1}{2}\,\pi y\right)^{\frac12}J_{-\frac14}\!\left(\dfrac{1}{4}\,y^2\right)$
$x^{\frac12}e^{-a x^2}\,J_{\frac14}(b x^2)$	$\dfrac{1}{2}\left(\dfrac{1}{2}\,\pi y\right)^{\frac12}(a^2+b^2)^{-\frac12}e^{-\frac14 a y^2 (a^2+b^2)^{-1}}\times$ $\times J_{\frac14}\!\left[\dfrac{1}{4}\,b y^2 (a^2+b^2)^{-1}\right]$
$x^{\frac12}\sin(a x^2)\,J_{\frac14}(a x^2)$	$-\dfrac{1}{2}\,(ay)^{-\frac12}\sin\!\left(\dfrac{y^2}{8a} - \dfrac{3\pi}{8}\right)$
$x^{\frac12}\cos(a x^2)\,J_{\frac14}(a x^2)$	$\dfrac{1}{2}\,(ay)^{-\frac12}\cos\!\left(\dfrac{y^2}{8a} - \dfrac{3\pi}{8}\right)$
$x^{\frac13}\sin x^2\,J_{\frac13}(x^2)$	$-\dfrac{1}{16}\,\pi^{\frac12}2^{-\frac16}y^{\frac13}\times$ $\times\left[\sin\!\left(\dfrac{y^2}{16} + \dfrac{\pi}{12}\right)J_{\frac13}\!\left(\dfrac{y^2}{16}\right) +\right.$ $\left.+ \cos\!\left(\dfrac{y^2}{16} + \dfrac{\pi}{12}\right)Y_{\frac13}\!\left(\dfrac{y^2}{16}\right)\right]$

$f(x)$	$g(y) = \int\limits_0^\infty f(x)\sin(xy)\,dx$
$x^{\frac{1}{4}}\cos x^2\, J_{\frac{1}{3}}(x^2)$	$\dfrac{1}{16}\,\pi^{\frac{1}{2}}\,2^{-\frac{1}{6}}\,y^{\frac{1}{3}}\times$ $\times\left[\cos\left(\dfrac{y^2}{16}+\dfrac{\pi}{12}\right)J_{\frac{1}{4}}\left(\dfrac{y^2}{16}\right)-\right.$ $\left.-\sin\left(\dfrac{y^2}{16}+\dfrac{\pi}{12}\right)Y_{\frac{1}{3}}\left(\dfrac{y^2}{16}\right)\right]$
$x^{\frac{1}{2}}\left[J_{\frac{1}{8}}(a\,x^2)\right]^2$	$-\dfrac{1}{2}\,a^{-1}\left(\dfrac{1}{2}\,\pi y\right)^{\frac{1}{2}}J_{\frac{1}{8}}\left(\dfrac{y^2}{16a}\right)Y_{\frac{1}{8}}\left(\dfrac{y^2}{16a}\right)$
$x^{\frac{1}{2}}\,J_{\frac{1}{8}}(a\,x^2)\,J_{-\frac{1}{8}}(a\,x^2)$	$\dfrac{1}{4}\,a^{-1}\left(\dfrac{1}{2}\,\pi y\right)^{\frac{1}{2}}\times$ $\times J_{\frac{1}{8}}\left(\dfrac{y^2}{16a}\right)\left[\sin\left(\dfrac{\pi}{8}\right)J_{\frac{1}{8}}\left(\dfrac{y^2}{16a}\right)-\right.$ $\left.-\cos\left(\dfrac{\pi}{8}\right)Y_{\frac{1}{8}}\left(\dfrac{y^2}{16a}\right)\right]$
$x^{\frac{1}{2}}\,J_{\frac{1}{8}-\nu}(a\,x^2)\,J_{\frac{1}{8}+\nu}(a\,x^2)$	$\left(\dfrac{1}{2}\,\pi y\right)^{-\frac{1}{2}}y^{-1}\left[e^{i\frac{\pi}{8}}W_{\nu,\frac{1}{8}}\left(\dfrac{i\,y^2}{8a}\right)W_{-\nu,\frac{1}{8}}\left(\dfrac{i\,y^2}{8a}\right)+\right.$ $\left.+e^{-i\frac{\pi}{8}}W_{\nu,\frac{1}{8}}\left(-\dfrac{i\,y^2}{8a}\right)W_{-\nu,\frac{1}{8}}\left(-\dfrac{i\,y^2}{8a}\right)\right]$
$x^{\frac{1}{2}}\,Y_{\frac{1}{4}}(a\,x^2)$	$-\dfrac{1}{2}\,a^{-1}\left(\dfrac{1}{2}\,\pi y\right)^{\frac{1}{2}}\boldsymbol{H}_{\frac{1}{4}}\left(\dfrac{y^2}{4a}\right)$
$x^{\frac{3}{2}}\,Y_{\frac{3}{4}}(a\,x^2)$	$-\dfrac{1}{4}\,a^{-2}\left(\dfrac{1}{2}\,\pi y\right)^{\frac{3}{2}}\boldsymbol{H}_{-\frac{1}{4}}\left(\dfrac{y^2}{4a}\right)$
$x^{\frac{1}{2}}\,J_{\frac{1}{8}}(a\,x^2)\,Y_{\frac{1}{8}}(a\,x^2)$	$-\dfrac{1}{2}\,a^{-1}\left(\dfrac{1}{2}\,\pi y\right)^{\frac{1}{2}}\left[J_{\frac{1}{8}}\left(\dfrac{y^2}{16a}\right)\right]^2$
$x^{2\lambda}\,J_{2\nu}(a\,x^{-1})$ $-\dfrac{5}{4}<\operatorname{Re}\lambda<\operatorname{Re}\nu$	$\pi^{\frac{1}{2}}\,4^{\lambda-2\nu}\,a^{2\nu}\,\Gamma(\lambda-\nu+1)\times$ $\times\left[\Gamma(1+2\nu)\,\Gamma\left(\dfrac{1}{2}+\nu-\lambda\right)\right]^{-1}\times$ $\times y^{2\nu-2\lambda-1}\,{}_0F_3\left(1+2\nu,\nu-\lambda,\right.$ $\dfrac{1}{2}+\nu-\lambda;\dfrac{a^2y^2}{16}\right)+$ $+\,2^{-2\lambda-3}\,a^{2+2\lambda}\,\Gamma(\nu-\lambda-1)\times$ $\times\left[\Gamma(\nu+\lambda+2)\right]^{-1}\times$ $\times y\,{}_0F_3\left(\dfrac{3}{2},2+\lambda-\nu,2+\lambda+\nu;\dfrac{a^2y^2}{16}\right)$

$f(x)$	$g(y) = \int\limits_0^\infty f(x)\sin(xy)\,dx$
$x^{-1}\sin(a\,x^{-1})\,J_\nu(b\,x^{-1})$ $\operatorname{Re}\nu > -2$	$\dfrac{1}{2}\,\pi\,J_\nu(c\,y^{\frac12})\left[\sin\left(\dfrac{1}{2}\nu\pi\right)J_\nu(d\,y^{\frac12}) +\right.$ $\left.+\cos\left(\dfrac{1}{2}\nu\pi\right)Y_\nu(d\,y^{\frac12})\right] +$ $+\cos\left(\dfrac{1}{2}\nu\pi\right)I_\nu(c\,y^{\frac12})K_\nu(d\,y^{\frac12})$ $c = 2\left[(a+b)^{\frac12}+(a-b)^{\frac12}\right]$ $d = 2\left[(a+b)^{\frac12}-(a-b)^{\frac12}\right]$ $a > b$
$x^{-1}\,J_\nu(a\,x^{-1})$ $\operatorname{Re}\nu > -1$	$i\left\{J_\nu\left[(2a\,i\,y)^{\frac12}\right]K_\nu\left[(2a\,i\,y)^{\frac12}\right] -\right.$ $\left.- J_\nu\left[(-2a\,i\,y)^{\frac12}\right]K_\nu\left[(-2a\,i\,y)^{\frac12}\right]\right\}$
$x^{-1}\sin(a\,x^{-1})\,J_{2n+1}(b\,x^{-1})$ $n = 0, 1, 2, \ldots$	$(-1)^n\,\dfrac{1}{2}\,\pi\,J_{2n+1}\left\{2y^{\frac12}\left[(a+b)^{\frac12}+(a-b)^{\frac12}\right]\right\}\times$ $\times J_{2n+1}\left\{2y^{\frac12}\left[(a+b)^{\frac12}-(a-b)^{\frac12}\right]\right\}$
$x^{-1}\cos(a\,x^{-1})\,J_\nu(b\,x^{-1})$ $\operatorname{Re}\nu > -1$	$\dfrac{1}{2}\,\pi\,J_\nu(c\,y^{\frac12})\left[\cos\left(\dfrac{1}{2}\nu\pi\right)J_\nu(d\,y^{\frac12}) -\right.$ $\left.-\sin\left(\dfrac{1}{2}\nu\pi\right)Y_\nu(d\,y^{\frac12})\right] -$ $-\sin\left(\dfrac{1}{2}\nu\pi\right)I_\nu(c\,y^{\frac12})K_\nu(d\,y^{\frac12})$ $c = 2\left[(a+b)^{\frac12}+(a-b)^{\frac12}\right]$ $d = 2\left[(a+b)^{\frac12}-(a-b)^{\frac12}\right]$ $a > b$
$x^{-1}\cos(a\,x^{-1})\,J_{2n}(b\,x^{-1})$ $n = 0, 1, 2, \ldots$	$(-1)^n\,\dfrac{1}{2}\,\pi\,J_{2n}\left\{2y^{\frac12}\left[(a+b)^{\frac12}+(a-b)^{\frac12}\right]\right\}\times$ $\times J_{2n}\left\{2y^{\frac12}\left[(a+b)^{\frac12}-(a-b)^{\frac12}\right]\right\}$
$x^{-\frac12}\sin(a\,x^{-1})\,J_{2n-\frac12}(a\,x^{-1})$ $n = 0, 1, 2, \ldots$	$(-1)^{n-1}\,\dfrac{1}{2}\left(\dfrac{\pi}{y}\right)^{\frac12}J_{4n-1}\left[2(2a\,y)^{\frac12}\right]$
$x^{-\frac12}\cos(a\,x^{-1})\,J_{2n+\frac12}(a\,x^{-1})$ $n = 0, 1, 2, \ldots$	$(-1)^n\,\dfrac{1}{2}\left(\dfrac{\pi}{y}\right)^{\frac12}J_{4n+1}\left[2(2a\,y)^{\frac12}\right]$

$f(x)$	$g(y) = \int\limits_0^\infty f(x) \sin(xy)\, dx$
$x^{-1} \sin(a x^{-1})\, Y_\nu(b x^{-1})$ $-2 < \operatorname{Re}\nu < 2$	$\dfrac{1}{2}\pi\, Y_\nu(c y^{\frac{1}{2}}) \left[\cos\left(\dfrac{1}{2}\nu\pi\right) Y_\nu(d y^{\frac{1}{2}}) + \right.$ $\left. + \sin\left(\dfrac{1}{2}\nu\pi\right) J_\nu(d y^{\frac{1}{2}})\right] -$ $- K_\nu(d y^{\frac{1}{2}})\left[\sin\left(\dfrac{1}{2}\nu\pi\right) I_\nu(c y^{\frac{1}{2}}) + \right.$ $\left. + 2\pi^{-1}\cos\left(\dfrac{1}{2}\nu\pi\right) K_\nu(c y^{\frac{1}{2}})\right]$ $c = 2\left[(a+b)^{\frac{1}{2}} + (a-b)^{\frac{1}{2}}\right]$ $d = 2\left[(a+b)^{\frac{1}{2}} - (a-b)^{\frac{1}{2}}\right]$ $a > b$
$x^{-1} \cos(a x^{-1})\, Y_\nu(b x^{-1})$ $-1 < \operatorname{Re}\nu < 1$	$-\dfrac{1}{2}\pi\, Y_\nu(c y^{\frac{1}{2}})\left[\cos\left(\dfrac{1}{2}\nu\pi\right) J_\nu(d y^{\frac{1}{2}}) + \right.$ $\left. + \sin\left(\dfrac{1}{2}\nu\pi\right) Y_\nu(d y^{\frac{1}{2}})\right] -$ $- K_\nu(d y^{\frac{1}{2}})\left[I_\nu(c y^{\frac{1}{2}}) \cos\left(\dfrac{1}{2}\nu\pi\right) + \right.$ $\left. + \dfrac{2}{\pi} K_\nu(c y^{\frac{1}{2}}) \sin\left(\dfrac{1}{2}\nu\pi\right)\right]$ $c = 2\left[(a+b)^{\frac{1}{2}} + (a-b)^{\frac{1}{2}}\right]$ $d = 2\left[(a+b)^{\frac{1}{2}} - (a-b)^{\frac{1}{2}}\right]$ $a > b$

§ 17. Bessel-Funktionen vom Argument $(a x^2 + b x + c)^{\frac{1}{2}}$

$f(x)$	$g(y) = \int\limits_0^\infty f(x) \sin(xy)\, dx$
$J_0(a x^{\frac{1}{2}})$	$y^{-1} \cos\left(\dfrac{a^2}{4y}\right)$
$J_\nu(a x^{\frac{1}{2}})$ $\operatorname{Re}\nu > -4$	$\dfrac{1}{4} a\, y^{-1}\left(\dfrac{\pi}{y}\right)^{\frac{1}{2}}\left[\cos\left(\dfrac{a^2}{8y} - \nu\dfrac{\pi}{4}\right) J_{\frac{1}{2}(\nu-1)}\left(\dfrac{a^2}{8y}\right) - \right.$ $\left. - \sin\left(\dfrac{a^2}{8y} - \nu\dfrac{\pi}{4}\right) J_{\frac{1}{2}(\nu+1)}\left(\dfrac{a^2}{8y}\right)\right]$
$x^{-1} J_0(a x^{\frac{1}{2}})$	$-\operatorname{si}\left(\dfrac{a^2}{4y}\right)$
$x^{-\frac{1}{2}} J_1(a x^{\frac{1}{2}})$	$2 a^{-1} \sin\left(\dfrac{a^2}{4y}\right)$

$f(x)$	$g(y) = \int\limits_0^\infty f(x) \sin(xy)\, dx$
$x^{-\frac{1}{2}} J_\nu(a x^{\frac{1}{2}})$	$-\left(\dfrac{\pi}{y}\right)^{\frac{1}{2}} \sin\left(\dfrac{a^2}{8y} - \nu\dfrac{\pi}{4} - \dfrac{\pi}{4}\right) J_{\frac{1}{2}\nu}\left(\dfrac{a^2}{8y}\right)$
$x^{\frac{1}{2}\nu} J_\nu(a x^{\frac{1}{2}})$ $\qquad -2 < \operatorname{Re}\nu < \dfrac{1}{2}$	$y^{-1}\left(\dfrac{a}{2y}\right)^\nu \cos\left(\dfrac{a^2}{4y} - \dfrac{1}{2}\nu\pi\right)$
$x^{-\frac{1}{2}} e^{-bx} J_1(2a x^{\frac{1}{2}})$	$2a^{-1} e^{-ba^2 (b^2+y^2)^{-1}} \sin\left[a^2 y (b^2+y^2)^{-1}\right]$
$x^{\frac{1}{2}\nu} e^{-ax} J_\nu[2(bx)^{\frac{1}{2}}]$ $\qquad \operatorname{Re}\nu > -2$	$b^{\frac{1}{2}\nu} (a^2+y^2)^{-\frac{1}{2}(\nu+1)} e^{-ab(a^2+y^2)^{-1}} \times$ $\times \sin\left[(\nu+1)\arctan\left(\dfrac{y}{a}\right) - by(a^2+y^2)^{-1}\right]$
$\log(bx)\, J_0(a x^{\frac{1}{2}})$	$2y^{-1}\left\{\cos\left(\dfrac{a^2}{4y}\right)\left[\log\left(\dfrac{1}{2} a y^{-1} b^{\frac{1}{2}}\right) - \right.\right.$ $\left. - \dfrac{1}{2}\operatorname{Ci}\left(\dfrac{1}{4} y^{-1} a^2\right)\right] -$ $\left. - \dfrac{1}{2}\sin\left(\dfrac{1}{4} a^2 y^{-1}\right)\operatorname{si}\left(\dfrac{1}{4} a^2 y^{-1}\right)\right\}$
$J_\nu(a x^{\frac{1}{2}})\, J_\nu(b x^{\frac{1}{2}})$ $\qquad \operatorname{Re}\nu > -2$	$y^{-1}\cos\left[\dfrac{1}{4} y^{-1}(a^2+y^2) - \dfrac{1}{2}\nu\pi\right] J_\nu\left(\dfrac{1}{2} a b y^{-1}\right)$
$J_\nu(a x)\, J_{2\nu}(b x^{\frac{1}{2}})$ $\qquad \operatorname{Re}\nu > -1$	$(a^2-y^2)^{-\frac{1}{2}} \sin\left[\dfrac{1}{4} b^2 y (a^2-y^2)^{-1}\right] \times$ $\times J_\nu\left[\dfrac{1}{4} a b^2 (a^2-y^2)^{-1}\right] \qquad 0 < y < a$ $(y^2-a^2)^{-\frac{1}{2}} \cos\left[\dfrac{1}{4} b^2 y (y^2-a^2)^{-1} - \pi\nu\right] \times$ $\times J_\nu\left[\dfrac{1}{4} a b^2 (y^2-a^2)^{-1}\right] \qquad y > a$
$(a-x)^{\frac{1}{2}\nu} J_\nu[b(a-x)^{\frac{1}{2}}]$ $\qquad\qquad 0 < x < a$ $0 \qquad\qquad x > a$ $\qquad\qquad \operatorname{Re}\nu > -1$	$y^{-1}\left(\dfrac{b}{2y}\right)^\nu U_{\nu+2}(2ay,\, b a^{\frac{1}{2}})$
$[x(a-x)]^{-\frac{1}{2}} \times$ $\times J_\nu\{b[x(a-x)]^{\frac{1}{2}}\}$ $\qquad\qquad 0 < x < a$ $0 \qquad\qquad x > a$ $\qquad\qquad \operatorname{Re}\nu > -3$	$\pi\sin\left(\dfrac{1}{2} a y\right) J_{\frac{1}{2}\nu}\left\{\dfrac{1}{4} a[(b^2+y^2)^{\frac{1}{2}} + y]\right\} \times$ $\times J_{\frac{1}{2}\nu}\left\{\dfrac{1}{4} a[(b^2+y^2)^{\frac{1}{2}} - y]\right\}$

$f(x)$	$g(y)=\int\limits_0^\infty f(x)\sin(x\,y)\,dx$
$x\,(a^2-x^2)^{\frac{1}{2}\nu}\,J_\nu\,[b\,(a^2-x^2)^{\frac{1}{2}}]$ $\qquad\qquad 0<x<a$ $0\qquad\qquad x>a$ $\qquad\qquad \operatorname{Re}\nu>-1$	$\left(\dfrac{1}{2}\,\pi\,a\right)^{\frac{1}{2}}a\,(a\,b)^\nu\,y\,(b^2+y^2)^{-\frac{1}{2}(\nu+\frac{3}{2})}\times$ $\qquad \times J_{\nu+\frac{3}{2}}[a\,(b^2+y^2)^{\frac{1}{2}}]$
$0\qquad\qquad 0<x<a$ $J_0\,[b\,(x^2-a^2)^{\frac{1}{2}}]\qquad x>a$	$0\qquad\qquad\qquad 0<y<b$ $(y^2-b^2)^{-\frac{1}{2}}\cos\,[a\,(y^2-b^2)^{\frac{1}{2}}]\qquad y>b$
$\left(\dfrac{x-a}{x+a}\right)^{\frac{1}{2}\nu}J_\nu\,[b\,(x^2-a^2)^{\frac{1}{2}}]$ $\qquad\qquad x>a$ $0\qquad\qquad 0<x<a$ $\qquad\qquad \operatorname{Re}\nu>-1$	$(b^2-y^2)^{-\frac{1}{2}}e^{-a\,(b^2-y^2)^{\frac{1}{2}}}\times$ $\qquad \times\sin\left\{\nu\arctan\,[y\,(b^2-y^2)^{-\frac{1}{2}}]\right\}$ $\qquad\qquad\qquad 0<y<b$ $b^\nu\,(y^2-b^2)^{-\frac{1}{2}}[y+(y^2-b^2)^{\frac{1}{2}}]^{-\nu}\times$ $\qquad \times\cos\left[\dfrac{1}{2}\,\pi\nu+a\,(y^2-b^2)^{\frac{1}{2}}\right]\qquad y>b$
$0\qquad\qquad 0<x<a$ $(x^2-a^2)^{-\frac{1}{2}}\,J_\nu\,[b\,(x^2-a^2)^{\frac{1}{2}}]$ $\qquad\qquad x>a$ $\qquad\qquad \operatorname{Re}\nu>-1$	$\dfrac{1}{2}\,\pi\,J_{\frac{1}{2}\nu}\left\{\dfrac{1}{2}\,a\,[y-(y^2-b^2)^{\frac{1}{2}}]\right\}\times$ $\qquad \times J_{-\frac{1}{2}\nu}\left\{\dfrac{1}{2}\,a\,[y+(y^2-b^2)^{\frac{1}{2}}]\right\}\qquad y>b$
$(x^2-a^2)^{\frac{1}{2}\nu}\,J_\nu\,[b\,(x^2-a^2)^{\frac{1}{2}}]$ $\qquad\qquad x>a$ $0\qquad\qquad 0<x<a$ $\qquad\qquad -1<\operatorname{Re}\nu<\dfrac{1}{2}$	$0\qquad\qquad\qquad 0<y<b$ $\left(\dfrac{1}{2}\,\pi\,a\right)^{\frac{1}{2}}(a\,b)^\nu\,(y^2-b^2)^{-\frac{1}{2}(\nu+\frac{1}{2})}\times$ $\qquad \times J_{-\nu-\frac{1}{2}}[a\,(y^2-b^2)^{\frac{1}{2}}]\qquad y>b$
$0\qquad\qquad 0<x<a$ $x\,(x^2-a^2)^{\frac{1}{2}\nu}\,J_\nu\,[b\,(x^2-a^2)^{\frac{1}{2}}]$ $\qquad\qquad x>a$ $\qquad\qquad -1<\operatorname{Re}\nu<-\dfrac{1}{2}$	$-\left(\dfrac{2\,a}{\pi}\right)^{\frac{1}{2}}a\,(a\,b)^\nu\,(b^2-y^2)^{-\frac{1}{2}(\nu+\frac{3}{2})}\times$ $\qquad \times K_{\nu+\frac{3}{2}}[a\,(b^2-y^2)^{\frac{1}{2}}]\qquad 0<y<b$ $\left(\dfrac{1}{2}\,\pi\,a\right)^{\frac{1}{2}}a\,(a\,b)^\nu\,(y^2-b^2)^{-\frac{1}{2}(\nu+\frac{3}{2})}\times$ $\qquad \times Y_{-\nu-\frac{3}{2}}[a\,(y^2-b^2)^{\frac{1}{2}}]\qquad y>b$
$0\qquad\qquad 0<x<a$ $(x^2-a^2)^{\frac{1}{2}\nu}\,(x^2+c^2)^{-1}\times$ $\qquad \times J_\nu\,[b\,(x^2-a^2)^{\frac{1}{2}}]$ $\qquad\qquad -1<\operatorname{Re}\nu<\dfrac{5}{2}$	$c^{-1}\,(a^2+c^2)^{\frac{1}{2}\nu}\sinh\,(c\,y)\,K_\nu\,[b\,(a^2+c^2)^{\frac{1}{2}}]$ $\qquad\qquad\qquad 0<y<b$

$f(x)$	$g(y) = \int\limits_0^\infty f(x) \sin(xy)\,dx$
$(1+x)^{\frac{1}{2}\nu} J_\nu\big[a(1+x)^{\frac{1}{2}}\big]$ $\operatorname{Re}\nu > \dfrac{1}{2}$	$y^{-1}\left(\dfrac{a}{2y}\right)^\nu V_{-\nu}(2y,a)$
$(1+ax^{-1})^{-\frac{1}{2}\nu}\times$ $\times J_\nu\big[b(x^2+ax)^{\frac{1}{2}}\big]$ $\operatorname{Re}\nu > -2$	$(b^2-y^2)^{-\frac{1}{2}} e^{-\frac{1}{2}a(b^2-y^2)^{\frac{1}{2}}}\times$ $\times \sin\left\{\nu\arctan\big[y(b^2-y^2)^{-\frac{1}{2}}\big] - \dfrac{1}{2}ay\right\}$ $0<y<b$ $b^\nu(y^2-b^2)^{-\frac{1}{2}}\big[y+(y^2-b^2)^{\frac{1}{2}}\big]^{-\nu}\times$ $\times \cos\left[\dfrac{1}{2}a(y^2-b^2)^{\frac{1}{2}} - \dfrac{1}{2}ay + \dfrac{1}{2}\pi\nu\right]$
$(x^2+ax)^{\frac{1}{2}\nu} J_\nu\big[b(x^2+ax)^{\frac{1}{2}}\big]$ $-2<\operatorname{Re}\nu<\dfrac{1}{2}$	$-\left(\dfrac{a}{\pi}\right)^{\frac{1}{2}}\left(\dfrac{1}{2}ab\right)^\nu \sin\left(\dfrac{1}{2}ay\right)(b^2-y^2)^{-\frac{1}{2}(\nu+\frac{1}{2})}\times$ $\times K_{\nu+\frac{1}{2}}\left[\dfrac{1}{2}a(b^2-y^2)^{\frac{1}{2}}\right]\qquad 0<y<b$ $\dfrac{1}{2}(a\pi)^{\frac{1}{2}}\left(\dfrac{1}{2}ab\right)^\nu (y^2-b^2)^{-\frac{1}{2}(\nu+\frac{1}{2})}\times$ $\times\left\{\sin\left(\dfrac{1}{2}ay-\nu\pi\right) J_{\nu+\frac{1}{2}}\left[\dfrac{1}{2}a(y^2-b^2)^{\frac{1}{2}}\right] -\right.$ $\left. -\cos\left(\dfrac{1}{2}ay-\nu\pi\right) Y_{\nu+\frac{1}{2}}\left[\dfrac{1}{2}a(y^2-b^2)^{\frac{1}{2}}\right]\right\}$ $y>b$
$x(b^2+x^2)^{\frac{1}{2}\nu} J_\nu\big[a(b^2+x^2)^{\frac{1}{2}}\big]$ $\operatorname{Re}\nu < -\dfrac{1}{2}$	$\left(\dfrac{1}{2}\pi b\right)^{\frac{1}{2}}(ab)^\nu by(a^2-y^2)^{-\frac{1}{2}(\nu+\frac{3}{2})}\times$ $\times Y_{\nu+\frac{3}{2}}\big[b(a^2-y^2)^{\frac{1}{2}}\big]\qquad 0<y<a$ $-\left(\dfrac{2b}{\pi}\right)^{\frac{1}{2}}b(ab)^\nu\sin(\pi\nu)(y^2-a^2)^{-\frac{1}{2}(\nu+\frac{3}{2})}\times$ $\times K_{\nu+\frac{3}{2}}\big[a(y^2-b^2)^{\frac{1}{2}}\big]\qquad y>a$
$x(b^2+x^2)^{-\frac{1}{2}\nu} J_\nu\big[a(b^2+x^2)^{\frac{1}{2}}\big]$ $\operatorname{Re}\nu > \dfrac{1}{2}$	$\left(\dfrac{1}{2}\pi b\right)^{\frac{1}{2}}(ab)^{-\nu} by(a^2-y^2)^{\frac{1}{2}(\nu-\frac{3}{2})}\times$ $\times J_{\nu-\frac{3}{2}}\big[b(a^2-y^2)^{\frac{1}{2}}\big]\qquad 0<y<a$ $0\qquad\qquad\qquad y>a$
$x(b^2+x^2)^{-\frac{1}{2}(\nu+3)}\times$ $\times J_\nu\big[a(b^2+x^2)^{\frac{1}{2}}\big]$ $\operatorname{Re}\nu > -\dfrac{5}{2}$	$\pi\,2^{-\nu-1}a^\nu\big[\Gamma(\nu+1)\big]^{-1} e^{-by}\qquad\qquad y>a$

$f(x)$	$g(y) = \int\limits_{0}^{\infty} f(x) \sin(x y)\, dx$
$x (b^2 + x^2)^{-\frac{1}{2}} J_1 [a (b^2 + x^2)^{\frac{1}{2}}]$	$a^{-1} y (a^2 - y^2)^{-\frac{1}{2}} \cos [b (a^2 - y^2)^{\frac{1}{2}}]$ $0 < y < a$ 0 $y > a$
$x^{\frac{1}{2}} J_{\frac{1}{4}} \left\{ \dfrac{1}{2} a [(b^2 + x^2)^{\frac{1}{2}} - b] \right\} \times$ $\times J_{\frac{1}{4}} \left\{ \dfrac{1}{2} a [(b^2 + x^2)^{\frac{1}{2}} + b] \right\}$	$\left(\dfrac{1}{2} \pi y \right)^{-\frac{1}{2}} (a^2 - y^2)^{-\frac{1}{2}} \cos [b (a^2 - y^2)^{\frac{1}{2}}]$ $0 < y < a$ 0 $y > a$
$(a^2 + x^2)^{-\frac{1}{2} \nu} \times$ $\times C_{2n+1}^{\nu} [x (a^2 + x^2)^{-\frac{1}{2}}] \times$ $\times J_{\nu + 2n + 1} [(a^2 + x^2)^{\frac{1}{2}}]$ $\operatorname{Re} \nu > -\dfrac{3}{2}$ $n = 0, 1, 2, \ldots$	$(-1)^n \left(\dfrac{1}{2} \pi a \right)^{\frac{1}{2}} a^{-\nu} (1 - y^2)^{\frac{1}{2} (\nu - \frac{1}{2})} \times$ $\times C_{2n+1}^{\nu} (y) J_{\nu - \frac{1}{2}} [a (1 - y^2)^{\frac{1}{2}}]$ $0 < y < 1$ 0 $y > 1$
$(1 - x^2)^{\frac{1}{2} (\nu - \frac{1}{2})} C_{2n+1}^{\nu} (x) \times$ $\times J_{\nu - \frac{1}{2}} [a (1 - x^2)^{\frac{1}{2}}]$ $0 < x < 1$ 0 $x > 1$ $\operatorname{Re} \nu > -\dfrac{1}{2}$ $n = 0, 1, 2, \ldots$	$(-1)^n \left(\dfrac{\pi}{2a} \right)^{\frac{1}{2}} a^{\nu} (a^2 + y^2)^{-\frac{1}{2} \nu} \times$ $\times C_{2n+1}^{\nu} [y (a^2 + y^2)^{-\frac{1}{2}}] \times$ $\times J_{\nu + 2n + 1} [(a^2 + y^2)^{\frac{1}{2}}]$
$Y_0 (a x^{\frac{1}{2}})$	$(\pi y)^{-1} \left\{ \cos \left(\dfrac{a^2}{4y} \right) \operatorname{Ci} \left(\dfrac{a^2}{4y} \right) + \right.$ $\left. + \sin \left(\dfrac{a^2}{4y} \right) \left[\pi + \operatorname{si} \left(\dfrac{a^2}{4y} \right) \right] \right\}$
$J_0 (a x^{\frac{1}{2}}) Y_0 (a x^{\frac{1}{2}})$	$\dfrac{1}{2} y^{-1} \left[\sin \left(\dfrac{a^2}{2y} \right) J_0 \left(\dfrac{a^2}{2y} \right) + \cos \left(\dfrac{a^2}{2y} \right) Y_0 \left(\dfrac{a^2}{2y} \right) \right]$
$J_{\nu} (a x^{\frac{1}{2}}) Y_{-\nu} (b x^{\frac{1}{2}}) +$ $+ J_{-\nu} (b x^{\frac{1}{2}}) Y_{\nu} (a x^{\frac{1}{2}})$ $-2 < \operatorname{Re} \nu < 2$	$y^{-1} \left[\sin \left(\dfrac{1}{2} \pi \nu + \dfrac{a^2 + b^2}{4y} \right) J_{\nu} \left(\dfrac{a b}{2y} \right) + \right.$ $\left. + \cos \left(\dfrac{1}{2} \pi \nu + \dfrac{a^2 + b^2}{4y} \right) Y_{\nu} \left(\dfrac{a b}{2y} \right) \right]$
0 $0 < x < a$ $Y_0 [b (a^2 - x^2)^{\frac{1}{2}}]$ $x > a$	$-\pi^{-1} (y^2 - b^2)^{-\frac{1}{2}} \left\{ \cos \alpha [\operatorname{Ci} (z_1) - \operatorname{Ci} (z_2)] + \right.$ $\left. + \sin \alpha [\operatorname{Si} (z_1) + \operatorname{Si} (z_2)] \right\}$ $\alpha = a (y^2 - b^2)^{-\frac{1}{2}}, \ z_1 = a y + \alpha, \ z_2 = a y - \alpha$ $\arg [(y^2 - b^2)^{\frac{1}{2}}] = \begin{cases} 0 \\ \dfrac{\pi}{2} \end{cases}$ für $y \gtrless b$

$f(x)$	$g(y) = \int\limits_{0}^{\infty} f(x)\sin(x\,y)\,dx$
$\begin{aligned} &0 \qquad\qquad 0 < x < a \\ &(c^2+x^2)^{-1}(x^2-a^2)^{n+\frac{1}{2}(\nu-1)} \times \\ &\qquad \times Y_\nu[b(x^2-a^2)^{\frac{1}{2}}] \quad x > a \\ &-\tfrac{1}{2}-n < \operatorname{Re}\nu < \tfrac{7}{2}-2n \\ &\qquad\qquad n = 0, 1, 2, \ldots \end{aligned}$	$\begin{aligned} &(-1)^{n-1}c^{-1}\sinh(c\,y)(a^2+c^2)^{n+\frac{1}{2}(\nu-1)} \times \\ &\qquad \times K_\nu[b(a^2+c^2)^{\frac{1}{2}}] \qquad\quad 0 < y < b \end{aligned}$
$\begin{aligned} &x(a^2+x^2)^{\frac{1}{2}\nu}\,Y_\nu[b(a^2+x^2)^{\frac{1}{2}}] \\ &\qquad\qquad \operatorname{Re}\nu < -\tfrac{1}{2} \end{aligned}$	$\begin{aligned} &-\left(\tfrac{1}{2}\pi a\right)^{\frac{1}{2}}(a\,b)^\nu\,a\,y\,(b^2-y^2)^{-\frac{1}{2}(\nu+\frac{3}{2})} \times \\ &\qquad \times J_{\nu+\frac{3}{2}}[a(b^2-y^2)^{\frac{1}{2}}] \qquad\quad 0 < y < b \\ &-\left(\tfrac{\pi}{2a}\right)^{-\frac{1}{2}}(a\,b)^\nu\,a\,y\,(y^2-b^2)^{-\frac{1}{2}(\nu+\frac{3}{2})} \times \\ &\qquad \times K_{\nu+\frac{3}{2}}[a(y^2-b^2)^{\frac{1}{2}}] \qquad\qquad y > b \end{aligned}$
$\begin{aligned} &x(a^2+x^2)^{-\frac{1}{2}\nu}\,Y_\nu[b(a^2+x^2)^{\frac{1}{2}}] \\ &\qquad\qquad \operatorname{Re}\nu > \tfrac{1}{2} \end{aligned}$	$\begin{aligned} &\left(\tfrac{1}{2}\pi a\right)^{\frac{1}{2}}(a\,b)^{-\nu}\,a\,y\,(b^2-y^2)^{\frac{1}{2}(\nu-\frac{3}{2})} \times \\ &\qquad \times Y_{\nu-\frac{3}{2}}[a(b^2-y^2)^{\frac{1}{2}}] \qquad\quad 0 < y < b \\ &-\left(\tfrac{\pi}{2a}\right)^{-\frac{1}{2}}(a\,b)^{-\nu}\,a\,y\,(y^2-b^2)^{\frac{1}{2}(\nu-\frac{3}{2})} \times \\ &\qquad \times K_{\nu-\frac{3}{2}}[a(y^2-b^2)^{\frac{1}{2}}] \qquad\qquad y > b \end{aligned}$
$\begin{aligned} &x^{\frac{1}{2}}J_{\frac{1}{4}}\left\{\tfrac{1}{2}a\,[(b^2+x^2)^{\frac{1}{2}}-b]\right\} \times \\ &\qquad \times Y_{\frac{1}{4}}\left\{\tfrac{1}{2}a\,[(b^2+x^2)^{\frac{1}{2}}+b]\right\} \end{aligned}$	$\begin{aligned} &\left(\tfrac{1}{2}\pi y\right)^{-\frac{1}{2}}(a^2-y^2)^{-\frac{1}{2}}\sin[b(a^2-y^2)^{\frac{1}{2}}] \\ &\qquad\qquad\qquad\qquad\qquad\qquad 0 < y < a \\ &-\left(\tfrac{1}{2}\pi y\right)^{-\frac{1}{2}}(y^2-a^2)^{-\frac{1}{2}}e^{-b(y^2-a^2)^{\frac{1}{2}}} \quad y > a \end{aligned}$

§ 18. Bessel-Funktionen mit trigonometrischem und hyperbolischem Argument

$f(x)$	$g(y) = \int\limits_{0}^{\infty} f(x)\sin(x\,y)\,dx$
$\begin{aligned} &J_\nu(a\sin x) \qquad\quad 0 < x < \pi \\ &0 \qquad\qquad\qquad\quad x > \pi \\ &\qquad\qquad \operatorname{Re}\nu > -2 \end{aligned}$	$\pi\sin\left(\tfrac{1}{2}\pi y\right)J_{\frac{1}{2}(\nu-y)}\left(\tfrac{1}{2}a\right)J_{\frac{1}{2}(\nu+y)}\left(\tfrac{1}{2}a\right)$
$J_0(a\sinh x)$	$\pi^{-1}\sinh\left(\tfrac{1}{2}\pi y\right)\left[K_{i\frac{1}{2}y}\left(\tfrac{1}{2}a\right)\right]^2$

$f(x)$	$g(y) = \int\limits_0^\infty f(x) \sin(x\,y)\,dx$
$0 \quad 0 < x < \log\left[\dfrac{c+(c^2+b^2)^{\frac{1}{2}}}{b}\right]$ $J_0\left[a\,(b^2\sinh^2 x - c^2)^{\frac{1}{2}}\right]$ $x > \log\left[\dfrac{c+(c^2+b^2)^{\frac{1}{2}}}{b}\right]$	$\pi^{-1}\sinh\left(\dfrac{1}{2}\,y\,\pi\right)\times$ $\times K_{i\frac{1}{2}y}\left\{\dfrac{1}{2}\,a\,[(b^2+c^2)^{\frac{1}{2}} - c]\right\}\times$ $\times K_{i\frac{1}{2}y}\left\{\dfrac{1}{2}\,a\,[(b^2+c^2)^{\frac{1}{2}} + c]\right\}$
$J_\nu(a\sinh x) \qquad \mathrm{Re}\,\nu > -2$	$\dfrac{1}{2}\,i\left\{I_{\frac{1}{2}(\nu+iy)}\left(\dfrac{1}{2}\,a\right) K_{\frac{1}{2}(\nu-iy)}\left(\dfrac{1}{2}\,a\right) - \right.$ $\left. - I_{\frac{1}{2}(\nu-iy)}\left(\dfrac{1}{2}\,a\right) K_{\frac{1}{2},\nu+iy}\left(\dfrac{1}{2}\,a\right)\right\}$
$J_0\left[a\,(\sinh x)^{\frac{1}{2}}\right]$	$i\,K_{iy}(2^{-\frac{1}{2}}a)\,[J_{iy}(2^{-\frac{1}{2}}a) - J_{-iy}(2^{-\frac{1}{2}}a)]$

§ 19. Bessel-Funktionen mit variabler Ordnung

$f(x)$	$g(y) = \int\limits_0^\infty f(x) \sin(x\,y)\,dx$
$\sin(\pi x)\,J_{\nu-x}(a)\,J_{\nu+x}(a)$ $\mathrm{Re}\,\nu > -1$	$\dfrac{1}{4}\,J_{2\nu}\left(2a\sin\dfrac{1}{2}\,y\right) \qquad\qquad 0 < y < 2\pi$ $0 \qquad\qquad\qquad\qquad\qquad y > 2\pi$
$\dfrac{\cosh(\frac{1}{2}\pi x)}{\cosh(\pi x)}\,[J_{ix}(a) - J_{-ix}(a)]$	$-\,i\sin(a\cosh y)\left[\mathrm{C}\left(2a\sinh^2\dfrac{y}{2}\right) + \right.$ $\left. +\,\mathrm{S}\left(2a\sinh^2\dfrac{y}{2}\right)\right]$ $-\,i\cos(a\cosh y)\left[\mathrm{C}\left(2a\sinh^2\dfrac{y}{2}\right) - \right.$ $\left. -\,\mathrm{S}\left(2a\sinh^2\dfrac{y}{2}\right)\right]$
$\dfrac{\sinh(\frac{1}{2}\pi x)}{\cosh(\pi x)}\,[J_{ix}(a) + J_{-ix}(a)]$	$\sin(a\cosh y)\left[\mathrm{C}\left(2a\sinh^2\dfrac{y}{2}\right) - \right.$ $\left. -\,\mathrm{S}\left(2a\sinh^2\dfrac{y}{2}\right)\right]$ $-\,\cos(a\cosh y)\left[\mathrm{C}\left(2a\sinh^2\dfrac{y}{2}\right) + \right.$ $\left. +\,\mathrm{S}\left(2a\sinh^2\dfrac{y}{2}\right)\right]$
$\tanh(\pi x)\times$ $\times\left\{[J_{ix}(a)]^2 + [Y_{ix}(a)]^2\right\}$	$I_0\left(2a\sinh\dfrac{1}{2}\,y\right) - \boldsymbol{L}_0\left(2a\sinh\dfrac{1}{2}\,y\right)$

§20. Modifizierte Bessel-Funktionen vom Argument x

$f(x)$	$g(y) = \int\limits_0^\infty f(x)\sin(xy)\,dx$
$e^{-ax}I_0(ax)$	$(2y)^{-\frac{1}{2}}(y^2+4a^2)^{-\frac{1}{2}}\left[y+(y^2+4a^2)^{\frac{1}{2}}\right]^{\frac{1}{2}}$
$e^{-bx}I_0(ax) \qquad b\geq a$	$2^{-\frac{1}{2}}\left[4b^2y^2+(b^2-a^2-y^2)^2\right]^{-\frac{1}{2}}\times$ $\times\left\{\left[4b^2y^2+(b^2-a^2-y^2)^2\right]^{\frac{1}{2}}+\right.$ $\left.+\,a^2-b^2+y^2\right\}^{\frac{1}{2}}$
$K_0(ax)$	$(a^2+y^2)^{-\frac{1}{2}}\log\left[\dfrac{y+(a^2+y^2)^{\frac{1}{2}}}{a}\right]$
$xK_0(ax)$	$\dfrac{1}{2}\pi y(a^2+y^2)^{-\frac{3}{2}}$
$K_\nu(ax) \qquad -2<\mathrm{Re}\,\nu<2$	$\dfrac{1}{4}\pi a^{-\nu}\csc\left(\dfrac{1}{2}\pi\nu\right)(a^2+y^2)^{-\frac{1}{2}}\times$ $\times\left\{\left[(y^2+a^2)^{\frac{1}{2}}+y\right]^\nu-\left[(y^2+a^2)^{\frac{1}{2}}-y\right]^\nu\right\}$
$x^{\nu+1}K_\nu(ax) \quad \mathrm{Re}\,\nu>-\dfrac{3}{2}$	$(2a)^\nu\pi^{\frac{1}{2}}\Gamma\left(\nu+\dfrac{3}{2}\right)y(a^2+y^2)^{-\nu-\frac{3}{2}}$
$x^{-\mu}K_\nu(ax)$ $\qquad\qquad \mathrm{Re}(\mu\pm\nu)<2$	$2^{-\mu}a^{\mu-2}\Gamma\left(1-\dfrac{1}{2}\mu+\dfrac{1}{2}\nu\right)\times$ $\times\Gamma\left(1-\dfrac{1}{2}\mu-\dfrac{1}{2}\nu\right)\times$ $\times\,y\,{}_2F_1\left(\dfrac{2-\mu+\nu}{2},\dfrac{2-\mu-\nu}{2};\dfrac{3}{2};-y^2a^{-2}\right)$
$x^{-1}\left[\gamma+\log\left(\dfrac{1}{2}ax\right)+\right.$ $\left.+\,K_0(ax)\right]$	$\dfrac{1}{2}\pi\log\left[\dfrac{y+(a^2+y^2)^{\frac{1}{2}}}{2y}\right]$
$\sinh(ax)K_0(ax)$	$\pi a(2y)^{-\frac{1}{2}}(4a^2+y^2)^{-\frac{1}{2}}\left[(4a^2+y^2)^{\frac{1}{2}}+y\right]^{-\frac{1}{2}}$
$x^{-\nu}\sinh(ax)K_\nu(ax)$ $\qquad -\dfrac{1}{2}<\mathrm{Re}\,\nu<\dfrac{3}{2}$	$-\dfrac{1}{2}\pi^{\frac{3}{2}}\left[\Gamma\left(\dfrac{1}{2}+\nu\right)\right]^{-1}\sec(\pi\nu)(2a)^{-\nu}\times$ $\times\,y^{\nu-\frac{1}{2}}(4a^2+y^2)^{\frac{1}{2}(\nu-\frac{1}{2})}\times$ $\times\sin\left[\left(\nu-\dfrac{1}{2}\right)\mathrm{arc\,ctn}\left(\dfrac{y}{2a}\right)\right]$
$I_0(ax)K_0(ax)$	$(y^2+4a^2)^{-\frac{1}{2}}K\left[y(y^2+4a^2)^{-\frac{1}{2}}\right]$

$f(x)$	$g(y) = \int\limits_0^\infty f(x)\sin(xy)\,dx$
$x^{\frac14}\,I_{\frac14}(ax)\,K_{\frac14}(ax)$	$\left(\dfrac{\pi}{2y}\right)^{\frac12}(4a^2+y^2)^{-\frac12}$
$x^{\frac12}\,I_{\frac12(\frac12-\nu)}(ax)\,K_{\frac12(\frac12+\nu)}(ax)$ $\qquad\qquad \operatorname{Re}\nu<\dfrac{5}{2}$	$\left(\dfrac{\pi}{2y}\right)^{\frac12}(2a)^{-\nu}(4a^2+y^2)^{-\frac12}\left[y+(4a^2+y^2)^{\frac12}\right]^\nu$
$[I_\nu(ax)+I_{-\nu}(ax)]\,K_\nu(ax)$ $\qquad\qquad -1<\operatorname{Re}\nu<1$	$\dfrac{1}{2}\,\pi a^{-1}\mathfrak{P}_{\nu-\frac12}\!\left(1+\dfrac{y^2}{2a^2}\right)$
$x\,I_\nu(bx)\,K_\nu(ax)$ $\qquad a>b,\ \operatorname{Re}\nu>-\dfrac{3}{2}$	$-\dfrac{1}{2}\,(ab)^{-\frac32}\,y\left[\left(\dfrac{a^2+b^2+y^2}{2ab}\right)^2-1\right]^{-\frac12}\times$ $\qquad \times\mathfrak{Q}^1_{\nu-\frac12}\!\left(\dfrac{a^2+b^2+y^2}{2ab}\right)$
$x^{-\frac12}\,I_\nu(ax)\,K_\nu(ax)$ $\qquad\qquad \operatorname{Re}\nu>-\dfrac{3}{4}$	$\left(\dfrac{\pi}{2y}\right)^{\frac12}e^{i\pi\nu}\,\Gamma\!\left(\dfrac{3}{4}+\nu\right)\left[\Gamma\!\left(\dfrac{3}{4}-\nu\right)\right]^{-1}\times$ $\qquad \times\mathfrak{Q}^{-\nu}_{-\frac14}\!\left[(1+4a^2y^{-2})^{\frac12}\right]P^{-\nu}_{-\frac14}\!\left[(1+4a^2y^{-2})^{\frac12}\right]$
$x^{1-2\nu}\,I_\nu(ax)\,K_\nu(ax)$ $\qquad\qquad 0<\operatorname{Re}\nu<\dfrac{3}{2}$	$\pi^{\frac12}2^{-2\nu}\,\Gamma\!\left(\dfrac{3}{4}-\nu\right)\left[\Gamma(1+\nu)\right]^{-1}\times$ $\qquad \times y^{2\nu-2}\,{}_2F_1\!\left(\dfrac{3}{2}-\nu,\dfrac{1}{2};1+\nu;-4a^2y^{-2}\right)$
$x^{\nu-\mu+1}\,J_\mu(ax)\,K_\nu(bx)$ $\qquad \operatorname{Re}\mu>-1,\ \operatorname{Re}\nu>-\dfrac{3}{2}$	$2^{\nu-\mu-\frac12}\pi^{\frac12}\,\Gamma(\nu+1)\,\Gamma\!\left(\nu+\dfrac{3}{2}\right)\times$ $\quad \times\left[(2\nu-2\mu+2)\,\Gamma(1+\mu)\right]^{-1}\times$ $\quad \times a^{\mu-\nu-\frac32}\,y^{\frac12}(\sinh\lambda)^{-\frac12}(\cosh\lambda-\cos\delta)\times$ $\quad \times\sinh\left[(\nu-\mu+1)\,\lambda\right]P^{-\nu}_{\nu-\mu+\frac12}(\cos\delta)$ $y+ib=ia\operatorname{ctn}\!\left(\dfrac{1}{2}\delta+i\dfrac{1}{2}\lambda\right)$
$x^{-\frac12}[K_\nu(ax)]^2$ $\qquad -\dfrac{3}{4}<\operatorname{Re}\nu<\dfrac{3}{4}$	$\left(\dfrac{\pi}{2y}\right)^{\frac12}e^{2\pi i\nu}\,\Gamma\!\left(\dfrac{3}{4}+\nu\right)\left[\Gamma\!\left(\dfrac{3}{4}-\nu\right)\right]^{-1}\times$ $\qquad \times\left[\mathfrak{Q}^{-\nu}_{-\frac14}(1+4a^2y^{-2})^{\frac12}\right]^2$
$x\,K_\nu(ax)\,K_\nu(bx)$ $\qquad -\dfrac{3}{2}<\operatorname{Re}\nu<\dfrac{3}{2}$	$\dfrac{1}{4}\,\pi^2(ab)^{-\frac32}\!\left(\dfrac{1}{4}-\nu^2\right)\sec(\pi\nu)\,y\times$ $\qquad \times\left[\left(\dfrac{a^2+b^2+y^2}{2ab}\right)^2-1\right]^{-\frac12}\times$ $\qquad \times P^{-1}_{\nu-\frac12}\!\left(\dfrac{a^2+b^2+y^2}{2ab}\right)$

$f(x)$	$g(y) = \int\limits_0^\infty f(x) \sin(xy)\,dx$
$x^{1-2\nu}[K_\nu(ax)]^2$ $\qquad\operatorname{Re}\nu < \dfrac{3}{4}$	$\dfrac{1}{8}\,\pi\,\Gamma\!\left(\dfrac{3}{2}-\nu\right)\Gamma\!\left(\dfrac{3}{2}-2\nu\right)\times$ $\times[\Gamma(2-\nu)]^{-1}a^{2\nu-3}\times$ $\times y\,{}_2F_1\!\left(\dfrac{3}{2}-\nu,\,\dfrac{3}{2}-2\nu;\,2-\nu;\right.$ $\left.-\dfrac{1}{4}\,y^2\,a^{-2}\right)$
$x^{\lambda-1}K_\nu(x)\,K_\mu(x)$ $\operatorname{Re}\lambda > \lvert\operatorname{Re}\mu\rvert +$ $+\,\lvert\operatorname{Re}\nu\rvert > -1$	$2^{\lambda-2}[\Gamma(1+\lambda)]^{-1}\times$ $\times\Gamma\!\left(\dfrac{\lambda+\mu+\nu+1}{2}\right)\Gamma\!\left(\dfrac{\lambda+\mu-\nu+1}{2}\right)\times$ $\times\Gamma\!\left(\dfrac{\lambda-\mu+\nu+1}{2}\right)\Gamma\!\left(\dfrac{\lambda-\mu-\nu+1}{2}\right)y\times$ $\times{}_4F_3\!\left(\dfrac{\lambda+\mu+\nu+1}{2},\,\dfrac{\lambda+\mu-\nu+1}{2},\right.$ $\dfrac{\lambda-\mu+\nu+1}{2},\,\dfrac{\lambda-\mu-\nu+1}{2};$ $\left.\dfrac{3}{2},\,\dfrac{\lambda+1}{2},\,1+\dfrac{\lambda}{2};\,-\dfrac{y^2}{4}\right)$

§ 21. Modifizierte Bessel-Funktionen vom Argument x^2 und $1/x$

$f(x)$	$g(y) = \int\limits_0^\infty f(x) \sin(xy)\,dx$
$e^{-ax^2}I_0(ax^2)$	$\dfrac{1}{2}\left(\dfrac{\pi}{2a}\right)^{\frac{1}{2}}e^{-\frac{1}{16}y^2a^{-1}}I_0\!\left(\dfrac{y^2}{16a}\right)$
$x^{\frac{1}{2}}e^{-x^2}I_{\frac{1}{4}}(x^2)$	$\dfrac{1}{2}\,y^{-\frac{1}{2}}e^{-\frac{1}{8}y^2}$
$x^{\frac{1}{3}}e^{-ax^2}I_{\frac{1}{3}}(ax^2)$	$\dfrac{1}{4}\,\pi^{-\frac{1}{2}}a^{-1}\left(\dfrac{1}{2}\,ay^2\right)^{\frac{1}{6}}e^{-\frac{1}{16}y^2a^{-1}}K_{\frac{1}{3}}\!\left(\dfrac{y^2}{16a}\right)$
$x^{2\nu}e^{-ax^2}I_\nu(ax^2)$ $\qquad -\dfrac{1}{2} < \operatorname{Re}\nu < \dfrac{1}{2}$	$\dfrac{1}{2}\,(2a)^{-\frac{1}{2}}\Gamma\!\left(\dfrac{1}{2}+\nu\right)[\Gamma(1-\nu)]^{-1}\times$ $\times\left(\dfrac{1}{2}\,y\right)^{-2\nu}y^{-2\nu}e^{-\frac{1}{8}y^2a^{-1}}\times$ $\times{}_1F_1\!\left(\dfrac{1}{2}-2\nu;\,1-\nu;\,\dfrac{1}{8}\,y^2a^{-1}\right)$
$x^{1-2\nu}e^{-x^2}I_\nu(x^2)$ $\qquad\operatorname{Re}\nu > 0$	$2^{-\frac{1}{2}(1+\nu)}y^{\nu-1}e^{-\frac{1}{16}y^2}W_{\frac{1}{2}(1-3\nu),\,\frac{1}{2}(1-\nu)}\!\left(\dfrac{1}{8}\,y^2\right)$

$f(x)$	$g(y) = \int\limits_0^\infty f(x)\sin(xy)\,dx$
$x^{\frac{1}{2}} K_{\frac{1}{4}}(ax^2)$	$\frac{1}{4}\pi a^{-1}\left(\frac{1}{2}\pi y\right)^{\frac{1}{2}}\left[I_{\frac{1}{4}}\left(\frac{y^2}{4a}\right) - \mathbf{L}_{\frac{1}{4}}\left(\frac{y^2}{4a}\right)\right]$
$x^{\frac{1}{3}} e^{-ax^2} K_{\frac{1}{3}}(ax^2)$	$\frac{1}{2}a^{-1}\pi^{\frac{3}{2}}\left(\frac{1}{2}ay^2\right)^{\frac{1}{6}} e^{-\frac{1}{16}y^2 a^{-1}} I_{\frac{1}{3}}\left(\frac{y^2}{16a}\right)$
$x^{\frac{1}{3}} e^{ax^2} K_{\frac{1}{3}}(ax^2)$	$\frac{1}{2}a^{-1}\pi^{\frac{1}{2}}\left(\frac{1}{2}ay^2\right)^{\frac{1}{6}} e^{\frac{1}{16}y^2 a^{-1}} K_{\frac{1}{3}}\left(\frac{y^2}{16a}\right)$
$x^{\frac{3}{2}} K_{\frac{3}{4}}(ax^2)$	$\frac{1}{4}a^{-2}\left(\frac{1}{2}\pi y\right)^{\frac{3}{2}}\left[I_{-\frac{1}{4}}\left(\frac{y^2}{4a}\right) - \mathbf{L}_{-\frac{1}{4}}\left(\frac{y^2}{4a}\right)\right]$
$x^{2\nu+1} e^{-ax^2} K_\nu(ax^2)$ $\quad\quad \operatorname{Re}\nu > -\frac{3}{4}$	$\frac{\pi}{4}(2a)^{-\nu-\frac{3}{2}}\Gamma\left(\frac{3}{2}+2\nu\right)[\Gamma(\nu+2)]^{-1}\times$ $\quad \times e^{-\frac{1}{8}y^2 a^{-1}}{}_1F_1\left(\frac{1}{2}-\nu;\,2+\nu;\,-\frac{1}{8}y^2 a^{-1}\right)$
$x^{1-2\nu} e^{x^2} K_\nu(x^2)$ $\quad\quad 0 < \operatorname{Re}\nu < \frac{3}{4}$	$\pi\,2^{-\frac{1}{2}(1+\nu)}\Gamma\left(\frac{3}{2}-2\nu\right)\left[\Gamma\left(\frac{1}{2}+\nu\right)\right]^{-1}\times$ $\quad \times y^{\nu-1} e^{\frac{1}{16}y^2} W_{\frac{3}{2}\nu-\frac{1}{2},\,\frac{1}{2}-\frac{1}{2}\nu}\left(\frac{1}{8}y^2\right)$
$x^{2\mu-2} e^{-x^2} K_\nu(x^2)$ $\quad -\operatorname{Re}\nu < \operatorname{Re}\mu < \operatorname{Re}\nu$	$\pi^{\frac{1}{2}}\Gamma(\mu+\nu)\,\Gamma(\mu-\nu)\left[\Gamma\left(\frac{1}{2}+\mu\right)\right]^{-1}2^{-\mu-1}\times$ $\quad \times y\,{}_2F_2\left(\mu+\nu,\mu-\nu;\,\frac{3}{2},\,\frac{1}{2}+\mu;\,-\frac{1}{8}y^2\right)$
$x^{\frac{1}{2}} I_{\frac{1}{8}}(ax^2)\,K_{\frac{1}{8}}(ax^2)$	$\frac{1}{4}a^{-1}\left(\frac{1}{2}\pi y\right)^{\frac{1}{2}} I_{\frac{1}{8}}\left(\frac{y^2}{16a}\right)K_{\frac{1}{8}}\left(\frac{y^2}{16a}\right)$
$x^{\frac{1}{2}} I_{\frac{1}{8}-\nu}(ax^2)\,K_{\frac{1}{8}+\nu}(ax^2)$ $\quad\quad \operatorname{Re}\nu < \frac{5}{8}$	$\Gamma\left(\frac{5}{8}-\nu\right)\left[\Gamma\left(\frac{5}{4}\right)\right]^{-1}\left(\frac{2\pi}{y}\right)^{\frac{1}{2}} y^{-1}\times$ $\quad \times W_{\nu,\frac{1}{8}}\left(\frac{y^2}{8a}\right)M_{-\nu,\frac{1}{8}}\left(\frac{y^2}{8a}\right)$
$K_0(ax^{-1})$	$-\pi\left(\frac{a}{2y}\right)^{\frac{1}{2}}\left\{K_1[(2ay)^{\frac{1}{2}}]\,Y_0[(2ay)^{\frac{1}{2}}] + \right.$ $\quad \left. + K_0[(2ay)^{\frac{1}{2}}]\,Y_1[(2ay)^{\frac{1}{2}}]\right\}$
$x^{-1} K_0(ax^{-1})$	$\pi J_0[(2ay)^{\frac{1}{2}}]\,K_0[(2ay)^{\frac{1}{2}}]$
$x^{-3} K_0(ax^{-1})$	$\pi a^{-1} y\,J_1[(2ay)^{\frac{1}{2}}]\,K_1[(2ay)^{\frac{1}{2}}]$
$x^{-1} K_\nu(ax^{-1})$ $\quad\quad -1 < \operatorname{Re}\nu < 1$	$\pi K_\nu[(2ay)^{\frac{1}{2}}]\left\{\cos\left(\frac{1}{2}\nu\pi\right) J_\nu[(2ay)^{\frac{1}{2}}] - \right.$ $\quad \left. - \sin\left(\frac{1}{2}\nu\pi\right) Y_\nu[(2ay)^{\frac{1}{2}}]\right\}$

§ 22. Modifizierte Bessel-Funktionen vom Argument $(a x^2 + b x + c)^{\frac{1}{2}}$

$f(x)$	$g(y) = \int\limits_0^\infty f(x) \sin(xy)\, dx$
$K_0(a x^{\frac{1}{2}})$	$-(2y)^{-1}\left[\mathrm{Ci}\left(\dfrac{a^2}{4y}\right)\cos\left(\dfrac{a^2}{4y}\right) + \mathrm{si}\left(\dfrac{a^2}{4y}\right)\sin\left(\dfrac{a^2}{4y}\right)\right]$
$x^{-\frac{1}{2}}\left[K_1(a x^{\frac{1}{2}}) - \dfrac{1}{2}\pi\, Y_1(a x^{\frac{1}{2}})\right]$	$\pi\, a^{-1}\cos\left(\dfrac{a^2}{4y}\right)$
$x^{-\frac{1}{2}\nu}\left[K_\nu(a x^{\frac{1}{2}})\cos(\nu\pi) + \dfrac{1}{2}\pi\, Y_\nu(a x^{\frac{1}{2}})\right]$ $-1 < \mathrm{Re}\,\nu < 2$	$\dfrac{1}{2}\pi\left(\dfrac{1}{2}a\right)^{-\nu} y^{\nu-1}\sin\left(\dfrac{a^2}{4y} - \nu\,\dfrac{\pi}{2}\right)$
$x^{-\frac{1}{2}\nu}\left[K_\nu(a x^{\frac{1}{2}})\sin(\nu\pi) + \dfrac{1}{2}\pi\, J_\nu(a x^{\frac{1}{2}})\right]$ $-1 < \mathrm{Re}\,\nu < 2$	$\dfrac{1}{2}\pi\left(\dfrac{1}{2}a\right)^{-\nu} y^{\nu-1}\cos\left(\dfrac{a^2}{4y} - \dfrac{1}{2}\pi\nu\right)$
$x^{-\frac{1}{2}} K_\nu(a x^{\frac{1}{2}})$ $-\dfrac{3}{2} < \mathrm{Re}\,\nu < \dfrac{3}{2}$	$-\dfrac{1}{4}\pi\sec\left(\dfrac{1}{2}\nu\pi\right)\left(\dfrac{\pi}{y}\right)^{\frac{1}{2}} \times$ $\times\left\{\cos\left[\dfrac{\pi}{4}(\nu-1) - \dfrac{a^2}{8y}\right]J_{\frac{1}{2}\nu}\left(\dfrac{a^2}{8y}\right) - \sin\left[\dfrac{\pi}{4}(\nu-1) - \dfrac{a^2}{8y}\right]Y_{\frac{1}{2}\nu}\left(\dfrac{a^2}{8y}\right)\right\}$
$\log(b x)\left[K_0(a x^{\frac{1}{2}}) + \dfrac{1}{2}\pi\, Y_0(a x^{\frac{1}{2}})\right]$	$\pi\, y^{-1}\sin\left(\dfrac{a^2}{4y}\right)\log\left(\dfrac{a\, b^{\frac{1}{2}}}{2y}\right)$
$J_0(a x^{\frac{1}{2}})\, K_0(a x^{\frac{1}{2}})$	$\dfrac{1}{2}\, y^{-1} K_0\left(\dfrac{a^2}{2y}\right)$
$J_\nu(a x^{\frac{1}{2}})\, K_\nu(a x^{\frac{1}{2}})$ $\mathrm{Re}\,\nu > -2$	$\dfrac{1}{4}\pi\, y^{-1}\csc(\pi\nu)\left[\boldsymbol{J}_\nu\left(i\,\dfrac{a^2}{2y}\right) + \boldsymbol{J}_\nu\left(-i\,\dfrac{a^2}{2y}\right) - 2\cos\left(\dfrac{1}{2}\pi\nu\right)I_\nu\left(\dfrac{a^2}{2y}\right)\right]$
$K_\nu(a x^{\frac{1}{2}})\left[J_\nu(a x^{\frac{1}{2}}) + J_{-\nu}(a x^{\frac{1}{2}})\right]$	$\cos\left(\dfrac{1}{2}\nu\pi\right)y^{-1}K_\nu\left(\dfrac{a^2}{2y}\right)$

$f(x)$	$g(y) = \int\limits_0^\infty f(x) \sin(xy)\, dx$
$x^{-1} J_2(a x^{\frac{1}{2}}) K_2(a x^{\frac{1}{2}})$	$\dfrac{1}{2}\,\pi\, a^{-2}\, y\left[I_1\left(\dfrac{a^2}{2y}\right) - \boldsymbol{L}_1\left(\dfrac{a^2}{2y}\right)\right]$
$x^{-\frac{1}{2}} J_\nu(a x^{\frac{1}{2}}) K_\nu(a x^{\frac{1}{2}})$ $\qquad \operatorname{Re}\nu > -\dfrac{3}{2}$	$a^{-2}\left(\dfrac{1}{2}\,\pi y\right)^{\frac{1}{2}} \Gamma\left(\dfrac{3}{4} + \dfrac{1}{2}\,\nu\right) [\Gamma(1+\nu)]^{-1}\times$ $\qquad \times W_{-\frac{1}{4},\frac{1}{2}\nu}\left(\dfrac{a^2}{2y}\right) M_{\frac{1}{4},\frac{1}{2}\nu}\left(\dfrac{a^2}{2y}\right)$
$K_\nu(a x^{\frac{1}{2}}) \left[Y_\nu(a x^{\frac{1}{2}}) -\right.$ $\left.\qquad - Y_{-\nu}(a x)^{\frac{1}{2}}\right]$	$-\sin\left(\dfrac{1}{2}\,\nu\pi\right) y^{-1} K_\nu\left(\dfrac{a^2}{2y}\right)$
$x^{-\frac{1}{2}} K_\nu(a x^{\frac{1}{2}})\times$ $\qquad \times\left\{\cos\left(\nu\dfrac{\pi}{2}+\dfrac{\pi}{4}\right) J_\nu(a x^{\frac{1}{2}}) -\right.$ $\qquad\left. - \cos\left(\nu\dfrac{\pi}{2}-\dfrac{\pi}{4}\right) Y_\nu(a x^{\frac{1}{2}})\right\}$ $\qquad -\dfrac{3}{2} < \operatorname{Re}\nu < \dfrac{3}{2}$	$a^{-2}\left(\dfrac{1}{2}\,\pi y\right)^{\frac{1}{2}} W_{\frac{1}{4},\frac{1}{2}\nu}\left(\dfrac{a^2}{2y}\right) W_{-\frac{1}{4},\frac{1}{2}\nu}\left(\dfrac{a^2}{2y}\right)$
$I_0(a x^{\frac{1}{2}}) K_0(a x^{\frac{1}{2}})$	$\dfrac{1}{4}\,\pi\, y^{-1}\left[\sin\left(\dfrac{a^2}{2y}\right) J_0\left(\dfrac{a^2}{2y}\right) - \cos\left(\dfrac{a^2}{2y}\right) Y_0\left(\dfrac{a^2}{2y}\right)\right]$
$[I_\nu(a x^{\frac{1}{2}}) + I_{-\nu}(a x^{\frac{1}{2}})]\times$ $\qquad \times K_\nu(a x^{\frac{1}{2}})$ $\qquad -2 < \operatorname{Re}\nu < 2$	$-\dfrac{1}{2}\,\pi\, y^{-1}\left[\sin\left(\dfrac{1}{2}\,\nu\pi - \dfrac{a^2}{2y}\right) J_\nu\left(\dfrac{a^2}{2y}\right) +\right.$ $\qquad \left. + \cos\left(\dfrac{1}{2}\,\nu\pi - \dfrac{a^2}{2y}\right) Y_\nu\left(\dfrac{a^2}{2y}\right)\right]$
$K_1[(a i x)^{\frac{1}{2}}] K_1[(-a i x)^{\frac{1}{2}}]$	$-\dfrac{1}{8}\,\pi^2\, y^{-1}\left[Y_1\left(\dfrac{a}{2y}\right) + \boldsymbol{H}_{-1}\left(\dfrac{a}{2y}\right)\right]$
$K_\nu[(a i x)^{\frac{1}{2}}] K_\nu[(-a i x)^{\frac{1}{2}}]$ $\qquad -2 < \operatorname{Re}\nu < 2$	$\dfrac{1}{4}\,\pi\nu\, \csc\left(\dfrac{1}{2}\,\pi\nu\right) y^{-1} S_{-1,\nu}\left(\dfrac{a}{2y}\right)$
$x^{-1} K_2[(a i x)^{\frac{1}{2}}] K_2[(-a i x)^{\frac{1}{2}}]$	$-\dfrac{1}{4}\,\pi^2\, a^{-1}\, y\left[\boldsymbol{H}_1\left(\dfrac{a}{2y}\right) - Y_1\left(\dfrac{a}{2y}\right)\right]$
$x^{-\frac{1}{2}} K_\nu[(i a x)^{\frac{1}{2}}]\times$ $\qquad \times K_\nu[(-i a x)^{\frac{1}{2}}]$ $\qquad -\dfrac{3}{2} < \operatorname{Re}\nu < \dfrac{3}{2}$	$\dfrac{1}{2}\,a^{-1}\left(\dfrac{1}{2}\,\pi y\right)^{\frac{1}{2}} \Gamma\left(\dfrac{3}{4} + \dfrac{1}{2}\,\nu\right) \Gamma\left(\dfrac{3}{4} - \dfrac{1}{2}\,\nu\right)\times$ $\qquad \times W_{-\frac{1}{4},\frac{1}{2}\nu}\left(i\,\dfrac{a}{2y}\right) W_{-\frac{1}{4},\frac{1}{2}\nu}\left(-i\,\dfrac{a}{2y}\right)$
$[x(a-x)]^{-\frac{1}{2}}\times$ $\qquad \times I_\nu\left\{b[x(a-x)]^{\frac{1}{2}}\right\}$ $\qquad\qquad 0 < x < a$ $0 \qquad\qquad\qquad x > a$ $\qquad\qquad \operatorname{Re}\nu > -3$	$\pi \sin\left(\dfrac{1}{2}\,a y\right) J_{\frac{1}{2}\nu}\left\{\dfrac{1}{4}\,a\left[y + (y^2 - b^2)^{\frac{1}{2}}\right]\right\}\times$ $\qquad \times J_{\frac{1}{2}\nu}\left\{\dfrac{1}{4}\,a\left[y - (y^2 - b^2)^{\frac{1}{2}}\right]\right\}$

$f(x)$	$g(y) = \int\limits_0^\infty f(x) \sin(xy)\, dx$
$0 \qquad\qquad 0 < x < a$ $K_0[b(x^2-a^2)^{\frac12}] \qquad x > a$	$\frac12 (b^2+y^2)^{-\frac12}\big\{\cos\alpha\,[\operatorname{Ci}(z_1) - \operatorname{Ci}(z_2)] +$ $+ \sin\alpha\,[\operatorname{Si}(z_1) - \operatorname{Si}(z_2)]\big\}$ $\alpha = a(b^2+y^2)^{\frac12},\ z_1 = \alpha + ay,\ z_2 = \alpha - ay$
$\log\left(\dfrac{a+x}{a-x}\right) J_0[b(a^2-x^2)^{\frac12}]$ $0 < x < a$ $-2K_0[b(x^2-a^2)^{\frac12}] \quad x > a$	$-2(b^2+y^2)^{-\frac12}\cos[a(b^2+y^2)^{\frac12}]\times$ $\times\log\left[\dfrac{(b^2+y^2)^{\frac12}+y}{b}\right]$
$\log\left(\dfrac{a+x}{a-x}\right) Y_0[b(a^2-x^2)^{\frac12}]$ $0 < x < a$ $-\dfrac{2}{\pi}\log\left(\dfrac{x+a}{x-a}\right)\times$ $\times K_0[b(x^2-a^2)^{\frac12}]$ $x > a$	$-2(b^2+y^2)^{-\frac12}\sin[a(b^2+y^2)^{\frac12}]\times$ $\times\log\left[\dfrac{(b^2+y^2)^{\frac12}+y}{b}\right]$
$x K_0[a(b^2+x^2)^{\frac12}]$	$\dfrac12 \pi y b (a^2+y^2)^{-1} e^{-b(a^2+y^2)^{\frac12}}\times$ $\times [1 + b^{-1}(a^2+y^2)^{-\frac12}]$
$x(b^2+x^2)^{-\frac12} K_1[a(b^2+x^2)^{\frac12}]$	$\dfrac12 \pi a^{-1} y (a^2+y^2)^{-\frac12} e^{-b(a^2+y^2)^{\frac12}}$
$x(b^2+x^2)^{-1} K_2[a(b^2+x^2)^{\frac12}]$	$\dfrac12 \pi b^{-1} a^{-2} y\, e^{-b(a^2+y^2)^{\frac12}}$
$x(b^2+x^2)^{\frac12\nu} K_\nu[a(b^2+x^2)^{\frac12}]$	$\left(\dfrac12 \pi\right)^{\frac12} a^\nu b^{\frac32+\nu}(a^2+y^2)^{-\frac12(\nu+\frac32)}\times$ $\times K_{\nu+\frac32}[b(a^2+y^2)^{\frac12}]$
$[x(1+x)]^{-\frac12}\times$ $\times K_\nu\{b[x(1+x)]^{\frac12}\}$ $-3 < \operatorname{Re}\nu < 3$	$\dfrac18 \pi^2 \sec\left(\dfrac12 \nu\pi\right)\Big\{\cos\left(\dfrac12 y\right)\times$ $\times [J_{\frac\nu2}(z_2)\, Y_{\frac\nu2}(z_1) - J_{\frac\nu2}(z_1)\, Y_{\frac\nu2}(z_2)] -$ $- \sin\left(\dfrac12 y\right)[J_{\frac\nu2}(z_1)\, J_{\frac\nu2}(z_2) + Y_{\frac\nu2}(z_1)\, Y_{\frac\nu2}(z_2)]\Big\}$ $z_1 = \dfrac14\,[(b^2+y^2)^{\frac12}+y]$ $z_2 = \dfrac14\,[(b^2+y^2)^{\frac12}-y]$

$f(x)$	$g(y) = \int\limits_0^\infty f(x) \sin(x\,y)\,dx$
$(x^2 - a^2)^{-\frac{1}{2}} K_\nu \left[b\,(x^2 - a^2)^{\frac{1}{2}} \right]$ $x > a$ $0 \qquad 0 < x < a$ $-1 < \operatorname{Re} \nu < 1$	$\frac{1}{8}\,\pi^2 \sec\left(\frac{1}{2}\,\nu\,\pi\right) \left[J_{\frac{\nu}{2}}(z_2)\,Y_{\frac{\nu}{2}}(z_1) - J_{\frac{\nu}{2}}(z_1)\,Y_{\frac{\nu}{2}}(z_2) \right]$ $z_1 = \frac{1}{2}\,a\left[(b^2 + y^2)^{\frac{1}{2}} + y\right]$ $z_2 = \frac{1}{2}\,a\left[(b^2 + y^2)^{\frac{1}{2}} - y\right]$
$x\,(a^2 - x^2)^{\frac{1}{2}\nu}\,Y_\nu\left[b\,(a^2 - x^2)^{\frac{1}{2}}\right]$ $0 < x < a$ $2\pi^{-1}\,x\,(x^2 - a^2)^{\frac{1}{2}\nu} \times$ $\times K_\nu\left[b\,(x^2 - a^2)^{\frac{1}{2}}\right]$ $x > a$ $\operatorname{Re}\nu > -1$	$\left(\frac{1}{2}\,\pi\right)^{\frac{1}{2}} a^{\frac{3}{2}+\nu}\,b^\nu\,y\,(b^2 + y^2)^{-\frac{1}{2}(\nu+\frac{3}{2})} \times$ $\times Y_{\nu+\frac{3}{2}}\left[a\,(b^2 + y^2)^{\frac{1}{2}}\right]$
$K_0\left[a\,(b^2 + x^2)^{\frac{1}{2}}\right] \arctan\left(\frac{x}{b}\right)$	$\frac{1}{2}\,\pi\,(a^2 + y^2)^{-\frac{1}{2}}\,e^{-b\,(a^2+y^2)^{\frac{1}{2}}} \log\left[\frac{y + (a^2+y^2)^{\frac{1}{2}}}{y}\right]$
$x^{\frac{1}{2}}\,I_{\frac{1}{4}}\left\{\frac{1}{2}\,b\left[(a^2 + x^2)^{\frac{1}{2}} - a\right]\right\} \times$ $\times K_{\frac{1}{4}}\left\{\frac{1}{2}\,b\left[(a^2 + x^2)^{\frac{1}{2}} + a\right]\right\}$	$\left(\frac{\pi}{2y}\right)^{\frac{1}{2}} (b^2 + y^2)^{-\frac{1}{2}}\,e^{-a\,(b^2+y^2)^{\frac{1}{2}}}$

§ 23. Modifizierte Bessel-Funktionen mit trigonometrischem und hyperbolischem Integrand

$f(x)$	$g(y) = \int\limits_0^\infty f(x) \sin(x\,y)\,dx$
$I_\nu(a \sin x) \qquad 0 < x < \pi$ $0 \qquad\qquad x > \pi$ $\operatorname{Re}\nu > -2$	$\pi \sin\left(\frac{1}{2}\,\pi\,y\right) I_{\frac{1}{2}(\nu-y)}\left(\frac{a}{2}\right) I_{\frac{1}{2}(\nu+y)}\left(\frac{a}{2}\right)$
$K_\nu(a \sin x) \qquad 0 < x < \pi$ $0 \qquad\qquad x > \pi$ $-2 < \operatorname{Re}\nu < 2$	$\frac{1}{2}\,\pi^2 \csc(\pi\,\nu) \sin\left(\frac{1}{2}\,\pi\,y\right) \times$ $\times \left[I_{-\frac{1}{2}(\nu+y)}\left(\frac{a}{2}\right) I_{-\frac{1}{2}(\nu-y)}\left(\frac{a}{2}\right) - \right.$ $\left. - I_{\frac{1}{2}(\nu-y)}\left(\frac{a}{2}\right) I_{\frac{1}{2}(\nu+y)}\left(\frac{a}{2}\right) \right]$

$f(x)$	$g(y) = \int\limits_0^\infty f(x)\sin(xy)\,dx$
$K_\nu(a\sinh x)$ $-2 < \operatorname{Re}\nu < 2$	$\dfrac{1}{8}\,i\,\pi^2\csc(\pi\nu)\left[J_{\frac12(\nu-iy)}\!\left(\dfrac{a}{2}\right)Y_{-\frac12(\nu+iy)}\!\left(\dfrac{a}{2}\right)-\right.$ $-\,J_{-\frac12(\nu+iy)}\!\left(\dfrac{a}{2}\right)Y_{\frac12(\nu-iy)}\!\left(\dfrac{a}{2}\right)-$ $-\,J_{\frac12(\nu+iy)}\!\left(\dfrac{a}{2}\right)Y_{-\frac12(\nu-iy)}\!\left(\dfrac{a}{2}\right)+$ $\left.+\,J_{-\frac12(\nu-iy)}\!\left(\dfrac{a}{2}\right)Y_{\frac12(\nu+iy)}\!\left(\dfrac{a}{2}\right)\right]$
$2\pi^{-1}K_0\big[a(2\sinh x)^{\frac12}\big]+$ $+\,Y_0\big[a(2\sinh x)^{\frac12}\big]$	$i\,K_{iy}(a)\left[Y_{iy}(a)-Y_{-iy}(a)\right]$
$K_0\big[(a^2+b^2-2ab\cos x)^{\frac12}\big]$ $\hfill 0 < x < \pi$ $0 \hfill x > \pi$	$y\sum\limits_{n=0}^{\infty}\varepsilon_n(y^2-n^2)^{-1}\big[1-(-1)^n\cos(\pi y)\big]\times$ $\times I_n(b)\,K_n(a) \hfill b < a$
$K_0\big[(a^2+b^2+2ab\cosh x)^{\frac12}\big]$	$-\dfrac{1}{2}\pi\operatorname{csch}(\pi y)\big[I_{iy}(b)+I_{-iy}(b)\big]K_{iy}(a)+$ $+\sum\limits_{n=0}^{\infty}(-1)^n\varepsilon_n(n^2+y^2)^{-1}I_n(b)\,K_n(a)$ $\hfill a > b$
$\sinh x\,(a^2+b^2+$ $+\,2ab\cosh x)^{-\frac12}\times$ $\times K_1\big[(a^2+b^2+$ $+\,2ab\cosh x)^{\frac12}\big]$	$(ab)^{-1}y\,K_{iy}(a)\,K_{iy}(b)$

§ 24. Modifizierte Bessel-Funktionen mit variabler Ordnung

$f(x)$	$g(y) = \int\limits_0^\infty f(x)\sin(xy)\,dx$
$I_x(a)$	MacRobert, T. M.: Proc. Roy. Soc. Edinburgh, Bd. 55, S. 87. 1934.
$\sin(\pi x)\,I_{\nu-x}(a)\,I_{\nu+x}(a)$	$\dfrac{1}{4}I_{2\nu}\!\left(2a\sin\dfrac{y}{2}\right) \hfill 0 < y < 2\pi$ $0 \hfill y > 2\pi$

$f(x)$	$g(y) = \int\limits_0^\infty f(x) \sin (x y)\, d x$
$\dfrac{\cosh (b x)}{\cosh (\pi x)} \left[I_{-i x}(a) - I_{i x}(a) \right]$ $b \le \dfrac{1}{2} \pi$	$\dfrac{1}{2} \left\{ e^{-a \cosh (y+i b)} \operatorname{Erf}\left[i (2 a)^{\frac{1}{2}} \sinh \left(\dfrac{y+i b}{2} \right) \right] + \right.$ $\left. + e^{-a \cosh (y-i b)} \operatorname{Erf}\left[i (2 a)^{\frac{1}{2}} \sinh \left(\dfrac{y-i b}{2} \right) \right] \right\}$
$\dfrac{\sinh (b x)}{\cosh (\pi x)} \left[I_{i x}(a) + I_{-i x}(a) \right]$ $b \le \dfrac{1}{2} \pi$	$\dfrac{1}{2} \left\{ e^{-a \cosh (y+i b)} \operatorname{Erf}\left[i (2 a)^{\frac{1}{2}} \cosh \left(\dfrac{y+i b}{2} \right) \right] - \right.$ $\left. - e^{-a \cosh (y-i b)} \operatorname{Erf}\left[i (2 a)^{\frac{1}{2}} \cosh \left(\dfrac{y-i b}{2} \right) \right] \right\}$
$\sinh (b x)\, K_{i x}(a)$ $b \le \dfrac{1}{2} \pi$	$\dfrac{1}{2} \pi e^{-a \cos b \cosh y} \sin (a \sin b \sinh y)$
$\operatorname{csch}\left(\dfrac{1}{2} \pi x \right) K_{i x}(a)$	$\sinh y \int\limits_0^\infty e^{-t \cosh y} K_0 \left[(a^2 + t^2)^{\frac{1}{2}} \right] d t$
$\operatorname{csch} (\pi x)\, K_{i x}(a)$	$\dfrac{1}{2} \sinh y \int\limits_0^\infty e^{-t \cosh y} K_0 (a + t)\, d t$
$\tanh (\pi x)\, K_{i x}(a)$	$- \dfrac{1}{2} i \pi e^{-a \cosh y} \operatorname{Erf}\left[i (2 a)^{\frac{1}{2}} \sinh \left(\dfrac{1}{2} y \right) \right]$
$\dfrac{\sinh (b x)}{\cosh (\pi x)} K_{i x}(a)$ $b \le \dfrac{3 \pi}{2}$	$\dfrac{1}{4} \pi i \left\{ e^{a \cosh (y+i b)} \operatorname{Erfc}\left[(2 a)^{\frac{1}{2}} \cosh \left(\dfrac{y+i b}{2} \right) \right] - \right.$ $\left. - e^{a \cosh (y-i b)} \operatorname{Erfc}\left[(2 a)^{\frac{1}{2}} \cosh \left(\dfrac{y-i b}{2} \right) \right] \right\}$
$K_{i x}(a) \left[J_{i x}(a) - J_{-i x}(a) \right]$	$- i \dfrac{1}{2} \pi J_0 \left[a (2 \sinh y)^{\frac{1}{2}} \right]$
$\left[Y_{i x}(a) - Y_{-i x}(a) \right] K_{i x}(a)$	$- i \left\{ \dfrac{1}{2} \pi Y_0 \left[a (2 \sinh y)^{\frac{1}{2}} \right] + \right.$ $\left. + K_0 \left[a (2 \sinh y)^{\frac{1}{2}} \right] \right\}$
$\tanh (\pi x) \left[I_{i x}(a) + \right.$ $\left. + I_{-i x}(a) \right] K_{i x}(a)$	$\dfrac{1}{2} \pi \, \mathbf{H}_0 \left[2 a \sinh \left(\dfrac{1}{2} y \right) \right]$
$\sinh (\pi x) \left[K_{i x}(a) \right]^2$	$\dfrac{1}{4} \pi^2 J_0 \left[2 a \sinh \left(\dfrac{1}{2} y \right) \right]$
$x\, K_{i x}(a)\, K_{i x}(b)$	$\dfrac{1}{2} \pi a b \sinh y \, (a^2 + b^2 + 2 a b \cosh y)^{-\frac{1}{2}} \times$ $\times K_1 \left[(a^2 + b^2 + 2 a b \cosh y)^{\frac{1}{2}} \right]$

§ 25. LOMMEL-Funktionen

$f(x)$	$g(y) = \int\limits_0^\infty f(x)\sin(xy)\,dx$
$x^{-\mu} S_{\mu,\mu+1}(ax)$ $\operatorname{Re}\mu < \dfrac{1}{2}$	$2^{-\mu-\frac{3}{2}}\pi\,\Gamma\!\left(\dfrac{1}{2}-\mu\right)a^{-\frac{1}{2}}(y^2-a^2)^{\frac{1}{2}(\mu-\frac{1}{2})}\times$ $\times\mathfrak{P}_{\mu+\frac{1}{2}}^{\mu-\frac{1}{2}}\!\left(\dfrac{y}{a}\right)$
$x^{-\mu} S_{\mu,\nu}(ax)$ $\operatorname{Re}(\pm\nu-\mu) > -1$	$2^{-\mu}\left(\dfrac{\pi}{2a}\right)^{\frac{1}{2}}\Gamma\!\left(1-\dfrac{1}{2}\mu-\dfrac{1}{2}\nu\right)\times$ $\times\Gamma\!\left(1-\dfrac{1}{2}\mu+\dfrac{1}{2}\nu\right)\times$ $\times(y^2-a^2)^{\frac{1}{2}(\mu-\frac{1}{2})}\,\mathfrak{P}_{\nu-\frac{1}{2}}^{\mu-\frac{1}{2}}\!\left(\dfrac{y}{a}\right)$
$x^{\nu+1} S_{\mu,\nu}(ax)$ $\operatorname{Re}\nu > -\dfrac{3}{2}$ $-4 < \operatorname{Re}(\mu+\nu) < 0$	$\pi^{\frac{1}{2}}\,2^{\mu+\nu}a^\nu\,\Gamma\!\left(2+\dfrac{1}{2}\mu+\dfrac{1}{2}\nu\right)\times$ $\times\left[\left(\dfrac{3}{2}+\nu\right)\Gamma\!\left(\dfrac{1-\mu-\nu}{2}\right)\right]^{-1}\times$ $\times y^{-2-2\nu}\,{}_2F_1\!\left(\dfrac{3}{2}+\nu,\,\dfrac{1-\mu+\nu}{2};\right.$ $\left.\dfrac{5}{2}+\nu;\,1-a^2y^{-2}\right)$
$x^{-1} S_{-1,\nu}(ax^{-1})$ $-1 < \operatorname{Re}\nu < 1$	$2\nu^{-1}\sin\!\left(\dfrac{1}{2}\pi\nu\right)K_\nu\big[(2aiy)^{\frac{1}{2}}\big]\,K_\nu\big[(-2aiy)^{\frac{1}{2}}\big]$
$\tanh\!\left(\dfrac{1}{2}\pi x\right)S_{0,ix}(a)$	$-\dfrac{1}{2}i\left[e^{-a\sinh y}\,\overline{\mathrm{Ei}}\,(a\sinh y)-\right.$ $\left.-\,e^{a\sinh y}\,\mathrm{Ei}\,(-a\sinh y)\right]$
$x^{1-\nu} U_\nu(x,z)$	$\dfrac{1}{2}\pi(1-2y)^{\frac{1}{2}\nu-1}z^{2-\nu}J_{\nu-2}\big[z(1-2y)^{\frac{1}{2}}\big]$ $\hspace{6em} 0 < y < \dfrac{1}{2}$ $0 \hspace{8em} y > \dfrac{1}{2}$

§ 26. ANGER-WEBER-Funktionen

$f(x)$	$g(y) = \int\limits_0^\infty f(x)\sin(xy)\,dx$
$\boldsymbol{J}_\nu(ax)-\boldsymbol{J}_{-\nu}(ax)$ $=-\tan\!\left(\dfrac{\nu\pi}{2}\right)\times$ $\times\big[\boldsymbol{E}_\nu(ax)+\boldsymbol{E}_{-\nu}(ax)\big]$	$2\sin\!\left(\dfrac{1}{2}\nu\pi\right)(a^2-y^2)^{-\frac{1}{2}}\cos\!\left[\nu\arccos\!\left(\dfrac{y}{a}\right)\right]$ $\hspace{8em} 0 < y < a$ $0 \hspace{10em} y > a$

$f(x)$	$g(y) = \int\limits_{0}^{\infty} f(x) \sin(x\,y)\,dx$	
$(b^2+x^2)^{-1}\left[\boldsymbol{J}_\nu(a\,x)-\boldsymbol{J}_{-\nu}(a\,x)\right]$ $= -\tan\left(\dfrac{1}{2}\nu\pi\right)\times$ $\times (b^2+x^2)^{-1}\times$ $\times\left[\boldsymbol{E}_\nu(a\,x)+\boldsymbol{E}_{-\nu}(a\,x)\right]$	$\dfrac{1}{2}\,i\,\pi\,b^{-1}e^{-b\,y}\left[\boldsymbol{J}_{-\nu}(i\,a\,b)-\boldsymbol{J}_\nu(i\,a\,b)\right]$	
$\boldsymbol{J}_\nu(a\sinh x)-\boldsymbol{J}_{-\nu}(a\sinh x)$ $= -\tan\left(\dfrac{\nu\pi}{2}\right)\times$ $\times\left[\boldsymbol{E}_\nu(a\sinh x)+\right.$ $\left.+\,\boldsymbol{E}_{-\nu}(a\sinh x)\right]$	$-\dfrac{1}{2}\,i\,\pi\sin\left(\dfrac{1}{2}\nu\pi\right)\operatorname{sech}\left(\dfrac{1}{2}\pi y\right)\times$ $\times\left[I_{-\frac{1}{2}(\nu+i\,y)}\left(\dfrac{1}{2}a\right)I_{\frac{1}{2}(\nu-i\,y)}\left(\dfrac{1}{2}a\right)-\right.$ $\left.-\,I_{-\frac{1}{2}(\nu-i\,y)}\left(\dfrac{1}{2}a\right)I_{\frac{1}{2}(\nu+i\,y)}\left(\dfrac{1}{2}a\right)\right]$	
$\boldsymbol{J}_x(a)-\boldsymbol{J}_{-x}(a)$ $= -\tan\left(\dfrac{\pi x}{2}\right)\times$ $\times\left[\boldsymbol{E}_x(a)+\boldsymbol{E}_{-x}(a)\right]$	$\sin(a\sin y)$ 0	$0<y<\pi$ $y>\pi$
$\tan\left(\dfrac{1}{2}\pi x\right)\left[\boldsymbol{J}_x(a)+\boldsymbol{J}_{-x}(a)\right]$ $= \boldsymbol{E}_x(a)-\boldsymbol{E}_{-x}(a)$	$\cos(a\sin y)$ 0	$0<y<\pi$ $y>\pi$

§ 27. STRUVE-Funktionen

$f(x)$	$g(y) = \int\limits_{0}^{\infty} f(x) \sin(x\,y)\,dx$	
$\boldsymbol{H}_0(a\,x)$	$(a^2-y^2)^{-\frac{1}{2}}$ 0	$0<y<a$ $y>a$
$x^{-2}\boldsymbol{H}_0(a\,x)$	$y\arccos\left(\dfrac{y}{a}\right)-(a^2-y^2)^{\frac{1}{2}}+a$ a	$0<y<a$ $y>a$
$x^{-\nu}\left[\boldsymbol{H}_\nu(a\,x)-Y_\nu(a\,x)\right]$ $\operatorname{Re}\nu<1$	$\left(\dfrac{1}{2}a\right)^{-\frac{1}{2}}2^{-2\nu}\Gamma(1-\nu)\left[\Gamma\left(\dfrac{1}{2}+\nu\right)\right]^{-1}\times$ $\times(y^2-a^2)^{\frac{1}{2}(\nu-\frac{1}{2})}\,\mathfrak{P}_{\nu-\frac{1}{2}}^{\nu-\frac{1}{2}}\left(\dfrac{y}{a}\right)$	
$x^{1+\nu}\left[\boldsymbol{H}_\nu(a\,x)-Y_\nu(a\,x)\right]$ $-\dfrac{3}{2}<\operatorname{Re}\nu<0$	$\left(\dfrac{1}{2}\pi\right)^{-\frac{1}{2}}\Gamma(3+2\nu)\,a^\nu\,y^{-\nu-\frac{1}{2}}(a^2-y^2)^{-\frac{1}{2}(\nu+\frac{3}{2})}\times$ $\times\mathfrak{P}_{-\nu-\frac{3}{2}}^{-\nu-\frac{3}{2}}\left(\dfrac{y}{a}\right)$	

$f(x)$	$g(y) = \int\limits_{0}^{\infty} f(x) \sin(xy)\, dx$
$I_0(ax) - L_0(ax)$	$(a^2 + y^2)^{-\frac{1}{2}}$
$x^{\nu}[I_{\nu}(ax) - L_{\nu}(ax)]$	$2^{\nu} a^{\nu-1}[\Gamma(1-\nu)]^{-1} y^{-2\nu}\,_2F_1\left(1, \frac{1}{2}; 1-\nu; -y^2 a^{-2}\right)$
$x^{-\nu}[I_{-\nu}(ax) - L_{\nu}(ax)]$ $\qquad\qquad \mathrm{Re}\,\nu < 1$	$\pi^{\frac{1}{2}}\left[\Gamma\left(\frac{1}{2}+\nu\right)\right]^{-1}(2a)^{-\nu}(a^2+y^2)^{\nu-\frac{1}{2}}$
$x^{1-\nu}[I_{\nu}(ax) - L_{\nu}(ax)]$	$\pi^{-\frac{1}{2}} 2^{1-\nu} a^{\nu+1}\left[\Gamma\left(\frac{3}{2}+\nu\right)\right]^{-1} y^{-2}\,_2F_1\left(1, 2; \frac{3}{2}+\nu; -a^2 y^{-2}\right)$
$x^{1-\nu}[I_{\nu}(ax) - L_{-\nu}(ax)]$ $\qquad\qquad 0 < \mathrm{Re}\,\nu < \frac{3}{2}$	$\pi^{-1} 2^{2-\nu} \cos(\pi\nu)\, \Gamma(2-\nu)\, a^{1-\nu} y^{2\nu-3} \times {}\times\,_2F_1\left(2-\nu, 1; \frac{3}{2}; -a^2 y^{-2}\right)$
$x^{-\nu} H_{\nu}(ax)$ $\qquad\qquad \mathrm{Re}\,\nu > -\frac{1}{2}$	$\pi^{\frac{1}{2}}(2a)^{-\nu}\left[\Gamma\left(\nu+\frac{1}{2}\right)\right]^{-1}(a^2-y^2)^{\nu-\frac{1}{2}} \qquad\qquad 0 < y < a$ $0 \qquad\qquad\qquad\qquad\qquad\qquad\qquad y > a$
$x^{-\nu}(b^2+x^2)^{-1} H_{\nu}(ax)$ $\qquad\qquad \mathrm{Re}\,\nu > -\frac{5}{2}$	$\frac{1}{2}\pi b^{-\nu-1} e^{-by} L_{\nu}(ab) \qquad\qquad 0 < y < a$
$x^{\frac{1}{2}} H_{\frac{1}{4}}(ax^2)$	$-\frac{1}{2} a^{-1}\left(\frac{1}{2}\pi y\right)^{\frac{1}{2}} Y_{\frac{1}{4}}\left(\frac{1}{4} y^2 a^{-1}\right)$
$x^{\frac{3}{2}} H_{-\frac{1}{4}}(ax^2)$	$-\frac{1}{4} a^{-2} y\left(\frac{1}{2}\pi y\right)^{\frac{1}{2}} Y_{\frac{3}{4}}\left(\frac{1}{4} y^2 a^{-1}\right)$
$x[H_1(ax^{-1}) - Y_1(ax^{-1})]$	$-4\pi^{-1} a y^{-1} K_2[(2iay)^{\frac{1}{2}}]\, K_2[(-2iay)^{\frac{1}{2}}]$
$H_0(ax^{\frac{1}{2}})$	$y^{-1}\left\{\sin\left(\frac{a^2}{4y}\right)\left[C\left(\frac{a^2}{4y}\right) + S\left(\frac{a^2}{4y}\right)\right] + {}+ \cos\left(\frac{a^2}{4y}\right)\left[C\left(\frac{a^2}{4y}\right) - S\left(\frac{a^2}{4y}\right)\right]\right\}$
$I_0(ax^{\frac{1}{2}}) - L_0(ax^{\frac{1}{2}})$	$y^{-1}\left\{\sin\left(\frac{a^2}{4y}\right)\left[C\left(\frac{a^2}{4y}\right) - S\left(\frac{a^2}{4y}\right)\right] + {}+ \cos\left(\frac{a^2}{4y}\right)\left[1 - C\left(\frac{a^2}{4y}\right) - S\left(\frac{a^2}{4y}\right)\right]\right\}$

$f(x)$	$g(y) = \int_0^\infty f(x) \sin(xy)\,dx$
$H_0(a \sinh x)$	$\frac{1}{2} \tanh\left(\frac{1}{2}\pi y\right) K_{i\frac{y}{2}}\left(\frac{a}{2}\right)\left[I_{i\frac{y}{2}}\left(\frac{a}{2}\right) + I_{-i\frac{y}{2}}\left(\frac{a}{2}\right)\right]$
$I_0(a \sinh x) - L_0(a \sinh x)$	$\frac{1}{4}\pi \tanh\left(\frac{1}{2}\pi y\right)\left\{\left[J_{i\frac{y}{2}}\left(\frac{a}{2}\right)\right]^2 + \left[Y_{i\frac{y}{2}}\left(\frac{a}{2}\right)\right]^2\right\}$

§ 28. Elliptische Integrale

$f(x)$	$g(y) = \int_0^\infty f(x) \sin(xy)\,dx$
$K\left[\left(\frac{1}{2} - \frac{1}{2}x\right)^{\frac{1}{2}}\right] \quad 0 < x < 1$ $0 \qquad\qquad x > 1$	$\frac{9}{32}\pi^{\frac{3}{2}}\left[\Gamma\left(\frac{7}{4}\right)\right]^{-2} y^{-\frac{1}{2}} s_{\frac{1}{2},0}(y)$
$a^{-1}K\left(\frac{x}{a}\right) \qquad 0 < x < a$ $x^{-1}K\left(\frac{a}{x}\right) \qquad x > a$	$\frac{1}{4}\pi^2\left[J_0\left(\frac{1}{2}ay\right)\right]^2$
$0 \qquad\qquad 0 < x < 1$ $(1+x)^{-\frac{1}{2}}K\left[\left(\frac{x-1}{x+1}\right)^{\frac{1}{2}}\right]$ $\qquad\qquad x > 1$	$\frac{1}{4}\pi\left(\frac{\pi}{2y}\right)^{\frac{1}{2}}[J_0(y) - Y_0(y)]$
$(1+x)^{-\frac{1}{2}}K\left[\left(\frac{x}{1+x}\right)^{\frac{1}{2}}\right]$	$\frac{1}{4}\pi^{\frac{3}{2}}y^{-\frac{1}{2}}\left[J_0(y)\sin\left(\frac{y}{2} + \frac{\pi}{4}\right) -\right.$ $\left. - Y_0(y)\cos\left(\frac{y}{2} + \frac{\pi}{4}\right)\right]$
$0 \qquad\qquad 0 < x < a$ $x^{-1}K\left[(1 - a^2 x^{-2})^{\frac{1}{2}}\right] \quad x > a$	$-\frac{1}{4}\pi^2 J_0\left(\frac{1}{2}ay\right)Y_0\left(\frac{1}{2}ay\right)$
$0 \qquad\qquad 0 < x < a$ $(x^2 - b^2)^{-\frac{1}{2}}K\left[\left(\frac{x^2 - a^2}{x^2 - b^2}\right)^{\frac{1}{2}}\right]$ $\qquad\qquad x > a$ $\qquad\qquad a > b$	$-\frac{1}{8}\pi^2\left\{J_0\left[\frac{1}{2}y(a+b)\right]Y_0\left[\frac{1}{2}y(a-b)\right] +\right.$ $\left. + Y_0\left[\frac{1}{2}y(a+b)\right]J_0\left[\frac{1}{2}y(a-b)\right]\right\}$

$f(x)$	$g(y) = \int\limits_0^\infty f(x) \sin(x\,y)\,dx$
$0 \qquad\qquad 0 < x < b$ $(a^2 - b^2)^{-\frac{1}{2}} K\left[\left(\dfrac{x^2 - b^2}{a^2 - b^2}\right)^{\frac{1}{2}}\right]$ $\qquad\qquad\qquad b < x < a$ $(x^2 - b^2)^{-\frac{1}{2}} K\left[\left(\dfrac{a^2 - b^2}{x^2 - b^2}\right)^{\frac{1}{2}}\right]$ $\qquad\qquad\qquad x > a$	$\dfrac{1}{4}\,\pi^2\,J_0\left[\dfrac{1}{2}\,y\,(a+b)\right] J_0\left[\dfrac{1}{2}\,y\,(a-b)\right]$
$(a^2 + x^2)^{-\frac{1}{2}} K\left[x\,(a^2 + x^2)^{-\frac{1}{2}}\right]$	$\dfrac{1}{2}\,\pi\,I_0\left(\dfrac{1}{2}\,a\,y\right) K_0\left(\dfrac{1}{2}\,a\,y\right)$

§ 29. Parabolische Zylinderfunktionen

$f(x)$	$g(y) = \int\limits_0^\infty f(x) \sin(x\,y)\,dx$
$e^{-\frac{1}{4}x^2}\left[D_\nu(x) - D_\nu(-x)\right]$ $\qquad\qquad \operatorname{Re}\nu > 0$	$(2\pi)^{\frac{1}{2}} \sin\left(\dfrac{1}{2}\,\nu\,\pi\right) y^\nu\, e^{-\frac{1}{2}y^2}$
$e^{\frac{1}{4}a^2 x^2} D_\nu(a\,x)$ $\qquad\qquad \operatorname{Re}\nu < 0$	$\pi^{\frac{1}{2}}\left[\Gamma\left(\dfrac{1}{2} - \dfrac{1}{2}\,\nu\right)\right]^{-1} (2a)^\nu\, y^{-\nu-1}\, e^{\frac{1}{2}y^2 a^{-2}} \times$ $\qquad \times \Gamma\left(1 + \dfrac{1}{2}\,\nu,\ \dfrac{1}{2}\,y^2\,a^{-2}\right)$
$x^\mu e^{-\frac{1}{4}a^2 x^2} D_\nu(a\,x)$ $\qquad\qquad \operatorname{Re}\mu > -2$	$2^{\frac{1}{2}(\nu-\mu-2)}\,\pi^{\frac{1}{2}}\,\Gamma(\mu+2)\left[\Gamma\left(\dfrac{\mu-\nu+3}{2}\right)\right]^{-1} a^{-\mu-2} \times$ $\qquad \times y\ {}_2F_2\left(1 + \dfrac{1}{2}\,\mu,\ \dfrac{3}{2} + \dfrac{1}{2}\,\mu;\ \dfrac{3}{2},\right.$ $\qquad \left.\dfrac{\mu-\nu+3}{2};\ -\dfrac{1}{2}\,y^2\,a^{-2}\right)$
$x^{-\frac{1}{2}(1+\nu)} e^{\frac{1}{4}a^2 x} D_\nu(a\,x^{\frac{1}{2}})$ $\qquad\qquad \operatorname{Re}\nu < 3$	$\left(\dfrac{\pi}{y}\right)^{\frac{1}{2}} \left[y + (a + y^{\frac{1}{2}})^2\right]^{\frac{1}{2}\nu} \times$ $\qquad \times \sin\left[\dfrac{\pi}{4} - \nu \arctan\left(\dfrac{y^{\frac{1}{2}}}{a + y^{\frac{1}{2}}}\right)\right]$
$x^{-\frac{1}{2}\nu-\frac{3}{2}} e^{\frac{1}{4}a^2 x} D_\nu(a\,x^{\frac{1}{2}})$ $\qquad\qquad \operatorname{Re}\nu < 1$	$\left(\dfrac{1}{2}\,\pi\right)^{\frac{1}{2}} \left(\dfrac{1}{2} + \dfrac{1}{2}\,\nu\right)^{-1} \left[(a + y^{\frac{1}{2}})^2 + y\right]^{\frac{1}{2}(\nu+1)} \times$ $\qquad \times \sin\left[(\nu+1) \arctan\left(\dfrac{y^{\frac{1}{2}}}{a + y^{\frac{1}{2}}}\right)\right]$

$f(x)$	$g(y) = \int_0^\infty f(x) \sin(xy)\,dx$
$x^{-\frac{1}{2}(\nu+1)} e^{-\frac{1}{4}a^2 x^{-1}} D_\nu\left(a x^{-\frac{1}{2}}\right)$ $\operatorname{Re}\nu > -1$	$\pi^{\frac{1}{2}} 2^{\frac{1}{2}\nu} y^{\frac{1}{2}(\nu-1)} e^{-a y^{\frac{1}{2}}} \cos\left(\frac{1}{2}\pi\nu + \frac{\pi}{4} - a y^{\frac{1}{2}}\right)$
$D_{-\nu-1}\left[(2x)^{\frac{1}{2}}\right] \times$ $\times \left\{ D_\nu\left[(2x)^{\frac{1}{2}}\right] - \right.$ $\left. - D_\nu\left[-(2x)^{\frac{1}{2}}\right]\right\}$ $\operatorname{Re}\nu > 0$	$(2\pi)^{\frac{1}{2}} \sin\left(\frac{1}{2}\pi\nu\right) y^\nu (1+y^2)^{-\frac{1}{2}} \times$ $\times \left[1 + (1+y^2)^{\frac{1}{2}}\right]^{-\nu-\frac{1}{2}}$

§ 30. WHITTAKER-Funktionen

$f(x)$	$g(y) = \int_0^\infty f(x) \sin(xy)\,dx$
$x^{2\nu-1} e^{-\frac{1}{4}x^2} M_{3\nu,\nu}\left(\frac{1}{2}x^2\right)$ $\operatorname{Re}\nu > -\frac{1}{4}$	$\left(\frac{1}{2}\pi\right)^{\frac{1}{2}} y^{2\nu-1} e^{-\frac{1}{4}y^2} M_{3\nu,\nu}\left(\frac{1}{2}y^2\right)$
$x^{-2\nu} e^{\frac{1}{4}x^2} W_{3\nu-1,\nu}\left(\frac{1}{2}x^2\right)$ $\operatorname{Re}\nu < \frac{1}{2}$	$\left(\frac{1}{2}\pi\right)^{\frac{1}{2}} y^{-2\nu} e^{\frac{1}{4}y^2} W_{3\nu-1,\nu}\left(\frac{1}{2}y^2\right)$
$x^{-2\mu} e^{-\frac{1}{4}x^2} M_{k,\mu}\left(\frac{1}{2}x^2\right)$ $\operatorname{Re}(\mu+k) > \frac{1}{2}$	$\pi^{\frac{1}{2}} 2^{-\frac{1}{2}(k+3\mu)} \Gamma(1+2\mu) \left[\Gamma\left(\frac{1}{2}+\mu+k\right)\right]^{-1} \times$ $\times y^{k+\mu-1} e^{-\frac{1}{4}y^2} W_{\frac{1}{2}(1+k-3\mu),\,\frac{1}{2}(k+\mu-1)}\left(\frac{1}{2}y^2\right)$
$x^{2\mu-1} e^{-\frac{1}{4}x^2} M_{k,\mu}\left(\frac{1}{2}x^2\right)$ $-\frac{1}{2} < \operatorname{Re}\mu < \operatorname{Re}k$	$\pi^{\frac{1}{2}} 2^{\frac{1}{2}(3\mu-k-1)} \Gamma(1+2\mu) \left[\Gamma(1+k-\mu)\right]^{-1} \times$ $\times y^{k-\mu-1} e^{-\frac{1}{4}y^2} M_{\frac{1}{2}(k+3\mu),\,\frac{1}{2}(k-\mu)}\left(\frac{1}{2}y^2\right)$
$x^{-2\mu} e^{-\frac{1}{4}x^2} W_{k,\mu}\left(\frac{1}{2}x^2\right)$ $\operatorname{Re}\mu < \frac{3}{4}$	$\pi^{\frac{1}{2}} 2^{-\frac{1}{2}(k+3\mu)} \Gamma\left(\frac{3}{2}-2\mu\right) \left[\Gamma(2-k-\mu)\right]^{-1} \times$ $\times y^{k+\mu-1} e^{-\frac{1}{4}y^2} M_{\frac{1}{2}(1+k-3\mu),\,\frac{1}{2}(1-k-\mu)}\left(\frac{1}{2}y^2\right)$
$x^{-2\mu-1} e^{\frac{1}{4}x^2} W_{k,\mu}\left(\frac{1}{2}x^2\right)$ $\operatorname{Re}(\mu-k) > \frac{1}{2}$ $\operatorname{Re}\mu < \frac{3}{4}$	$\pi^{\frac{1}{2}} 2^{\frac{1}{2}(k-3\mu)} \Gamma\left(\frac{3}{2}-2\mu\right) \left[\Gamma\left(\frac{1}{2}+\mu-k\right)\right]^{-1} \times$ $\times y^{\mu-k-1} e^{\frac{1}{4}y^2} W_{\frac{1}{2}(k+3\mu-1),\,\frac{1}{2}(k-\mu+1)}\left(\frac{1}{2}y^2\right)$

$f(x)$	$g(y) = \int\limits_0^\infty f(x)\sin(xy)\,dx$
$x^{2\lambda-1}\,e^{-\frac{1}{2}x^2}\,W_{k,\mu}(x^2)$ $\operatorname{Re}\varrho > \lvert\operatorname{Re}\mu\rvert - 1$	$\dfrac{1}{2}\,\Gamma(1+\mu+\lambda)\,\Gamma(1-\mu+\lambda)\times$ $\times\left[\Gamma\!\left(\dfrac{3}{2}-k+\lambda\right)\right]^{-1}\times$ $\times y\; {}_2F_2\!\left(1+\lambda+\mu,\,1+\lambda-\mu;\right.$ $\left.\dfrac{3}{2},\,\dfrac{3}{2}-k+\lambda;\,-\dfrac{1}{4}\,y^2\right)$
$x^{-\frac{1}{2}}K_{\mu-\frac{1}{4}}\!\left(\dfrac{1}{2}\,x^2\right)M_{k,\mu}(x^2)$ $\operatorname{Re}\mu > -\dfrac{1}{2}$ $\operatorname{Re}k > -\dfrac{1}{4}$	$\dfrac{1}{2}\,\Gamma(1+2\mu)\left[\Gamma\!\left(k+\dfrac{5}{2}\right)\right]^{-1}\times$ $\times\left(\dfrac{\pi}{2y}\right)^{\frac{1}{2}}W_{\frac{1}{2}(k-\mu),\,\frac{1}{2}(k-\frac{1}{4})}\!\left(\dfrac{1}{2}\,y^2\right)\times$ $\times M_{\frac{1}{2}(k-\mu),\,\frac{1}{2}(k+\frac{1}{4})}\!\left(\dfrac{1}{2}\,y^2\right)$
$x^{2\mu-1}\,W_{k,\mu}(ax)\,M_{-k,\mu}(ax)$ $\operatorname{Re}\mu > -\dfrac{1}{2}$ $\operatorname{Re}(\mu+k) < \dfrac{1}{4}$	$\dfrac{1}{2}\,\pi^{\frac{1}{2}}\,a^{2k}\,\Gamma(1+2\mu)\,[\Gamma(1-\mu-k)]^{-1}\times$ $\times\left(\dfrac{1}{2}\,y\right)^{-2(\mu+k)}{}_3F_2\!\left(\dfrac{1}{2}-k,\,1-k,\right.$ $\left.\dfrac{1}{2}+\mu-k;\,1-2k,\,1-\mu-k;\,-\dfrac{y^2}{a^2}\right)$
$x^{\lambda}\,W_{k,\mu}(ax)\,W_{-k,\mu}(ax)$ $\operatorname{Re}\lambda > 2\lvert\operatorname{Re}\mu\rvert - 3$	$\dfrac{1}{2}\,a^{1-2\lambda}\,\Gamma(\mu+\lambda)\,\Gamma(\lambda-\mu)\,\Gamma(2\lambda)\times$ $\times\left[\Gamma\!\left(\dfrac{1}{2}+k+\lambda\right)\Gamma\!\left(\dfrac{1}{2}-k+\lambda\right)\right]^{-1}\times$ $\times y\; {}_4F_3\!\left(\lambda,\,\dfrac{1}{2}+\lambda,\,\lambda+\mu,\,\lambda-\mu;\right.$ $\left.\dfrac{1}{2}+k+\lambda,\,\dfrac{1}{2}-k+\lambda,\,\dfrac{3}{2};\,-\dfrac{y^2}{a^2}\right)$
$x^{-\frac{3}{2}}\,W_{\mu+\lambda,\,\frac{1}{8}+k}\!\left(\dfrac{1}{2}\,x^2\right)\times$ $\times M_{\mu-\lambda,\,\frac{1}{8}-k}\!\left(\dfrac{1}{2}\,x^2\right)$	$\left(\dfrac{1}{2}\,\pi\right)^{\frac{1}{2}}\Gamma\!\left(\dfrac{5}{4}-2k\right)\left[\Gamma\!\left(\dfrac{5}{4}-2\lambda\right)\right]^{-1}y^{-\frac{3}{2}}\times$ $\times W_{\mu+k,\,\lambda+\frac{1}{8}}\!\left(\dfrac{1}{2}\,y^2\right)M_{\mu-k,\,\frac{1}{8}-\lambda}\!\left(\dfrac{1}{2}\,y^2\right)$

Drittes Kapitel

Exponentielle FOURIER-Transformationen

$f(x)$		$g(y) = \int\limits_{-\infty}^{\infty} f(x)\, e^{i x y}\, d x$	
A	$a \leq x \leq b$	$i\, A\, y^{-1}\left(e^{i a y} - e^{i b y}\right)$	
0	andernfalls		
x^n	$0 \leq x \leq b$	$n!\,(-i y)^{-n-1} - e^{i b y} \sum\limits_{m=0}^{n} \dfrac{n!}{m!}\,(-i y)^{m-n-1} b^m$	
0	andernfalls		
	$n = 1, 2, 3, \ldots$		
x^ν	$0 < x \leq b$	$i\, e^{i \frac{1}{2} \pi \nu}\, y^{-\nu-1} \gamma\left(\nu + 1, -i b y\right)$	
0	andernfalls		
	$\operatorname{Re} \nu > -1$		
x^ν	$x \geq b$	$-\, i\, e^{i \frac{1}{2} \pi \nu}\, y^{-\nu-1} \Gamma(\nu + 1, -i b y)$	
0	andernfalls		
	$\operatorname{Re} \nu < 0$		
$(x - b)^\nu$	$x > b$	$i\, e^{i \frac{1}{2} \pi \nu}\, \Gamma(1 + \nu)\, y^{-\nu-1}\, e^{i b y}$	
0	andernfalls		
	$-1 < \operatorname{Re} \nu < 0$		
$(a + i x)^{-\nu}$		$2\pi\,[\Gamma(\nu)]^{-1} y^{\nu-1} e^{-a y}$	$y > 0$
	$\operatorname{Re} \nu > 0$	0	$y < 0$
$(a - i x)^{-\nu}$		0	$y > 0$
	$\operatorname{Re} \nu > 0$	$2\pi\,[\Gamma(\nu)]^{-1} (-y)^{\nu-1} e^{a y}$	$y < 0$
$(a + i x)^{-\nu}(b + i x)^{-1}$		$2\pi\,[\Gamma(\nu)]^{-1} (a - b)^{-\nu} e^{-b y} \gamma(\nu, a y - b y)$	$y > 0$
	$\operatorname{Re} \nu > -1$	0	$y < 0$

$f(x)$	$g(y) = \int_{-\infty}^{\infty} f(x)\, e^{ixy}\, dx$
$(a+ix)^{-\nu}(b-ix)^{-1}$ $\operatorname{Re}\nu > -1$	$2\pi\,[\Gamma(\nu)]^{-1}(a+b)^{-\nu}\,e^{by}\,\Gamma(\nu,\,ay+by)$ $y>0$ $2\pi\,(a+b)^{-\nu}\,e^{by}$ $y<0$
$(a-ix)^{-\nu}(b+ix)^{-1}$ $\operatorname{Re}\nu > -1$	$2\pi\,(a+b)^{-\nu}\,e^{-by}$ $y>0$ $2\pi\,[\Gamma(\nu)]^{-1}(a+b)^{-\nu}\,e^{-by}\,\Gamma(\nu,\,-ay-by)$ $y<0$
$(a-ix)^{-\nu}(b-ix)^{-1}$ $\operatorname{Re}\nu > -1$	0 $y>0$ $2\pi\,[\Gamma(\nu)]^{-1}(a-b)^{-\nu}\,e^{by}\,\gamma(\nu,\,by-ay)$ $y<0$
$(ix)^{-\nu}(a^2+x^2)^{-1}$ $-2 < \operatorname{Re}\nu < 1$ $\arg(ix) = \pm\tfrac{1}{2}\pi$ für $x \gtrless 0$	$\pi\,[\Gamma(\nu)]^{-1}a^{-\nu-1}e^{ay}\,\Gamma(\nu,\,ay) +$ $\quad + \pi\,[\Gamma(1+\nu)]^{-1}\times$ $\quad\quad \times a^{-1}y^{\nu}e^{-ay}\,{}_1F_1(\nu;\,1+\nu;\,ay)$ $y>0$ $\pi\,a^{-\nu-1}e^{ay}$ $y<0$
$(-ix)^{-\nu}(a^2+x^2)^{-1}$ $-2 < \operatorname{Re}\nu < 1$ $\arg(-ix) = \mp\tfrac{1}{2}\pi$ für $x \gtrless 0$	$\pi\,a^{-\nu-1}e^{-ay}$ $y>0$ $\pi\,[\Gamma(\nu)]^{-1}a^{-\nu-1}e^{-ay}\,\Gamma(\nu,\,-ay) +$ $\quad + \pi\,[\Gamma(1+\nu)]^{-1}a^{-1}(-y)^{\nu}e^{ay}\times$ $\quad\quad \times {}_1F_1(\nu;\,1+\nu;\,-ay)$ $y<0$
$(a+ix)^{-\nu}(b^2+x^2)^{-1}$ $\operatorname{Re}\nu > -2$	$\pi\,b^{-1}[\Gamma(\nu)]^{-1}\big[(a+b)^{-\nu}e^{by}\,\Gamma(\nu,\,ay+by) +$ $\quad + (a-b)^{-\nu}e^{-by}\gamma(\nu,\,ay-by)\big]$ $y>0$ $\pi\,b^{-1}(a+b)^{-\nu}e^{by}$ $y<0$
$(a-ix)^{-\nu}(b^2+x^2)^{-1}$ $\operatorname{Re}\nu > -2$	$\pi\,b^{-1}(a+b)^{-\nu}e^{-by}$ $y>0$ $\pi\,b^{-1}[\Gamma(\nu)]^{-1}\big[(a-b)^{-\nu}e^{by}\gamma(\nu,\,by-ay) +$ $\quad + (a+b)^{-\nu}e^{-by}\,\Gamma(\nu,\,-ay-by)\big]$ $y<0$
$[a^2+(x\pm b)^2]^{-\nu}$ $\operatorname{Re}\nu > 0$	$2\,e^{\mp iby}\,\pi^{\frac{1}{2}}[\Gamma(\nu)]^{-1}\left(\dfrac{|y|}{2a}\right)^{\nu-\frac{1}{2}} K_{\nu-\frac{1}{2}}(a|y|)$
$(a+ix)^{-\mu}(b+ix)^{-\nu}$ $\operatorname{Re}(\mu+\nu) > 0$	$2\pi\,[\Gamma(\mu+\nu)]^{-1}e^{-ay}\,y^{\mu+\nu-1}\times$ $\quad \times {}_1F_1(\nu;\,\nu+\mu;\,ay-by)$ $y>0$ 0 $y<0$

$f(x)$	$g(y) = \int\limits_{-\infty}^{\infty} f(x)\, e^{ixy}\, dx$
$(a - ix)^{-\mu}(b - ix)^{-\nu}$ $\operatorname{Re}(\mu + \nu) > 0$	$0 \hspace{4em} y > 0$ $2\pi\,[\Gamma(\mu + \nu)]^{-1}\,e^{ay}\,(-y)^{\mu+\nu-1}\times$ $\times {}_1F_1(\nu;\,\nu + \mu;\,by - ay) \hspace{2em} y < 0$
$(a - ix)^{-\mu}(b + ix)^{-\nu}$ $\operatorname{Re}(\mu + \nu) > 0$	$2\pi\,[\Gamma(\nu)]^{-1}\,(a + b)^{-\frac{1}{2}(\nu+\mu)}\,y^{\frac{1}{2}(\nu+\mu-1)}\times$ $\times e^{\frac{1}{2}(b-a)y}\,W_{\frac{1}{2}(\nu-\mu),\,\frac{1}{2}(1-\nu-\mu)}(ay + by)$ $\hspace{12em} y > 0$ $2\pi\,[\Gamma(\mu)]^{-1}\,(a + b)^{-\frac{1}{2}(\mu+\nu)}\,(-y)^{\frac{1}{2}(\nu+\mu-1)}\times$ $\times e^{\frac{1}{2}(a-b)y}\,W_{\frac{1}{2}(\mu-\nu),\,\frac{1}{2}(1-\nu-\mu)}(-ay - by)$ $\hspace{12em} y < 0$
$(1 - x)^{\nu-1}(1 + x)^{\mu-1}$ $\hspace{3em} -1 < x < 1$ $0 \hspace{4em} \text{andernfalls}$ $\hspace{3em} \operatorname{Re}(\nu,\mu) > 0$	$2^{\nu+\mu-1}\,B(\mu,\nu)\,e^{-iy}\,{}_1F_1(\mu;\,\nu + \mu;\,2iy)$
$(a + ix)^{-\nu}\,e^{-b(a+ix)^{-1}}$	$2\pi\,e^{-ay}\left(\dfrac{y}{b}\right)^{\frac{1}{2}(\nu-1)}\,J_{\nu-1}\!\left[2(by)^{\frac{1}{2}}\right] \hspace{2em} y > 0$ $0 \hspace{12em} y < 0$
$[\cosh(ax + b)]^{-\nu}$ $\hspace{3em} \operatorname{Re}\nu > 0$	$2^{\nu-1}\,a^{-1}\,[\Gamma(\nu)]^{-1}\,e^{iyba^{-1}}\times$ $\times \Gamma\!\left(\dfrac{1}{2}\nu - i\,\dfrac{y}{2a}\right)\Gamma\!\left(\dfrac{1}{2}\nu + i\,\dfrac{y}{2a}\right)$
$(-ix)^{\nu}\,e^{-a^2x^2}$ $\hspace{3em} \operatorname{Re}\nu > -1$ $\arg(-ix) = \pm\dfrac{\pi}{2}$ $\text{für}\ x \gtrless 0$	$\pi^{\frac{1}{2}}\,2^{-\frac{1}{2}\nu}\,a^{-\nu-1}\,e^{-\frac{1}{8}y^2a^{-2}}\,D_\nu(2^{-\frac{1}{2}}a^{-1}y)$
$e^{-\lambda x}\log|1 - e^{-x}|$ $\hspace{3em} -1 < \operatorname{Re}\lambda < 0$	$\pi\,(\lambda - iy)^{-1}\,\operatorname{ctn}(\pi\lambda - i\pi y)$
$e^{-\lambda x}\log(1 + e^{-x})$ $\hspace{3em} -1 < \operatorname{Re}\lambda < 0$	$\pi\,(\lambda - iy)^{-1}\,\csc(\pi\lambda - i\pi y)$
$e^{-\lambda x}(a + e^{-x})^{-\nu}\log(a + e^{-x})$ $\hspace{3em} \operatorname{Re}\nu > \operatorname{Re}\lambda > 0$	$a^{\lambda-\nu-iy}\,B(\lambda - iy,\,\nu - \lambda + iy)\times$ $\times[\psi(\nu) - \psi(\nu - \lambda + iy) + \log a]$

$f(x)$	$g(y) = \int\limits_{-\infty}^{\infty} f(x)\, e^{i x y}\, dx$
$(\cos x)^{\mu} (a^2 e^{-ix} + b^2 e^{ix})^{\nu}$ $\qquad -\dfrac{1}{2}\pi < x < \dfrac{1}{2}\pi$ $0 \qquad\quad \lvert x \rvert > \dfrac{1}{2}\pi$ $\qquad\quad \operatorname{Re}\mu > -1$	$\pi\, b^{2\nu}\, 2^{-\mu}\, \Gamma(1+\mu) \left[\Gamma\!\left(1 - \dfrac{\nu-\mu+y}{2}\right) \times \right.$ $\left. \times\, \Gamma\!\left(1 + \dfrac{\nu+\mu+y}{2}\right) \right]^{-1} \times$ $\times\, {}_2F_1\!\left(-\nu,\ -\dfrac{\nu+\mu+y}{2};\ 1 + \dfrac{\mu-\nu-y}{2};\ \dfrac{a^2}{b^2}\right)$ $\hfill a < b$ $\pi\, a^{2\nu}\, 2^{-\mu}\, \Gamma(1+\mu) \left[\Gamma\!\left(1 + \dfrac{\mu-\nu+y}{2}\right) \times \right.$ $\left. \times\, \Gamma\!\left(1 + \dfrac{\mu+\nu-y}{2}\right) \right]^{-1} \times$ $\times\, {}_2F_1\!\left(-\nu,\ \dfrac{y-\nu-\mu}{2};\ 1 + \dfrac{\mu-\nu+y}{2};\ \dfrac{b^2}{a^2}\right)$ $\hfill b < a$
$e^{-b\tanh(a x)} \left[\cosh(a x)\right]^{-\nu}$ $\qquad\qquad \operatorname{Re}\nu > 0$	$2^{\nu-1} \left[\Gamma(\nu)\right]^{-1} a^{-1} \Gamma\!\left(\dfrac{\nu}{2} + i\,\dfrac{y}{2a}\right) \Gamma\!\left(\dfrac{\nu}{2} - i\,\dfrac{y}{2a}\right) \times$ $\times (2b)^{-\frac{1}{2}\nu} M_{i\frac{y}{2a},\ \frac{1}{2}(\nu-1)}(2b)$
$e^{-a\cosh x - b\sinh x}$	$2\left(\dfrac{a-b}{a+b}\right)^{\frac{1}{2} i y} K_{iy}\!\left[(a^2 - b^2)^{\frac{1}{2}}\right]$
$P_n(x) \qquad\quad -1 < x < 1$ $0 \qquad\qquad\ \lvert x \rvert > 1$ $\qquad\quad n = 0, 1, 2, \ldots$	$(-i)^n \left(\dfrac{2\pi}{y}\right)^{\frac{1}{2}} J_{n+\frac{1}{2}}(y)$
$(1 - x^2)^{-\frac{1}{2}} T_n(x)$ $\qquad\quad -1 < x < 1$ $0 \qquad\qquad \lvert x \rvert > 1$ $\qquad\quad n = 0, 1, 2, \ldots$	$(-i)^n \pi J_n(y)$
$\left[\Gamma(\nu - x)\, \Gamma(\mu + x)\right]^{-1}$	$\left[2\cos\!\left(\dfrac{1}{2} y\right)\right]^{\nu+\mu-2} e^{-\frac{1}{2} i y (\mu-\nu)} \times$ $\times \left[\Gamma(\nu + \mu - 1)\right]^{-1} \qquad\qquad \lvert y \rvert < \pi$ $0 \qquad\qquad\qquad\qquad\qquad\qquad\quad\ \lvert y \rvert > \pi$
$\left[\Gamma(\nu + x)\right]^{\pm 1} \left[\Gamma(\mu + x)\right]^{\pm 1}$	Titchmarsh, E. C.: Fourier Integrals, S. 185. 1937.
$\Phi(x) \left[\Gamma(\nu + x)\, \Gamma(\mu - x)\right]^{-1}$ $\Phi(x)$ periodisch mit reeller Periode	Ramanujan, S.: Quart. J. Math., Bd. 48, S. 294—310. 1920.

$f(x)$	$g(y) = \int\limits_{-\infty}^{\infty} f(x)\, e^{i\,x\,y}\, d\,x$
$P(x)\, [\Gamma(\nu + x)\, \Gamma(\mu - x)]^{-1}$ $P(x)$ ein Polynom	Siehe vorstehendes Beispiel.
$P_\nu(x) \qquad\qquad -1 < x < 1$ $0 \qquad\qquad\qquad\quad |x| > 1$	$2\pi\nu^{-1}(1 + \nu^2)^{-1}\sin(\pi\nu)\, e^{-iy} \times$ $\times {}_2F_2(1, 1; -\nu, \nu + 2; 2iy)$
$x^{-\frac{1}{2}} J_{n+\frac{1}{2}}(x)$ $\qquad\qquad n = 0, 1, 2, \ldots$	$(-i)^n (2\pi)^{\frac{1}{2}} P_n(y) \qquad\qquad |y| < 1$ $0 \qquad\qquad\qquad\qquad\qquad\qquad |y| > 1$
$x^{-\nu-\frac{1}{2}} J_{n+\nu+\frac{1}{2}}(x)$ $\qquad\qquad n = 0, 1, 2, \ldots$ $\qquad\qquad\qquad \operatorname{Re}\nu > -1$	$(-i)^n n! (2\pi)^{\frac{1}{2}} 2^{-\nu} [\Gamma(n + \nu + 1)]^{-1} \times$ $\times (1 - y^2)^\nu P_n^{(\nu,\,\nu)}(y) \qquad\qquad |y| < 1$ $0 \qquad\qquad\qquad\qquad\qquad\qquad\quad |y| > 1$
$0 \qquad\qquad\qquad |x| > \dfrac{1}{2}\pi$ $(\cos x)^\nu (a^2 e^{-ix} + b^2 e^{ix})^{-\nu} \times$ $\qquad \times J_\nu\{c\,[2\,(a^2 e^{-ix} +$ $\qquad + b^2 e^{ix})\cos x]^{\frac{1}{2}}\}$ $\qquad\qquad\qquad |x| < \dfrac{1}{2}\pi$ $\qquad\qquad \operatorname{Re}(\nu + \mu) > -1$	$\pi\, 2^{-\frac{1}{2}\nu} a^{\frac{1}{2}(y-\nu)}\, b^{-\frac{1}{2}(y+\nu)}\, J_{\frac{1}{2}(\nu-y)}(c\,a)\, J_{\frac{1}{2}(\nu+y)}(c\,b)$
$\operatorname{sech}(a\,x)\, e^{-b\tanh(a\,x)} \times$ $\qquad \times J_\nu[c\operatorname{sech}(a\,x)]$ $\qquad\qquad\qquad \operatorname{Re}\nu > -1$	$(a\,b)^{-1}\Gamma\!\left(\dfrac{1+\nu+i\,y\,a^{-1}}{2}\right)\Gamma\!\left(\dfrac{1+\nu-i\,y\,a^{-1}}{2}\right) \times$ $\times M_{i\frac{y}{2a},\,\frac{\nu}{2}}\left\{\dfrac{1}{2}\,[b + (b^2 - c^2)^{\frac{1}{2}}]\right\} \times$ $\times M_{i\frac{y}{2a},\,\frac{\nu}{2}}\left\{\dfrac{1}{2}\,[b - (b^2 - c^2)^{\frac{1}{2}}]\right\}$
$\left(\dfrac{a\,e^x + b\,e^{-x}}{a\,e^{-x} + b\,e^x}\right)^{\frac{1}{2}\nu} \times$ $\qquad \times J_\nu[(a^2 + b^2 +$ $\qquad + 2\,a\,b\cosh 2x)^{\frac{1}{2}}]$	$-\dfrac{1}{2}\pi\,[J_{\frac{1}{2}(\nu+iy)}(b)\, Y_{\frac{1}{2}(\nu-iy)}(a) +$ $\qquad + J_{\frac{1}{2}(\nu-iy)}(a)\, Y_{\frac{1}{2}(\nu+iy)}(b)]$
$\left(\dfrac{a\,e^x + b\,e^{-x}}{a\,e^{-x} + b\,e^x}\right)^{\frac{1}{2}\nu} \times$ $\qquad \times Y_\nu[(a^2 + b^2 +$ $\qquad + 2\,a\,b\cosh 2x)^{\frac{1}{2}}]$	$\dfrac{1}{2}\pi\,[J_{\frac{1}{2}(\nu+iy)}(b)\, J_{\frac{1}{2}(\nu-iy)}(a) -$ $\qquad - Y_{\frac{1}{2}(\nu+iy)}(b)\, Y_{\frac{1}{2}(\nu-iy)}(a)]$

$f(x)$	$g(y) = \int\limits_{-\infty}^{\infty} f(x)\, e^{ixy}\, dx$
$\left(\dfrac{a\,e^x + b\,e^{-x}}{a\,e^{-x} + b\,e^x}\right)^{\frac{1}{2}\nu} \times$ $\times K_\nu\left[(a^2 + b^2 + 2ab\cosh 2x)^{\frac{1}{2}}\right]$	$K_{\frac{1}{2}(\nu+iy)}(b)\, K_{\frac{1}{2}(\nu-iy)}(a)$
$J_{\mu+x}(a)\, J_{\nu-x}(a)$ $\qquad \operatorname{Re}(\mu+\nu) > 1$	$e^{-\frac{1}{2}iy(\mu-\nu)}\, J_{\mu+\nu}\left[2a\cos\left(\frac{1}{2}y\right)\right]$
$a^{-\mu-x}\, J_{\mu+x}(a)\, b^{-\nu+x}\, J_{\nu-x}(b)$ $\qquad \operatorname{Re}(\mu+\nu) > 1$	$\left(2\cos\frac{1}{2}y\right)^{\frac{1}{2}(\mu+\nu)} (a^2 e^{-i\frac{1}{2}y} + b^2 e^{i\frac{1}{2}y})^{-\frac{1}{2}(\nu+\mu)} \times$ $\times e^{-\frac{1}{2}iy(\mu-\nu)}\, J_{\mu+\nu}\left\{\left[2\cos\left(\frac{1}{2}y\right) \times\right.\right.$ $\left.\left. \times\, (a^2 e^{-i\frac{1}{2}y} + b^2 e^{i\frac{1}{2}y})\right]^{\frac{1}{2}}\right\}$
$[J_{\nu+ix}(a)\, J_{\nu-ix}(b) -$ $\quad - Y_{\nu+ix}(a)\, Y_{\nu-ix}(b)]$	$2\left[\dfrac{a\,e^{\frac{1}{2}y} + b\,e^{-\frac{1}{2}y}}{a\,e^{-\frac{1}{2}y} + b\,e^{\frac{1}{2}y}}\right]^\nu \times$ $\times Y_{2\nu}\left[(a^2 + b^2 + 2ab\cosh y)^{\frac{1}{2}}\right]$
$Y_{\nu+ix}(a)\, J_{\nu-ix}(b) +$ $\quad + J_{\nu+ix}(a)\, Y_{\nu-ix}(b)$	$-2\left[\dfrac{a\,e^{\frac{1}{2}y} + b\,e^{-\frac{1}{2}y}}{a\,e^{-\frac{1}{2}y} + b\,e^{\frac{1}{2}y}}\right]^\nu \times$ $\times J_{2\nu}\left[(a^2 + b^2 + 2ab\cosh y)^{\frac{1}{2}}\right]$
$K_{\nu-ix}(a)\, K_{\nu+ix}(b)$	$\pi\left[\dfrac{a\,e^{\frac{1}{2}y} + b\,e^{-\frac{1}{2}y}}{a\,e^{-\frac{1}{2}y} + b\,e^{\frac{1}{2}y}}\right]^\nu \times$ $\times K_{2\nu}\left[(a^2 + b^2 + 2ab\cosh y)^{\frac{1}{2}}\right]$
$\Gamma\left(\dfrac{1}{2} + \nu + ix\right) \times$ $\times \Gamma\left(\dfrac{1}{2} + \nu - ix\right) \times$ $\times M_{-ix,\nu}(a)$	$\pi\, 2^{-2\nu}\, \Gamma(1 + 2\nu)\, a^{\nu+\frac{1}{2}}\, e^{-\frac{1}{2}a\tanh(\frac{1}{2}y)} \times$ $\times \left[\cosh\left(\dfrac{1}{2}y\right)\right]^{-2\nu-1}$
$\Gamma\left(\dfrac{1}{2} + \nu + ix\right) \times$ $\times \Gamma\left(\dfrac{1}{2} + \nu - ix\right) \times$ $\times M_{-ix,\nu}(a)\, M_{-ix,\nu}(b)$ $\qquad \operatorname{Re}\nu > -\dfrac{1}{2}$	$2\pi (ab)^{\frac{1}{2}} \operatorname{sech}\left(\dfrac{1}{2}y\right) e^{-(a+b)\tanh(\frac{1}{2}y)} \times$ $\times J_{2\nu}\left[2(ab)^{\frac{1}{2}} \operatorname{sech}\left(\dfrac{1}{2}y\right)\right]$

Anhang
Zusammenstellung von Abkürzungen

Es sei $z = x + iy$ eine komplexe Größe. Dann ist

$\operatorname{Re} z =$ Realteil von $z = x$;

$\operatorname{Im} z =$ Imaginarteil von $z = y$;

$|z| =$ absoluter Betrag von z, $|z| = (x^2 + y^2)^{\frac{1}{2}}$;

$\arg z =$ Argument oder Arcus von z, $\tan(\arg z) = \dfrac{y}{x}$;

$\operatorname{sgn} x =$ KRONECKERs Symbol. $\operatorname{sgn} x = \pm 1$ für $x \gtrless 0$;

$\varepsilon_n =$ NEUMANNsche Zahlen. $\varepsilon_0 = 1$, $\varepsilon_n = 2$ für $n = 1, 2, 3, \ldots$;

$\dbinom{\alpha}{\beta} =$ Binomialkoeffizient. $\dbinom{\alpha}{\beta} = \dfrac{\Gamma(\alpha+1)}{\Gamma(\beta+1)\,\Gamma(\alpha-\beta+1)}$;

$\gamma =$ EULERsche Konstante. $\gamma = 0{,}57721$.

CAUCHY-Hauptwert: Wenn der Integrand bei $x = c$ $(a < c < b)$ singulär ist, dann ist der CAUCHY-Hauptwert von

$$\int_a^b f(x)\,dx \quad \text{durch} \quad \lim_{\delta \to 0}\left[\int_a^{c-\delta} f(x)\,dx + \int_{c+\delta}^b f(x)\,dx\right]$$

definiert.

Definition der Funktionssymbole
1. Elementare Funktionen

$\log z =$ Hauptwert des natürlichen Logarithmus von z;

$\log z = \log|z| + i \arg z$, $\quad -\pi < \arg z < \pi$;

$z^\alpha = e^{\alpha \log z}$, mit $\log z$ in den beiden letzten Zeilen definiert.

Trigonometrische Funktionen:

$$\sin x, \ \cos x, \ \tan x = \frac{\sin x}{\cos x}, \ \operatorname{ctn} x = \frac{\cos x}{\sin x}, \ \sec x = \frac{1}{\cos x}, \ \csc x = \frac{1}{\sin x}$$

Inverse trigonometrische Funktionen:

$\arcsin x$, $\arccos x$, $\arctan x$, $\operatorname{arcctn} x$.

Hyperbolische Funktionen:

$$\sinh x = \frac{1}{2}(e^x - e^{-x}), \quad \cosh x = \frac{1}{2}(e^x + e^{-x}),$$

$$\tanh x = \frac{\sinh x}{\cosh x}, \quad \operatorname{ctnh} = \frac{\cosh x}{\sinh x}, \quad \operatorname{sech} x = \frac{1}{\cosh x}, \quad \operatorname{csch} x = \frac{1}{\sinh x}.$$

2. Orthogonale Polynome

LEGENDRE-Polynome:

$$P(x) = 2^{-n}(n!)^{-1} \frac{d^n}{dx^n}(x^2-1)^n = {}_2F_1\left(-n, 1+n; 1; \frac{1}{2} - \frac{1}{2}x\right).$$

GEGENBAUER-Polynome:

$$C_n^\nu(x) = [n!\,\Gamma(2\nu)]^{-1}\,\Gamma(2\nu+n)\,{}_2F_1\left(-n, 2\nu+n; \nu+\frac{1}{2}; \frac{1}{2} - \frac{1}{2}x\right).$$

TSCHEBYSCHEFF-Polynome:

$$T_n(x) = \cos(n\arccos x) = {}_2F_1\left(-n, n; \frac{1}{2}; \frac{1}{2} - \frac{1}{2}x\right);$$

$$U_n(x) = (1-x^2)^{-\frac{1}{2}}\sin\left[(n+1)\arccos x\right]$$

$$= (n+1)\,x\,{}_2F_1\left(\frac{1}{2} - \frac{1}{2}n, \frac{3}{2} + \frac{1}{2}n; \frac{3}{2}; 1-x^2\right).$$

JACOBI-Polynome:

$$P_n^{(\alpha,\beta)}(x) = [n!\,\Gamma(1+\alpha)]^{-1} \times$$

$$\times \Gamma(1+\alpha+n)\,{}_2F_1\left(-n, n+\alpha+\beta+1; \alpha+1; \frac{1}{2} - \frac{1}{2}x\right).$$

LAGUERRE-Polynome:

$$L_n^\alpha(x) = (n!)^{-1}\,x^{-\alpha}\,e^x\,\frac{d^n}{dx^n}(e^{-x}x^{n+\alpha})$$

$$= [n!\,\Gamma(1+\alpha)]^{-1}\,\Gamma(\alpha+1+n),\,{}_1F_1(-n; 1+\alpha; x);$$

$$L_n(x) = L_n^0(x).$$

HERMITE-Polynome:

$$\operatorname{He}_n(x) = (-1)^n\,e^{\frac{1}{2}x^2}\,\frac{d^n}{dx^n}(e^{-\frac{1}{2}x^2});$$

$$\operatorname{He}_{2n}(x) = (-1)^n\,2^{-n}(n!)^{-1}(2n)!\,{}_1F_1\left(-n; \frac{1}{2}; \frac{1}{2}x^2\right);$$

$$\operatorname{He}_{2n+1}(x) = (-1)^n\,2^{-n}(n!)^{-1}(2n+1)!\,x\,{}_1F_1\left(-n; \frac{3}{2}; \frac{1}{2}x^2\right).$$

3. Gammafunktion und verwandte Funktionen

Gammafunktion:

$$\Gamma(z) = \int_0^\infty e^{-t}\, t^{z-1}\, dt, \qquad \mathrm{Re}\, z > 0.$$

ψ-Funktion:

$$\psi(z) = \frac{d}{dz} \log \Gamma(z).$$

Betafunktion:

$$B(x, y) = \frac{\Gamma(x)\, \Gamma(y)}{\Gamma(x+y)}.$$

4. RIEMANNs und HURWITZs Zetafunktion

$$\zeta(s) = \sum_{n=1}^\infty n^{-s}, \qquad \mathrm{Re}\, s > 1;$$

$$\zeta(s, v) = \sum_{n=0}^\infty (n + v)^{-s}, \qquad \mathrm{Re}\, s > 1;$$

$$\xi(t) = -\frac{1}{2}\left(\frac{1}{4} + t^2\right) \pi^{-\frac{1}{2}(\frac{1}{2}+it)}\, \Gamma\left(\frac{1}{4} + \frac{1}{2}\, i\, t\right) \zeta\left(\frac{1}{2} + i\, t\right).$$

5. LEGENDRE-Funktionen

(Definition nach HOBSON)

$$\mathfrak{P}_v^\mu(z) = [\Gamma(1 - \mu)]^{-1}\left(\frac{z+1}{z-1}\right)^{\frac{1}{2}\mu} {}_2F_1\left(-v, v + 1; 1 - \mu; \frac{1}{2} - \frac{1}{2}z\right);$$

$$\mathfrak{Q}_v^\mu(z) = 2^{-v-1}\left[\Gamma\left(\frac{3}{2} + v\right)\right]^{-1} e^{i\mu\pi}\, \pi^{\frac{1}{2}}\, \Gamma(\mu + v + 1) \times$$

$$\times z^{-\mu-v-1}(z^2 - 1)^{\frac{1}{2}\mu}\, {}_2F_1\left(\frac{\mu+v+1}{2}, \frac{\mu+v+2}{2}; v + \frac{3}{2}; z^{-2}\right).$$

z ist ein Punkt der komplexen Ebene, die entlang der reellen Achse von $-\infty$ bis $+1$ aufgeschnitten ist.

$$P_v^\mu(x) = [\Gamma(1 - \mu)]^{-1}\left(\frac{1+x}{1-x}\right)^{\frac{1}{2}\mu} {}_2F_1\left(-v, v+1); 1-\mu; \frac{1}{2} - \frac{1}{2}x\right), \quad -1 < x < 1;$$

$$Q_v^\mu(x) = \frac{1}{2} e^{-i\pi\mu}[e^{-\frac{1}{2}i\pi\mu}\mathfrak{Q}_v^\mu(x + i\, 0) + e^{\frac{1}{2}i\pi\mu}\mathfrak{Q}_v^\mu(x - i\, 0)], \quad -1 < x < 1;$$

$$\mathfrak{P}_v(z) = \mathfrak{P}_v^0(z), \qquad \mathfrak{Q}_v(z) = \mathfrak{Q}_v^0(z);$$

$$P_v(x) = P_v^0(x), \qquad Q_v(x) = Q_v^0(x).$$

6. BESSEL-Funktionen

$$J_\nu(z) = \sum_{n=1}^{\infty} \frac{(-1)^n \left(\tfrac{1}{2} z\right)^{\nu+2n}}{n!\,\Gamma(\nu+n+1)};$$

$$Y_\nu(z) = [\sin(\pi\nu)]^{-1} [J_\nu(z)\cos(\nu\pi) - J_{-\nu}(z)];$$

$$H_\nu^{(1)}(z) = J_\nu(z) + i\,Y_\nu(z);$$

$$H_\nu^{(2)}(z) = J_\nu(z) - i\,Y_\nu(z).$$

7. Modifizierte BESSEL-Funktionen

$$I_\nu(z) = e^{-\frac{1}{2} i\pi\nu} J_\nu(z\, e^{\frac{1}{2} i\pi});$$

$$K_\nu(z) = \frac{1}{2}\pi (\sin \pi\nu)^{-1} [I_{-\nu}(z) - I_\nu(z)].$$

8. ANGER-WEBER-Funktionen

$$\boldsymbol{J}_\nu(z) = \pi^{-1} \int_0^\pi \cos(z\sin t - \nu t)\, dt;$$

$$\boldsymbol{E}_\nu(z) = -\pi^{-1} \int_0^\pi \sin(z\sin t - \nu t)\, dt.$$

9. STRUVE-Funktionen

$$\boldsymbol{H}_\nu(z) = \sum_{n=0}^{\infty} \frac{(-1)^n \left(\tfrac{1}{2} z\right)^{(\nu+2n+1)}}{\Gamma(\tfrac{3}{2}+n)\,\Gamma(\nu+\tfrac{3}{2}+n)}$$

$$= 2^{1-\nu} \pi^{-\frac{1}{2}} \left[\Gamma\left(\frac{1}{2}+\nu\right)\right]^{-1} s_{\nu_1\nu}(z);$$

$$\boldsymbol{L}_\nu(z) = -i\, e^{-\frac{1}{2} i\pi\nu} \boldsymbol{H}_\nu(z\, e^{\frac{1}{2} i\pi}).$$

10. LOMMEL-Funktionen

$$s_{\mu_1\nu}(z) = \frac{z^{\mu+1}}{(\mu-\nu+1)(\mu+\nu+1)}\, {}_1F_2\left(1;\ \frac{\mu-\nu+3}{2},\ \frac{\mu+\nu+3}{2};\ -\frac{1}{4} z^2\right)$$

$$\mu \pm \nu \neq -1, -2, -3, \ldots .$$

$$S_{\mu_1\nu}(z) = s_{\mu_1\nu}(z) + 2^{\mu-1}\Gamma\left(\frac{\mu-\nu+1}{2}\right)\Gamma\left(\frac{\mu+\nu+1}{2}\right)\times$$

$$\times \left\{\sin\left[\frac{\pi}{2}(\mu-\nu)\right] J_\nu(z) - \cos\left[\frac{\pi}{2}(\mu-\nu)\right] Y_\nu(z)\right\}.$$

Spezialfälle der LOMMEL-Funktionen:

$$s_{\nu,\nu}(z) = \pi^{\frac{1}{2}} 2^{\nu-1} \Gamma\left(\frac{1}{2}+\nu\right) \boldsymbol{H}_\nu(z);$$

$$S_{\nu,\nu}(z) = \pi^{\frac{1}{2}} 2^{\nu-1} \Gamma\left(\frac{1}{2}+\nu\right) [\boldsymbol{H}_\nu(z) - Y_\nu(z)];$$

$$s_{0,\nu}(z) = \frac{1}{2}\,\pi\csc(\pi\nu)\,[\boldsymbol{J}_\nu(z) - \boldsymbol{J}_{-\nu}(z)];$$

$$S_{0,\nu}(z) = \frac{1}{2}\,\pi\csc(\pi\nu)\,[\boldsymbol{J}_\nu(z) - \boldsymbol{J}_{-\nu}(z) - J_\nu(z) + J_{-\nu}(z)];$$

$$s_{-1,\nu}(z) = -\frac{1}{2}\,\pi\nu^{-1}\csc(\pi\nu)\,[\boldsymbol{J}_\nu(z) + \boldsymbol{J}_{-\nu}(z)];$$

$$S_{-1,\nu}(z) = \frac{1}{2}\,\pi\nu^{-1}\csc(\pi\nu)\,[J_\nu(z) + J_{-\nu}(z) - \boldsymbol{J}_\nu(z) - \boldsymbol{J}_{-\nu}(z)];$$

$$s_{1,\nu}(z) = 1 - \frac{1}{2}\,\pi\nu\csc(\pi\nu)\,[\boldsymbol{J}_\nu(z) + \boldsymbol{J}_{-\nu}(z)];$$

$$S_{1,\nu}(z) = 1 + \frac{1}{2}\,\pi\nu\csc(\pi\nu)\,[J_\nu(z) + J_{-\nu}(z) - \boldsymbol{J}_\nu(z) - \boldsymbol{J}_{-\nu}(z)];$$

$$S_{\frac{1}{2},\frac{1}{2}}(z) = z^{-\frac{1}{2}}, \qquad S_{\frac{3}{2},\frac{1}{2}}(z) = z^{\frac{1}{2}};$$

$$S_{-\frac{1}{2},\pm\frac{1}{2}}(z) = z^{-\frac{1}{2}}\,[\sin z\,\mathrm{Ci}\,(z) - \cos z\,\mathrm{si}\,(z)];$$

$$S_{-\frac{3}{2},\pm\frac{1}{2}}(z) = -z^{-\frac{1}{2}}\,[\sin z\,\mathrm{si}\,(z) + \cos z\,\mathrm{Ci}\,(z)];$$

$$\lim_{\mu\to\nu}\frac{s_{\mu-1,\nu}(z)}{\Gamma(\nu-\mu)} = -2^{\nu-1}\Gamma(\nu)\,J_\nu(z).$$

LOMMEL-Funktionen von 2 Variablen:

$$U_\nu(w,z) = \sum_{n=0}^{\infty}(-1)^n\left(\frac{w}{z}\right)^{\nu+2n}J_{\nu+2n}(z);$$

$$V_\nu(w,z) = \cos\left(\frac{1}{2}\,w + \frac{1}{2}\,z^2\,w^{-1} + \frac{1}{2}\,\nu\,\pi\right) + U_{2-\nu}(w,z).$$

11. Verallgemeinerte hypergeometrische Reihe

$$\begin{aligned}
{}_mF_n(\alpha_1,\alpha_2,\ldots,\alpha_m;\beta_1,\beta_2,\ldots,\beta_n;z) \\
= \frac{\Gamma(\beta_1)\ldots\Gamma(\beta_n)}{\Gamma(\alpha_1)\ldots\Gamma(\alpha_m)}\sum_{k=0}^{\infty}\frac{\Gamma(\alpha_1+k)\ldots\Gamma(\alpha_m+k)}{\Gamma(\beta_1+k)\ldots\Gamma(\beta_n+k)}\frac{z^k}{k!}.
\end{aligned}$$

12. GAUSSs hypergeometrische Reihe

$$_2F_1(\alpha,\beta;\gamma;z) = \frac{\Gamma(\gamma)}{\Gamma(\alpha)\,\Gamma(\beta)}\sum_{k=1}^{\infty}\frac{\Gamma(\alpha+k)\,\Gamma(\beta+k)}{\Gamma(\gamma+k)}\frac{z^k}{k!},\quad |z|<1.$$

13. Konfluente hypergeometrische Funktionen

$$_1F_1(\alpha;\beta;z) = \frac{\Gamma(\beta)}{\Gamma(\alpha)}\sum_{k=0}^{\infty}\frac{\Gamma(\alpha+k)}{\Gamma(\beta+k)}\frac{z^k}{k!}.$$

WHITTAKER-Funktionen:

$$M_{k,\mu}(z) = z^{\mu+\frac{1}{2}}\,e^{-\frac{1}{2}z}\,{}_1F_1\left(\frac{1}{2}+\mu-k;2\mu+1;z\right);$$

$$W_{k,\mu}(z) = \frac{\Gamma(-2\mu)}{\Gamma(\frac{1}{2}-\mu-k)}\,M_{k,\mu}(z) + \frac{\Gamma(2\mu)}{\Gamma(\frac{1}{2}+\mu-k)}\,M_{k,-\mu}(z).$$

Parabolische Zylinderfunktionen:

$$D_\nu(z) = 2^{\frac{1}{2}(\nu+\frac{1}{2})} z^{-\frac{1}{2}} W_{\frac{1}{2}(\nu+\frac{1}{2}),\,\pm\frac{1}{4}}\left(\frac{1}{2}\,z^2\right);$$

$$D_n(z) = (-1)^n\, e^{\frac{1}{4}z^2}\,\frac{d^n}{dz^n}\,(e^{-\frac{1}{2}z^2}) = e^{-\frac{1}{4}z^2}\,\mathrm{He}_n(z), \qquad n = 0, 1, 2, \ldots.$$

Fehlerintegrale:

$$\mathrm{Erf}(x) = 2\pi^{-\frac{1}{2}}\int_0^x e^{-t^2}\,dt = 2\pi^{-\frac{1}{2}} x\,{}_1F_1\left(\frac{1}{2};\frac{3}{2};\,-x^2\right)$$

$$= 2\pi^{-\frac{1}{2}} x^{-\frac{1}{2}} e^{-\frac{1}{2}x^2} M_{-\frac{1}{4},\frac{1}{4}}(x^2);$$

$$\mathrm{Erfc}(x) = 2\pi^{-\frac{1}{2}}\int_x^\infty e^{-t^2}\,dt = 1 - \mathrm{Erf}(x) = (\pi x)^{-\frac{1}{2}} e^{-\frac{1}{2}x^2} W_{-\frac{1}{4},\,\pm\frac{1}{4}}(x^2).$$

$$\mathrm{Erf}\left(\sqrt{x}\,e^{i\frac{\pi}{4}}\right) = 2^{\frac{1}{2}} e^{i\frac{\pi}{4}}\,[C(x) - i\,S(x)]$$

$$\mathrm{Erfc}\left(\sqrt{x}\,e^{i\frac{\pi}{4}}\right) = 1 - C(x) - S(x) - i\,[C(x) - S(x)].$$

FRESNELS-Integrale:

$$C(x) = (2\pi)^{-\frac{1}{2}}\int_0^x t^{-\frac{1}{2}}\cos t\,dt;$$

$$S(x) = (2\pi)^{-\frac{1}{2}}\int_0^x t^{-\frac{1}{2}}\sin t\,dt.$$

Exponentialintegral:

$$-\,\mathrm{Ei}(-z) = \int_z^\infty t^{-1} e^{-t}\,dt = -\gamma - \log z - \sum_{n=1}^\infty \frac{(-z)^n}{n\cdot n!}$$

$$= z^{-\frac{1}{2}} e^{-\frac{1}{2}z} W_{-\frac{1}{2},\,0}(z), \qquad -\pi < \arg z < \pi;$$

$$\overline{\mathrm{Ei}}(x) = \frac{1}{2}\,[\mathrm{Ei}(x + i\,0) + \mathrm{Ei}(x - i\,0)]$$

$$= \gamma + \log x + \sum_{n=1}^\infty \frac{x^n}{n\cdot n!}, \qquad x > 0;$$

$$\mathrm{Ei}(-i x) = \mathrm{Ci}(x) - i\,\mathrm{si}(x).$$

$$\overline{\mathrm{Ei}}(i x) = \mathrm{Ci}(x) + i\,\pi + i\,\mathrm{si}(x).$$

Integralsinus:

$$\mathrm{Si}(x) = \int_0^x t^{-1}\sin t\,dt;$$

$$\mathrm{si}(x) = -\int_x^\infty t^{-1}\sin t\,dt = \mathrm{Si}(x) - \frac{1}{2}\pi = \frac{1}{2i}\,[\mathrm{Ei}(i x) - \mathrm{Ei}(-i x)].$$

Integralcosinus:

$$\mathrm{Ci}(x) = -\int_x^\infty t^{-1}\cos t\,dt = \frac{1}{2}\,[\mathrm{Ei}(i x) + \mathrm{Ei}(-i x)].$$

Unvollständige Gammafunktion:

$$\gamma(\alpha, z) = \int_0^z t^{\alpha-1} e^{-t} dt = \alpha^{-1} z^{\alpha} {}_1F_1(\alpha; \alpha+1; -z);$$

$$\Gamma(\alpha, z) = \int_z^{\infty} t^{\alpha-1} e^{-t} dt = \Gamma(\alpha) - \gamma(\alpha, z) = z^{\frac{1}{2}(\alpha-1)} e^{-\frac{1}{2}z} W_{\frac{1}{2}(\alpha-1),\, \pm\frac{1}{2}\alpha}(z).$$

14. Elliptische Integrale und Thetafunktionen

Vollständiges elliptisches Integral erster Gattung:

$$K(k) = \int_0^{\frac{1}{2}\pi} (1 - k^2 \sin^2 t)^{-\frac{1}{2}} dt = \frac{1}{2}\pi \, {}_2F_1\left(\frac{1}{2}, \frac{1}{2}; 1; k^2\right).$$

Thetafunktionen:

$$\vartheta_2(v, \tau) = (-i\tau)^{-\frac{1}{2}} \sum_{n=-\infty}^{\infty} (-1)^n e^{-i\pi(v+n)^2 \tau^{-1}};$$

$$\vartheta_3(v, \tau) = (-i\tau)^{-\frac{1}{2}} \sum_{n=-\infty}^{\infty} e^{-i\pi(v+n)^2 \tau^{-1}};$$

$$\vartheta_4(v, \tau) = (-i\tau)^{-\frac{1}{2}} \sum_{n=-\infty}^{\infty} e^{-i\pi(v+n-\frac{1}{2})^2 \tau^{-1}}.$$

Literatur

a) Abhandlungen

BOCHNER, SALOMON: Vorlesungen über Fouriersche Integrale. New York: Chelsea Publ. Co. 1948.

BOCHNER, SALOMON, and K. C. CHANDRASEKARAN: Fourier Transforms. Princeton: Princeton Univ. Press 1949.

BURKHARDT, HEINRICH: Trigonometrische Reihen und Integrale. Encyklopädie der Mathematischen Wissenschaften, Bd. II, Teil 1, 2. Hälfte, S. 819—1354, insbesondere S. 1085—1173. Leipzig: B. G. Teubner 1904—1916.

PALEY, RAYMOND, and N. WIENER: Fourier Transforms in the complex domain. New York: American Math. Soc. 1934.

SCHMEIDLER, WERNER: Integralgleichungen mit Anwendungen in Physik und Technik, insbesondere Kap. 2, §§ 7—8. Leipzig: Akademische Verlagsgesellschaft 1950.

SNEDDON, IAN: Fourier transforms. New York: McGraw-Hill 1951.

TITCHMARSH, EDWARD: Introduction to the theory of Fourier Integrals, 1. Aufl. 1937, 2. Aufl. 1948. Oxford: Clarendon Press.

WIENER, NORBERT: The Fourier integral and certain of its applications. Cambridge: University Press 1933. New York: Dover publications.

I. R. E. Transactions on circuit theory. New York: Institute of Radio Engineers, Sept. 1955.

b) Tabellen

CAMPBELL, GEORGE: The practical application of the Fourier integral. Bell System Techn. J. **7**, 639—707 (1928).

CAMPBELL, GEORGE, and R. FOSTER: Fourier integrals for practical applications. New York: van Nostrand 1948.

ERDÉLYI, ARTHUR u. Mitarb.: Tables of integral transforms, Bd. 1, S. 1—124. New York: McGraw-Hill 1954.